ANALYTISCHE GEOMETRIE
IN VEKTORIELLER DARSTELLUNG

5002

ANALYTISCHE GEOMETRIE IN VEKTORIELLER DARSTELLUNG

von Joachim Köhler

Rolf Höwelmann

und Hardt Krämer

Diesterweg Salle

Frankfurt am Main · Berlin · München

Genehmigt für den Gebrauch in Schulen. Genehmigungsdaten teilt der Verlag auf Anfrage mit.

ISBN 3-425-05002-8

7. Auflage 1971

Zeichnungen: Gottfried Wustmann, Mötzingen

Satz-, Druck- und Bindearbeiten:
Brühlsche Universitätsdruckerei Gießen

Vorwort

Die stürmische Entwicklung, die die mathematische Wissenschaft seit etwa 100 Jahren erlebt, hat auch vor den Toren unserer Gymnasien nicht haltgemacht und fordert eine Neugestaltung unseres mathematischen Unterrichts. Dabei geht es nicht um eine Erweiterung unseres Stoffgebietes, sondern um methodische Fragen und um das Aufdecken gewisser mathematischer Strukturen, die scheinbar nur lose zusammenhängende Teildisziplinen der Mathematik aufs engste verknüpfen. Begriffe wie Abbildung, Menge, Vektor, Gruppe, Körper haben Eingang in unsere Schulen gefunden und beginnen, der modernen Schulmathematik ein neues, einheitliches Gepräge zu geben. Diese neuen Begriffe sollen nicht zu neuen Stoffgebieten im mathematischen Unterricht führen, sie sollen vielmehr als ordnende und verbindende Prinzipien lediglich eine dienende Aufgabe erfüllen.

Dieses Buch soll nun zeigen, wie sich durch die Vektormethode die Analytische Geometrie von Gerade, Ebene, Kreis und Kugel in formeller Eleganz und bestechender Übersichtlichkeit darstellen läßt. Dabei ergibt sich nicht nur eine leichtere und durchsichtigere Beweisführung, sondern auch recht oft eine elegantere Lösung der Aufgaben und schließlich eine einzigartige Möglichkeit für die immer wieder geforderte Fusion von ebener und räumlicher Geometrie.

Dieses Buch ist aus der Schulpraxis heraus entstanden; der hier dargebotene Weg ist von allen drei Verfassern an drei verschiedenen Gymnasien mehrfach mit Erfolg erprobt worden. Deshalb ist das Buch in erster Linie für den Gebrauch im Schulunterricht gedacht. Die breite und ausführliche Darstellung, die vorgerechneten Beispielaufgaben sowie die vielen Abbildungen sollen dem Schüler die selbständige Arbeit in dem Buch ermöglichen. So ist es auch geeignet, den Studenten, die im Schulunterricht die Vektormethode nicht kennengelernt haben, den Übergang zur abstrakten Vektoralgebra der Hochschule erheblich zu erleichtern. Und schließlich hoffen wir, den Fachkollegen, die sich während des Studiums nicht genügend mit der Vektorrechnung haben beschäftigen können, das Hilfsmittel in die Hand zu geben, mit dem sie die Vektormethode in ihren Unterricht einbauen können.

Die einzelnen Kapitel beginnen mit Vorübungen, die dem Lehrer einen möglichen Einstieg in das Problem aufzeigen sollen. An den Lehrtext schließen sich Beispiele und Aufgaben an. Auf den Wunsch vieler Kollegen hin haben wir uns um eine reichhaltige und umfangreiche Aufgabensammlung besonders bemüht, uns allerdings dem Titel des Buches entsprechend im wesentlichen auf Aufgaben der Analytischen Geometrie beschränkt und physikalische Anwendungen weniger berücksichtigt.

Wir haben im Buch konsequent die Vektoren in Spaltenschreibweise geschrieben, weil so die formelle Eleganz beim Rechnen mit Vektoren besonders gut zum Ausdruck kommt, vor allem auch in Verbindung mit der Determinantenrechnung. Demgegenüber scheint es uns kein schwerwiegender Nachteil zu sein, daß entgegen den Regeln der Matrizenrechnung nun auch Vektoren in Spaltenschreibweise skalar miteinander multipliziert werden.

Wir halten es nicht für zweckmäßig, die Vektorrechnung zunächst für sich zu behandeln, um erst dann den gesamten Apparat der Vektorrechnung auf die Behandlung der Analytischen Geometrie anzusetzen. Wir sind vielmehr der Ansicht, daß es aus verschiedenen Gründen sinnvoller ist, die Behandlung der Vektorrechnung mit der der Analytischen Geometrie zu koppeln und dadurch die Analytische Geometrie mit jedem der drei möglichen Produkte auf eine höhere Stufe zu heben. Diesen verschiedenen Stufen entsprechen drei verschiedene Formen der Geraden- und Ebenengleichung: der S-Multiplikation die Parameterformen, dem Skalarprodukt die Normalenformen und dem Vektorprodukt die Determinantenformen. So werden auf der untersten Stufe Gerade und Ebene ohne Produkte von Vektoren behandelt. Dadurch bekommt der Schüler einerseits Sicherheit im Umgang mit den Vektoren und ihren einfachen Rechenoperationen, wird aber andererseits durch die besondere Anschaulichkeit davor bewahrt, Vektorverfahren rein schematisch anzuwenden. Auf den beiden höheren Stufen werden zunächst das Skalarprodukt und dann das Vektorprodukt eingeführt und jeweils die in diesen Produktbildungen liegenden Möglichkeiten für die Analytische Geometrie von Gerade und Ebene genutzt.

Dadurch ergibt sich ferner eine organische Aufteilung der Analytischen Geometrie von Gerade und Ebene: sie wird auf der ersten Stufe affin betrieben, die Metrik beginnt erst mit der zweiten Stufe. Dieser Aufteilung entspricht die Möglichkeit, den Stoff in verschiedenen Klassen zu behandeln; wir haben gute Erfahrungen damit gemacht, den affinen Teil in der Obersekunda zu besprechen, während die weitgehend axiomatische Einführung der Produkte Verständnis- und Abstraktionsvermögen eines Primaners voraussetzt.

Wir haben uns nicht dazu entschließen können, im Anschluß an Kreis und Kugel auch die Kegelschnitte vektoriell zu behandeln, da letzten Endes die Vektoren den Problemen der affinen Geometrie besonders angepaßt sind. Die überzeugende Anschaulichkeit der Vektormethode geht verloren, wenn man sie auf die Kegelschnitte, die doch unter projektiven Gesichtspunkten behandelt werden müßten, zu übertragen versucht. Um nun den Übergang zur koordinatenmäßigen Behandlung der Kegelschnitte zu erleichtern, geben wir eine vektorielle Herleitung der Scheitelgleichung als Koordinatengleichung und damit den Anschluß an die üblichen Lehrbücher der Analytischen Geometrie.

Wir könnten uns allerdings auch vorstellen, daß in einem sprachlichen Gymnasium unter Verzicht auf die Kegelschnitte die Analytische Geometrie bis Kreis und Kugel einschließlich rein vektoriell betrieben wird. Im übrigen können aus Zeitmangel die mit einem Stern gekennzeichneten Kapitel gestrichen werden, ohne den methodischen Aufbau des Ganzen zu gefährden.

Als organische Fortsetzung unserer Gedankengänge bietet sich eine vektorielle Behandlung der affinen Abbildungsgeometrie an. Da eine solche Darstellung den Umfang dieses Buches erheblich vergrößert hätte, muß sie einem späteren, weiterführenden Band vorbehalten bleiben.

Um dem Lehrer die Arbeit mit diesem Buch zu erleichtern, erscheint ein Lösungsheft, das außer den Lösungen der Aufgaben, wenn nötig, stichwortartig den Lösungsgang angibt.

Wir hoffen, mit diesem Buch der Vektormethode im Schulunterricht neue Freunde zu gewinnen. Vielleicht mag es sogar den einen oder anderen von uns dazu ermutigen, der Vektormethode neue Zugänge zu geeigneten Gebieten der Schulmathematik eröffnen zu helfen!

Bielefeld, im Frühjahr 1964 *Die Verfasser*

Literaturverzeichnis

Im folgenden Literaturverzeichnis, das keinen Anspruch auf Vollständigkeit erhebt, sollen einige Bücher genannt werden, die in die Vektormethode und ihre Anwendung auf die Analytische Geometrie einführen.

ATHEN, Vektorielle analytische Geometrie;
H. Schroedel Verlag, Hannover – Verlag F. Schöningh, Paderborn.

ATHEN-STENDER, Vektorrechnung; Otto Salle Verlag, Frankfurt.

BAUR, Analytische Geometrie in vektorieller Behandlung I–III;
Verlag von R. Oldenbourg, München.

BIEBERBACH, Analytische Geometrie; BG Teubner, Leipzig.

GROTEMEYER, Analytische Geometrie; Sammlung Göschen Band 65/65a.

SCHMIDT, Vektorrechnung I; Aschendorff'sche Verlagsbuchhandlung, Münster.

SCHÖNWALD, Einführung in die Vektorrechnung I–II;
E. Klett Verlag, Stuttgart.

WITTIG, Aufgabensammlung zur Vektorrechnung;
F. Vieweg & Sohn, Braunschweig.

Der Mathematikunterricht, Vektormethode I 1955/3,
Vektormethode II 1956/1,
Vektormethode III 1956/4;
E. Klett Verlag, Stuttgart.

Inhaltsverzeichnis

Einleitung

Die *reine Mathematik* beschäftigt sich mit zwei grundverschiedenen Aufgabenbereichen:

1. mit den Zahlen und den durch ihre Verknüpfung entstehenden algebraischen Gesetzen und
2. mit den geometrischen Gebilden.

In diesem Sinne haben wir bisher in unserer Schulmathematik von Algebra und Geometrie gesprochen.

In der *angewandten Mathematik* treten hierzu noch andere Gegenstandsbereiche, z. B. die physikalischen Erscheinungen. Eine wesentliche Leistung der Mathematik besteht nun darin, Zusammenhänge zwischen diesen Gebieten, der Algebra, Geometrie und Physik, herzustellen, um sie dadurch überschauen und beherrschen zu können.

Einen wichtigen Zusammenhang zwischen geometrischen Gebilden und Zahlen vermittelt uns die Analytische Geometrie, mit der wir uns in diesem Buch beschäftigen wollen. In ihr wird zunächst ein Koordinatensystem festgelegt, das wir ja aus früheren Jahren kennen. So können wir jedem Punkt ein Zahlenpaar oder gar im Raum ein Zahlentripel zuordnen. Wir werden sehen, daß wir auf diese Weise in der Lage sind, geometrische Gebilde durch Zahlen zu beschreiben: ein geometrischer Satz geht über in eine Beziehung zwischen Zahlen, geometrische Probleme werden in reine Rechenaufgaben umgewandelt. Der Vorteil dieser Arbeitsmethode ist überzeugend. Sie macht das wirkungsvolle Werkzeug des Zahlenrechnens nutzbar für die Herleitung geometrischer Sätze und die Lösung geometrischer Aufgaben.

Wie man auch in einem handwerklichen Beruf zur Bearbeitung bestimmter Werkstücke neben dem normalen Handwerkszeug sich oft geeigneter Spezialwerkzeuge bedient, die dem Arbeitsverfahren besonders gut angepaßt sind, so werden wir uns zur rechnerischen Behandlung geometrischer Gebilde ein solches „Spezialwerkzeug" verschaffen, die Vektorrechnung. In ihr werden für gewisse geometrische Größen Rechenprozesse erklärt, auf die sich die Gesetze des Zahlenrechnens weitgehend übertragen lassen. Mit Hilfe der Vektorrechnung können wir dann nicht nur die Zusammenhänge in der Analytischen Geometrie besonders einfach überschauen, sondern auch gewisse physikalische Probleme elegant lösen. So wird damit die Vektorrechnung zu einer geeigneten Methode, die verschiedenen Gebiete der reinen und angewandten Mathematik mit einheitlichen Verfahren zu behandeln.

1. Elementare Vektoralgebra

1.1. Einführung des Vektorbegriffs

Immer wieder hat es sich im Laufe der Entwicklung der Mathematik gezeigt, daß man neue Begriffe einführen mußte, da die alten für die Bewältigung neuer Probleme nicht mehr ausreichten oder aber es sich zeigte, daß diese neuen Begriffe den bisherigen Aufgabenstellungen in weit größerem Maße gerecht wurden als die alten. So wurde es nötig, die negativen Zahlen zu erfinden, um die Subtraktion uneingeschränkt zunächst im Bereich der ganzen Zahlen ausführen zu können; so schuf man die komplexen Zahlen, um uneingeschränkt radizieren zu können.

Vorübungen

1. Wie unterscheiden sich auf der Zahlengeraden die positiven von den negativen Zahlen?
2. Wodurch ist eine Parallelverschiebung eindeutig festgelegt?
3. In welcher Eigenschaft unterscheiden sich die physikalischen Größen Kraft und Geschwindigkeit von den Größen Volumen und Zeit?

Jede reelle Zahl a läßt sich auf der Zahlengeraden veranschaulichen als Strecke, die im Nullpunkt beginnt und die die Länge a hat.

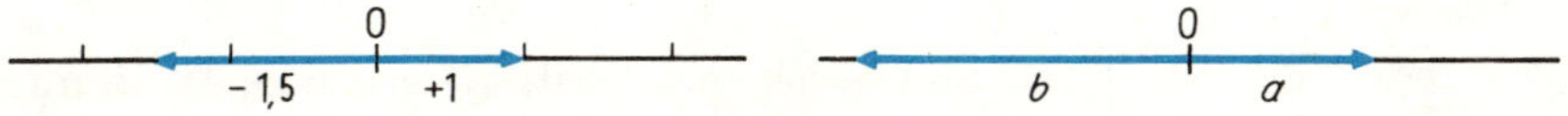

Bild 1.1

Wenn wir die negativen Zahlen von den positiven unterscheiden wollen, muß jede solche Strecke noch eine Orientierung erhalten. Den positiven Zahlen ordnen wir nach rechts orientierte Strecken zu, den negativen Zahlen nach links orientierte Strecken (Bild 1.1). Eine Strecke mit Orientierung kennzeichnen wir am einfachsten durch einen Pfeil. Die Länge des Pfeils nennen wir den (absoluten) Betrag der Zahl. Damit besteht eine Zuordnung zwischen allen positiven und negativen reellen Zahlen und allen von Null aus nach rechts und links weisenden Pfeilen.

Betrachten wir nun die Parallelverschiebung eines Dreiecks. Wenn wir die Punkte der Ausgangsfigur mit den entsprechenden Bildpunkten verbinden, dann haben alle Verbindungsstrecken dieselbe Richtung und Länge.[1]) Diese Strecken kennzeichnen wir wiederum durch Pfeile, die in Richtung der Verschiebung weisen und als Länge die Maßzahlen der Verschiebung haben (Bild 1.2).

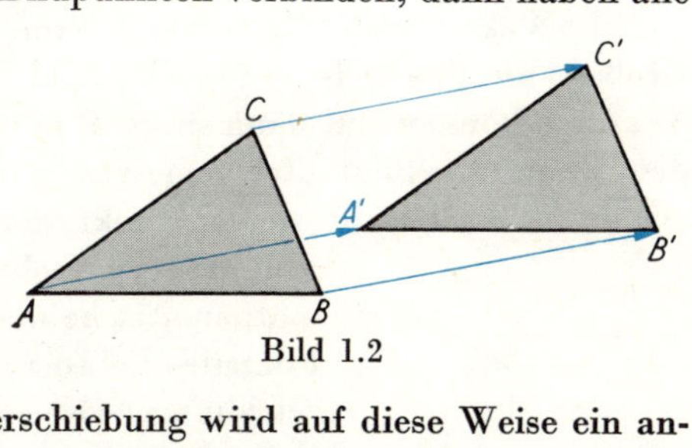

Bild 1.2

Jeden solchen Pfeil wollen wir den zu einer bestimmten Parallelverschiebung gehörigen Verschiebungsvektor nennen. Jeder Verschiebung wird auf diese Weise ein anschaulicher Vertreter, eben einer dieser Verschiebungsvektoren, eindeutig zugeordnet. Er ist der Repräsentant der Verschiebung. Ob wir ihn neben, über oder unter die

[1] Wir müssen die Begriffe Richtung und Orientierung streng unterscheiden: eine Gerade hat stets eine Richtung, die etwa durch $\tan\alpha$ bestimmt ist. Eine Orientierung bekommt die Gerade erst dadurch, daß man auf ihr einen Durchlaufsinn festlegt.

Gegenstandsfigur zeichnen, ist ohne Belang. Er ist frei im Raum parallel zu sich verschiebbar, muß nur die vorgegebene Länge, Richtung und Orientierung haben. Da man eine Figur grundsätzlich nach allen Seiten im Raum verschieben kann, braucht der zugehörige Verschiebungsvektor nicht unbedingt in unserer Zeichenebene zu liegen, sondern kann ebensogut auch im Raum aus der Zeichenebene herausweisen.

In der Physik unterscheiden sich die Größen Kraft und Geschwindigkeit von den Größen Masse, Rauminhalt, Zeit dadurch, daß sie nicht allein durch Angabe einer Zahl mit der zugehörigen Benennung festgelegt sind. Eine Kraft wird erst durch Angabe von Betrag, Richtung mit Orientierung und Angriffspunkt vollständig beschrieben. Die Aussage, „die Kraft beträgt 2 kp", ist deshalb unvollkommen. Ebenso bedarf auch die Geschwindigkeit zu ihrer genauen Festlegung neben der Angabe ihres Betrages noch der Angabe ihrer Richtung mit Orientierung. Zwei Flugzeuge, die von zwei 1000 km entfernt liegenden Orten A und B auf geradem Kurs mit konstant bleibender Geschwindigkeit von 400 km/h bzw. 800 km/h gleichzeitig starten, können sich nach einer gewissen Zeit begegnen oder auch nicht. Die Angabe der Geschwindigkeitsbeträge allein genügt zur Beantwortung der Frage nach einem Zusammentreffen nicht; wir müssen zusätzlich noch Richtung und Orientierung der Geschwindigkeit kennen.

Physikalische Größen wie Kraft und Geschwindigkeit, die neben einem Betrag noch eine Richtung mit Orientierung besitzen, stellen wir durch Pfeile dar.

Diese und andere Beispiele aus der Algebra, Geometrie und Physik zeigen, daß es zweckmäßig ist, einen neuen mathematischen Begriff, nämlich den des Vektors, zu definieren:

Definition 1.1

Ein Vektor ist eine gerichtete, orientierte Strecke im Raum.

In der Physik nennen wir solche Größen, die zu ihrer vollständigen Festlegung neben der Angabe des Betrages mit Benennung auch die der Richtung mit Orientierung erfordern, vektorielle Größen oder Vektorgrößen. Häufig bezeichnet man nicht ganz korrekt Vektorgrößen kurz als Vektoren. Nicht gerichtete Größen heißen skalare Größen. Ein Skalar ist eine reelle Zahl.

Vektoren können erst dann sinnvoll in mathematischen Rechnungen verwandt werden, wenn es gelingt, Rechengesetze dafür anzugeben. Zunächst ist der Vektor ein geometrischer Begriff wie der Punkt, der Winkel, die Gerade. Wir wollen lernen, mit Vektoren zu rechnen, um später diese Rechenverfahren auf mathematische und physikalische Aufgaben anzuwenden.

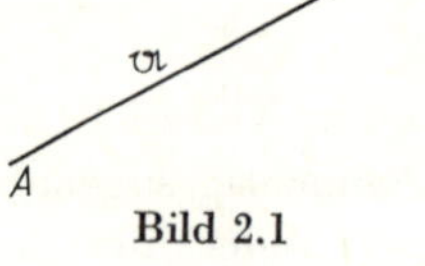

Bild 2.1

Für die Vektorrechnung ist zunächst eine geeignete Bezeichnungsweise erforderlich. Wir wollen vereinbaren, daß ein Vektor einen Angriffspunkt, einen Zielpunkt, eine bestimmte Richtung mit Orientierung und einen bestimmten Betrag haben soll (Bild 2.1). Unter dem Betrag verstehen wir die Länge des Vektors. Der Pfeil als Vektorsymbol gibt diese vier Eigenschaften in eindeutiger Weise wieder. Bezeichnen wollen wir Vektoren durch Frakturbuchstaben $\mathfrak{a}$, $\mathfrak{b}$, $\mathfrak{c}$,

$\mathfrak{d}, \mathfrak{e}, \cdots, \mathfrak{i}, \mathfrak{j}, \mathfrak{k}, \cdots \mathfrak{r}$ oder durch Symbole der Art $\overrightarrow{AZ}$, wobei der erste Buchstabe den Angriffs-, der zweite den Zielpunkt angibt. Der darübergesetzte Pfeil deutet an, daß es sich um einen Vektor und nicht etwa um eine Strecke handelt. Den Betrag eines Vektors $\mathfrak{a}$ schreiben wir in der Form $|\mathfrak{a}|$ oder auch mit Hilfe des zugehörigen lateinischen Buchstabens als a. Also gilt: $|\mathfrak{a}| = a$.

1.2. Gleichheit und Addition von Vektoren

Wir wollen zunächst die Gleichheit und dann die Addition von Vektoren definieren. Dabei orientieren wir uns an den algebraischen, geometrischen und physikalischen Beispielen des vorhergehenden Abschnitts, von denen wir wissen, daß sie vektoriell behandelt werden können.

Vorübungen

1. Deute die Aufgabe $2 + 3 = 5$ am Zahlenstrahl.
2. Wie lautet der Satz vom Kräfteparallelogramm?
3. Welche Rechengesetze gelten für die Addition von Zahlen?

Auf der Zahlengeraden erscheint jede Zahl, z. B. die Zahl 5, zunächst als Vektor, dessen Angriffspunkt (abgekürzt AP) im Nullpunkt und dessen Zielpunkt (ZP) in der Markierung 5 liegt. Wir wollen im Blick auf die Addition von Vektoren diese Zahl aber auch deuten als Vektor mit dem AP in der Markierung 1 bzw. a und dem ZP in der Markierung 6 bzw. $a+5$. Analog wollen wir bei allen anderen Zahlen verfahren. Wesentlich sollen für uns also nur Richtung, Orientierung und Betrag des Vektors sein. Es ist belanglos, in welchem Punkt ein Vektor ansetzt.
Wir wollen nun die Addition zweier Zahlen vektoriell deuten. Auf der Zahlengeraden addiert man zwei Zahlen, indem der AP des zweiten Vektorsummanden auf den ZP des ersten Summanden gelegt wird. Der Summenvektor hat seinen AP im AP des ersten Summanden und seinen ZP im ZP des zweiten Summanden. Diese so kompliziert erscheinende Tatsache wird an folgenden Zeichnungen leicht verständlich (Bild 3.1).

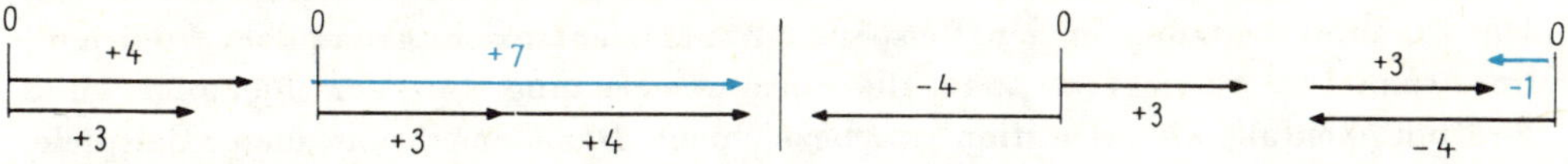

$(+3) + (+4) = (+7)$ $(-4) + (+3) = (-1)$

Bild 3.1

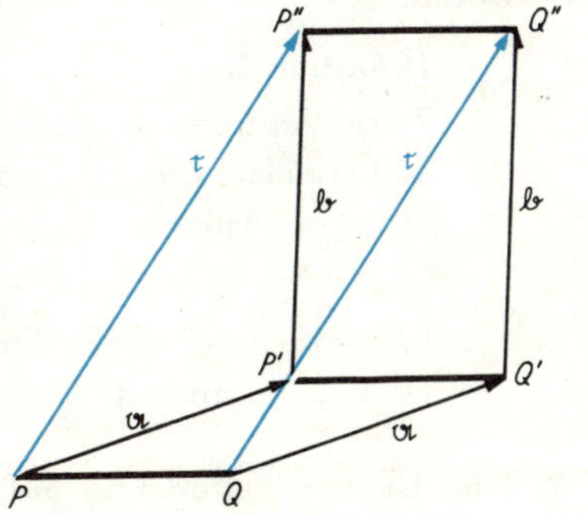

Bild 3.2

Addieren bedeutet somit auf der Zahlengeraden Aneinanderhängen von Vektoren.
Wenden wir uns jetzt den Parallelverschiebungen zu. Gegeben seien die Strecke PQ sowie die beiden Verschiebungsvektoren $\mathfrak{a}$ und $\mathfrak{b}$. Die Strecke soll zunächst um $\mathfrak{a}$ in P'Q' und dann P'Q' um $\mathfrak{b}$ in P''Q'' verschoben werden (Bild 3.2). Wir sehen, daß die beiden Verschiebungen PQ über P'Q' in P''Q'' überführen. Die Strecke PQ ändert durch die aufeinanderfolgenden Parallelverschiebungen weder

ihre Länge noch ihre Richtung. Deshalb muß es eine Parallelverschiebung geben, die PQ unmittelbar in P″Q″ überführt, nämlich die durch den Vektor $\overrightarrow{PP''}$ bzw. $\overrightarrow{QQ''}$ dargestellte Parallelverschiebung. Auch hier erhält man den Vektor der resultierenden Verschiebung $\overrightarrow{PP''} = \mathfrak{c}$ durch Aneinanderhängen der Vektoren $\overrightarrow{PP'} = \mathfrak{a}$ und $\overrightarrow{P'P''} = \mathfrak{b}$.

Untersuchen wir abschließend noch die Addition von Kräften. Wir kennen in diesem Zusammenhang den Satz vom Kräfteparallelogramm: Zwei an einem gemeinsamen Punkt angreifende Kräfte $\mathfrak{F}_1$ und $\mathfrak{F}_2$ können durch eine einzige Kraft $\mathfrak{F}$ ersetzt werden, die nach Größe und Richtung durch die Diagonale des Parallelogramms festgelegt ist, das durch die beiden Kräfte aufgespannt wird.

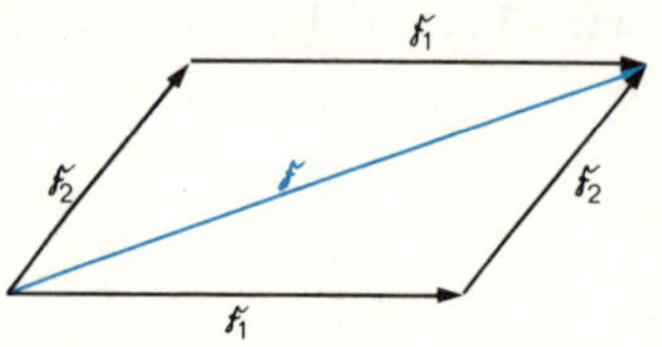

Bild 4.1

Dieser Satz ist nur eine andere Formulierung für die Addition zweier Kräftevektoren. Hier werden ebenfalls die beiden Kräfte als vektorielle Größen aneinandergehängt. Bild 4.1 zeigt das in einleuchtender Weise.

In allen drei Beispielen wurden Vektoren aneinandergehängt. Das ist nur möglich, wenn man ein und denselben Vektor frei im Raum verschieben darf. Wesentliche Bestimmungsstücke für den Vektor sind also nur Betrag und Richtung mit Orientierung, nicht aber AP und ZP. Deshalb definieren wir:

Definition 1.2

Vektoren sind gleich, wenn sie in Betrag, Richtung und Orientierung übereinstimmen.

Die Beispiele zeigen außerdem, wie man spezielle Vektoren, nämlich die der reellen Zahlen, „addiert“ und wie man Parallelverschiebungen und Kräfte zusammensetzt. Die Zusammensetzung in den Beispielen 2 und 3 entspricht genau der „Addition“ im Beispiel 1. So liegt es nahe, die Zusammensetzung von Verschiebungen und Kräften ebenfalls als „Addition“ zu bezeichnen. Das Gemeinsame dieser Beispiele, das Aneinanderhängen von Vektoren, definieren wir nun als Addition für beliebige Vektoren.

Definition 1.3

Zwei Vektoren $\mathfrak{a}$ und $\mathfrak{b}$ werden addiert, indem man den AP des zu addierenden Vektors $\mathfrak{b}$ in dem ZP des zu vermehrenden Vektors $\mathfrak{a}$ anhängt. Der Summenvektor

$$\mathfrak{a} + \mathfrak{b}$$

hat seinen AP im AP des ersten Summanden und seinen ZP im ZP des zweiten Summanden.

Welche Gesetze gelten nun auf Grund dieser Definitionen für die Addition von Vektoren?

1. Die so definierte Summe zweier Vektoren läßt sich ohne weiteres auf drei und mehr Summanden übertragen (Bild 5.1).

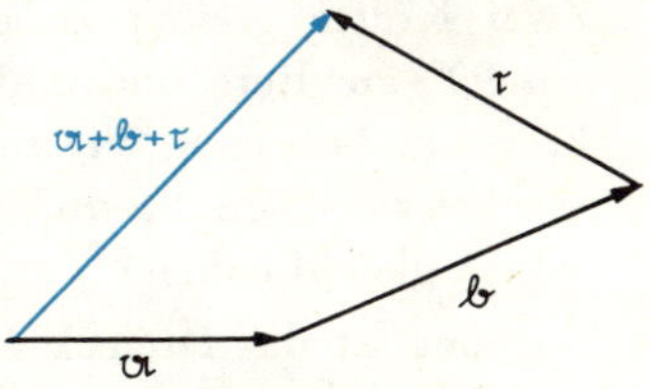

Bild 5.1

2. Bild 5.2 zeigt, daß in einer Summe von Vektoren genau wie in einer Summe von Zahlen die Reihenfolge der Summanden beliebig ist.
$\mathfrak{a} + \mathfrak{b} = \mathfrak{b} + \mathfrak{a}$ (Kommutatives Gesetz der Addition)

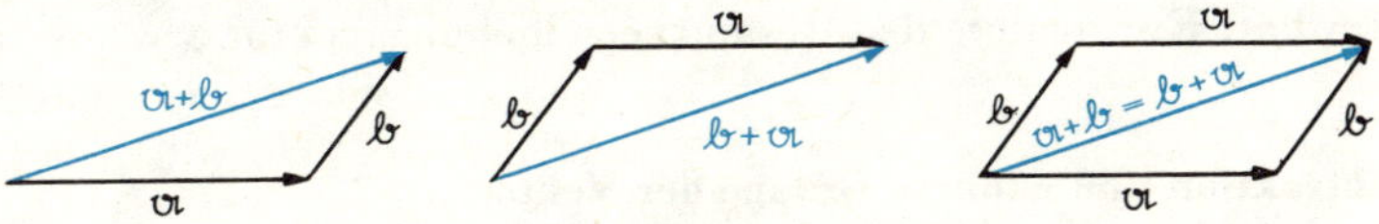

Bild 5.2

3. Die Gültigkeit des assoziativen Gesetzes ergibt sich aus Bild 5.3. Es besagt die uns von den Zahlen bekannte Tatsache, daß in einer Summe Klammern beliebig gesetzt u. fortgelassen werden können: $(\mathfrak{a}+\mathfrak{b}) + \mathfrak{c} = \mathfrak{a} + (\mathfrak{b}+\mathfrak{c})$.

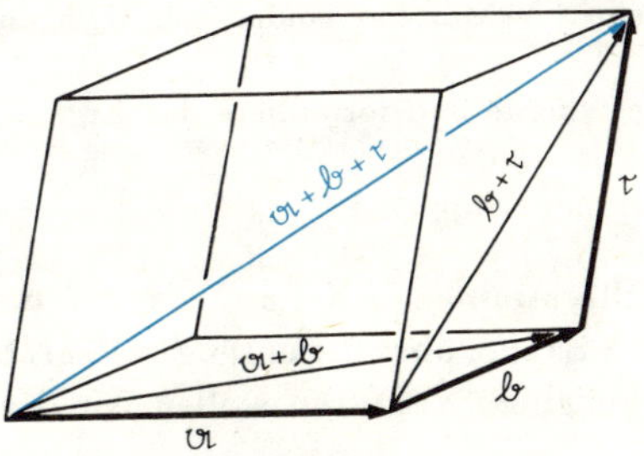

Bild 5.3

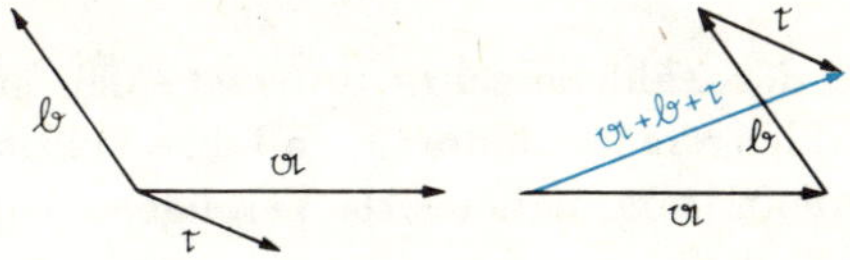

Bild 5.4

Beispiel

Gegeben sind die drei Vektoren $\mathfrak{a}$, $\mathfrak{b}$, $\mathfrak{c}$. Konstruiere den Summenvektor $\mathfrak{d} = \mathfrak{a} + \mathfrak{b} + \mathfrak{c}$. Durch Aneinanderhängen konstruieren wir zunächst $\mathfrak{a} + \mathfrak{b}$. An diesen Vektor hängen wir den Vektor $\mathfrak{c}$ und erhalten den gesuchten Summenvektor (Bild 5.4).

Aufgaben

1. Sind folgende Größen vektoriell oder skalar:
Volumen, Gewicht, spezifisches Gewicht, Leistung, Weg, elektrische Spannung, elektrischer Widerstand, Beschleunigung, Wärmemenge, magnetische Feldstärke, elektrische Feldstärke?

2. Gegeben ist das Vektorviereck ABCD. Drücke die eingezeichneten Vektoren durch die vorgegebenen Vektoren aus (Bild 5.5).

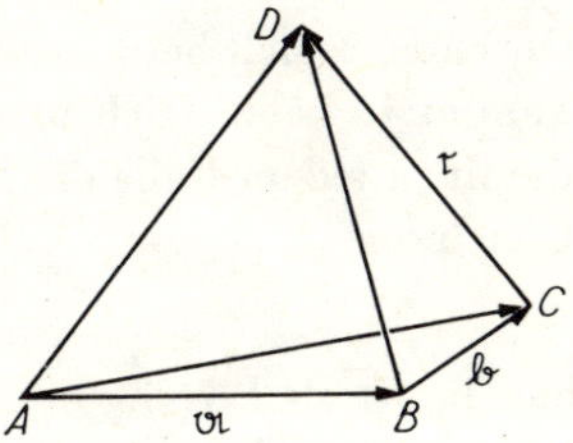

Bild 5.5

3. Ein Flugzeug fliegt nach Kompaß nördlichen Kurs mit einer Eigengeschwindigkeit von $v_E = 150$ km/h. Welchen Kurs hat es über Grund bei
a) SO-Wind; b) SW-Wind; c) S-Wind; d) N-Wind
und einer Windgeschwindigkeit von $v_W = 30$ km/h? Gib aus der Zeichnung auch die resultierende Geschwindigkeit an.

4. Zwei Kräfte greifen an einem gemeinsamen Punkt unter einem Winkel von $\alpha = 90°$ an. Berechne und konstruiere die Summenkraft, wenn $F_1 = 3$ kp und $F_2 = 4$ kp betragen. Wie ändert sich der Betrag der resultierenden Kraft, wenn der Winkel zwischen F_1 und F_2 kleiner (größer) wird, die Beträge von F_1 und F_2 jedoch gleichbleiben?

5. Gegeben ist das Dreieck ABC mit c = 4 cm, b = 2,5 cm, a = 3 cm. Verschiebe es zunächst um p = 5 cm nach rechts; das neu erhaltene Dreieck A'B'C' verschiebe nochmals um den Vektor $\mathfrak{q}$, der mit $\mathfrak{p}$ den Winkel 45° einschließt und den Betrag q = 2 cm hat. Konstruiere den Gesamtverschiebungsvektor $\mathfrak{s} = \mathfrak{p} + \mathfrak{q}$.

1.3. Subtraktion und additive Gruppe der Vektoren

Vorübungen

1. Wie unterscheiden sich auf der Zahlengeraden +1 und −1, +0,5 und −0,5, +a und −a?
2. Welcher Zahl auf der Zahlengeraden kann man keinen Vektor mit eindeutiger Richtung zuordnen?
3. Verwandle die algebraische Differenz a − b in eine Summe und formuliere das Ergebnis als Satz.
4. Was versteht man unter einer Gruppe? Gib Beispiele für Gruppen an.

In der Zahlenalgebra unterscheiden sich die Zahlvariablen +a und −a auf der Zahlengeraden dadurch, daß ihre Vektoren dieselbe Länge, aber die entgegengesetzte Orientierung haben. Als Verallgemeinerung auf beliebige Vektoren wollen wir deshalb definieren:

Definition 1.4

Der Vektor $-\mathfrak{a}$ soll den Betrag und die Richtung von $\mathfrak{a}$, aber die entgegengesetzte Orientierung von $\mathfrak{a}$ haben. Er soll *Gegenvektor* von $\mathfrak{a}$ heißen (Bild 6.1).

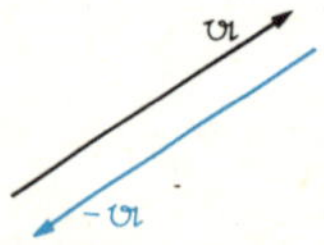

Bild 6.1

Wenn man zu einem Vektor $\mathfrak{a}$ den entgegengesetzten $-\mathfrak{a}$ addiert, erhält man als Summe einen Vektor, dessen AP mit seinem ZP zusammenfällt. Da der Betrag dieses Summenvektors 0 ist, nennen wir ihn den *Nullvektor*. Wir bezeichnen ihn mit $\mathfrak{o}$. Damit können wir schreiben

$$\mathfrak{a} + (-\mathfrak{a}) = \mathfrak{o} \quad \text{für jedes } \mathfrak{a}.$$

Obschon es sich beim Nullvektor nicht um einen eigentlichen Vektor handelt — ihm kommt ja keine Richtung zu —, wollen wir ihn dennoch zu den Vektoren rechnen, damit in jedem Falle die Summe von zwei Vektoren wieder einen Vektor ergibt. Die Gleichung

$$\mathfrak{a} + \mathfrak{x} = \mathfrak{o}$$

hat damit als Lösung den Vektor $-\mathfrak{a}$.

Die Frage, welchen Vektor man zum Vektor $\mathfrak{a}$ addieren muß, um einen beliebigen Vektor $\mathfrak{b}$ zu erhalten, führt zu der Vektorgleichung

$$\mathfrak{a} + \mathfrak{x} = \mathfrak{b}.$$

Das Bild 7.1 zeigt uns, daß diese Gleichung für jedes $\mathfrak{a}$ und $\mathfrak{b}$ genau einen Lösungsvektor hat.

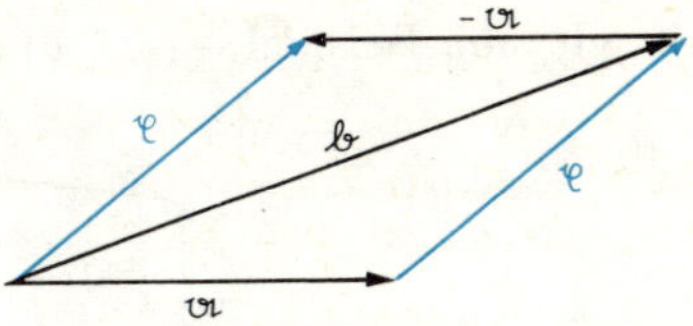

Bild 7.1

Wir erhalten ihn, indem wir die Vektoren $\mathfrak{b}$ und $-\mathfrak{a}$ addieren (aneinanderhängen). Damit gilt: $\mathfrak{x} = \mathfrak{b} + (-\mathfrak{a})$. Wir schreiben dafür auch $\mathfrak{x} = \mathfrak{b} - \mathfrak{a}$ in Analogie zur arithmetischen Umformung $a + (-b) = a - b$. Wir nennen den Vektor $\mathfrak{b} - \mathfrak{a}$ den Differenzvektor von $\mathfrak{b}$ und $\mathfrak{a}$. Für die Subtraktion von Vektoren ergibt sich also die

Definition 1.5

Den Differenzvektor $\mathfrak{b} - \mathfrak{a}$ erhält man, indem man zu $\mathfrak{b}$ den Gegenvektor von $\mathfrak{a}$ addiert: $\mathfrak{b} - \mathfrak{a} = \mathfrak{b} + (-\mathfrak{a})$ (Bild 7.2)

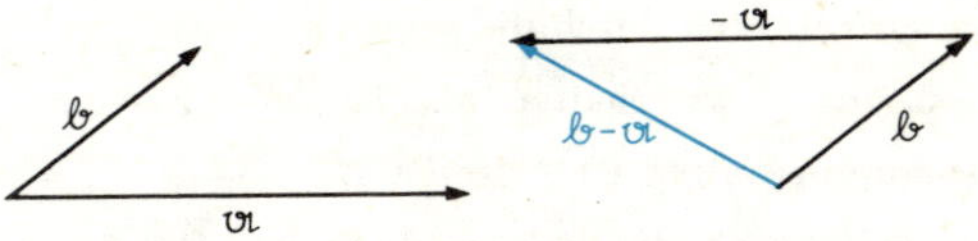

Bild 7.2

Zusammenfassend läßt sich feststellen, daß die Vektoren (ähnlich wie die reellen Zahlen) bezüglich der Addition eine Gruppe bilden. Denn es gilt:

1. Je zwei Vektoren $\mathfrak{a}$ und $\mathfrak{b}$ ist durch die Vektoraddition eindeutig ein dritter Vektor $\mathfrak{c}$ zugeordnet:

$$\mathfrak{c} = \mathfrak{a} + \mathfrak{b}$$

2. Die Vektoraddition ist assoziativ:

$$(\mathfrak{a} + \mathfrak{b}) + \mathfrak{c} = \mathfrak{a} + (\mathfrak{b} + \mathfrak{c})$$

3. In der Menge der Vektoren gibt es das neutrale Element der Addition, nämlich den Nullvektor $\mathfrak{o}$, so daß für jeden Vektor $\mathfrak{a}$ gilt:

$$\mathfrak{a} + \mathfrak{o} = \mathfrak{o} + \mathfrak{a} = \mathfrak{a}$$

4. Zu jedem Vektor $\mathfrak{a}$ gibt es eindeutig ein inverses Element, nämlich den Gegenvektor $-\mathfrak{a}$, so daß gilt:

$$\mathfrak{a} + (-\mathfrak{a}) = (-\mathfrak{a}) + \mathfrak{a} = \mathfrak{o}$$

Da außerdem die Addition von Vektoren wie die von reellen Zahlen kommutativ ist ($\mathfrak{a} + \mathfrak{b} = \mathfrak{b} + \mathfrak{a}$), bilden die Vektoren hinsichtlich der Vektoraddition sogar eine kommutative Gruppe (abelsche Gruppe).

Die Menge der reellen Zahlen und die Menge der Vektoren besitzen also hinsichtlich der Addition die gleiche Struktur, nämlich die einer abelschen Gruppe. Daher müssen für die Addition von Vektoren und für die Subtraktion, bei der es sich ja um die Addition des Gegenvektors handelt, formal die gleichen Rechengesetze gelten wie für die Addition und Subtraktion der reellen Zahlen. Gerade hier erkennt man deutlich den Vorteil gruppentheoretischer Überlegungen.

So gilt zum Beispiel $-(\mathfrak{a} + \mathfrak{b}) = -\mathfrak{a} - \mathfrak{b}$ für jedes $\mathfrak{a}$ und $\mathfrak{b}$.

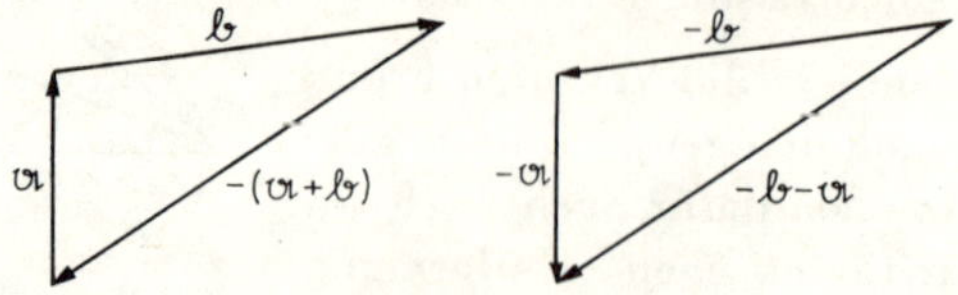

Bild 8.1

Unabhängig von der Gruppentheorie läßt sich dieses Rechengesetz wie auch die übrigen natürlich auch rein geometrisch herleiten (Bild 8.1).

Beispiel

Gegeben sei ein Viereck ABCD durch die Vektoren $\mathfrak{a}$, $\mathfrak{b}$, $\mathfrak{c}$ (Bild 8.2).
Drücke die eingezeichneten Vektoren durch die gegebenen aus.

$\overrightarrow{CA}$: An $\mathfrak{b}$ hängt man $-\mathfrak{a}$, um $\overrightarrow{CA}$ zu erhalten, also ist $\overrightarrow{CA} = \mathfrak{b} - \mathfrak{a}$.

$\overrightarrow{BD}$: An $-\mathfrak{b}$ hängen wir $\mathfrak{c}$ und erhalten $\overrightarrow{BD}$, also ist $\overrightarrow{BD} = -\mathfrak{b} + \mathfrak{c} = \mathfrak{c} - \mathfrak{b}$.

$\overrightarrow{DA}$: Wir hängen an $-\mathfrak{c}$ den Vektor $\mathfrak{b}$, daran $-\mathfrak{a}$ und erhalten $\overrightarrow{DA}$, also ist $\overrightarrow{DA} = -\mathfrak{c} + \mathfrak{b} - \mathfrak{a}$.

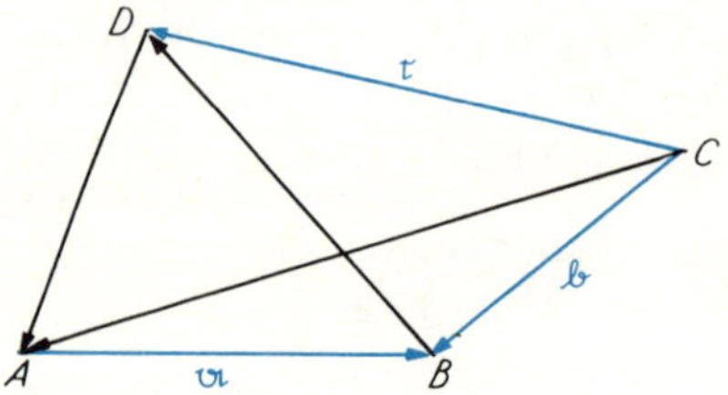

Bild 8.2

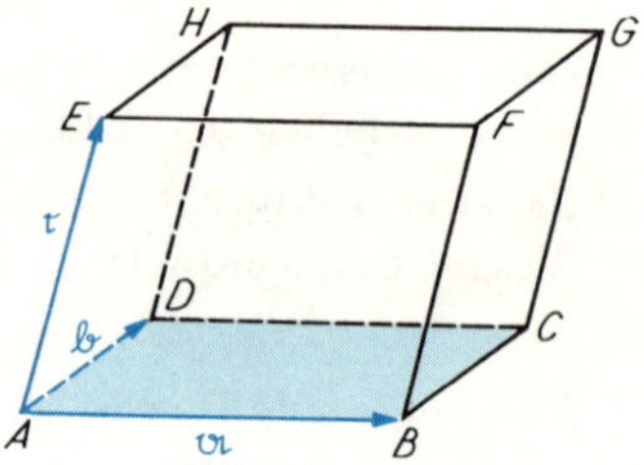

Bild 8.3

Aufgaben

1. Zeichne die Vektoren $-\mathfrak{a} + \mathfrak{b} + \mathfrak{c}$ und $-\mathfrak{a} + \mathfrak{b} - \mathfrak{c}$.
2. Durch wieviele Vektoren ist ein Parallelogramm ABCD festgelegt? Drücke mit Hilfe dieser Vektoren $\overrightarrow{AC}$ und $\overrightarrow{BD}$ aus.
3. Gegeben sei ein Parallelflach (Spat) (Bild 8.3) durch $\mathfrak{a}$, $\mathfrak{b}$, $\mathfrak{c}$. Drücke $\overrightarrow{AC}$, $\overrightarrow{BE}$, $\overrightarrow{BG}$, $\overrightarrow{AG}$, $\overrightarrow{HB}$ durch die gegebenen Vektoren aus.
4. Was folgt geometrisch aus der Gleichung $\mathfrak{a} + \mathfrak{b} + \mathfrak{c} = \mathfrak{o}$? Müssen a) 3 Vektoren, für die gilt $\mathfrak{a} + \mathfrak{b} + \mathfrak{c} = \mathfrak{o}$, b) 4 Vektoren, für die gilt $\mathfrak{a} + \mathfrak{b} + \mathfrak{c} + \mathfrak{d} = \mathfrak{o}$, in einer gemeinsamen Ebene liegen?
5. Gegeben sei eine quadratische Pyramide durch die Vektoren $\mathfrak{a}$, $\mathfrak{b}$, $\mathfrak{c}$. Drücke durch die gegebenen Vektoren aus: $\overrightarrow{BS}$, $\overrightarrow{DS}$, $\overrightarrow{CS}$, $\overrightarrow{DB}$, $\overrightarrow{CA}$ (Bild 8.4).

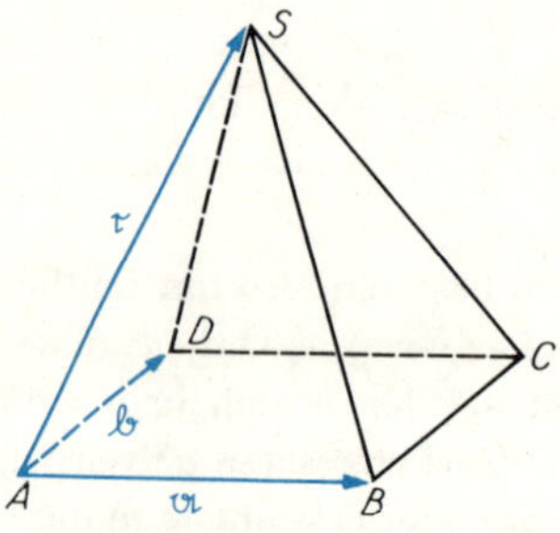

Bild 8.4

1.4. Die Multiplikation eines Vektors mit einer Zahl (S-Multiplikation) Der lineare Vektorraum

Vorübungen

1. Was versteht man unter 5a, $\frac{4}{5}$ a, 0a?
2. Zeichne einen Vektor $\mathfrak{a}$ mit a = 3 und dazu einen Vektor $\mathfrak{b}$ der gleichen Richtung mit der Länge 1. Wie kann man $\mathfrak{b}$ durch $\mathfrak{a}$ ($\mathfrak{a}$ durch $\mathfrak{b}$) ausdrücken?

Ein algebraischer Term der Form 3a bedeutet $a + a + a$. Unter $\frac{2}{3}$ a versteht man entsprechend $\frac{2}{3}$ von a.

Es ist durchaus sinnvoll, diese Schreibweise mit ihrer Bedeutung auch für Vektoren zu übernehmen. Wenn wir nämlich den Summenvektor $\mathfrak{a} + \mathfrak{a} + \mathfrak{a}$ zeichnen, erhalten wir einen Vektor, der dieselbe Richtung und Orientierung wie $\mathfrak{a}$ hat, jedoch dreimal so lang ist. Wir wollen ihn $3 \cdot \mathfrak{a}$ nennen und genau wie in der Algebra den Punkt als Verknüpfungszeichen fortlassen. Unter $\frac{2}{3}\mathfrak{a}$ verstehen wir einen Vektor mit der Richtung und Orientierung von $\mathfrak{a}$ und $\frac{2}{3}$ der Länge von $\mathfrak{a}$. $-1\frac{1}{3}\mathfrak{a}$ ist entsprechend ein Vektor mit umgekehrter Orientierung von $1\frac{1}{3}\mathfrak{a}$ mit der gleichen Länge wie $1\frac{1}{3}\mathfrak{a}$.
Allgemein soll festgesetzt werden:

> *Definition 1.6*
>
> Es sei n eine positive Zahl und $\mathfrak{a}$ ein Vektor. Wir wollen unter $n \cdot \mathfrak{a} = n\mathfrak{a} = \mathfrak{a}n$ den Vektor verstehen, der dieselbe Richtung und Orientierung wie $\mathfrak{a}$ hat und der n-mal so lang ist wie $\mathfrak{a}$. Ferner sei
>
> $$0\,\mathfrak{a} = \mathfrak{o}$$
>
> und $$(-n)\,\mathfrak{a} = -(n\,\mathfrak{a}).$$

Zur Abkürzung nennen wir die Multiplikation eines Vektors mit einer Zahl (*S*kalar!) auch *S-Multiplikation.* Auch die Physik legt diese Definition nahe. Denn unter $3\mathfrak{K}$ versteht man eine dreimal so große Kraft wie $\mathfrak{K}$, die die Richtung und Orientierung von $\mathfrak{K}$ hat.

Für die S-Multiplikation gelten formal die Rechenregeln der gewöhnlichen Algebra:

1. $m\,(n\,\mathfrak{a}) = (m\,n)\,\mathfrak{a} = n\,(m\,\mathfrak{a})$	assoziatives Gesetz	für jedes m, n und $\mathfrak{a}$.
2. $(m + n)\,\mathfrak{a} = m\,\mathfrak{a} + n\,\mathfrak{a}$	1. distributives Gesetz	
3. $m\,(\mathfrak{a} + \mathfrak{b}) = m\,\mathfrak{a} + m\,\mathfrak{b}$	2. distributives Gesetz	
4. $1\,\mathfrak{a} = \mathfrak{a}$		

Die zugehörigen Beweise wollen wir in Aufgabe 4 durchführen.

Durch die so definierte S-Multiplikation zwischen Vektoren und reellen Zahlen lernen wir eine neue algebraische Struktur kennen. Eine Menge von Elementen, genannt Vektoren, die eine additive abelsche Gruppe bildet, und für die eine Multiplikation mit reellen Zahlen so erklärt ist, daß die Rechengesetze 1. bis 4. der S-Multiplikation gelten, heißt *linearer Vektorraum.*

Es sei an dieser Stelle mit besonderem Nachdruck vermerkt, daß wir nur das Produkt zwischen einer *Zahl* und einem *Vektor* definiert haben. Das Produkt zwischen *zwei Vektoren* ist in unserer Definition nicht enthalten. Vorläufig können wir deshalb zwei Vektoren nicht miteinander multiplizieren.

Allerdings können wir einen Vektor durch eine *Zahl* dividieren, z. B. $\frac{\mathfrak{a}}{2} = \frac{1}{2}\mathfrak{a}$ bilden. Handelt es sich doch bei dieser Aufgabe in Wirklichkeit um eine Multiplikation mit dem Faktor $\frac{1}{2}$. Einen *Quotienten* aus *zwei Vektoren* können wir wiederum nicht berechnen, da nicht definiert wurde, was darunter zu verstehen ist.

Vektoren mit der Länge 1 wollen wir *Einheitsvektoren* nennen und sie symbolisch durch den angehängten Exponenten 0 kenntlich machen. Es soll also gelten für jedes $\mathfrak{a}$:

$$|\mathfrak{a}^0| = 1$$

Wir lesen: $\mathfrak{a}$ *oben* Null, nicht $\mathfrak{a}$ hoch Null, weil es sich nicht um eine echte Potenz im algebraischen Sinne handelt, die gar nicht definiert ist. Diese Schreibweise soll nur zum Ausdruck bringen, daß $\mathfrak{a}^0$ die Länge 1 hat in Analogie zur algebraischen Definition $x^0 = 1$ für jedes $x \in$ Re.

Jeder beliebige Vektor $\mathfrak{b}$ mit der Länge b läßt sich nunmehr darstellen als Vielfaches seines zugehörigen Einheitsvektors $\mathfrak{b}^0$, d. h. eines Vektors, der die Richtung und Orientierung von $\mathfrak{b}$ und den Betrag 1 hat. Wir können deshalb schreiben für jedes $\mathfrak{b}$:

$$\mathfrak{b} = b\,\mathfrak{b}^0 \text{ oder } \mathfrak{b}^0 = \frac{1}{b}\mathfrak{b}.$$

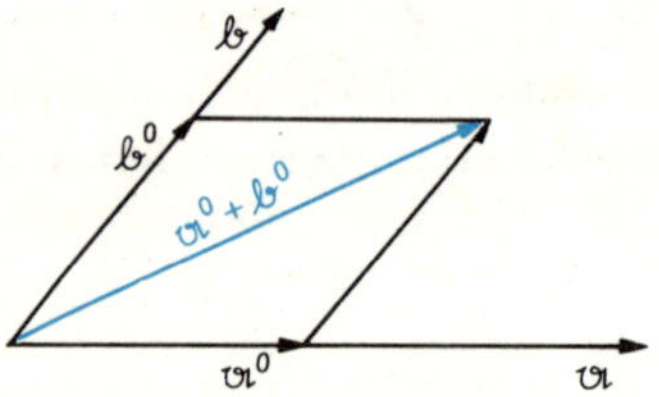

Bild 10.1

Der Begriff des Einheitsvektors führt uns zur Darstellung eines Vektors in Richtung der Winkelhalbierenden des Winkels α zwischen den Vektoren $\mathfrak{a}$ und $\mathfrak{b}$ (Bild 10.1).

Wir tragen zwei Vektoren $\mathfrak{a}$ und $\mathfrak{b}$ von einem gemeinsamen Punkt aus ab. Diesen Punkt wählen wir auch als AP der Einheitsvektoren $\mathfrak{a}^0$ und $\mathfrak{b}^0$. Dann stellt der Vektor $\mathfrak{a}^0 + \mathfrak{b}^0$ die eine Diagonale des durch $\mathfrak{a}^0$ und $\mathfrak{b}^0$ aufgespannten Rhombus dar. Im Rhombus ist jede Diagonale auch Winkelhalbierende der zugehörigen Winkel. Damit ist gezeigt, daß der Vektor $\mathfrak{a}^0 + \mathfrak{b}^0$ ein Vektor ist, der in Richtung der Winkelhalbierenden des Winkels zwischen $\mathfrak{a}$ und $\mathfrak{b}$ weist.

Da für Vektoren die Addition, Subtraktion und S-Multiplikation und die Gleichheit definiert sind und für diese Operationen die gleichen Rechenregeln gelten wie in der Zahlenalgebra, können wir auch Vektorgleichungen aufstellen und diese formal wie in der Zahlenalgebra behandeln.

Beispiele

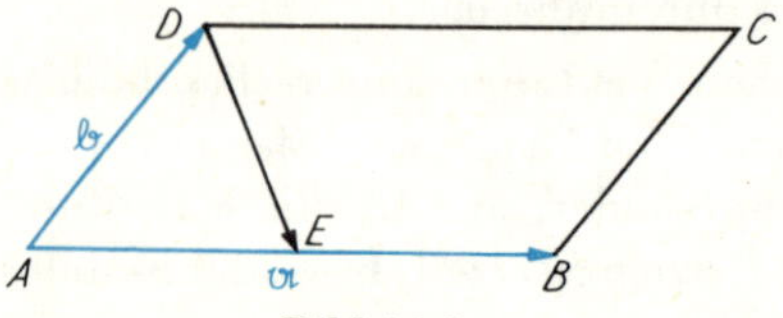

Bild 10.2

1. Gegeben sei das Parallelogramm ABCD durch die Vektoren $\mathfrak{a}$ und $\mathfrak{b}$. E sei Mittelpunkt von AB. Drücke $\overrightarrow{DE}$ durch $\mathfrak{a}$ und $\mathfrak{b}$ aus (Bild 10.2).

   Lösung: Die Berechnung erfolgt am einfachsten, wenn wir uns die Vektoren als Wegstrecken vorstellen, die wir in der eingezeichneten Orientierung zu durchlaufen haben. Wenn wir also von D nach E wollen — $\overrightarrow{DE}$ ist gesucht —, so laufen wir zunächst den Vektor $-\mathfrak{b}$ entlang und gehen dann weiter entlang $\frac{1}{2}\mathfrak{a}$. So gelangen wir zum Punkt E. Also:

$$\overrightarrow{DE} = -\mathfrak{b} + \frac{1}{2}\mathfrak{a} = \frac{\mathfrak{a}}{2} - \mathfrak{b}$$

2. Löse folgende Vektorgleichung nach $\mathfrak{a}$ auf:

$$4\mathfrak{a} - \frac{\mathfrak{b}}{2} - (3\mathfrak{a} + 2\mathfrak{b}) = -2(\mathfrak{a} - 3\mathfrak{b}) - 1\frac{1}{2}\mathfrak{b} + \mathfrak{c}$$

Nach den Regeln der S-Multiplikation lösen wir die Klammern auf:

$$4\mathfrak{a} - \frac{\mathfrak{b}}{2} - 3\mathfrak{a} - 2\mathfrak{b} = -2\mathfrak{a} + 6\mathfrak{b} - 1\frac{1}{2}\mathfrak{b} + \mathfrak{c}$$

Wir fassen die Vektoren zusammen: $4\mathfrak{a} - 3\mathfrak{a} + 2\mathfrak{a} = 6\mathfrak{b} - 1\frac{1}{2}\mathfrak{b} + \frac{\mathfrak{b}}{2} + 2\mathfrak{b} + \mathfrak{c}$

$$3\mathfrak{a} = 7\mathfrak{b} + \mathfrak{c}$$

$$\mathfrak{a} = 2\frac{1}{3}\mathfrak{b} + \frac{1}{3}\mathfrak{c}$$

Aufgaben

1. Gegeben sei ein Parallelogramm ABCD durch $\mathfrak{a} = \overrightarrow{AB}$ und $\mathfrak{b} = \overrightarrow{AD}$. E sei der Punkt, der AB von A aus im Verhältnis 2:3 teilt. Drücke $\overrightarrow{CE}$ durch $\mathfrak{a}$ und $\mathfrak{b}$ aus.
2. Gegeben sei eine quadratische Pyramide durch $\mathfrak{a}$, $\mathfrak{b}$, $\mathfrak{c}$ (vergl. Aufg. 5 in 1.3). Drücke $\overrightarrow{AM}$ und $\overrightarrow{SM}$ durch die gegebenen Vektoren aus, wenn M der Diagonalenschnittpunkt im Quadrat ABCD ist.
3. Gegeben sei ein Dreieck ABC durch die beiden Vektoren $\overrightarrow{AB} = \mathfrak{c}$, $\overrightarrow{BC} = \mathfrak{a}$. Berechne $\overrightarrow{AC}$ und die drei Seitenhalbierenden als Vektoren, wenn die Zielpunkte dieser Vektoren auf den zugehörigen Seitenmitten liegen sollen.
4. Weise geometrisch die Rechengesetze 1. bis 3. (Seite 9) für die Multiplikation von Zahlen mit Vektoren nach.
5. Zeichne zu den Vektoren $\mathfrak{a}$ und $\mathfrak{b}$ mit $a = 3$ LE, $b = 2$ LE und $\sphericalangle(\mathfrak{a}; \mathfrak{b}) = 50°$ die Vektoren:

   a) $2\mathfrak{a} - \frac{\mathfrak{b}}{2}$ b) $\frac{2}{3}\mathfrak{a} - \frac{\mathfrak{b}}{2}$ c) $\mathfrak{a}^0 + \mathfrak{b}^0$ d) $\mathfrak{a}^0 - \mathfrak{b}^0$
6. Gegeben sei das Parallelogramm ABCD durch $\mathfrak{a} = \overrightarrow{AB}$ und $\mathfrak{b} = \overrightarrow{AD}$. Wie läßt sich ein Vektor in Richtung der Winkelhalbierenden w_α darstellen?
7. Gegeben seien zwei Einheitsvektoren $\mathfrak{a}^0$ und $\mathfrak{b}^0$ mit verschiedener Richtung. Wie liegt $\mathfrak{a}^0 - \mathfrak{b}^0$ zu $\mathfrak{a}^0$ und $\mathfrak{b}^0$, wenn alle Vektoren von einem gemeinsamen Punkt aus abgetragen werden? Wie liegt $\mathfrak{a}^0 - \mathfrak{b}^0$ zu $\mathfrak{a}^0 + \mathfrak{b}^0$?
8. Zeige geometrisch: Im allgemeinen gilt $\mathfrak{a}^0 + \mathfrak{b}^0 \neq (\mathfrak{a} + \mathfrak{b})^0$. Gibt es einen Ausnahmefall?
9. Gegeben ist ein Parallelogramm ABCD (vergl. Aufg. 6). Wie läßt sich ein Vektor in Richtung von w_β darstellen?
10. Wie lautet die Vektorgleichung dafür, daß drei Vektoren ein Dreieck bilden?
11. Berechne $\mathfrak{a}$ aus folgenden Vektorgleichungen:

    a) $-(2\mathfrak{a} + 3\mathfrak{b} - 4\mathfrak{c}) + \frac{\mathfrak{c} - 3\mathfrak{b}}{2} = \left(1\frac{1}{2}\mathfrak{a} - 2\mathfrak{c}\right) - 2\mathfrak{a}$

    b) $\frac{\mathfrak{a} + 2\mathfrak{b} - 3\mathfrak{c}}{2} + 2\mathfrak{b} = \frac{2\mathfrak{a} - \mathfrak{b} + \mathfrak{c}}{3}$

12. Was ist falsch an folgenden Vektorgleichungen?

a) $2\,\mathfrak{a} + \mathfrak{b} - 3 = \mathfrak{c}$ b) $n\,\mathfrak{c} = \mathfrak{a} + \mathfrak{b} \Rightarrow n = \frac{\mathfrak{a} + \mathfrak{b}}{\mathfrak{c}}$ c) $2\,\mathfrak{a} + 4\,\mathfrak{b} = 1$

d) $2\,\mathfrak{a} + \mathfrak{b} = \mathfrak{c} \Rightarrow \frac{2\,\mathfrak{a}}{\mathfrak{c}} + \frac{\mathfrak{b}}{\mathfrak{c}} = 1$ e) $\mathfrak{a}^0 + \mathfrak{b}^0 + \mathfrak{c}^0 = 3$

2. Determinanten

2.1. Lineare Gleichungen mit zwei Variablen
Einführung der Determinantenschreibweise

Eine ganze Reihe von Aufgaben zur Vektorrechnung führt auf lineare Gleichungssysteme. Neben den bisher bekannten Lösungsverfahren für solche Systeme wollen wir ein neues kennenlernen, das den vektoriellen Problemen besonders gut angepaßt ist.

Vorübung

Löse möglichst auf mehrere Arten die Gleichungssysteme:

a) $\begin{aligned} 2x + 4y &= -2 \\ x - 2y &= -3 \end{aligned}$ b) $\begin{aligned} 2x + 4y &= -2 \\ x + 2y &= -1 \end{aligned}$ c) $\begin{aligned} 2x + 4y &= -2 \\ x + 2y &= 0 \end{aligned}$

Wenn man häufig Gleichungssysteme von zwei Gleichungen mit zwei Variablen zu lösen hat, wird man versuchen, eine Formel zu entwickeln wie etwa bei der Lösung quadratischer Gleichungen. Diese Formel soll die Lösungen unmittelbar angeben, uns also die Umformungen ersparen, die wir sonst in jedem einzelnen Fall aufs neue durchzuführen hätten. Wir setzen also unser Gleichungssystem mit Formvariablen an:

(1) $$\begin{aligned} a_1 x + b_1 y &= c_1 \\ a_2 x + b_2 y &= c_2\,, \end{aligned}$$

multiplizieren die erste Zeile mit b_2, die zweite mit $-b_1$:

(2) $$\begin{aligned} a_1 b_2 x + b_1 b_2 y &= c_1 b_2 \\ -a_2 b_1 x - b_1 b_2 y &= -c_2 b_1 \end{aligned}$$

und addieren:

(3) $$x\,(a_1 b_2 - a_2 b_1) = c_1 b_2 - c_2 b_1\,,$$

so daß sich für $a_1 b_2 - a_2 b_1 \neq 0$ ergibt

(4) $$x = \frac{c_1 b_2 - c_2 b_1}{a_1 b_2 - a_2 b_1}\,.$$

Entsprechend erhält man für $a_1 b_2 - a_2 b_1 \neq 0$

(5) $$y = \frac{a_1 c_2 - a_2 c_1}{a_1 b_2 - a_2 b_1}\,.$$

Ist $b_1 = 0$ oder $b_2 = 0$, so sind die Gleichungssysteme (1) und (2) nicht äquivalent. Es folgt aber in diesem Fall (3) unmittelbar aus (1), so daß auch hierfür das Ergebnis richtig bleibt.

Zähler und Nenner der gefundenen Bruchterme sind Differenzen von Produkten. Führt man für die Differenz von zwei Produkten $D = ad - bc$ folgende Schreibweise ein

Definition 2.1

$$ad - bc = \begin{vmatrix} a & b \\ c & d \end{vmatrix}$$

und bezeichnet diese Symbole als *Determinanten*, so erhält man

$$x = \frac{\begin{vmatrix} c_1 & b_1 \\ c_2 & b_2 \end{vmatrix}}{\begin{vmatrix} a_1 & b_1 \\ a_2 & b_2 \end{vmatrix}} = \frac{D_x}{D}, \qquad y = \frac{\begin{vmatrix} a_1 & c_1 \\ a_2 & c_2 \end{vmatrix}}{\begin{vmatrix} a_1 & b_1 \\ a_2 & b_2 \end{vmatrix}} = \frac{D_y}{D}, \quad \text{falls } D = a_1 b_2 - a_2 b_1 \neq 0 \text{ ist.}$$

Die Lösungsmenge L des Gleichungssystems enthält demnach als einziges Element das Zahlenpaar

$$\left(\frac{D_x}{D} \,\Big|\, \frac{D_y}{D}\right); \quad L = \left\{\left(\frac{D_x}{D} \,\Big|\, \frac{D_y}{D}\right)\right\}$$

Durch diese Determinantenschreibweise ist die Lösung des Systems in eine einprägsame Form gebracht, die es gestattet, die Lösung eines solchen linearen Gleichungssystems sofort als Quotient zweier Determinanten hinzuschreiben. Vergleichen wir diese Lösung mit dem vorgegebenen Gleichungssystem (1), so erkennen wir den nach dem Schweizer Mathematiker CRAMER (um 1750) benannten

Satz 2.1

Wenn man die Gleichungen eines linearen Gleichungssystems auf die Normalform $a_1x + b_1y = c_1$, $a_2x + b_2y = c_2$ **gebracht hat, ergeben sich die Zahlen des Lösungspaares als die Quotienten zweier Determinanten: Im Nenner steht die „Koeffizientendeterminante" D des Systems, im Zähler die Determinante D_x bzw. D_y, die sich aus der Nennerdeterminante dadurch ergibt, daß man die vor x bzw. y stehenden Koeffizienten durch die rechts stehenden absoluten Glieder ersetzt (CRAMERsche Regel).**

Ist $D = \begin{vmatrix} a_1 & b_1 \\ a_2 & b_2 \end{vmatrix} = 0$, so läßt sich der Übergang von (2) nach (3) nicht durchführen.

Aus (2) folgt dann wegen $D = 0$ $\quad x \cdot 0 = c_1 b_2 - c_2 b_1 = \begin{vmatrix} c_1 & b_1 \\ c_2 & b_2 \end{vmatrix} = D_x$.

Entsprechend ergibt sich $\quad y \cdot 0 = a_1 c_2 - a_2 c_1 = \begin{vmatrix} a_1 & c_1 \\ a_2 & c_2 \end{vmatrix} = D_y$.

Ist nun $D_x \neq 0$ oder $D_y \neq 0$, so kann es keine Wertepaare geben, die das Gleichungssystem

(4) $$\begin{aligned} x \cdot 0 &= D_x \\ y \cdot 0 &= D_y \end{aligned}$$

erfüllen. Das Gleichungssystem (4) und damit auch das System (1) ist unerfüllbar, seine Lösungsmenge ist leer.

Ist hingegen sowohl $D_x = 0$ als auch $D_y = 0$, so erhält man das System

(5) $$\begin{aligned} x \cdot 0 &= 0 \\ y \cdot 0 &= 0\,. \end{aligned}$$

Es wird von allen Paaren (x/y) reeller Zahlen erfüllt. Das Gleichungssystem (5) ist allgemeingültig, die Lösungsmenge enthält alle Zahlenpaare.

Nun sind aber die Gleichungssysteme (1) und (5) nicht äquivalent, ihre Lösungsmengen sind verschieden. Denn ist $D = D_x = D_y = 0$, so sind die beiden Gleichungen des Systems (1) proportional.

Beweis: Es sei etwa $b_1 \neq 0$. Dann gibt es eine reelle Zahl k, so daß gilt: $b_2 = k \cdot b_1$. Aus $D = 0$ folgt dann $a_1 b_2 - a_2 b_1 = k a_1 b_1 - a_2 b_1 = 0$, und daraus ergibt sich $a_2 = k a_1$. Aus $D_x = 0$ folgt entsprechend $c_1 b_2 - c_2 b_1 = k b_1 c_1 - b_1 c_2 = 0$ und weiter $c_2 = k c_1$. Mit $D = 0$ und $D_x = 0$ muß nun auch gelten $D_y = 0$, denn $D_y = a_1 c_2 - a_2 c_1 = k a_1 c_1 - k a_1 c_1 = 0$.

(1) besteht also aus zwei proportionalen Gleichungen. Alle Zahlenpaare, die eine der beiden Gleichungen erfüllen, erfüllen auch die andere und bilden damit die Lösungsmenge des Systems.

Wir unterscheiden bei der Determinante $\begin{vmatrix} a & b \\ c & d \end{vmatrix}$ die Zeilen a b und c d sowie die Spalten $\begin{matrix} a \\ c \end{matrix}$ und $\begin{matrix} b \\ d \end{matrix}$.

Beispiele

1. Berechne die Determinante $\begin{vmatrix} x & x^2 \\ 1 & x \end{vmatrix}$. Lösung: $D = x^2 - x^2 = 0$.

2. Löse das Gleichungssystem $\begin{aligned} 2x + 5y &= -1 \\ 3x - 6y &= 0. \end{aligned}$

   Lösung:

$$x = \frac{\begin{vmatrix} -1 & 5 \\ 0 & -6 \end{vmatrix}}{\begin{vmatrix} 2 & 5 \\ 3 & -6 \end{vmatrix}} = \frac{6}{-27} = -\frac{2}{9}; \quad y = \frac{\begin{vmatrix} 2 & -1 \\ 3 & 0 \end{vmatrix}}{\begin{vmatrix} 2 & 5 \\ 3 & -6 \end{vmatrix}} = \frac{3}{-27} = -\frac{1}{9}; \quad L = \left\{\left(-\frac{2}{9} \,\middle|\, -\frac{1}{9}\right)\right\}$$

Aufgaben

1. Berechne die Determinanten:

a) $\begin{vmatrix} 4 & 3 \\ 2 & 7 \end{vmatrix}$ b) $\begin{vmatrix} 5 & -1 \\ 2 & 4 \end{vmatrix}$ c) $\begin{vmatrix} 0 & 0 \\ 2 & -3 \end{vmatrix}$ d) $\begin{vmatrix} \frac{1}{2} & \frac{1}{4} \\ \frac{1}{3} & \frac{1}{6} \end{vmatrix}$ e) $\begin{vmatrix} 0{,}5 & 0{,}4 \\ 0{,}3 & 0{,}2 \end{vmatrix}$ f) $\begin{vmatrix} a & ab \\ 1 & -b \end{vmatrix}$

g) $\begin{vmatrix} a & b \\ 1 & 1 \end{vmatrix}$ h) $\begin{vmatrix} x^3 & x^2 \\ x & 1 \end{vmatrix}$ i) $\begin{vmatrix} (a+b)^2 & 2a^2b^2 \\ -1 & (a-b)^2 \end{vmatrix}$ k) $\begin{vmatrix} \sin\beta & -\cos\beta \\ \cos\beta & \sin\beta \end{vmatrix}$

2. Bilde je drei Determinanten mit dem Wert a) 0, b) 1, c) $\frac{3}{4}$, d) a, e) x^2.

3. Löse folgende Gleichungssysteme:

a) $\begin{aligned} 2x + 4y &= -2 \\ 5x + 3y &= 2 \end{aligned}$ b) $\begin{aligned} -3x + 2y &= 5 \\ 6x - 4y &= -10 \end{aligned}$ c) $\begin{aligned} x - 2y &= 4 \\ -2x + 4y &= 4 \end{aligned}$ d) $\begin{aligned} 4x + 2y &= 0 \\ 2x + y &= 0 \end{aligned}$

e) $\begin{aligned} 9x + 5y &= 0 \\ 4x - 7y &= 0 \end{aligned}$ f) $\begin{aligned} 4x - 5y &= -2 \\ 3y - 2x &= 2 \end{aligned}$ g) $\begin{aligned} 3(x - 3) - 5y &= 2x - 1 \\ 2y + 4(2x - 1) &= 6x \end{aligned}$ h) $\begin{aligned} 2s + 3t &= 9 \\ 3s - 2t &= 7 \end{aligned}$

2.2. Sätze über zweireihige Determinanten

Vorübungen

1. Vertausche in $\begin{vmatrix} 5 & 3 \\ 2 & 4 \end{vmatrix}$ a) Zeilen und Spalten, b) die beiden Zeilen, c) die beiden Spalten, und vergleiche die Werte der entstehenden Determinanten.

2. Es ist $\begin{vmatrix} 0 & 2 \\ 0 & 3 \end{vmatrix} = 0$. Formuliere auf Grund dieser Aufgabe einen Satz und beweise ihn.
3. Bilde 5 Determinanten mit dem Wert 0, ohne daß eine Zeile oder Spalte nur aus Nullen besteht.

Für das Rechnen mit Determinanten gibt es Sätze, die nun zusammengestellt und bewiesen werden sollen. Im allgemeinen wird man zwar zweireihige Determinanten ohne Benutzung von solchen Sätzen einfach auf Grund der Definition ebenso schnell ausrechnen können, wir brauchen die Sätze aber für die Beweise der entsprechenden Sätze für dreireihige Determinanten, die dort zu erheblichen Vereinfachungen beim Ausrechnen führen können.

Satz 2.2

Eine Determinante kann man stürzen (d. h. Zeilen und Spalten vertauschen), ohne daß sich ihr Wert ändert.

Beweis: $\begin{vmatrix} a & b \\ c & d \end{vmatrix} = ad - bc = ad - cb = \begin{vmatrix} a & c \\ b & d \end{vmatrix}$

Satz 2.3

Vertauscht man zwei Zeilen oder Spalten einer Determinante, so wechselt die Determinante das Vorzeichen.

Beweis: $\begin{vmatrix} c & d \\ a & b \end{vmatrix} = cb - ad = -(ad - bc) = -\begin{vmatrix} a & b \\ c & d \end{vmatrix}$

Der Beweis für die Spalten folgt aus Satz 2.2.

Satz 2.4

Wenn eine Spalte (Zeile) einer Determinante aus lauter Nullen besteht, hat die Determinante den Wert Null.

Beweis: $\begin{vmatrix} 0 & b \\ 0 & d \end{vmatrix} = 0 - 0 = 0$

Satz 2.5

Wenn zwei Spalten (Zeilen) einer Determinante einander proportional sind, hat die Determinante den Wert Null.

Beweis: $\begin{vmatrix} a & ka \\ c & kc \end{vmatrix} = kac - kac = 0$

Satz 2.6

Man multipliziert eine Determinante mit einer Zahl, indem man die Elemente einer Spalte oder Zeile mit der Zahl multipliziert.

Beweis: $k\begin{vmatrix} a & b \\ c & d \end{vmatrix} = kad - kbc = (ka)d - (kc)b = \begin{vmatrix} ka & b \\ kc & d \end{vmatrix} = (ka)d - (kb)c = \begin{vmatrix} ka & kb \\ c & d \end{vmatrix}$

Satz 2.7

Man addiert zwei Determinanten, die sich nur in den Elementen einer Spalte (Zeile) unterscheiden, indem man die Elemente dieser Spalten (Zeilen) addiert und die übrigen beibehält.

Beweis: $\begin{vmatrix} a & b \\ c & d \end{vmatrix} + \begin{vmatrix} a & e \\ c & f \end{vmatrix} = ad - bc + af - ce = a(d+f) - c(b+e) = \begin{vmatrix} a & b+e \\ c & d+f \end{vmatrix}$

Satz 2.8

Addiert man zu den Elementen einer Spalte (Zeile) ein beliebiges Vielfaches der Elemente einer anderen Spalte (Zeile), so ändert sich der Wert der Determinante nicht.

Beweis: $\begin{vmatrix} a+kb & b \\ c+kd & d \end{vmatrix} = \begin{vmatrix} a & b \\ c & d \end{vmatrix} + \begin{vmatrix} kb & b \\ kd & d \end{vmatrix} = \begin{vmatrix} a & b \\ c & d \end{vmatrix} + 0 = \begin{vmatrix} a & b \\ c & d \end{vmatrix}$

Beispiel

Berechne unter Benutzung der Determinantensätze die Determinante $\begin{vmatrix} 1050 & 550 \\ 168 & 88 \end{vmatrix}$.

Lösung: $\begin{vmatrix} 1050 & 550 \\ 168 & 88 \end{vmatrix} = 50 \cdot \begin{vmatrix} 21 & 11 \\ 168 & 88 \end{vmatrix} = 0$ (Satz 2.6 und Satz 2.5).

Aufgaben

1. Bilde zu jedem Determinantensatz ein Zahlenbeispiel.
2. Nach welchen Sätzen sind die nachstehenden Umformungen erfolgt?

   a) $\begin{vmatrix} 1000 & 125 \\ 720 & 880 \end{vmatrix} = 125 \cdot 80 \cdot \begin{vmatrix} 8 & 1 \\ 9 & 11 \end{vmatrix} = 125 \cdot 80 \cdot 79 = 790000$

   b) $\begin{vmatrix} 39 & 51 \\ 13 & 17 \end{vmatrix} = 0$ c) $\begin{vmatrix} 125 & 0 \\ 713 & 0 \end{vmatrix} = 0$

   d) $\begin{vmatrix} 1000 & 111 \\ 46 & 5 \end{vmatrix} = \begin{vmatrix} 1000-999 & 111 \\ 46-45 & 5 \end{vmatrix} = \begin{vmatrix} 1 & 111 \\ 1 & 5 \end{vmatrix} = 5 - 111 = -106$

3. Berechne unter Anwendung der Determinantensätze:

   a) $\begin{vmatrix} 112 & 37 \\ 100 & 33 \end{vmatrix}$ b) $\begin{vmatrix} 1575 & 875 \\ 2475 & 1375 \end{vmatrix}$ c) $\begin{vmatrix} 252 & 308 \\ 126 & 154 \end{vmatrix}$ d) $\begin{vmatrix} \frac{3}{5} & \frac{2}{5} \\ \frac{3}{4} & \frac{1}{4} \end{vmatrix}$ e) $\begin{vmatrix} 203 & 51 \\ 70 & 17 \end{vmatrix}$

4. Beweise: Eine zweireihige Determinante hat dann und nur dann den Wert Null, wenn zwei Spalten (Zeilen) zueinander proportional sind, oder wenn eine Spalte (Zeile) aus lauter Nullen besteht.
5. Ist die Menge der zweireihigen Determinanten, die in der ersten Spalte übereinstimmen, eine Gruppe bezüglich der Addition?

2.3. Lineare Gleichungen mit drei Variablen
Definition der dreireihigen Determinante

Vorübung

Löse das Gleichungssystem:

$$\begin{aligned} 3x + 2y &= 4 \\ 2x - 3z &= 1 \\ 3y + 4z &= 1 \end{aligned}$$

Einer der Werte des Determinantenbegriffs liegt darin, daß er ermöglicht, jedes lineare Gleichungssystem, das genau so viele Gleichungen wie Variable enthält, nach derselben Methode zu behandeln: die Auflösung ergibt sich in jedem Fall nach der CRAMERschen Regel (Satz 2.1). Das wollen wir zeigen für das System von drei Gleichungen mit drei Variablen

$$\begin{aligned} a_1x + b_1y + c_1z &= d_1 \\ a_2x + b_2y + c_2z &= d_2 \\ a_3x + b_3y + c_3z &= d_3 . \end{aligned}$$

Für die letzten beiden Gleichungen schreiben wir:

$$\begin{aligned} b_2y + c_2z &= d_2 - a_2x \\ b_3y + c_3z &= d_3 - a_3x \end{aligned}$$

und formen mit Hilfe der CRAMERschen Regel um:

$$y = \frac{\begin{vmatrix} d_2 - a_2x & c_2 \\ d_3 - a_3x & c_3 \end{vmatrix}}{\begin{vmatrix} b_2 & c_2 \\ b_3 & c_3 \end{vmatrix}} \qquad z = \frac{\begin{vmatrix} b_2 & d_2 - a_2x \\ b_3 & d_3 - a_3x \end{vmatrix}}{\begin{vmatrix} b_2 & c_2 \\ b_3 & c_3 \end{vmatrix}} \qquad \text{für} \begin{vmatrix} b_2 & c_2 \\ b_3 & c_3 \end{vmatrix} \neq 0.$$

Nun setzen wir die gefundenen Quotienten in die erste Gleichung ein und multiplizieren mit $\begin{vmatrix} b_2 & c_2 \\ b_3 & c_3 \end{vmatrix}$:

$$a_1x \begin{vmatrix} b_2 & c_2 \\ b_3 & c_3 \end{vmatrix} + b_1 \begin{vmatrix} d_2 - a_2x & c_2 \\ d_3 - a_3x & c_3 \end{vmatrix} + c_1 \begin{vmatrix} b_2 & d_2 - a_2x \\ b_3 & d_3 - a_3x \end{vmatrix} = d_1 \begin{vmatrix} b_2 & c_2 \\ b_3 & c_3 \end{vmatrix}$$

Unter Anwendung von Satz 2.6 und Satz 2.7 ergibt sich

$$a_1x \begin{vmatrix} b_2 & c_2 \\ b_3 & c_3 \end{vmatrix} + b_1 \begin{vmatrix} d_2 & c_2 \\ d_3 & c_3 \end{vmatrix} - b_1x \begin{vmatrix} a_2 & c_2 \\ a_3 & c_3 \end{vmatrix} + c_1 \begin{vmatrix} b_2 & d_2 \\ b_3 & d_3 \end{vmatrix} - c_1x \begin{vmatrix} b_2 & a_2 \\ b_3 & a_3 \end{vmatrix} = d_1 \begin{vmatrix} b_2 & c_2 \\ b_3 & c_3 \end{vmatrix}.$$

Wir ordnen und erhalten bei Benutzung von Satz 2.3

$$x\left(a_1 \begin{vmatrix} b_2 & c_2 \\ b_3 & c_3 \end{vmatrix} - b_1 \begin{vmatrix} a_2 & c_2 \\ a_3 & c_3 \end{vmatrix} + c_1 \begin{vmatrix} a_2 & b_2 \\ a_3 & b_3 \end{vmatrix}\right) = d_1 \begin{vmatrix} b_2 & c_2 \\ b_3 & c_3 \end{vmatrix} - b_1 \begin{vmatrix} d_2 & c_2 \\ d_3 & c_3 \end{vmatrix} + c_1 \begin{vmatrix} d_2 & b_2 \\ d_3 & b_3 \end{vmatrix}.$$

Wir definieren nun dreireihige Determinanten durch

Definition 2.2

$$\begin{vmatrix} a_1 & b_1 & c_1 \\ a_2 & b_2 & c_2 \\ a_3 & b_3 & c_3 \end{vmatrix} = a_1 \begin{vmatrix} b_2 & c_2 \\ b_3 & c_3 \end{vmatrix} - b_1 \begin{vmatrix} a_2 & c_2 \\ a_3 & c_3 \end{vmatrix} + c_1 \begin{vmatrix} a_2 & b_2 \\ a_3 & b_3 \end{vmatrix}.$$

Mit Benutzung dieser Definition ergibt sich $x \cdot \begin{vmatrix} a_1 & b_1 & c_1 \\ a_2 & b_2 & c_2 \\ a_3 & b_3 & c_3 \end{vmatrix} = \begin{vmatrix} d_1 & b_1 & c_1 \\ d_2 & b_2 & c_2 \\ d_3 & b_3 & c_3 \end{vmatrix}.$

Setzt man nun noch $\begin{vmatrix} a_1 & b_1 & c_1 \\ a_2 & b_2 & c_2 \\ a_3 & b_3 & c_3 \end{vmatrix} = D$ und $\begin{vmatrix} d_1 & b_1 & c_1 \\ d_2 & b_2 & c_2 \\ d_3 & b_3 & c_3 \end{vmatrix} = D_x$,

so erhält man wie bei Gleichungen mit zwei Variablen $x = \frac{D_x}{D}$, falls $D \neq 0$.
Durch eine entsprechende Überlegung ergibt sich mit

$$\begin{vmatrix} a_1 & d_1 & c_1 \\ a_2 & d_2 & c_2 \\ a_3 & d_3 & c_3 \end{vmatrix} = D_y \quad \text{und} \quad \begin{vmatrix} a_1 & b_1 & d_1 \\ a_2 & b_2 & d_2 \\ a_3 & b_3 & d_3 \end{vmatrix} = D_z$$

$y = \frac{D_y}{D}$ und $z = \frac{D_z}{D}$, falls $D \neq 0$. Also ist $L = \left\{\left(\frac{D_x}{D} \middle| \frac{D_y}{D} \middle| \frac{D_z}{D}\right)\right\}$.
Die Auflösung des Gleichungssystems ist nur für $D \neq 0$ möglich. Beim Beweis mußte ferner $\begin{vmatrix} b_2 & c_2 \\ b_3 & c_3 \end{vmatrix} \neq 0$ vorausgesetzt werden. Diese zusätzliche Voraussetzung ist aber überflüssig, denn wenn $D \neq 0$ ist, muß sicher eine der drei Determinanten

$$\begin{vmatrix} a_2 & b_2 \\ a_3 & b_3 \end{vmatrix}, \quad \begin{vmatrix} a_2 & c_2 \\ a_3 & c_3 \end{vmatrix}, \quad \begin{vmatrix} b_2 & c_2 \\ b_3 & c_3 \end{vmatrix}$$

von Null verschieden sein, da das gleichzeitige Verschwinden all dieser drei Determinanten nach Definition der dreireihigen Determinante (Def. 2.2) gerade $D = 0$ zur Folge hätte. Man kann also die Summanden in den Gleichungen (evtl. unter Umbenennung der Unbekannten) so umstellen, daß $\begin{vmatrix} b_2 & c_2 \\ b_3 & c_3 \end{vmatrix} \neq 0$ ist, und damit ist die CRAMERsche Regel (Satz 2.1) auch für Gleichungssysteme von drei linearen Gleichungen mit drei Variablen bewiesen.
Will man dreireihige Determinanten ohne Benutzung der erst im nächsten Abschnitt behandelten Determinantensätze für dreireihige Determinanten berechnen, so muß man auf die Definition 2.2 zurückgreifen.

Beispiel

$$\begin{vmatrix} 5 & 3 & 2 \\ 1 & 0 & 6 \\ 4 & 3 & 2 \end{vmatrix} = 5 \cdot \begin{vmatrix} 0 & 6 \\ 3 & 2 \end{vmatrix} - 3 \cdot \begin{vmatrix} 1 & 6 \\ 4 & 2 \end{vmatrix} + 2 \cdot \begin{vmatrix} 1 & 0 \\ 4 & 3 \end{vmatrix} = 5 \cdot (-18) - 3 \cdot (-22) + 2 \cdot 3 = -90 + 66 + 6 = -18$$

Aufgaben

1. **Fasse zu einer dreireihigen Determinante zusammen:**

a) $a \begin{vmatrix} e & h \\ f & i \end{vmatrix} - d \begin{vmatrix} b & h \\ c & i \end{vmatrix} + g \begin{vmatrix} b & e \\ c & f \end{vmatrix}$ b) $5 \begin{vmatrix} 2 & 9 \\ 8 & 7 \end{vmatrix} - 8 \begin{vmatrix} 6 & 9 \\ 0 & 7 \end{vmatrix} + 3 \begin{vmatrix} 6 & 2 \\ 0 & 8 \end{vmatrix}$

c) $r \begin{vmatrix} v & w \\ y & z \end{vmatrix} + s \begin{vmatrix} w & u \\ z & x \end{vmatrix} + t \begin{vmatrix} u & v \\ x & y \end{vmatrix}$

2. **Berechne:**

a) $\begin{vmatrix} 5 & 2 & 1 \\ 3 & 0 & 4 \\ 2 & 6 & 1 \end{vmatrix}$ b) $\begin{vmatrix} 1 & 1 & 1 \\ 1 & 1 & 1 \\ 1 & 1 & 1 \end{vmatrix}$ c) $\begin{vmatrix} 1 & 0 & 0 \\ 0 & 1 & 0 \\ 0 & 0 & 1 \end{vmatrix}$ d) $\begin{vmatrix} 1 & -1 & 1 \\ -1 & -1 & -1 \\ 1 & -1 & 1 \end{vmatrix}$ e) $\begin{vmatrix} 0 & 1 & 2 \\ 1 & 0 & 1 \\ 2 & 1 & 0 \end{vmatrix}$

$$\text{f)} \begin{vmatrix} x & y & z \\ 2 & 0 & 4 \\ 3 & 2 & -1 \end{vmatrix} \qquad \text{g)} \begin{vmatrix} a & b & c \\ d & e & f \\ g & h & i \end{vmatrix}$$

3. Löse mit Determinanten die Gleichungssysteme:

$$\text{a)}\ \begin{aligned} 3x + y - z &= 0 \\ x + y + z &= 2 \\ x - y + 2z &= 1 \end{aligned} \qquad \text{b)}\ \begin{aligned} 2x - y + z &= 1 \\ 3y - 2z &= 4 \\ 3x \quad - 4z &= -1 \end{aligned}$$

2.4. Rechenregeln für dreireihige Determinanten

Vorübung

Untersuche, ob für die dreireihige Determinante

a) $\begin{vmatrix} 2 & 0 & 4 \\ 3 & 0 & -1 \\ 1 & 0 & 2 \end{vmatrix}$ der für zweireihige Determinanten bewiesene Satz 2.4,

b) $\begin{vmatrix} 4 & 2 & 1 \\ 2 & 1 & 0 \\ 6 & 3 & 4 \end{vmatrix}$ der Satz 2.5, c) $\begin{vmatrix} 1 & -1 & 2 \\ 0 & 1 & 1 \\ 2 & -1 & 0 \end{vmatrix}$ die Sätze 2.2, 2.3, 2.6, 2.7 und 2.8

richtig sind.

Die Berechnung von Determinanten wird wesentlich vereinfacht, wenn man Sätze über Determinanten kennt und anwendet. Wir beweisen zunächst die sogenannte Regel von Sarrus (Schweizer Mathematiker um 1750).

Satz 2.9

Schreibt man die ersten beiden Spalten einer dreireihigen Determinante rechts neben die Determinante, so ergeben sich die positiven Summanden als Produkt der in Richtung der „Hauptdiagonalen" stehenden Glieder, die negativen als Produkt der in Richtung der „Nebendiagonalen" stehenden.

$$\begin{matrix} + & + & + & & \\ a_1 & b_1 & c_1 & a_1 & b_1 \\ a_2 & b_2 & c_2 & a_2 & b_2 \\ a_3 & b_3 & c_3 & a_3 & b_3 \\ - & - & - & & \end{matrix} = a_1 b_2 c_3 + b_1 c_2 a_3 + c_1 a_2 b_3 - a_3 b_2 c_1 - b_3 c_2 a_1 - c_3 a_2 b_1$$

Beweis als Aufgabe: Zeige, daß die Ausrechnung nach der Definition die gleiche Summe ergibt!

Wie die Vorübung vermuten läßt, gelten die Sätze 2.2 bis 2.8 auch für dreireihige Determinanten.

Die Beweise dazu sollen als Übungsaufgaben durchgeführt werden (vgl. Beispiel 3).

Für einen weiteren wichtigen Satz brauchen wir den Begriff *Unterdeterminante:* Streicht man in einer Determinante die Zeile und die Spalte, die zu einem bestimmten

Element der Determinante gehören, so bilden die nicht durchstrichenen Elemente die zu diesem Element gehörende Unterdeterminante. So ergibt sich aus

$$\begin{vmatrix} a_1 & b_1 & c_1 \\ a_2 & b_2 & c_2 \\ a_3 & b_3 & c_3 \end{vmatrix} \text{ die zu } a_1 \text{ gehörende Unterdeterminante als } \begin{vmatrix} b_2 & c_2 \\ b_3 & c_3 \end{vmatrix},$$

$$\text{aus } \begin{vmatrix} a_1 & b_1 & c_1 \\ a_2 & b_2 & c_2 \\ a_3 & b_3 & c_3 \end{vmatrix} \text{ die zu } c_2 \text{ gehörende Unterdeterminante als } \begin{vmatrix} a_1 & b_1 \\ a_3 & b_3 \end{vmatrix}.$$

Wenn man die dreireihige Determinante auf Grund ihrer Definition darstellt,

$$\begin{vmatrix} a_1 & b_1 & c_1 \\ a_2 & b_2 & c_2 \\ a_3 & b_3 & c_3 \end{vmatrix} = a_1 \begin{vmatrix} b_2 & c_2 \\ b_3 & c_3 \end{vmatrix} - b_1 \begin{vmatrix} a_2 & c_2 \\ a_3 & c_3 \end{vmatrix} + c_1 \begin{vmatrix} a_2 & b_2 \\ a_3 & b_3 \end{vmatrix},$$

so sagt man auch, man habe die Determinante „nach den Elementen der ersten Zeile entwickelt". Wie man die Determinante nach den Elementen einer anderen Zeile oder einer Spalte entwickelt, sagt der

Satz 2.10

Man entwickelt eine Determinante nach den Elementen einer Zeile (Spalte), indem man die Elemente der betreffenden Zeile (Spalte) mit ihren zugehörigen Unterdeterminanten multipliziert und die Produkte summiert. Dabei bekommt jedes Produkt aus Element und Unterdeterminante das Vorzeichen, das sich aus der Stellung des Elements in folgendem Schema ergibt:

$$\begin{vmatrix} + & - & + \\ - & + & - \\ + & - & + \end{vmatrix}.$$

Der Beweis des Entwicklungssatzes sei für die Entwicklung nach den Elementen der zweiten Spalte durchgeführt. Es muß gezeigt werden, daß

$$\begin{vmatrix} a_1 & b_1 & c_1 \\ a_2 & b_2 & c_2 \\ a_3 & b_3 & c_3 \end{vmatrix} = -b_1 \begin{vmatrix} a_2 & c_2 \\ a_3 & c_3 \end{vmatrix} + b_2 \begin{vmatrix} a_1 & c_1 \\ a_3 & c_3 \end{vmatrix} - b_3 \begin{vmatrix} a_1 & c_1 \\ a_2 & c_2 \end{vmatrix}.$$

Dazu stürzen wir die Ausgangsdeterminante (Satz 2.2), vertauschen sodann die ersten beiden Zeilen, wobei sich nach Satz 2.3 das Vorzeichen der Determinante ändert und entwickeln anschließend auf Grund der Def. 2.2 nach den Elementen der ersten Zeile:

$$\begin{vmatrix} a_1 & b_1 & c_1 \\ a_2 & b_2 & c_2 \\ a_3 & b_3 & c_3 \end{vmatrix} = \begin{vmatrix} a_1 & a_2 & a_3 \\ b_1 & b_2 & b_3 \\ c_1 & c_2 & c_3 \end{vmatrix} = - \begin{vmatrix} b_1 & b_2 & b_3 \\ a_1 & a_2 & a_3 \\ c_1 & c_2 & c_3 \end{vmatrix} = -b_1 \begin{vmatrix} a_2 & a_3 \\ c_2 & c_3 \end{vmatrix} + b_2 \begin{vmatrix} a_1 & a_3 \\ c_1 & c_3 \end{vmatrix} - b_3 \begin{vmatrix} a_1 & a_2 \\ c_1 & c_2 \end{vmatrix}.$$

Der Wert dieses Satzes liegt darin, daß man zunächst nach Satz 2.8 so lange Vielfache von irgendwelchen Zeilen (Spalten) zu anderen Zeilen (Spalten) addiert, bis sich in einer Zeile (Spalte) bis auf ein Element lauter Nullen ergeben haben. Entwickelt man nun nämlich nach den Elementen dieser Zeile (Spalte), so bleibt nur das Produkt eines Elementes mit seiner Unterdeterminante übrig, das sich dann schnell errechnen läßt.

Beispiele

1. Berechne die Determinante $\begin{vmatrix} 70 & 23 & 46 \\ 15 & 5 & 2 \\ 9 & 3 & 4 \end{vmatrix}$.

Lösung: Wir subtrahieren von der ersten Spalte das Dreifache der zweiten Spalte und entwickeln nach den Elementen der ersten Spalte:

$$\begin{vmatrix} 70 & 23 & 46 \\ 15 & 5 & 2 \\ 9 & 3 & 4 \end{vmatrix} = \begin{vmatrix} 1 & 23 & 46 \\ 0 & 5 & 2 \\ 0 & 3 & 4 \end{vmatrix} = 1 \cdot \begin{vmatrix} 5 & 2 \\ 3 & 4 \end{vmatrix} = 14$$

2. Berechne die Determinante $\begin{vmatrix} 21 & 52 & 17 \\ 63 & 155 & 53 \\ 42 & 100 & 37 \end{vmatrix}$.

Hier läßt es sich nicht auf Anhieb erreichen, daß nur ein von Null verschiedenes Element in einer Zeile (Spalte) übrigbleibt. Deshalb versuchen wir, durch geeignete Umformungen zu einer Determinante mit kleineren Zahlen zu kommen.

$$\begin{vmatrix} 21 & 52 & 17 \\ 63 & 155 & 53 \\ 42 & 100 & 37 \end{vmatrix} = 21 \cdot \begin{vmatrix} 1 & 52 & 17 \\ 3 & 155 & 53 \\ 2 & 100 & 37 \end{vmatrix} = 21 \cdot \begin{vmatrix} 1 & 2 & 0 \\ 3 & 5 & 2 \\ 2 & 0 & 3 \end{vmatrix} = 21 \cdot (15 + 8 - 18) = 21 \cdot 5 = 105$$

Bei der Lösung haben wir zunächst den Faktor 21 aus der ersten Spalte herausgezogen (Satz 2.6), dann von der zweiten Spalte das 50-fache und von der dritten Spalte das 17-fache der ersten Spalte subtrahiert (Satz 2.8) und anschließend nach der Regel von Sarrus (Satz 2.9) ausgerechnet.

3. Beweise den Satz 2.8 für dreireihige Determinanten!
Wir zeigen, daß sich der Wert der Determinante nicht ändert, wenn man zu der ersten Spalte das k-fache der zweiten Spalte addiert, daß also gilt:

$$\begin{vmatrix} a_1 & b_1 & c_1 \\ a_2 & b_2 & c_2 \\ a_3 & b_3 & c_3 \end{vmatrix} = \begin{vmatrix} a_1 + kb_1 & b_1 & c_1 \\ a_2 + kb_2 & b_2 & c_2 \\ a_3 + kb_3 & b_3 & c_3 \end{vmatrix}$$

Dazu zerlegen wir die rechtsstehende Determinante nach Satz 2.7 und 2.6 in die Summe

$$\begin{vmatrix} a_1 & b_1 & c_1 \\ a_2 & b_2 & c_2 \\ a_3 & b_3 & c_3 \end{vmatrix} + k \begin{vmatrix} b_1 & b_1 & c_1 \\ b_2 & b_2 & c_2 \\ b_3 & b_3 & c_3 \end{vmatrix}.$$

Da die zweite der beiden Determinanten nach Satz 2.5 den Wert Null hat, erhält man als Ergebnis, wie zu zeigen war, die Ausgangsdeterminante.

Aufgaben

1. a) — f) Beweise die Sätze 2.2 bis 2.7 für dreireihige Determinanten!
2. Nach welchen Sätzen sind die nachstehenden Umformungen erfolgt?

a) $\begin{vmatrix} 6 & 1 & 0 \\ 8 & 2 & 3 \\ 4 & 0 & 2 \end{vmatrix} = -3 \cdot \begin{vmatrix} 6 & 1 \\ 4 & 0 \end{vmatrix} + 2 \cdot \begin{vmatrix} 6 & 1 \\ 8 & 2 \end{vmatrix} = (-3) \cdot (-4) + 2 \cdot 4 = 12 + 8 = 20$

b) $\begin{vmatrix} 3 & 3 & 2 \\ 5 & 5 & 1 \\ 9 & 8 & 7 \end{vmatrix} = \begin{vmatrix} 3 & 3 & 2 \\ 5 & 5 & 1 \\ 8 & 8 & 7 \end{vmatrix} + \begin{vmatrix} 0 & 3 & 2 \\ 0 & 5 & 1 \\ 1 & 8 & 7 \end{vmatrix} = \begin{vmatrix} 3 & 2 \\ 5 & 1 \end{vmatrix} = -7$

c) $\begin{vmatrix} 3 & 4 & 15 \\ 20 & 80 & 60 \\ 12 & 16 & 61 \end{vmatrix} = 20 \cdot \begin{vmatrix} 3 & 4 & 15 \\ 1 & 4 & 3 \\ 0 & 0 & 1 \end{vmatrix} = 20 \cdot \begin{vmatrix} 3 & 4 \\ 1 & 4 \end{vmatrix} = 20 \cdot 8 = 160$

3. **Berechne mit Hilfe der Determinantensätze:**

a) $\begin{vmatrix} 4 & 5 & 22 \\ 0 & 0 & 0 \\ 18 & 3 & 1 \end{vmatrix}$ b) $\begin{vmatrix} 16 & 7 & 9 \\ 15 & 8 & 8 \\ 4 & 5 & 7 \end{vmatrix}$ c) $\begin{vmatrix} 18 & 4 & 6 \\ 9 & 2 & 3 \\ 14 & 5 & 27 \end{vmatrix}$ d) $\begin{vmatrix} 18 & 28 & 38 \\ 28 & 38 & 48 \\ 38 & 48 & 58 \end{vmatrix}$ e) $\begin{vmatrix} 21 & 10 & 6 \\ 16 & 8 & 2 \\ 18 & 9 & 7 \end{vmatrix}$

f) $\begin{vmatrix} x & x+1 & x+2 \\ 0 & 1 & 2 \\ 3 & 3 & 3 \end{vmatrix}$ g) $\begin{vmatrix} a & d & xa+yd \\ b & e & xb+ye \\ c & f & xc+yf \end{vmatrix}$

4. **Was ergibt sich durch Anwendung des Satzes 2.3 auf eine Determinante mit zwei gleichen Zeilen? Benutze diese Überlegung, um einen anderen Beweis für den Satz 2.5 zu finden.**

5. **Wie viele Möglichkeiten gibt es, die folgenden Determinanten so zu ergänzen, daß sie Null werden?**

a) $\begin{vmatrix} \cdot & 1 & 3 \\ 3 & 4 & -2 \\ 2 & 5 & 1 \end{vmatrix}$ b) $\begin{vmatrix} \; & 0 & 2 \\ 8 & \; & 2 \\ 4 & 1 & 1 \end{vmatrix}$ c) **Ist es möglich, die beiden Leerstellen in b) mit der gleichen Zahl so auszufüllen, daß die Determinante verschwindet?**

3. Lineare Abhängigkeit

3.1. Kollinearität

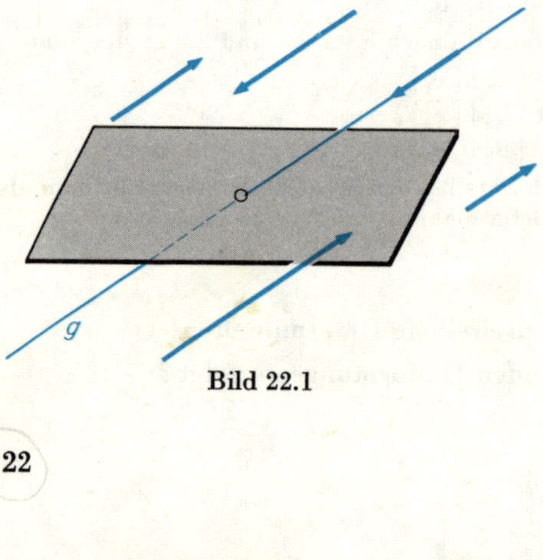

Bild 22.1

Vorübung

Welche Lage haben die Vektoren $\mathfrak{a}$ und $\mathfrak{b}$ zueinander, wenn folgende Beziehungen gelten:

$$\mathfrak{a} = 5\,\mathfrak{b}; \qquad \mathfrak{a} = -\frac{1}{3}\,\mathfrak{b};$$

$$2\mathfrak{a} + \mathfrak{b} = \mathfrak{o}; \qquad 3\mathfrak{a} - 2\mathfrak{b} = \mathfrak{o}\,?$$

Definition 3.1

Vektoren heißen *kollinear*, wenn sie zu ein und derselben Geraden parallel sind (Bild 22.1).

Diese geometrische Eigenschaft läßt sich für zwei Vektoren $\mathfrak{a}$ und $\mathfrak{b}$ folgendermaßen ausdrücken:

$$\mathfrak{b} = \lambda \mathfrak{a}$$

Besteht umgekehrt zwischen zwei Vektoren $\mathfrak{a}$ und $\mathfrak{b}$ eine Gleichung dieser Form, so sind $\mathfrak{a}$ und $\mathfrak{b}$ nach der Definition der S-Multiplikation kollinear. Damit ergibt sich der

Satz 3.1

Zwei Vektoren $\mathfrak{a}$, $\mathfrak{b}$ sind genau dann kollinear, wenn es eine Zahl λ gibt, so daß für mindestens einen von ihnen, z. B. $\mathfrak{b}$ gilt

(1) $$\mathfrak{b} = \lambda \mathfrak{a} \, .$$ *1. Kollinearitätsbedingung*

Diese Kollinearitätsbedingung läßt sich auch in anderer Form schreiben:

Satz 3.2

Zwei Vektoren $\mathfrak{a}$, $\mathfrak{b}$ sind genau dann kollinear, wenn es zwei Zahlen p, q gibt, die nicht beide gleich Null sind, so daß gilt

(2) $$p\mathfrak{a} + q\mathfrak{b} = \mathfrak{o} \, .$$ *2. Kollinearitätsbedingung*

Es ist zu zeigen: a) aus Satz 3.2 folgt Satz 3.1, b) aus Satz 3.1 folgt Satz 3.2.

a) Ist etwa $q \neq 0$, so ist $\mathfrak{b} = -\frac{p}{q}\mathfrak{a}$ und damit (1) erfüllt. b) Umgekehrt folgt aus (1) $\lambda\mathfrak{a} - \mathfrak{b} = \mathfrak{o}$, also eine Gleichung der Form (2), in der der Koeffizient von $\mathfrak{b}$, nämlich -1, ungleich Null ist. Eine Gleichung der Form (2) kann nun auch für nicht kollineare Vektoren bestehen, allerdings dann und nur dann, wenn zugleich p und q gleich Null werden. Da diese Tatsache zu einer wichtigen Schlußweise in der Vektorrechnung führt, formulieren wir sie ausdrücklich als Lehrsatz:

Satz 3.3

Sind die Vektoren $\mathfrak{a}$, $\mathfrak{b}$ nicht kollinear und gilt die Gleichung

$$p\mathfrak{a} + q\mathfrak{b} = \mathfrak{o} \, ,$$

dann muß stets $p = q = 0$ sein.

Aufgaben

1. Auf einer Geraden werden von einem Punkte A aus nach der einen Seite die Vektoren $\mathfrak{a}(a = 3$ LE) und $\mathfrak{b}(b = 5$ LE), nach der anderen Seite $\mathfrak{c}(c = 3$ LE) und $\mathfrak{d}(d = 4$ LE) abgetragen. Welche Beziehung besteht zwischen

   a) $\mathfrak{a}$ und $\mathfrak{c}$, b) $\mathfrak{b}$ und $(4\mathfrak{c})$, c) $\mathfrak{d}$ und $(2\mathfrak{a} + \mathfrak{b})$, d) $(\mathfrak{c} - \mathfrak{d})$ und $(\mathfrak{b} - \mathfrak{a})$?

2. Stelle beide Kollinearitätsbedingungen für die Vektoren $\mathfrak{a}$ und $\mathfrak{b}$ auf, wenn

   a) $\mathfrak{a} = 4\mathfrak{c}$ $\quad \mathfrak{b} = -2\mathfrak{c}$

   b) $\mathfrak{a} = (2 + m)\mathfrak{c}$ $\quad \mathfrak{b} = (m - 3)\mathfrak{c}$

   c) $\mathfrak{a} = \frac{1}{p}\mathfrak{c}$ $\quad \mathfrak{b} = (p + 1)\mathfrak{c}$ ist.

3. Welche Folgerung muß man ziehen, wenn die Vektoren $\mathfrak{a}$ und $\mathfrak{b}$ verschiedene Richtung haben, aber zugleich

a) $m\mathfrak{a} + (n-2)\,\mathfrak{b} = \mathfrak{o}$ b) $(4 + 2p + q)\,\mathfrak{a} + (2 - p - q)\,\mathfrak{b} = \mathfrak{o}$ sein soll?

4. Zeige auf Grund von Satz 3.1, daß der Nullvektor zu jedem Vektor kollinear ist.
5. Bildet die Menge aller zu $\mathfrak{a}$ kollinearen Vektoren mit $\mathfrak{a} \neq \mathfrak{o}$ einen linearen Vektorraum?

3.2. Komplanarität

Vorübung

Zeichne als Schrägbild ein Ebenenstück E und nimm in ihm zwei nichtkollineare Vektoren $\mathfrak{a}$ und $\mathfrak{b}$ an.

Zeichne $\mathfrak{c} = \mathfrak{a} + \mathfrak{b}$, $\mathfrak{d} = 2\mathfrak{a} - \mathfrak{b}$, $\mathfrak{e} = \frac{1}{2}\mathfrak{a} + 2\mathfrak{b}$, $\mathfrak{f} = -1\frac{1}{2}\mathfrak{a} - \frac{1}{2}\mathfrak{b}$.

1. Was können wir über die Vektoren $\mathfrak{c}, \mathfrak{d}, \mathfrak{e}, \mathfrak{f}$ aussagen, wenn ihre Angriffspunkte in E liegen?
2. Welche gemeinsame Eigenschaften haben $\mathfrak{c}, \mathfrak{d}, \mathfrak{e}, \mathfrak{f}$, wenn die Angriffspunkte außerhalb E angenommen werden?
3. Zeichne in E einen weiteren beliebigen Vektor $\mathfrak{g}$ und suche eine algebraische Beziehung zwischen $\mathfrak{g}$ und den Vektoren $\mathfrak{a}$ und $\mathfrak{b}$.

Definition 3.2

Vektoren heißen *komplanar*, wenn sie zu ein und derselben Ebene parallel sind (Bild 24.1).

Wir erörtern diese Definition. Ist etwa E diese Ebene, so können komplanare Vektoren durch geeignete Parallelverschiebungen in diese Ebene gebracht werden.
Aus der Definition geht hervor, daß zwei beliebige Vektoren $\mathfrak{a}$, $\mathfrak{b}$ stets komplanar sind. Denken wir uns nämlich beide Vektoren mit gemeinsamem Angriffspunkt, so spannen sie eine Ebene E auf, zu der sie mithin auch parallel sind. Ein dritter Vektor $\mathfrak{c}$, der zu $\mathfrak{a}$ und $\mathfrak{b}$ komplanar sein soll, ist dagegen nicht mehr frei wählbar.

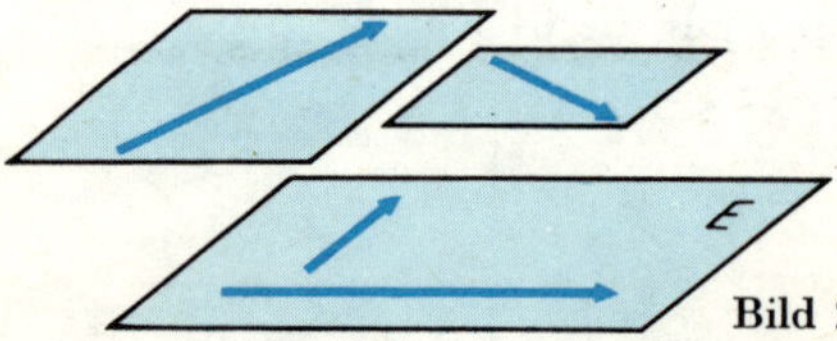

Bild 24.1

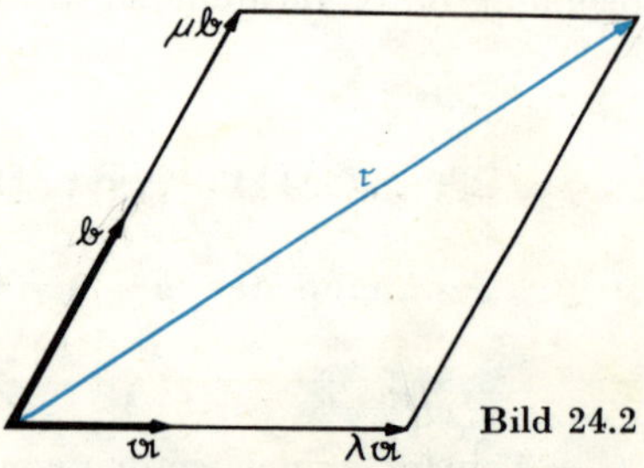

Bild 24.2

Denken wir uns die Angriffspunkte der drei komplanaren Vektoren $\mathfrak{a}$, $\mathfrak{b}$, $\mathfrak{c}$ vereinigt (Bild 24.2), so kann man $\mathfrak{c}$ als Diagonale eines Parallelogramms auffassen, bei dem die Seiten die Richtungen der Vektoren $\mathfrak{a}$ und $\mathfrak{b}$ haben. Dann gibt es aber zwei eindeutig bestimmbare Zahlen λ und μ, so daß

$$\mathfrak{c} = \lambda\,\mathfrak{a} + \mu\,\mathfrak{b}$$

ist. Besteht umgekehrt zwischen drei Vektoren $\mathfrak{a}$, $\mathfrak{b}$, $\mathfrak{c}$ eine Beziehung dieser Form, so liegen sie (evtl. nach geeigneten Parallelverschiebungen) in einer Ebene, sind also komplanar. Wir fassen zusammen:

Satz 3.4

Drei Vektoren $\mathfrak{a}$, $\mathfrak{b}$, $\mathfrak{c}$ sind genau dann komplanar, wenn es Zahlen λ, μ gibt, so daß sich mindestens einer, z. B. $\mathfrak{c}$, in der Form darstellen läßt.

(3) $$\mathfrak{c} = \lambda\mathfrak{a} + \mu\mathfrak{b}$$ *1. Komplanaritätsbedingung*

Wenn $\mathfrak{a}$, $\mathfrak{b}$ nicht kollinear sind, sind die Zahlen λ, μ eindeutig bestimmt.

Diese Bedingung kann man wiederum auch so ausdrücken:

Satz 3.5

Drei Vektoren $\mathfrak{a}$, $\mathfrak{b}$, $\mathfrak{c}$ sind genau dann komplanar, wenn es Zahlen p, q, r gibt, die nicht alle gleich 0 sind, so daß gilt:

(4) $$p\mathfrak{a} + q\mathfrak{b} + r\mathfrak{c} = \mathfrak{o}\,.$$ *2. Komplanaritätsbedingung*

Der einfache Beweis werde dem Leser überlassen (vgl. Aufgabe 4). Eine Gleichung der Form (4) kann auch zwischen beliebigen Vektoren $\mathfrak{a}$, $\mathfrak{b}$, $\mathfrak{c}$ des Raumes, die nicht komplanar sind, bestehen; allerdings müssen dann *alle* Zahlen p, q, r gleich Null sein (vgl. Satz 3.3).

Aufgaben

1. Gegeben ist ein Quader (Bild 25.1). Stelle alle Mengen zusammen von a) kollinearen, b) komplanaren Kantenvektoren.
2. Gegeben ist ein Spat[1] (Bild 25.2). Prüfe die folgenden Vektoren auf Komplanarität sowohl geometrisch auf Grund der Definition als auch arithmetisch mit Hilfe einer Komplanaritätsbedingung.

   a) $\mathfrak{a} = \overrightarrow{GH}$ $\quad \mathfrak{b} = \overrightarrow{AE}$ $\quad \mathfrak{c} = \overrightarrow{DG}$

   b) $\mathfrak{a} = \overrightarrow{BF}$ $\quad \mathfrak{b} = \overrightarrow{EH}$ $\quad \mathfrak{c} = \overrightarrow{CD}$

   c) $\mathfrak{a} = \overrightarrow{BD}$ $\quad \mathfrak{b} = \overrightarrow{EG}$ $\quad \mathfrak{c} = \overrightarrow{AB}$

   d) $\mathfrak{a} = \overrightarrow{DF}$ $\quad \mathfrak{b} = \overrightarrow{EC}$ $\quad \mathfrak{c} = \overrightarrow{GH}$

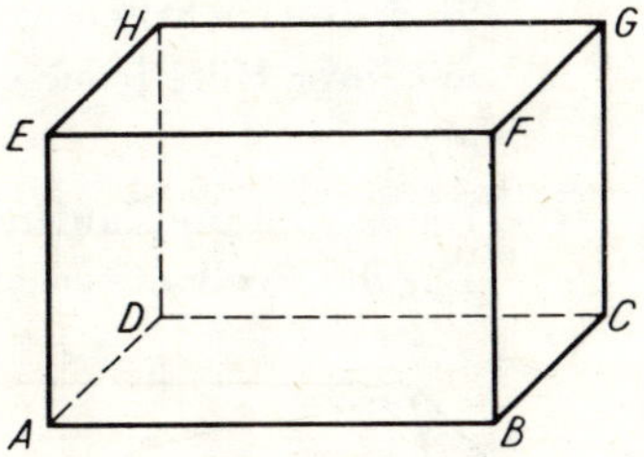

Bild 25.1

3. Welches ist die Höchstzahl komplanarer Kantenvektoren a) im Tetraeder, b) im Würfel, c) im Oktaeder (Zeichnung)?
4. Zeige, daß beide Komplanaritätsbedingungen gleichwertig sind.
5. Gegeben sind die Vektoren $\mathfrak{a}$, $\mathfrak{b}$, $\mathfrak{c}$. Sind sie komplanar, wenn a) zwei dieser Vektoren, b) alle drei Vektoren kollinear sind?

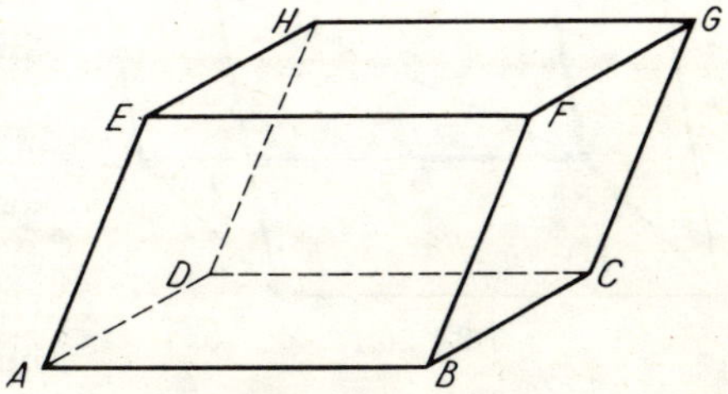

Bild 25.2

6. Bildet die Menge aller zu $\mathfrak{a}$ und $\mathfrak{b}$ komplanaren Vektoren ($\mathfrak{a}$ sei nicht kollinear zu $\mathfrak{b}$) einen linearen Vektorraum?
7. Zeige, daß die Vektoren a) $\mathfrak{a} \neq \mathfrak{o}$, $\mathfrak{b} \neq \mathfrak{o}$ und $\mathfrak{o}$, b) $\mathfrak{a} = \mathfrak{o}$, $\mathfrak{b} = \mathfrak{o}$, $\mathfrak{c} \neq \mathfrak{o}$, c) $\mathfrak{a} = \mathfrak{b} = \mathfrak{c} = \mathfrak{o}$ im Sinne von Satz 3.4 komplanar sind. Bestimme auch in jedem Fall drei Zahlen p, q, r gemäß Satz 3.5.

[1] Siehe Fußnote auf Seite 29

3.3. Lineare Abhängigkeit von Vektoren, Basisvektoren

Vorübungen

1. Vergleiche noch einmal die Begriffe „kollineare Vektoren“ und „nichtkollineare Vektoren“, ebenso „komplanare Vektoren“ und „nichtkomplanare Vektoren“ a) geometrisch, b) arithmetisch. Aus welchen Gründen kann man den Begriff „komplanar“ als Verallgemeinerung des Begriffes „kollinear“ ansehen?
2. $\mathfrak{a}$, $\mathfrak{b}$, $\mathfrak{c}$ seien Vektoren im Raum, die paarweise aufeinander senkrecht stehen. Stelle in schräger Parallelprojektion die Vektoren $2\mathfrak{a} + 3\mathfrak{b} - \mathfrak{c}$ und $\mathfrak{a} - 2\mathfrak{b} + 4\mathfrak{c}$ dar. Zeichne einen beliebigen Vektor $\mathfrak{d}$ und suche eine algebraische Beziehung zwischen $\mathfrak{d}$ und $\mathfrak{a}$, $\mathfrak{b}$, $\mathfrak{c}$ (Vgl. Vorübung 3 aus 3.2). Beachte, daß $\mathfrak{d}$ Raumdiagonale eines geeigneten Quaders werden muß.

Jeder Vektor $\mathfrak{b}$, der parallel zu einer festen Geraden verläuft, läßt sich mit Hilfe eines Vektors $\mathfrak{a}$, der auf dieser Geraden liegt, nach Gleichung (1) ausdrücken (Kollinearität). Ebenso können wir jeden Vektor $\mathfrak{c}$, der parallel zu einer Ebene E ist, mit Hilfe zweier nichtparalleler Vektoren $\mathfrak{a}$, $\mathfrak{b}$ dieser Ebene gemäß (3) darstellen (Komplanarität). Diese Betrachtungen verallgemeinern wir nun auf den Raum. Wir beweisen den

Satz 3.6

Sind drei nichtkomplanare Vektoren $\mathfrak{a}, \mathfrak{b}, \mathfrak{c}$ im Raum gegeben, so läßt sich mit ihrer Hilfe jeder weitere Vektor $\mathfrak{d}$ des Raumes darstellen:

(5) $$\mathfrak{d} = \lambda\mathfrak{a} + \mu\mathfrak{b} + \nu\mathfrak{c}$$

Dabei sind die Zahlen λ, μ, ν eindeutig bestimmt.
Für den Nullvektor gilt $\mathfrak{o} = 0\,\mathfrak{a} + 0\,\mathfrak{b} + 0\,\mathfrak{c}$.

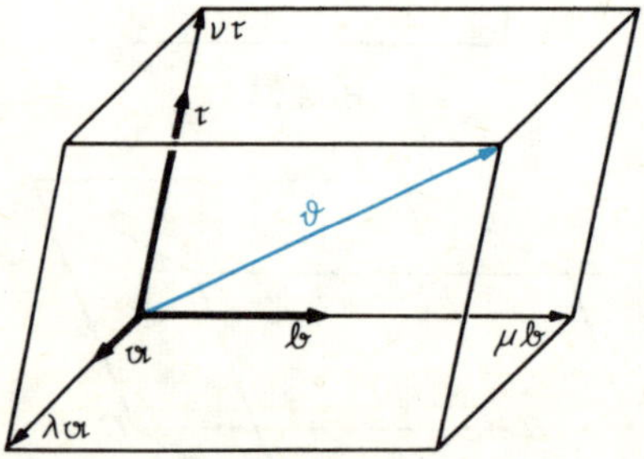

Bild 26.1

Denken wir uns nämlich für die Vektoren $\mathfrak{a}$, $\mathfrak{b}$ $\mathfrak{c}$, $\mathfrak{d}$ einen gemeinsamen Angriffspunkt A, so gibt es nur einen Spat, der $\mathfrak{d}$ als Raumdiagonale hat und dessen Kantenrichtungen mit den Richtungen von $\mathfrak{a}$, $\mathfrak{b}$ und $\mathfrak{c}$ übereinstimmen (Bild 26.1).
Andererseits ist jeder Vektor der Form (5) auch ein Vektor des Raumes.
Wir stellen nun die drei Bedingungen (1) (Kollinearität), (3) (Komplanarität) und (5) unter einen gemeinsamen algebraischen Gesichtspunkt.

Definition 3.3

n Vektoren $\mathfrak{a}_1, \mathfrak{a}_2, \ldots, \mathfrak{a}_n$ heißen *linear abhängig*, wenn es $n-1$ Zahlen λ_1, $\lambda_2, \ldots, \lambda_{n-1}$ gibt, so daß für mindestens einen der Vektoren, z.B. $\mathfrak{a}_n$, gilt

$$\mathfrak{a}_n = \lambda_1\,\mathfrak{a}_1 + \lambda_2\,\mathfrak{a}_2 + \ldots + \lambda_{n-1}\,\mathfrak{a}_{n-1} = \sum_{i=1}^{n-1} \lambda_i\,\mathfrak{a}_i\,.$$

n Vektoren, von denen sich nicht mindestens einer so darstellen läßt, sollen *linear unabhängig* heißen.

Wir hätten auch, ausgehend von (2) und (4), definieren können:

Definition 3.3a

n Vektoren $\mathfrak{a}_1, \mathfrak{a}_2, \ldots, \mathfrak{a}_n$ heißen *linear abhängig,* wenn es n Zahlen $p_1, \ldots, p_n$ gibt, die nicht sämtlich gleich 0 sind, so daß gilt

$$(6) \qquad p_1 \mathfrak{a}_1 + p_2 \mathfrak{a}_2 + \cdots + p_n \mathfrak{a}_n = \sum_{i=1}^{n} p_i \mathfrak{a}_i = \mathfrak{o}.$$

Ist dagegen (6) nur für $p_1 = p_2 = p_3 = \ldots = p_n = 0$ richtig, so heißen die Vektoren $\mathfrak{a}_1, \mathfrak{a}_2, \ldots, \mathfrak{a}_n$ *linear unabhängig.*

Anschaulich bedeutet Gleichung (6), daß sich gewisse Vielfache linear abhängiger Vektoren $\mathfrak{a}_1, \ldots, \mathfrak{a}_n$ zu einer geschlossenen Vektorkette aneinander hängen lassen. Aus unseren bisherigen Überlegungen ergibt sich

Satz 3.7

Im Raum sind höchstens drei, in der Ebene zwei, auf der Geraden ein Vektor linear unabhängig. Jeder weitere Vektor ist jeweils linear abhängig.

Jeder Vektor $\mathfrak{d}$ des Raumes läßt sich nach (5) mit Hilfe von drei linear unabhängigen Vektoren $\mathfrak{a}$, $\mathfrak{b}$, $\mathfrak{c}$ darstellen. Die drei Vektoren $\mathfrak{a}$, $\mathfrak{b}$, $\mathfrak{c}$, die also linear unabhängig, sonst aber willkürlich sind nennen wir *Basisvektoren.* Wir sprechen deshalb vom 3-dimensionalen Vektorraum. In der Ebene gibt es nur zwei Basisvektoren, die Vektoren der Ebene bilden einen 2-dimensionalen Vektorraum. Entsprechend bilden die Vektoren einer Geraden einen 1-dimensionalen Vektorraum. Die Darstellbarkeit aller Vektoren durch Basisvektoren hat die wichtige Konsequenz, daß geometrische Probleme auf Rechnungen mit diesen Basisvektoren zurückgeführt werden können.

Aufgaben

1. Zeichne die nicht kollinearen Vektoren $\mathfrak{a}$ und $\mathfrak{b}$ mit gleichem Angriffspunkt A. Zeichne ferner von A aus die Vektoren $3\mathfrak{a} + 2\mathfrak{b}$, $4\mathfrak{a} + 2\mathfrak{b}$, $5\mathfrak{a} + 2\mathfrak{b}$.
   Aus welchen geometrischen Gründen kann der Zielpunkt von $4\mathfrak{a} + 2\mathfrak{b}$ von keinem Vektor $\lambda\mathfrak{a} + \mu\mathfrak{b}$ mit $\lambda \neq 4$ oder $\mu \neq 2$ erreicht werden?
2. Gegeben ist der Vektor $2{,}5\,\mathfrak{a} + 2\mathfrak{b} - \mathfrak{c}$ mit dem Angriffspunkt A ($\mathfrak{a}$, $\mathfrak{b}$, $\mathfrak{c}$ nicht komplanar). Warum kann man von A aus den Zielpunkt dieses Vektors mit keinem Vektor $\lambda\mathfrak{a} + \mu\mathfrak{b} + \nu\mathfrak{c}$ mit $\lambda \neq 2{,}5$ erreichen? (Vgl. Aufgabe 1.)
3. Beweise: Für vier verschiedene Vektoren des Raumes gilt stets eine Gleichung der Form $p_1 \mathfrak{a}_1 + p_2 \mathfrak{a}_2 + p_3 \mathfrak{a}_3 + p_4 \mathfrak{a}_4 = \mathfrak{o}$, wobei nicht alle Zahlen $p_1, \ldots, p_4$ gleich 0 sind.
4. a) Was läßt sich über die lineare Abhängigkeit von vier Vektoren sagen?
   b) Unter welchen Umständen sind drei Vektoren linear abhängig?
   c) Sind drei kollineare Vektoren linear abhängig?
5. Wir betrachten im Rechteck (Bild 28.1) die Vektoren
   $\overrightarrow{AB}$, $\overrightarrow{AD}$, $\overrightarrow{AC}$, $\overrightarrow{BD}$, $\overrightarrow{DB}$, $\overrightarrow{AE}$, $\overrightarrow{ED}$. Fasse als Basisvektoren auf:
   a) $\overrightarrow{AB} = \mathfrak{a}$, $\overrightarrow{AD} = \mathfrak{b}$ b) $\overrightarrow{AB} = \mathfrak{a}$, $\overrightarrow{AE} = \mathfrak{c}$ c) $\overrightarrow{AE} = \mathfrak{c}$, $\overrightarrow{ED} = \mathfrak{d}$
   Drücke jeweils die anderen Vektoren durch die Basisvektoren aus.

6. In Bild 28.2 sind E und F Halbierungspunkte der Seiten BC und CD. Die Vektoren $\overrightarrow{AE}$, $\overrightarrow{AC}$, $\overrightarrow{AF}$, $\overrightarrow{BF}$, $\overrightarrow{EF}$ sind durch die Basisvektoren
a) $\mathfrak{a}, \mathfrak{b}$, b) $\mathfrak{a}, \mathfrak{c}$ auszudrücken.

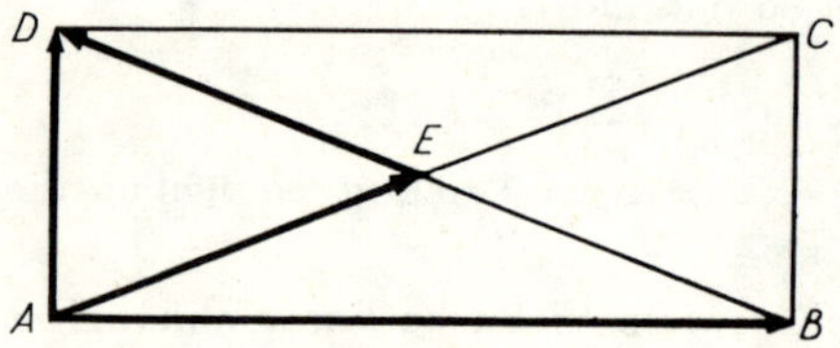

Bild 28.1

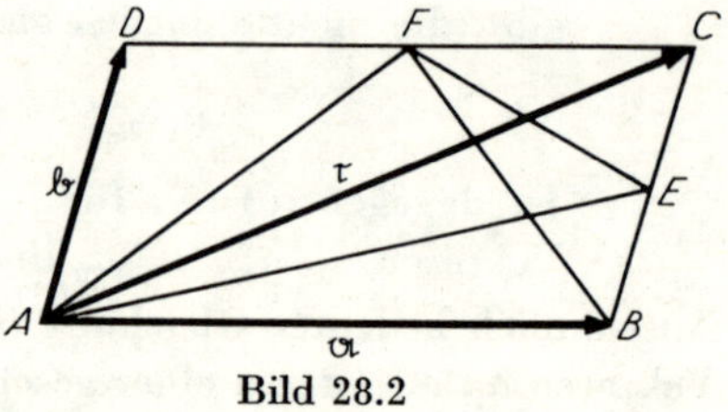

Bild 28.2

7. a) Drücke folgende Vektoren im Spat (Bild 28.3) durch die drei Basisvektoren $\mathfrak{a}, \mathfrak{b}, \mathfrak{c}$ aus:
$\overrightarrow{AE}$, $\overrightarrow{AF}$, $\overrightarrow{AG}$, $\overrightarrow{AC}$; $\overrightarrow{BD}$, $\overrightarrow{BG}$, $\overrightarrow{BE}$, $\overrightarrow{BH}$; $\overrightarrow{CA}$, $\overrightarrow{CH}$, $\overrightarrow{CG}$, $\overrightarrow{CE}$.
b) Dieselbe Aufgabe für die Basisvektoren $\mathfrak{a}$, $\mathfrak{b}$ und $\overrightarrow{AF} = \mathfrak{d}$.

8. Zeige: n Vektoren, zu denen der Nullvektor gehört, sind immer linear abhängig.

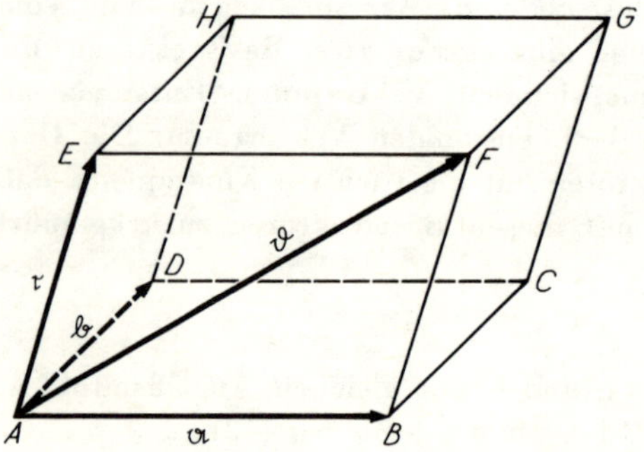

Bild 28.3

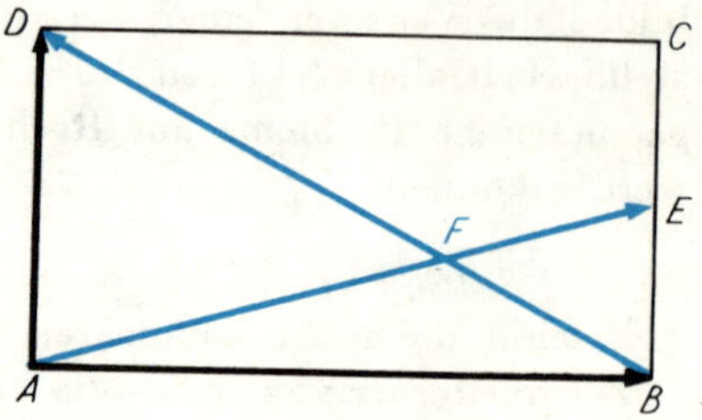

Bild 28.4

3.4. Teilverhältnisse in ebenen und räumlichen Figuren

Vorübungen

1. Erkläre den Begriff „Vektorgleichung“. Wodurch unterscheidet sich die Vektorgleichung von gewöhnlichen algebraischen Gleichungen?
2. In Bild 28.4 halbiert E die Seite BC des Rechtecks. Es seien $\overrightarrow{AB} = \mathfrak{a}$, $\overrightarrow{AD} = \mathfrak{b}$, $\overrightarrow{AE} = \mathfrak{c}$, $\overrightarrow{BD} = \mathfrak{d}$, $\overrightarrow{AF} = m\,\mathfrak{c}$, $\overrightarrow{BF} = n\,\mathfrak{d}$.

a) Stelle auf Grund dieser Figur Vektorgleichungen auf, indem du einfache geschlossene Linienzüge heraussuchst.
b) Eliminiere aus den Gleichungen für die Linienzüge AFDA und BEFB den Vektor $\mathfrak{b}$. Welche Folgerung läßt sich ziehen, da doch $\mathfrak{c}$ und $\mathfrak{d}$ linear unabhängig sind?

Wir wollen nun die Erkenntnisse, die wir im vorigen Kapitel gewonnen haben, anwenden, um Teilverhältnisse von Strecken zu berechnen. Im folgenden lassen sich einige der Lösungen geometrisch mit Hilfe der Strahlensätze einfach kontrollieren.

Beispiele

1. Im Rechteck ABCD halbiert E die Seite BC. Ferner sind die Diagonale BD und die Strecke AE gezogen. Wir fragen nach dem Teilverhältnis, in dem der Schnittpunkt F beide Strecken unterteilt (Bild 28.4).

Lösung: Wir fassen die Vektoren $\overrightarrow{AB} = \mathfrak{a}$ und $\overrightarrow{AD} = \mathfrak{b}$ als Basisvektoren auf. Ferner sei

$$\overrightarrow{AF} = m\,\overrightarrow{AE} \qquad \text{und} \qquad \overrightarrow{BF} = n\,\overrightarrow{BD}.$$

Aus dem Dreieck ABF ergibt sich dann die Gleichung

$$(1) \qquad \mathfrak{a} + n\,\overrightarrow{BD} - m\,\overrightarrow{AE} = \mathfrak{o}.$$

Wir drücken $\overrightarrow{BD}$ und $\overrightarrow{AE}$ durch die Basisvektoren $\mathfrak{a}$, $\mathfrak{b}$ aus.

$$\overrightarrow{BD} = -\mathfrak{a} + \mathfrak{b} \qquad \overrightarrow{AE} = \mathfrak{a} + \frac{1}{2}\mathfrak{b}$$

Setzt man in (1) ein, so folgt

$$\mathfrak{a} - n\mathfrak{a} + n\mathfrak{b} - m\mathfrak{a} - \frac{m}{2}\mathfrak{b} = \mathfrak{o}.$$

Wir ordnen nach $\mathfrak{a}$ und $\mathfrak{b}$:

$$\mathfrak{a}\,(1 - n - m) + \mathfrak{b}\left(n - \frac{m}{2}\right) = \mathfrak{o}$$

Da $\mathfrak{a}$, $\mathfrak{b}$ als Basisvektoren linear unabhängig sind, kann diese Gleichung nur bestehen, wenn die Koeffizienten von $\mathfrak{a}$ und $\mathfrak{b}$ gleich 0 sind (Satz 3.3).

$$1 - n - m = 0$$

$$n - \frac{m}{2} = 0$$

Durch Addition folgt $m = \frac{2}{3}$ und daher $n = \frac{1}{3}$.

F teilt AE im Verhältnis 2:1, BD im Verhältnis 1:2.

Wir fassen noch einmal die wesentlichen Schritte bei der Lösung dieser Aufgabe zusammen:

1. Wir suchen nach einem geschlossenen Linienzug, der den Teilpunkt F als Ecke enthält und stellen daraus eine Vektorgleichung auf.
2. Wir drücken alle Vektoren dieser Gleichung durch zwei Basisvektoren aus (die man vorher möglichst zweckmäßig gewählt hat).
3. Wir ordnen nach den Basisvektoren und setzen deren Vorzahlen gleich Null.

Wir wollen als zweites Beispiel eine Aufgabe im Raum behandeln.

2. Im Spat[1]) (Bild 29.1) gehen von A die Basisvektoren $\mathfrak{a}$, $\mathfrak{b}$, $\mathfrak{c}$ aus. Der Punkt T teile die Raumdiagonale BH im Verhältnis 3:1. Die Strecke GT werde bis zur Fläche ADHE verlängert und schneide diese in S.

Wie läßt sich $\overrightarrow{AS}$ durch die Basisvektoren ausdrücken? In welchem Verhältnis teilt ferner T die Strecke GS?

Lösung: Aus dem Linienzug ABTSA folgt

$$(1) \qquad \mathfrak{a} + \frac{3}{4}\overrightarrow{BH} + \overrightarrow{TS} + \overrightarrow{SA} = \mathfrak{o}.$$

Da $\overrightarrow{AS}$ mit $\mathfrak{b}$ und $\mathfrak{c}$ komplanar ist, können wir ansetzen

$$(2) \qquad \overrightarrow{AS} = p\mathfrak{b} + q\mathfrak{c}.$$

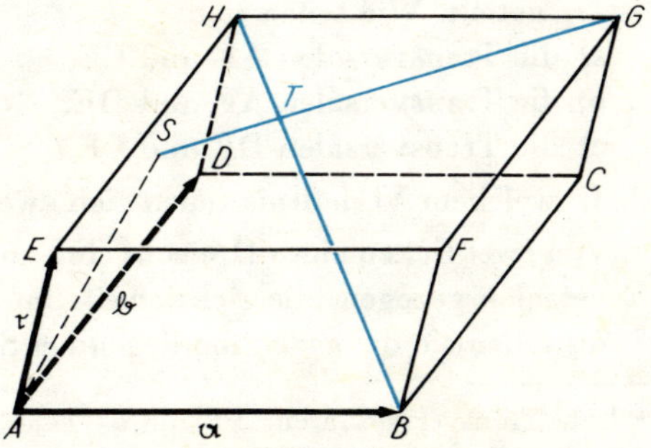

Bild 29.1

---
[1] Ein Spat ist ein von 6 Parallelogrammen begrenzter Körper.

Ferner sei

$$\overrightarrow{TS} = r\,\overrightarrow{GS},$$

wobei für $\overrightarrow{GS}$ aus dem Linienzug ABCGSA die Darstellung

$$\overrightarrow{GS} = -\mathfrak{c} - \mathfrak{b} - \mathfrak{a} + \overrightarrow{AS} = -\mathfrak{c} - \mathfrak{b} - \mathfrak{a} + p\mathfrak{b} + q\mathfrak{c} = -\mathfrak{a} + (p-1)\,\mathfrak{b} + (q-1)\,\mathfrak{c}$$

folgt. Also ist

(3) $$\overrightarrow{TS} = -r\mathfrak{a} + (rp - r)\,\mathfrak{b} + (qr - r)\,\mathfrak{c}.$$

Für $\overrightarrow{BH}$ finden wir aus BHDAB

(4) $$\overrightarrow{BH} = -\mathfrak{a} + \mathfrak{b} + \mathfrak{c}.$$

Setzt man (2), (3), (4) in (1) ein, so ergibt sich

$$\mathfrak{a} - \frac{3}{4}\mathfrak{a} + \frac{3}{4}\mathfrak{b} + \frac{3}{4}\mathfrak{c} - r\mathfrak{a} + (rp - r)\,\mathfrak{b} + (qr - r)\,\mathfrak{c} - p\mathfrak{b} - q\mathfrak{c} = \mathfrak{o}.$$

Wir ordnen nach $\mathfrak{a}$, $\mathfrak{b}$, $\mathfrak{c}$.

$$\mathfrak{a}\left(\frac{1}{4} - r\right) + \mathfrak{b}\left(\frac{3}{4} + rp - r - p\right) + \mathfrak{c}\left(\frac{3}{4} + qr - r - q\right) = \mathfrak{o}$$

Da $\mathfrak{a}$, $\mathfrak{b}$, $\mathfrak{c}$ linear unabhängig sind, kann diese Gleichung nur bestehen, wenn die Klammerausdrücke gleich 0 sind.
Es folgt zunächst

$$r = \frac{1}{4}$$

und damit

$$\frac{1}{2} - \frac{3}{4}p = 0 \Rightarrow p = \frac{2}{3}$$
$$\frac{1}{2} - \frac{3}{4}q = 0 \Rightarrow q = \frac{2}{3}.$$

Es ist also

$$\overrightarrow{AS} = \frac{2}{3}\mathfrak{b} + \frac{2}{3}\mathfrak{c},$$

ferner teilt T die Strecke GS im Verhältnis 3:1.

Aufgaben

1. Im Parallelogramm ABCD teilt E die Seite BC im Verhältnis 2:1, F die Seite AD im Verhältnis 2:3. Wie teilen sich
   a) die Transversalen[1]) AE und BF,
   b) die Transversalen DE und CF?
2. Im Rechteck ABCD wird AB durch E im Verhältnis 4:1, BC durch F im Verhältnis 1:1 geteilt. Wie teilen sich
   a) die Transversalen AF und CE,
   b) die Transversalen AF und DE,
   c) die Transversalen DF und CE?
3. In welchem Verhältnis teilen sich zwei Seitenhalbierende eines Dreiecks?
4. Von zwei Ecken eines Dreiecks sind zu den gegenüberliegenden Seiten zwei Transversalen gezogen, die sich jeweils im Verhältnis 3:1 teilen. In welchem Verhältnis teilen sie die gegenüberliegenden Seiten?

---

[1] Eine Transversale in einer Figur ist eine Strecke, deren Endpunkte auf der Begrenzung der Figur liegen.

5. In welchem Verhältnis teilt in einem Dreieck die Transversale durch A und den Mittelpunkt der Seitenhalbierenden s_c die Seite BC? Wie wird die Transversale selbst durch s_c geteilt?

6. Zeige, daß sich die drei Seitenhalbierenden eines Dreiecks in einem Punkte schneiden.

7. Beweise: Die Winkelhalbierende eines Dreiecks teilt die gegenüberliegende Seite im Verhältnis der anliegenden Seiten.

8. In einem Quader ist die Raumdiagonale AG gezogen (Bild 31.1). Vom Mittelpunkt M der Kante EH wird durch einen Punkt T der Raumdiagonale eine Gerade gezogen, die die Grundfläche in S schneidet.

Wie muß T liegen, wenn $\overrightarrow{AS} = \frac{3}{4}\mathfrak{a} + m\mathfrak{b}$ sein soll? Wie wird MS durch T unterteilt? Bestimme auch m.

a) $\overrightarrow{AS} = m\mathfrak{a} + \frac{1}{5}\mathfrak{b}$ b) $\overrightarrow{AS} = \frac{1}{5}\mathfrak{a} + m\mathfrak{b}$

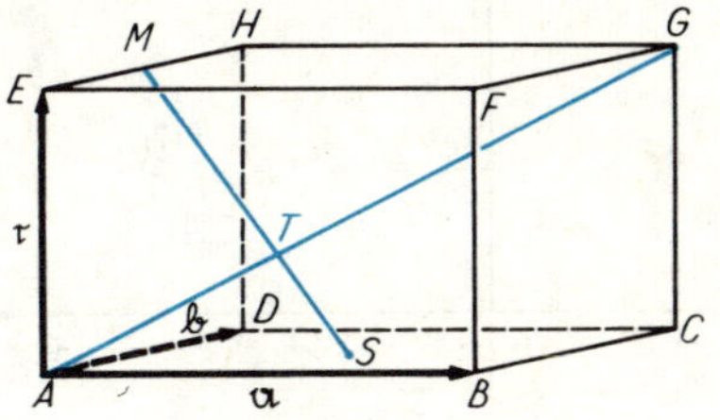

Bild 31.1

4. Analytische Geometrie I
Parameterformen der Geraden- und Ebenengleichung

Wir haben bisher die Vektoren mit den zugehörigen Rechenoperationen definiert und einfache geometrische Aufgaben — etwa die Berechnung von Teilverhältnissen — vektoriell lösen können. Kennzeichnend für diese Überlegungen war, daß ge ometrische Beziehungen in Vektorgleichungen „übersetzt" wurden. Die Rechnungen führten zu Ergebnissen, die sich wiederum geometrisch deuten ließen. Dieses Verfahren kennzeichnet die vektorielle Analytische Geometrie.

Um diese Methode folgerichtig anwenden zu können, führen wir zunächst ein Koordinatensystem ein.

4.1. Vektoren im Koordinatensystem

4.1.1. Das affine Koordinatensystem

Vorübungen

1. Was versteht man unter den Koordinaten eines Punktes? Wo wurden sie früher verwendet? Was ist das Koordinatennetz?
2. Zeichne ein ebenes rechtwinkliges Achsenkreuz mit dem Urspung O. Zeichne einen Punkt P und den Vektor $\overrightarrow{OP}$ ein. Welche Vektoren veranschaulichen die Koordinaten von P?
3. Zeichne von einem Punkte O aus zwei Vektoren $\mathfrak{a}$, $\mathfrak{b}$ beliebiger Länge und verschiedener Richtung. Zeichne ferner von O aus die Vektoren $\pm\mathfrak{a}, \pm 2\mathfrak{a}, \pm 3\mathfrak{a}, \ldots, \pm\mathfrak{b}, \pm 2\mathfrak{b}, \pm 3\mathfrak{b}, \ldots$. Wie kann man die Figur zu einem Koordinatennetz erweitern? Zeichne einen Vektor $\overrightarrow{OP}$ ein und gib zeichnerisch die „Koordinaten" von P an.

Wir haben bereits in der Mittelstufe den Koordinatenbegriff kennengelernt. Mit Hilfe eines rechtwinkligen Achsenkreuzes kann jeder Punkt P der Ebene durch zwei

Zahlen, seine Koordinaten, gekennzeichnet werden (Bild 32.1). Dieses Hilfsmittel wird z. B. bei der Festlegung von Geländepunkten in der Karte oder bei der zeichnerischen Darstellung von Funktionen verwendet. Wir verallgemeinern nun den Koordinatenbegriff in folgender Weise: Von einem festen Punkt O aus, dem Ursprung des Koordinatensystems, sind zwei Basisvektoren $\mathfrak{a}$, $\mathfrak{b}$ gezeichnet. Wir verschieben das von ihnen aufgespannte Parallelogramm wiederholt um $\pm\mathfrak{a}$ und dann den entstandenen Streifen um $\pm\mathfrak{b}$. Wir erhalten dadurch das Gitternetz von Bild 32.2.

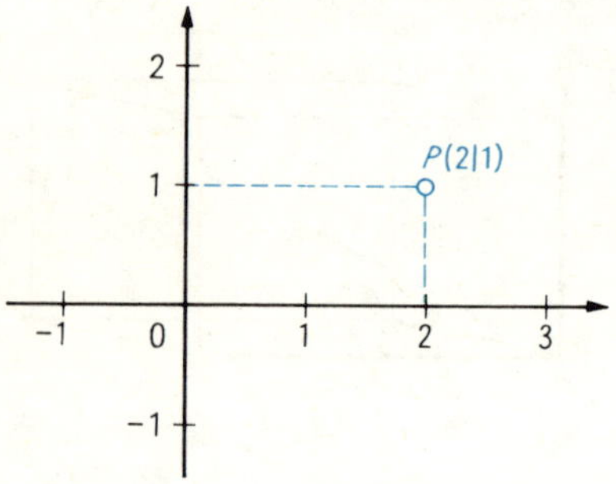

Bild 32.1

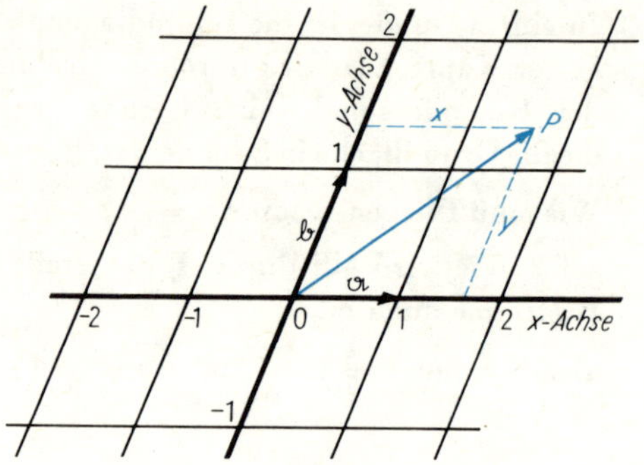

Bild 32.2

Nimmt man jetzt einen Punkt P an, so läßt sich der Vektor $\overrightarrow{OP}$ nur in einer Weise durch die Vektoren $\mathfrak{a}$ und $\mathfrak{b}$ ausdrücken (Satz 3.3).

(1) $$\overrightarrow{OP} = \mathfrak{r} = x\mathfrak{a} + y\mathfrak{b}$$

Wir sagen, daß die Basisvektoren $\mathfrak{a}$, $\mathfrak{b}$ ein *affines Koordinatensystem* mit der *x*- und *y-Achse* und dem *Ursprung* O erzeugen. Wir nennen $\overrightarrow{OP}$ den *Ortsvektor* des Punktes P. Er ist im Gegensatz zu den bisher verwendeten, frei verschiebbaren Vektoren an den Anfangspunkt O gebunden.[1])

Wir wollen Ortsvektoren mit dem Buchstaben $\mathfrak{r}$ bezeichnen und verschiedene Ortsvektoren durch Indizes unterscheiden: Nach P_1, P_2, ..., weisen die Ortsvektoren $\mathfrak{r}_1$, $\mathfrak{r}_2$, ..., nach A, B, ... die Vektoren $\mathfrak{r}_A$, $\mathfrak{r}_B$, ...

Zur Kennzeichnung eines Punktes P oder seines Ortsvektors $\overrightarrow{OP}$ genügt es offenbar, in (1) die Zahlen x und y zu kennen. Wir nennen diese Zahlen die *Koordinaten* des Punktes bzw. des zugehörigen Ortsvektors. Die Vektoren $x\mathfrak{a}$ und $y\mathfrak{b}$ heißen die *Komponenten* des Vektors $\overrightarrow{OP}$.

Im Raum benötigt man für ein affines Koordinatensystem drei Basisvektoren $\mathfrak{a}$, $\mathfrak{b}$, $\mathfrak{c}$. Diese spannen einen Spat auf, aus dem wir durch wiederholte Verschiebungen nunmehr ein räumliches Gitternetz mit der x-, y- und z-Achse erhalten (Bild 33.1). Jedem Punkt P läßt sich sein Ortsvektor $\overrightarrow{OP}$ zuordnen:

(2) $$\overrightarrow{OP} = \mathfrak{r} = x\mathfrak{a} + y\mathfrak{b} + z\mathfrak{c}$$

---

[1] Vektoren, die frei verschiebbar sind, heißen freie Vektoren, die anderen, z. B. die Ortsvektoren, gebundene Vektoren.

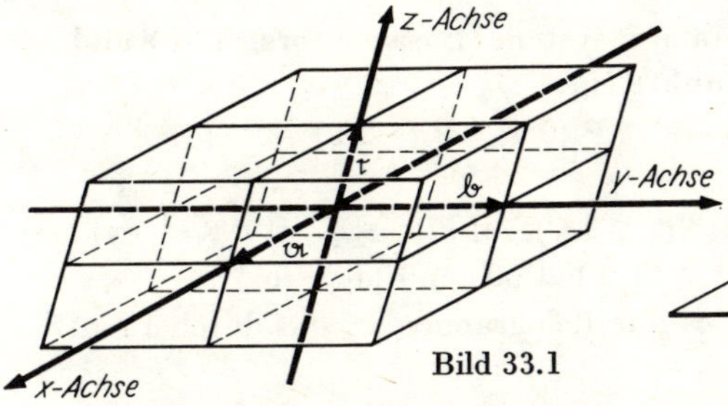

Bild 33.1

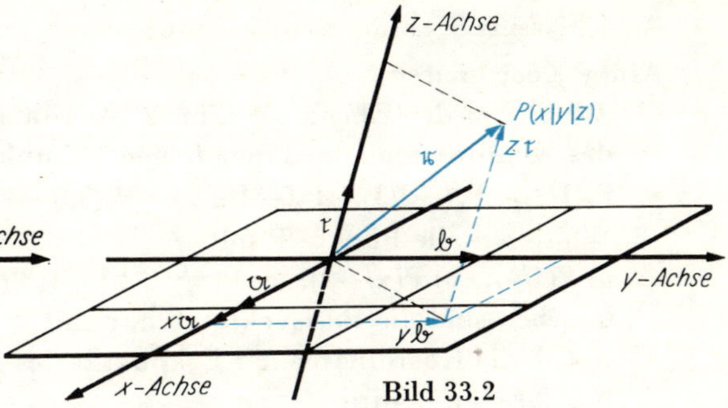

Bild 33.2

Dabei sind die Koordinaten x, y, z wiederum eindeutig bestimmt (Satz 3.5). $x\mathfrak{a}$, $y\mathfrak{b}$, $z\mathfrak{c}$ nennen wir wie oben die Komponenten des Vektors $\overrightarrow{OP}$ (Bild 33.2).

Besonders einfach ist ein Koordinatensystem, in dem alle Basisvektoren die Länge 1 haben, also Einheitsvektoren sind, und paarweise aufeinander senkrecht stehen. In diesem Falle wollen wir die Basisvektoren mit $\mathfrak{i}$, $\mathfrak{j}$, $\mathfrak{k}$ bezeichnen. Zusätzlich wird vereinbart, daß die Vektoren $\mathfrak{i}, \mathfrak{j}, \mathfrak{k}$ in dieser Reihenfolge ein ***Rechtssystem*** bilden (Bild 33.3).

Ein Rechtssystem läßt sich mit Hilfe der rechten Hand veranschaulichen: Hält man Daumen und Zeigefinger in Richtung von $\mathfrak{i}$ und $\mathfrak{j}$, so zeigt der Mittelfinger in die Richtung von $\mathfrak{k}$. Dieses spezielle Koordinatensystem nennen wir ***kartesisches Koordinatensystem*** [nach dem französischen Mathematiker DESCARTES (1596 – 1650), dem Begründer der Analytischen Geometrie].

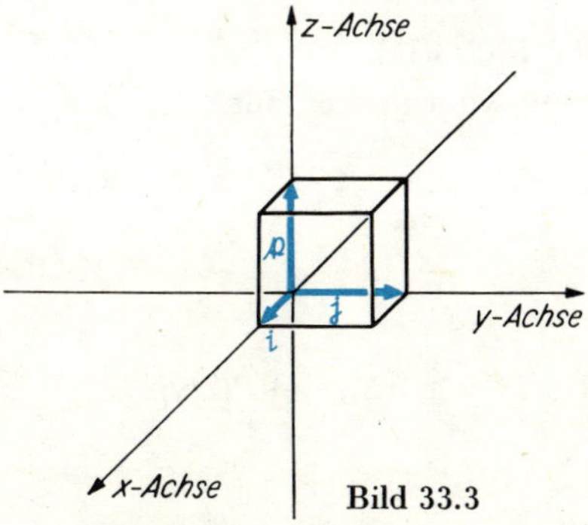

Bild 33.3

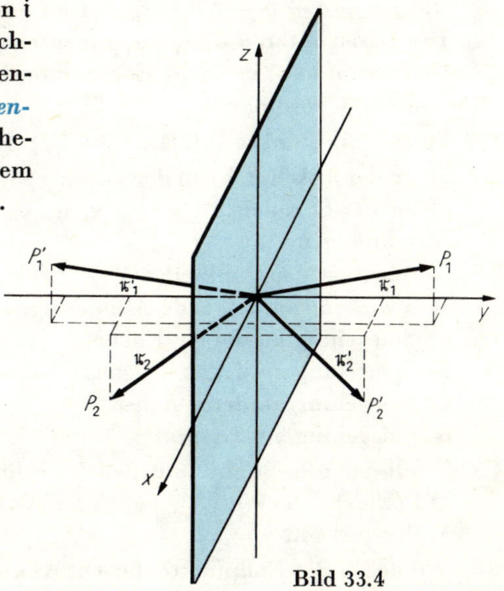

Bild 33.4

Beispiel

1. Wo liegen alle Punkte P (x/y = 2)?
   Die Punkte liegen auf der Parallelen zur x-Achse durch den Punkt P_0 (0/2).
2. Gegeben sind in kartesischen Koordinaten die Punkte P_1 (2/3/1), P_2 (3/−2/−1). Spiegle die Punkte an der xz-Ebene und gib die Ortsvektoren der Bildpunkte an.
   In Bild 33.4 sind die Punkte und ihre Bildpunkte dargestellt. Die Ortsvektoren der Bildpunkte sind

$$\mathfrak{r}_1' = 2\,\mathfrak{i} - 3\,\mathfrak{j} + \mathfrak{k} \quad \text{und} \quad \mathfrak{r}_2' = 3\,\mathfrak{i} + 2\,\mathfrak{j} - \mathfrak{k}\,.$$

Aufgaben

Affine Koordinaten

1. Zeichne in der Ebene ein affines Koordinatensystem (Basisvektoren $\mathfrak{a}$, $\mathfrak{b}$) und das Koordinatennetz. Trage folgende Punkte ein:
$P_1(1/2)$, $P_2(-2/3)$, $P_3(-4/-1)$, $P_4(3{,}5/-2)$, $P_5(0/4)$, $P_6(-2/0)$

2. Wo liegen alle Punkte P mit
a) $P(4/y)$, b) $P(x/-2)$, c) $P(x/y > 2)$, d) $P(x \leqq 1/y)$, e) $P(x = y)$, f) $P(x = -y)$?

3. Gegeben sind die Basisvektoren $\mathfrak{a}$, $\mathfrak{b}$ mit $\sphericalangle(\mathfrak{a};\mathfrak{b}) = 60°$ und $|\mathfrak{a}| = |\mathfrak{b}|$.
a) Gib die Koordinaten der Eckpunkte des Parallelogramms an, das durch $\mathfrak{a}$ und $\mathfrak{b}$ aufgespannt wird.
b) Welche Koordinaten haben die Eckpunkte des regelmäßigen Sechsecks mit dem Eckpunkt $P_1(1/0)$ und dem Mittelpunkt im Ursprung?

4. Gegeben sind die Basisvektoren $\mathfrak{a}$, $\mathfrak{b}$ mit $\sphericalangle(\mathfrak{a};\mathfrak{b}) = 60°$ und $|\mathfrak{a}| = 2 \cdot |\mathfrak{b}|$.
Wie heißen die Ortsvektoren der Ecken der gleichseitigen Dreiecke, deren Grundseite a) der Vektor $\mathfrak{a}$, b) der Vektor $\mathfrak{b}$ ist?

5. Zeichne ein räumliches affines Koordinatensystem in schräger Parallelprojektion. Trage folgende Ortsvektoren ein:
a) $\mathfrak{r}_1 = \mathfrak{a} + \mathfrak{b} + 2\mathfrak{c}$ b) $\mathfrak{r}_2 = 2\mathfrak{a} + 2\mathfrak{b}$ c) $\mathfrak{r}_3 = 3\mathfrak{a} - \mathfrak{b} - \mathfrak{c}$
d) $\mathfrak{r}_4 = -\mathfrak{a} - \mathfrak{b} - \mathfrak{c}$ e) $\mathfrak{r}_5 = 1{,}5\mathfrak{a} + 0{,}5\mathfrak{c}$ f) $\mathfrak{r}_6 = 4\mathfrak{a} + 2{,}5\mathfrak{b} + 3\mathfrak{c}$

6. Die Basisvektoren $\mathfrak{a}$, $\mathfrak{b}$, $\mathfrak{c}$ spannen einen Spat im Raum auf. Welches sind die Ortsvektoren a) der acht Eckpunkte, b) der Kantenmittelpunkte?

Kartesische Koordinaten

7. Spiegle die Punkte $P_1(2/4)$, $P_2(-3/2)$, $P_3(-5/-1)$, $P_4(0/-3)$
a) an der x-Achse, b) an der y-Achse, c) am Ursprung, d) an der Geraden $g: y = x$, e) an der Geraden $g': y = -x$, und gib die Ortsvektoren der Bildpunkte an (Zeichnung).

8. Gegeben ist der Punkt $P(x/y/z)$ [Zahlenbeispiel $P_1(2/3/1)$].
Wie wirken sich folgende Abbildungen auf seine Koordinaten aus?
a) Spiegelung an der xy-Ebene,
b) Spiegelung an der xz-Ebene,
c) Spiegelung an der y-Achse,
d) Spiegelung am Ursprung.

9. Wo liegen alle Punkte mit den Koordinaten
a) $P(1/0/z)$, b) $P(0/y/z)$, c) $P(x < 0/y/z)$, d) $P(x/y \geqq 0/z)$, e) $P(2/y/z)$, f) $P(x/y/z)$ mit $y = z$?

10. Wo liegen die Endpunkte der Ortsvektoren
a) $\mathfrak{r} = 2\mathfrak{i} + 3\mathfrak{j} + z\mathfrak{k}$ b) $\mathfrak{r} = x\mathfrak{i} + y\mathfrak{j}$
c) $\mathfrak{r} = z\mathfrak{k}$ d) $\mathfrak{r} = x\mathfrak{i} + \mathfrak{j} + z\mathfrak{k}$?

4.1.2. Das Rechnen mit Vektoren im Koordinatensystem

Vorübungen

1. Wie haben wir die Gleichheit von Vektoren definiert? Welche Folgerung ergibt sich für die Komponentendarstellung zweier gleicher Vektoren?
2. Gegeben sind $\mathfrak{v}_1 = 2\mathfrak{a} - 3\mathfrak{b}$ und $\mathfrak{v}_2 = 4\mathfrak{a} + 5\mathfrak{b}$. Zeichne und berechne $\mathfrak{v}_1 + \mathfrak{v}_2$, $\mathfrak{v}_2 - \mathfrak{v}_1$, $3 \cdot \mathfrak{v}_1$.

Nach Satz 3.5 ist die Darstellung eines Vektors $\mathfrak{v}$ durch drei Basisvektoren $\mathfrak{a}$, $\mathfrak{b}$, $\mathfrak{c}$ eindeutig. Wenn also für zwei Vektoren

(1) $$\mathfrak{v}_1 = x_1\mathfrak{a} + y_1\mathfrak{b} + z_1\mathfrak{c} \quad \text{und} \quad \mathfrak{v}_2 = x_2\mathfrak{a} + y_2\mathfrak{b} + z_2\mathfrak{c}$$

gelten soll

(2) $$\mathfrak{v}_1 = \mathfrak{v}_2,$$

dann muß

(3) $$\begin{cases} x_1 = x_2 \\ y_1 = y_2 \\ z_1 = z_2 \end{cases}$$

sein.

Satz 4.1

Zwei Vektoren sind genau dann gleich, wenn ihre entsprechenden Koordinaten gleich sind.

Hieraus ergibt sich, daß die Vektorgleichung (2) und das Gleichungssystem (3) gleichwertig sind. Das bedeutet:

Eine Vektorgleichung entspricht einem System von drei Koordinatengleichungen.

Wir addieren (subtrahieren) die Vektoren (1) und wenden dabei das assoziative und kommutative Gesetz der Addition sowie das 1. distributive Gesetz für die S-Multiplikation an:

(4) $$\begin{aligned} \mathfrak{v}_1 \pm \mathfrak{v}_2 &= (x_1\mathfrak{a} + y_1\mathfrak{b} + z_1\mathfrak{c}) \pm (x_2\mathfrak{a} + y_2\mathfrak{b} + z_2\mathfrak{c}) \\ &= (x_1 \pm x_2)\,\mathfrak{a} + (y_1 \pm y_2)\,\mathfrak{b} + (z_1 \pm z_2)\,\mathfrak{c}. \end{aligned}$$

Satz 4.2

Die Koordinaten des Summenvektors (Differenzvektors) sind gleich den Summen (Differenzen) entsprechender Koordinaten der Einzelvektoren.

Für die S-Multiplikation erhält man

(5) $$n \cdot \mathfrak{v}_1 = n\,(x_1\mathfrak{a} + y_1\mathfrak{b} + z_1\mathfrak{c}) = n x_1\,\mathfrak{a} + n y_1\,\mathfrak{b} + n z_1\,\mathfrak{c}.$$

Satz 4.3

Die Koordinaten des n-fachen Vektors sind gleich den n-fachen Koordinaten des Vektors.

Aus den Sätzen geht hervor, daß sich die bisher behandelten Rechenoperationen für Vektoren auf Rechnungen mit den Koordinaten zurückführen lassen. Wenn man sich bei der Komponentendarstellung der Vektoren auf eine bestimmte Reihenfolge der Basisvektoren (z. B. $\mathfrak{a}$, $\mathfrak{b}$, $\mathfrak{c}$) geeinigt hat, ist jeder Vektor schon durch Angabe der drei Koordinaten eindeutig bestimmt. Wir wollen daher folgende abkürzende Schreibweise vereinbaren:

Definition 4.1

$$\mathfrak{v} = x\mathfrak{a} + y\mathfrak{b} + z\mathfrak{c} = \begin{pmatrix} x \\ y \\ z \end{pmatrix}$$ *Spaltendarstellung eines Vektors*

Um Punkte und Vektoren zu unterscheiden, setzen wir wie bisher bei der Angabe von Punkten die Koordinaten nebeneinander: $P(x/y/z)$.

Zum Punkt $P_1(x_1/y_1/z_1)$ führt also der Ortsvektor $\mathfrak{r}_1 = \begin{pmatrix} x_1 \\ y_1 \\ z_1 \end{pmatrix}$.

Aus der Definition 4.1 ergibt sich insbesondere für die Basisvektoren:

$$\mathfrak{a} = 1 \cdot \mathfrak{a} + 0 \cdot \mathfrak{b} + 0 \cdot \mathfrak{c} = \begin{pmatrix} 1 \\ 0 \\ 0 \end{pmatrix}$$

$$\mathfrak{b} = 0 \cdot \mathfrak{a} + 1 \cdot \mathfrak{b} + 0 \cdot \mathfrak{c} = \begin{pmatrix} 0 \\ 1 \\ 0 \end{pmatrix}$$

$$\mathfrak{c} = 0 \cdot \mathfrak{a} + 0 \cdot \mathfrak{b} + 1 \cdot \mathfrak{c} = \begin{pmatrix} 0 \\ 0 \\ 1 \end{pmatrix}$$

Die Vorteile der Spaltenschreibweise treten besonders beim Rechnen mit Vektoren hervor. In der neuen Form erhält man für (4) und (5):

(4′) $$\mathfrak{v}_1 \pm \mathfrak{v}_2 = \begin{pmatrix} x_1 \\ y_1 \\ z_1 \end{pmatrix} \pm \begin{pmatrix} x_2 \\ y_2 \\ z_2 \end{pmatrix} = \begin{pmatrix} x_1 \pm x_2 \\ y_1 \pm y_2 \\ z_1 \pm z_2 \end{pmatrix}$$

und

(5′) $$n \cdot \mathfrak{v}_1 = n \begin{pmatrix} x_1 \\ y_1 \\ z_1 \end{pmatrix} = \begin{pmatrix} nx_1 \\ ny_1 \\ nz_1 \end{pmatrix}$$

Gegenüber der schwerfälligen Komponentendarstellung ist diese Schreibweise besonders elegant und einprägsam. Man sieht unmittelbar, wie sich die Grundoperationen der Addition, Subtraktion und S-Multiplikation auf die Koordinaten übertragen.

Beispiele

1. $\begin{pmatrix} 3 \\ 4 \\ -1 \end{pmatrix} + 2 \cdot \begin{pmatrix} 4 \\ 2 \\ 3 \end{pmatrix} = \begin{pmatrix} 3 \\ 4 \\ -1 \end{pmatrix} + \begin{pmatrix} 8 \\ 4 \\ 6 \end{pmatrix} = \begin{pmatrix} 11 \\ 8 \\ 5 \end{pmatrix}$

2. $\begin{pmatrix} -5 \\ 3 \\ a \end{pmatrix} - \begin{pmatrix} -a \\ -3 \\ 4a \end{pmatrix} = \begin{pmatrix} -5 + a \\ 6 \\ -3a \end{pmatrix}$

3. Prüfe auf Kollinearität die Vektoren:

a) $\mathfrak{v}_1 = \begin{pmatrix} -2 \\ 3 \\ 4 \end{pmatrix}$ und $\mathfrak{v}_2 = \begin{pmatrix} 1 \\ -\frac{3}{2} \\ -2 \end{pmatrix}$, b) $\mathfrak{v}_1$ und $\mathfrak{v}_3 = \begin{pmatrix} -6 \\ 9 \\ 8 \end{pmatrix}$

Lösung:

a) Die Vektoren $\mathfrak{v}_1$ und $\mathfrak{v}_2$ sind kollinear, wenn es eine Zahl λ gibt, so daß

(1) $$\mathfrak{v}_1 = \lambda \mathfrak{v}_2, \quad \text{d. h.} \quad \begin{pmatrix} -2 \\ 3 \\ 4 \end{pmatrix} = \lambda \begin{pmatrix} 1 \\ -\frac{3}{2} \\ -2 \end{pmatrix}$$

ist. Der Gleichung (1) entspricht das System von Koordinatengleichungen:

$$-2 = \lambda$$
$$3 = -\frac{3}{2}\lambda$$
$$4 = -2\lambda$$

Aus der ersten Gleichung ergibt sich bereits $\lambda = -2$. Sollen $\mathfrak{v}_1$ und $\mathfrak{v}_2$ kollinear sein, muß $\lambda = -2$ auch die anderen Gleichungen erfüllen. Durch Einsetzen ergibt sich $3 = \left(-\frac{3}{2}\right) \cdot (-2)$ und $4 = (-2) \cdot (-2)$. Die Vektoren sind kollinear.

b) Für $\mathfrak{v}_1 = \lambda \mathfrak{v}_3$ erhalten wir entsprechend das Gleichungssystem

$$-2 = -6\lambda$$
$$3 = 9\lambda$$
$$4 = 8\lambda$$

Wir erhalten aus der ersten Gleichung $\lambda = \frac{1}{3}$. Dieser Wert erfüllt auch die zweite Gleichung, nicht aber die dritte. Die Vektoren sind nicht kollinear.

Aufgaben

1. Addiere (subtrahiere) $\mathfrak{v}_1$ und $\mathfrak{v}_2$.

a) $\mathfrak{v}_1 = 3\mathfrak{a} - 2\mathfrak{b} + \mathfrak{c}$, $\mathfrak{v}_2 = 7\mathfrak{a} - 5\mathfrak{b} - \mathfrak{c}$

b) $\mathfrak{v}_1 = 7\mathfrak{a} + 0{,}5\mathfrak{b}$, $\mathfrak{v}_2 = 3\mathfrak{a} - 4\mathfrak{c}$

c) $\mathfrak{v}_1 = \begin{pmatrix} 0 \\ 3 \\ -7 \end{pmatrix}$, $\mathfrak{v}_2 = \begin{pmatrix} 2 \\ -8 \\ 3 \end{pmatrix}$

d) $\mathfrak{v}_1 = \begin{pmatrix} 2 \\ -3 \\ -8 \end{pmatrix}$, $\mathfrak{v}_2 = \begin{pmatrix} 4 \\ -3 \\ 8 \end{pmatrix}$

e) $\mathfrak{v}_1 = 9\mathfrak{a} - \mathfrak{b} + 11\mathfrak{c}$, $\mathfrak{v}_2 = \begin{pmatrix} 17 \\ -19 \\ -11 \end{pmatrix}$

2. Bilde für die Vektoren der Aufgabe 1 folgende Ausdrücke in Spaltenschreibweise:

a) $2\mathfrak{v}_1 - \mathfrak{v}_2$ b) $3\mathfrak{v}_1 + 2\mathfrak{v}_2$ c) $-4\mathfrak{v}_1 + \mathfrak{v}_2$

3. Gegeben sind die Vektoren

$\mathfrak{m} = 2\mathfrak{a} + \mathfrak{b} - \sqrt{3}\,\mathfrak{c}$, $\mathfrak{n} = 5\mathfrak{a} - \sqrt{2}\,\mathfrak{b} + 2\mathfrak{c}$, $\mathfrak{p} = -\mathfrak{a} + 4\mathfrak{b} - \mathfrak{c}$.

Drücke folgende Vektoren durch die Basisvektoren $\mathfrak{a}$, $\mathfrak{b}$, $\mathfrak{c}$ aus:

a) $\mathfrak{m} + \mathfrak{n}$ b) $\mathfrak{m} - 2\mathfrak{n}$ c) $\mathfrak{m} + \mathfrak{n} + \mathfrak{p}$

d) $2\mathfrak{m} - \mathfrak{p}$ e) $\mathfrak{n} - 4\mathfrak{p}$ f) $2\mathfrak{m} - 3\mathfrak{n} + 5\mathfrak{p}$

4. Gegeben sind:

$$\mathfrak{u} = \begin{pmatrix} 4\lambda \\ -3 \\ -5 + \nu \end{pmatrix}, \quad \mathfrak{v} = \begin{pmatrix} \lambda \\ 0 \\ \nu \end{pmatrix}, \quad \mathfrak{w} = \begin{pmatrix} -7 \\ \mu \\ 4 \end{pmatrix}$$

Wie lassen sich folgende Vektoren in Spaltenschreibweise darstellen?

a) $-2\mathfrak{u} - \mathfrak{v}$ b) $4\mathfrak{w} - \mathfrak{u} + \mathfrak{v}$ c) $\mathfrak{v} - 2\mathfrak{w} + 3\mathfrak{u}$ d) $5\mathfrak{u} - \frac{1}{2}\mathfrak{v} - \frac{1}{4}\mathfrak{w}$

5. Gegeben sind die Punkte

A(0/0/0), B(4/2/1), C(3/−2/5), D(7/2/−8).

Drücke die Seiten und Diagonalen dieses räumlichen Vierecks durch Vektoren aus.

6. Gegeben sind:

$$\mathfrak{v}_1 = \begin{pmatrix} 4 \\ -3 \\ -2 \end{pmatrix}, \quad \mathfrak{v}_2 = \begin{pmatrix} -7 \\ -1 \\ 2 \end{pmatrix}, \quad \mathfrak{v}_3 = \begin{pmatrix} 5 \\ 3 \\ 1 \end{pmatrix}.$$

Bestimme den Vektor $\mathfrak{v}_4$ so, daß

a) $\mathfrak{v}_1 + \mathfrak{v}_2 + \mathfrak{v}_3 + \mathfrak{v}_4$ b) $2\mathfrak{v}_1 - 3\mathfrak{v}_2 + \mathfrak{v}_3 - 2\mathfrak{v}_4$

einen geschlossenen Linienzug darstellt.

7. Prüfe folgende Vektoren auf Kollinearität:

a) $\mathfrak{a} = \begin{pmatrix} 3 \\ 7 \\ 4 \end{pmatrix}, \quad \mathfrak{b} = \begin{pmatrix} 9 \\ 21 \\ 12 \end{pmatrix}$ b) $\mathfrak{a} = \begin{pmatrix} -4 \\ 6 \\ 8 \end{pmatrix}, \quad \mathfrak{b} = \begin{pmatrix} 2 \\ -3 \\ -4 \end{pmatrix}$

c) $\mathfrak{a} = \begin{pmatrix} 12 \\ -6 \\ 9 \end{pmatrix}, \quad \mathfrak{b} = \begin{pmatrix} -16 \\ -8 \\ 12 \end{pmatrix}$ d) $\mathfrak{a} = \begin{pmatrix} \frac{4}{5} \\ 6 \\ -\frac{3}{4} \end{pmatrix}, \quad \mathfrak{b} = \begin{pmatrix} -\frac{8}{15} \\ -4 \\ \frac{1}{2} \end{pmatrix}$

8. Bestimme $\mathfrak{q}$ so, daß $\mathfrak{p}$ und $\mathfrak{q}$ kollinear sind.

$\mathfrak{p} = \begin{pmatrix} 2 \\ -3 \\ 5 \end{pmatrix}$ a) $\mathfrak{q} = \begin{pmatrix} 5 \\ y \\ z \end{pmatrix}$ b) $\mathfrak{q} = \begin{pmatrix} x \\ 7 \\ z \end{pmatrix}$

9. Ermittle, ob der Vektor $\mathfrak{m}$ in der durch $\mathfrak{p}$ und $\mathfrak{q}$ aufgespannten Ebene liegt.

$\mathfrak{p} = \begin{pmatrix} 2 \\ 1 \\ -3 \end{pmatrix}, \quad \mathfrak{q} = \begin{pmatrix} 4 \\ -3 \\ 1 \end{pmatrix}$ a) $\mathfrak{m} = \begin{pmatrix} 6 \\ -2 \\ -2 \end{pmatrix}$ b) $\mathfrak{m} = \begin{pmatrix} -2 \\ 4 \\ -4 \end{pmatrix}$ c) $\mathfrak{m} = \begin{pmatrix} 8 \\ -1 \\ -7 \end{pmatrix}$

10. Bestimme $\mathfrak{m}$ so, daß $\mathfrak{m}, \mathfrak{p}, \mathfrak{q}$ komplanar sind.

$\mathfrak{p} = \begin{pmatrix} -4 \\ 2 \\ 3 \end{pmatrix}, \quad \mathfrak{q} = \begin{pmatrix} 1 \\ 3 \\ 5 \end{pmatrix}$ a) $\mathfrak{m} = \begin{pmatrix} -14 \\ 0 \\ z \end{pmatrix}$ b) $\mathfrak{m} = \begin{pmatrix} 2 \\ y \\ 21\frac{1}{2} \end{pmatrix}$

11. Die Vektoren $\mathfrak{m}, \mathfrak{p}, \mathfrak{q}$ sollen linear abhängig werden. Wie heißt der Vektor $\mathfrak{m}$?

$\mathfrak{p} = \begin{pmatrix} 4 \\ 4 \\ 3 \end{pmatrix}, \quad \mathfrak{q} = \begin{pmatrix} 1 \\ -2 \\ -2 \end{pmatrix}$ a) $\mathfrak{m} = \begin{pmatrix} 16 \\ 4 \\ z \end{pmatrix}$ b) $\mathfrak{m} = \begin{pmatrix} 5 \\ y \\ 12 \end{pmatrix}$ c) $\mathfrak{m} = \begin{pmatrix} x \\ 2 \\ 1 \end{pmatrix}$

12. Drücke den Vektor $\mathfrak{v}$ durch die Basisvektoren $\mathfrak{a}', \mathfrak{b}'$ aus.

$\mathfrak{v} = \begin{pmatrix} 56 \\ 19 \end{pmatrix}$ a) $\mathfrak{a}' = \begin{pmatrix} 3 \\ 2 \end{pmatrix}, \quad \mathfrak{b}' = \begin{pmatrix} 4 \\ -1 \end{pmatrix}$ b) $\mathfrak{a}' = \begin{pmatrix} 11 \\ 6 \end{pmatrix}, \quad \mathfrak{b}' = \begin{pmatrix} 23 \\ 1 \end{pmatrix}$

13. Drücke $\mathfrak{v}$ durch $\mathfrak{a}'$, $\mathfrak{b}'$, $\mathfrak{c}'$ aus.

2

$$\mathfrak{v} = \begin{pmatrix} 7 \\ 17 \\ 5 \end{pmatrix} \quad \text{a) } \mathfrak{a}' = \begin{pmatrix} 3 \\ 0 \\ 2 \end{pmatrix}, \ \mathfrak{b}' = \begin{pmatrix} 2 \\ 4 \\ 0 \end{pmatrix}, \ \mathfrak{c}' = \begin{pmatrix} 0 \\ 3 \\ 1 \end{pmatrix} \quad \text{b) } \mathfrak{a}' = \begin{pmatrix} 1 \\ 1 \\ -1 \end{pmatrix}, \ \mathfrak{b}' = \begin{pmatrix} 0 \\ 2 \\ 0 \end{pmatrix}, \ \mathfrak{c}' = \begin{pmatrix} -2 \\ 0 \\ 2 \end{pmatrix}$$

Wie ist das „Ergebnis“ von Aufgabe b) zu deuten?

4.1.3. Determinanten und lineare Abhängigkeit

Vorübungen

1. Gib die beiden Determinantensätze an, die hinreichende Bedingungen für das Verschwinden einer Determinante enthalten.
2. Versuche dreireihige Determinanten zu finden, die verschwinden, ohne daß eine der beiden Bedingungen aus 1. erfüllt ist.
3. Wähle drei beliebige komplanare Vektoren, schreibe sie spaltenweise in ein Determinantenschema, und berechne den Wert der so erhaltenen Determinante.

In 4.1.2 haben wir gesehen, daß jede Vektorgleichung einem System von drei Koordinatengleichungen entspricht. Umgekehrt können wir das lineare Gleichungssystem

$$\text{(1)} \qquad \begin{aligned} a_1x + b_1y + c_1z &= d_1 \\ a_2x + b_2y + c_2z &= d_2 \\ a_3x + b_3y + c_3z &= d_3 \end{aligned}$$

auffassen als die drei Koordinatengleichungen der einen Vektorgleichung

$$\text{(2)} \qquad \mathfrak{a}x + \mathfrak{b}y + \mathfrak{c}z = \mathfrak{d}$$

mit

$$\mathfrak{a} = \begin{pmatrix} a_1 \\ a_2 \\ a_3 \end{pmatrix}, \quad \mathfrak{b} = \begin{pmatrix} b_1 \\ b_2 \\ b_3 \end{pmatrix}, \quad \mathfrak{c} = \begin{pmatrix} c_1 \\ c_2 \\ c_3 \end{pmatrix} \quad \text{und } \mathfrak{d} = \begin{pmatrix} d_1 \\ d_2 \\ d_3 \end{pmatrix}.$$

Wir wollen uns für die Lösbarkeit der gleichwertigen Gleichungen (1) und (2) interessieren. Da diese Frage bei (1) auf Determinanten, bei (2) auf die lineare Abhängigkeit von Vektoren führt, muß es möglich sein, Vektoren mit Hilfe der aus ihnen gebildeten Determinante auf lineare Abhängigkeit zu untersuchen.

Auf Grund der CRAMERschen Regel wissen wir, daß die Lösungsmenge des Gleichungssystems (1) dann und nur dann aus einem eindeutig bestimmten Wertetripel (x/y/z) besteht, wenn die Determinante des Systems

$$D = \begin{vmatrix} a_1 & b_1 & c_1 \\ a_2 & b_2 & c_2 \\ a_3 & b_3 & c_3 \end{vmatrix} \neq 0 \quad \text{ist.}$$

Die eindeutige Lösbarkeit von (2) bedeutet hingegen, daß $\mathfrak{d}$ sich als Linearkombination der Vektoren $\mathfrak{a}$, $\mathfrak{b}$ und $\mathfrak{c}$ eindeutig darstellen läßt. Das ist aber dann und nur dann der Fall, wenn $\mathfrak{a}$, $\mathfrak{b}$ und $\mathfrak{c}$ linear unabhängig sind. Denn wären sie linear abhängig, also komplanar, so gäbe es überhaupt nur dann Lösungen der Gleichung (2), wenn auch $\mathfrak{d}$ mit $\mathfrak{a}$, $\mathfrak{b}$ und $\mathfrak{c}$ in der gleichen Ebene läge. Dann aber enthielten die Lösungsmengen beliebig viele Zahlentripel (vgl. Aufgabe 6 und 7).

Da demnach die beiden Aussageformen „die aus den Vektoren $\mathfrak{a}$, $\mathfrak{b}$ und $\mathfrak{c}$ gebildete Determinante ist von Null verschieden" und „die Vektoren $\mathfrak{a}$, $\mathfrak{b}$ und $\mathfrak{c}$ sind linear unabhängig" äquivalent sind, erhält man:
Die aus den Vektoren $\mathfrak{a}$, $\mathfrak{b}$ und $\mathfrak{c}$ gebildete Determinante ist genau dann von Null verschieden, wenn die Vektoren $\mathfrak{a}$, $\mathfrak{b}$ und $\mathfrak{c}$ linear unabhängig sind.
Ebenso gilt natürlich:
Die aus den Vektoren $\mathfrak{a}$, $\mathfrak{b}$ und $\mathfrak{c}$ gebildete Determinante ist genau dann gleich Null, wenn die Vektoren $\mathfrak{a}$, $\mathfrak{b}$ und $\mathfrak{c}$ linear abhängig sind.
Da wir bei unseren Untersuchungen über die lineare Abhängigkeit vorausgesetzt hatten, daß keiner der vorkommenden Vektoren der Nullvektor sein sollte, kann es nicht vorkommen, daß eine aus drei linear ab- oder unabhängigen Vektoren gebildete Determinante eine Spalte enthält, die aus lauter Nullen besteht. Wenn wir einen Satz für beliebige Determinanten formulieren wollen, müssen wir berücksichtigen, daß nach Satz 2.4 eine Determinante Null wird, wenn einer ihrer Spaltenvektoren der Nullvektor ist. Wir erhalten:

Satz 4.4

Eine Determinante ist dann und nur dann Null, wenn ihre Spaltenvektoren linear abhängig sind oder wenn (mindestens) einer ihrer Spaltenvektoren der Nullvektor ist.

Beispiel

Untersuche, ob die vier Vektoren $\mathfrak{a} = \begin{pmatrix} 2 \\ 4 \\ 3 \end{pmatrix}$, $\mathfrak{b} = \begin{pmatrix} 4 \\ 2 \\ 1 \end{pmatrix}$, $\mathfrak{c} = \begin{pmatrix} 8 \\ -2 \\ -3 \end{pmatrix}$ und $\mathfrak{d} = \begin{pmatrix} -4 \\ 4 \\ 4 \end{pmatrix}$ komplanar sind.

Wir untersuchen zunächst die Komplanarität der Vektoren $\mathfrak{a}$, $\mathfrak{b}$ und $\mathfrak{c}$ mit Hilfe der aus ihnen gebildeten Determinante.

$$\begin{vmatrix} 2 & 4 & 8 \\ 4 & 2 & -2 \\ 3 & 1 & -3 \end{vmatrix} = \begin{vmatrix} -10 & 0 & 20 \\ -2 & 0 & 4 \\ 3 & 1 & -3 \end{vmatrix} = -1 \begin{vmatrix} -10 & 20 \\ -2 & 4 \end{vmatrix} = 0$$

Demnach sind $\mathfrak{a}$, $\mathfrak{b}$ und $\mathfrak{c}$ komplanar. Wenn $\mathfrak{d}$ in der gleichen Ebene liegt (bzw. zu ihr parallel ist), muß $\mathfrak{d}$ bereits mit zwei der drei Vektoren $\mathfrak{a}$, $\mathfrak{b}$ und $\mathfrak{c}$ komplanar sein. Wir prüfen also die Komplanarität von $\mathfrak{a}$, $\mathfrak{b}$ und $\mathfrak{d}$.

$$\begin{vmatrix} 2 & 4 & -4 \\ 4 & 2 & 4 \\ 3 & 1 & 4 \end{vmatrix} = \begin{vmatrix} 0 & 0 & -4 \\ 6 & 6 & 4 \\ 5 & 5 & 4 \end{vmatrix} = 0$$

Da sowohl $\mathfrak{c}$ als auch $\mathfrak{d}$ mit $\mathfrak{a}$ und $\mathfrak{b}$ komplanar sind, sind alle vier Vektoren komplanar.

Aufgaben

1. Gilt Satz 4.4 auch für zweireihige Determinanten?
2. Vervollständige die folgenden Determinanten auf mindestens drei Arten so, daß sie verschwinden:

a) $\begin{vmatrix} 3 & 4 & \cdot \\ 2 & -1 & \cdot \\ 1 & 3 & \cdot \end{vmatrix}$ b) $\begin{vmatrix} 2 & 4 & 3 \\ \cdot & \cdot & \cdot \\ 5 & 8 & -7 \end{vmatrix}$ c) $\begin{vmatrix} a & b & c \\ c & a & b \\ \cdot & \cdot & \cdot \end{vmatrix}$ d) $\begin{vmatrix} 1 & 2 & 3 \\ 0 & 4 & 6 \\ 1 & \cdot & \cdot \end{vmatrix}$ e) $\begin{vmatrix} 2 & 4 & 6 \\ 0 & 1 & 3 \\ 3 & \cdot & \cdot \end{vmatrix}$

3. Sind die folgenden Vektoren linear abhängig?

a) $\mathfrak{a} = \begin{pmatrix} 8 \\ -4 \end{pmatrix}$, $\mathfrak{b} = \begin{pmatrix} -4 \\ 2 \end{pmatrix}$ b) $\mathfrak{a} = \begin{pmatrix} 6 \\ 0 \end{pmatrix}$, $\mathfrak{b} = \begin{pmatrix} 5 \\ 0 \end{pmatrix}$, $\mathfrak{c} = \begin{pmatrix} 0 \\ 1 \end{pmatrix}$

c) $\mathfrak{a} = \begin{pmatrix} 2 \\ 0 \\ 6 \end{pmatrix}$, $\mathfrak{b} = \begin{pmatrix} 1 \\ 0 \\ 3 \end{pmatrix}$, $\mathfrak{c} = \begin{pmatrix} 1 \\ 1 \\ 1 \end{pmatrix}$ d) $\mathfrak{a} = \begin{pmatrix} 1 \\ 2 \\ 0 \end{pmatrix}$, $\mathfrak{b} = \begin{pmatrix} 2 \\ 3 \\ 0 \end{pmatrix}$, $\mathfrak{c} = \begin{pmatrix} 3 \\ 4 \\ 0 \end{pmatrix}$

e) $\mathfrak{a} = \begin{pmatrix} 4 \\ 2 \\ 1 \end{pmatrix}$, $\mathfrak{b} = \begin{pmatrix} 3 \\ 8 \\ 2 \end{pmatrix}$, $\mathfrak{c} = \begin{pmatrix} 5 \\ 2 \\ 7 \end{pmatrix}$

4. Sind die folgenden Vektoren komplanar?

a) $\mathfrak{a} = \begin{pmatrix} 6 \\ -1 \\ 5 \end{pmatrix}$, $\mathfrak{b} = \begin{pmatrix} 7 \\ 9 \\ 3 \end{pmatrix}$, $\mathfrak{c} = \begin{pmatrix} -4 \\ 21 \\ -9 \end{pmatrix}$, $\mathfrak{d} = \begin{pmatrix} 8 \\ 19 \\ 1 \end{pmatrix}$

b) $\mathfrak{a} = \begin{pmatrix} 2 \\ 1 \\ 3 \end{pmatrix}$, $\mathfrak{b} = \begin{pmatrix} 0 \\ 4 \\ 7 \end{pmatrix}$, $\mathfrak{c} = \begin{pmatrix} 2 \\ 5 \\ 10 \end{pmatrix}$, $\mathfrak{d} = \begin{pmatrix} 3 \\ 7 \\ 1 \end{pmatrix}$

5. Wähle die Spaltenvektoren $\mathfrak{a}$, $\mathfrak{b}$ und $\mathfrak{c}$ in einem linearen Gleichungssystem von drei Gleichungen mit drei Unbekannten so, daß sie kollinear sind. Was läßt sich über die Lösungen des Systems sagen, wenn
a) $\mathfrak{d}$ nicht mit $\mathfrak{a}$, $\mathfrak{b}$ und $\mathfrak{c}$ kollinear ist,
b) $\mathfrak{d}$ mit $\mathfrak{a}$, $\mathfrak{b}$ und $\mathfrak{c}$ kollinear ist?

6. Gegeben seien die vier Vektoren $\mathfrak{a} = \begin{pmatrix} 2 \\ 3 \\ 1 \end{pmatrix}$, $\mathfrak{b} = \begin{pmatrix} 0 \\ 2 \\ 4 \end{pmatrix}$, $\mathfrak{c} = \begin{pmatrix} -2 \\ 1 \\ 7 \end{pmatrix}$, $\mathfrak{d} = \begin{pmatrix} -4 \\ 0 \\ 10 \end{pmatrix}$.
a) Zeige, daß sie komplanar sind.
b) Drücke $\mathfrak{d}$ mindestens auf vier verschiedene Weisen durch $\mathfrak{a}$, $\mathfrak{b}$ und $\mathfrak{c}$ aus.

7. Zeige: Sind vier Vektoren komplanar, aber je zwei nicht kollinear, so läßt sich jeder der vier Vektoren auf beliebig viele Weisen durch die anderen drei ausdrücken.

8. Was kann man über die Lösungsmenge eines linearen Gleichungssystems von drei Gleichungen mit drei Variablen aussagen, wenn die Spaltenvektoren
a) $\mathfrak{a}$, $\mathfrak{b}$, $\mathfrak{c}$ linear unabhängig sind,
b) $\mathfrak{a}$, $\mathfrak{b}$, $\mathfrak{c}$ linear abhängig sind und $\mathfrak{d}$ von ihnen linear unabhängig ist,
c) $\mathfrak{a}$, $\mathfrak{b}$, $\mathfrak{c}$, $\mathfrak{d}$ komplanar sind? (Benutze Aufg. 7!)

9. Versuche, folgende Gleichungssysteme zu lösen:

a) $\begin{aligned} 5x + 3y + 15z &= 9 \\ 2x - 2y + 22z &= 7 \\ 3x + 4y - 2z &= 16 \end{aligned}$ b) $\begin{aligned} 7x - 5y + 6z &= 1 \\ -3x + 8y + 15z &= 23 \\ 4x - 3y + 3z &= 0 \end{aligned}$ c) $\begin{aligned} 2x - 5y + z &= 8 \\ 4x - 3y - 5z &= 2 \\ 3x - 9y + 3z &= 7 \end{aligned}$

d) $\begin{aligned} 2x - 3y + z &= 1 \\ 4x + 2y - 3z &= -3 \\ 7x - 8y &= 0 \end{aligned}$

4.1.4. Halbierungspunkt und Teilpunkt einer Strecke

Vorübung

Zeichne die Strecke $P_1 P_2$, deren Endpunkte durch die Ortsvektoren $\mathfrak{r}_1 = \begin{pmatrix} 2 \\ 3 \end{pmatrix}$ und $\mathfrak{r}_2 = \begin{pmatrix} 8 \\ -1 \end{pmatrix}$ gegeben sind. Lies aus der Zeichnung ab

a) den Ortsvektor des Mittelpunktes von $P_1 P_2$,

b) die Ortsvektoren der Punkte, die die Strecke in drei gleiche Teile zerlegen.

In Bild 42.1 halbiert M die Strecke P_1P_2. Da die Vektoren $\overrightarrow{P_1M}$ und $\overrightarrow{MP_2}$ gleich sind, gilt dann $\mathfrak{r}_M - \mathfrak{r}_1 = \mathfrak{r}_2 - \mathfrak{r}_M$.

Löst man nach $\mathfrak{r}_M$ auf, so erhält man für den Ortsvektor des Halbierungspunktes:

(1) $$\mathfrak{r}_M = \frac{\mathfrak{r}_1 + \mathfrak{r}_2}{2}$$ *Halbierungspunkt einer Strecke*

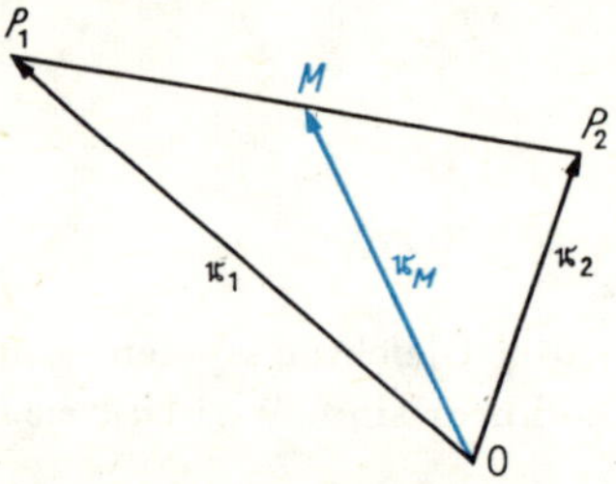

Bild 42.1

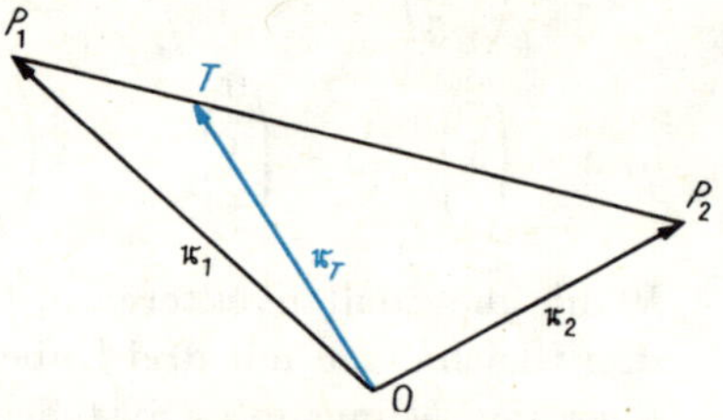

Bild 42.2

Wir wollen diese Betrachtung auf den Fall verallgemeinern, daß der Punkt T die Strecke P_1P_2 im Verhältnis τ teilt (Bild 42.2). Das bedeutet

(2) $$\frac{\overline{P_1T}}{\overline{TP_2}} = \tau \qquad \text{oder} \qquad \overline{P_1T} = \tau\, \overline{TP_2}.$$

Da die Vektoren $\overrightarrow{P_1T}$ und $\overrightarrow{TP_2}$ kollinear sind, folgt aus (2)

(2') $$\overrightarrow{P_1T} = \tau \cdot \overrightarrow{TP_2}.$$

Für den Ortsvektor $\mathfrak{r}_T$ des Teilpunktes ergibt sich daraus:

$$\mathfrak{r}_T - \mathfrak{r}_1 = \tau \cdot (\mathfrak{r}_2 - \mathfrak{r}_T)$$

$$\mathfrak{r}_T + \tau \mathfrak{r}_T = \mathfrak{r}_1 + \tau \mathfrak{r}_2$$

(3) $$\mathfrak{r}_T = \frac{\mathfrak{r}_1 + \tau\, \mathfrak{r}_2}{1 + \tau}$$ *Teilpunkt einer Strecke*

In Bild 42.2 liegt T im Innern der Strecke P_1P_2. Die Gleichung (2') hat aber auch einen Sinn, wenn T außerhalb der Strecke auf der Geraden durch P_1 und P_2 liegt. Da dann die Vektoren $\overrightarrow{P_1T}$ und $\overrightarrow{TP_2}$ entgegengesetzt gerichtet sind, wird τ negativ. T ist äußerer Teilpunkt der Strecke. Formel (3) gilt mithin für innere und äußere Teilpunkte.

Wird eine Strecke P_1P_2 durch zwei Punkte T und T' so geteilt, daß für die zugehörigen Teilverhältnisse gilt $\tau = \tau'$, so sagen wir, die Strecke P_1P_2 wird durch T und T' *harmonisch* geteilt.

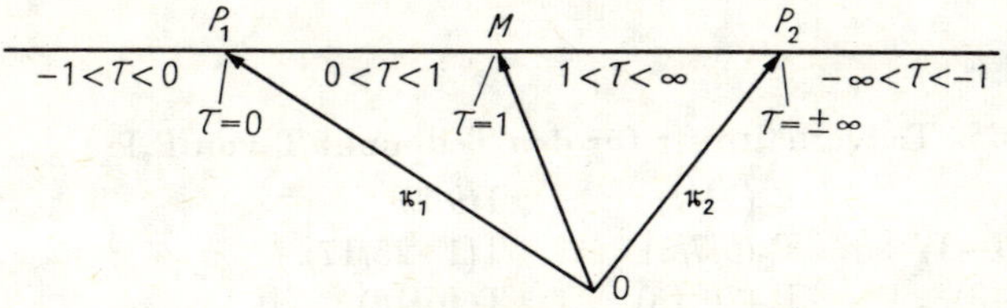

Bild 43.1

Im Bild 43.1 sind die Werte von τ angegeben, wenn der zugehörige Teilpunkt T die Gerade durch P_1 und P_2 durchläuft.

Aufgabe: Verfolge mit Hilfe von (2) und (3) die Werte von τ, wenn T auf der Geraden wandert! Überlege, ob jedem Punkt eine Zahl als Teilverhältnis zugeordnet ist und ob umgekehrt zu jedem Wert von τ ein Teilpunkt der Strecke gehört.

Beispiele

1. **Bestimme den Schwerpunkt eines Dreiecks.**

In Bild 43.2 sind die Ecken P_1, P_2, P_3 mit ihren Ortsvektoren gezeichnet. Für die Mitte M der Seite $P_1 P_2$ gilt dann nach (1):

$$\mathfrak{r}_M = \frac{\mathfrak{r}_1 + \mathfrak{r}_2}{2}.$$

Da der Schwerpunkt S die Strecke $P_3 M$ im Verhältnis $\tau = 2:1 = 2$ teilt, folgt nach (3):

$$\mathfrak{r}_S = \frac{\mathfrak{r}_3 + 2\,\mathfrak{r}_M}{1+2} = \frac{\mathfrak{r}_3 + 2 \cdot \frac{\mathfrak{r}_1 + \mathfrak{r}_2}{2}}{3}$$

$$\mathfrak{r}_S = \frac{\mathfrak{r}_1 + \mathfrak{r}_2 + \mathfrak{r}_3}{3} \quad \textit{Schwerpunkt eines Dreiecks.}$$

Der Ortsvektor des Schwerpunktes eines Dreiecks ist das arithmetische Mittel der Ortsvektoren der drei Eckpunkte.

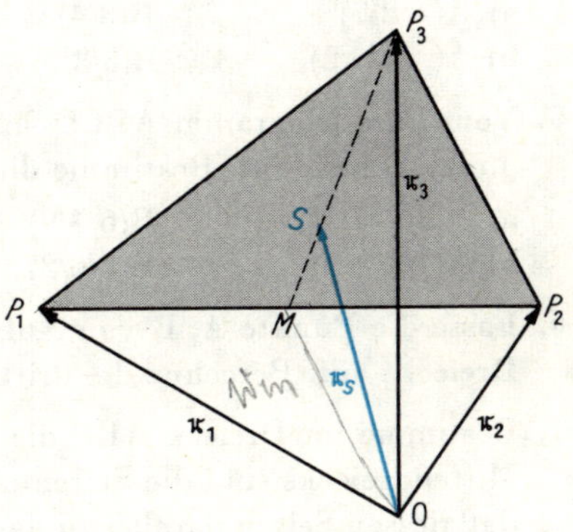

Bild 43.2

2. **Welche Punkte teilen die Strecke $P_1 P_2$ harmonisch im Verhältnis $|\tau| = 1:2$? $P_1(-5/2/-3)$ $P_2(-2/11/9)$**

Lösung: Für den inneren Teilpunkt T_i ist τ positiv, also ist $\tau = \frac{1}{2}$. Daher ist nach (3) der zugehörige Ortsvektor

$$\mathfrak{r}_{T_i} = \frac{1}{1+\tau} \cdot (\mathfrak{r}_1 + \tau\,\mathfrak{r}_2) = \frac{2}{3}\left[\begin{pmatrix}-5\\2\\-3\end{pmatrix} + \frac{1}{2}\begin{pmatrix}-2\\11\\9\end{pmatrix}\right] = \frac{2}{3}\begin{pmatrix}-6\\7\frac{1}{2}\\1\frac{1}{2}\end{pmatrix} = \begin{pmatrix}-4\\5\\1\end{pmatrix}.$$

Für den äußeren Teilpunkt T_a ist $\tau = -\frac{1}{2}$. Es folgt für seinen Ortsvektor entsprechend:

$$\mathfrak{r}_{T_a} = \frac{1}{1+\tau}(\mathfrak{r}_1 + \tau\,\mathfrak{r}_2) = 2 \cdot \left[\begin{pmatrix}-5\\2\\-3\end{pmatrix} - \frac{1}{2}\begin{pmatrix}-2\\11\\9\end{pmatrix}\right] = 2 \cdot \begin{pmatrix}-4\\-3\frac{1}{2}\\-7\frac{1}{2}\end{pmatrix} = \begin{pmatrix}-8\\-7\\-15\end{pmatrix}.$$

Die Punkte $T_i(-4/5/1)$ und $T_a(-8/-7/-15)$ sind die gesuchten Teilpunkte.

Aufgaben

1. Bestimme das Teilverhältnis τ für den Teilpunkt T von P_1P_2:

   a) $P_1(4/0)$ $P_2(14/4)$ $T(9/2)$
   b) $P_1(3/-2/-1)$ $P_2(6/7/5)$ $T(12/25/17)$
   c) $P_1(-4/-3)$ $P_2(20/15)$ $T(16/13)$ (!)

2. Bestimme τ und T für P_1P_2 mit $P_1(-4/-7/-3)$, $P_2(10/13/9)$ und

   a) $T(0/y/z)$ b) $T(x/23/z)$ c) $T(x/y/-9)$ d) $T(45/y/z)$.

3. Gegeben ist das Viereck ABCD. Berechne die Diagonalenmittelpunkte. Welcher Viereckstyp liegt also vor? (Begründung!)

   a) $A(4/-2/5)$ $B(7/9/-4)$ $C(9/12/-2)$ $D(6/1/7)$
   b) $A(0/8/-6)$ $B(4/0/3)$ $C(-9/5/0)$ $D(-13/13/-9)$

4. Ergänze die Punkte A, B, C zu einem Parallelogramm und bestimme den Schnittpunkt der Diagonalen.

   a) $A(-2/7)$ $B(3/4)$ $C(1/6)$
   b) $A(-5/0/2)$ $B(3/2/5)$ $C(7/4/-2)$

5. Vom Parallelogramm ABCD sind die Punkte A, B und der Diagonalenschnittpunkt E bekannt. Bestimme die restlichen Eckpunkte.

   a) $A(2/-3/4)$ $B(6/4/9)$ $E(4/3/5)$
   b) $A(4/3/-5)$ $B(8/6/2)$ $E(5/-2/-1)$

6. Fasse die Punkte A, B von Aufgabe 5 als Eckpunkte, E als Schwerpunkt eines Dreiecks auf. Berechne die dritte Ecke C.

7. Bestimme im Dreieck ABC die Eckpunkte des Mittendreiecks. (Die Ecken des Mittendreiecks sind die Seitenmittelpunkte des ursprünglichen Dreiecks.) Zeige, daß dessen Seiten parallel zu den entsprechenden von ABC und halb so lang wie diese sind.

8. Zeige: Verbindet man den Schwerpunkt S eines Dreiecks ABC mit den Eckpunkten, so gilt

$$\overrightarrow{SA} + \overrightarrow{SB} + \overrightarrow{SC} = \mathfrak{o}.$$

9. Teile die Strecke P_1P_2 harmonisch im Verhältnis $|\tau|$.

   $P_1(4/0/0)$ $P_2(0/8/-6)$ a) $|\tau| = \frac{1}{3}$ b) $|\tau| = 2$ c) $|\tau| = 1$

10. Gegeben ist für die Strecke P_1P_2 der Punkt $P_1(3/4/-6)$ und der Teilpunkt $T_1(-1/2/-2)$ mit $\tau_1 = \frac{1}{2}$. Bestimme P_2 und den weiteren harmonischen Teilpunkt.

11. Die Punkte P_1, P_2, P_3, P_4 bilden ein Vierflach. Die Verbindungsstrecken der Mitten je zweier sich nicht schneidender Kanten werden in Q_1, Q_2, Q_3 halbiert. Berechne die Koordinaten dieser drei Punkte. Was fällt am Ergebnis auf?

    a) $P_1(-3/-2/-7)$ $P_2(1/2/-3)$ $P_3(4/11/0)$ $P_4(10/5/6)$
    b) $P_1(-1/10/8)$ $P_2(5/4/2)$ $P_3(-8/1/-5)$ $P_4(-4/-3/-1)$

12. Zeige, daß in jedem Vierflach die Punkte Q_1, Q_2, Q_3 aus Aufgabe 11 identisch sind. Dabei ist der Ortsvektor dieses einen Punktes das arithmetische Mittel der Ortsvektoren der vier Eckpunkte.

13. Beweise: Die Seitenmittelpunkte eines Vierecks bilden ein Parallelogramm. Ist dieser Satz auch für Vierecke gültig, deren Kanten nicht in ein und derselben Ebene liegen?

14. Gegeben ist das Vierflach $P_1P_2P_3P_4$. Bilde das arithmetische Mittel der Ortsvektoren der Ecken und fasse das Ergebnis als Ortsvektor eines Punktes S auf. Zeige, daß jeweils S innerer Teilpunkt der Verbindungsstrecke einer Ecke mit dem Schwerpunkt der gegenüberliegenden Dreiecksfläche ist. Gib das Teilverhältnis τ an. Man nennt S daher den Schwerpunkt des Vierflachs.

15. Vergleiche in einem Dreieck den Schwerpunkt mit dem Schwerpunkt des Mittendreiecks (s. Aufgabe 7). Sprich das Ergebnis als geometrischen Satz aus.

16. Beweise: Teilen die Punkte Q_1, Q_2, Q_3 die Seiten des Dreiecks $P_1P_2P_3$ (P_1P_2, P_2P_3, P_3P_1) im gleichen Verhältnis τ, so hat das Dreieck $Q_1Q_2Q_3$ den gleichen Schwerpunkt wie $P_1P_2P_3$. Gilt dieser Satz auch für äußere Teilpunkte? (Zeichnung für $\tau = 3$ und $\tau = -3$).

17. Beweise: Verbindet man in einem Vierflach die Schwerpunkte der Begrenzungsflächen untereinander, so entsteht ein neues Vierflach, dessen Kanten jeweils einer Kante des gegebenen Vierflachs parallel sind und dessen Schwerpunkt mit dem Schwerpunkt des ursprünglichen Vierflachs übereinstimmt.

18. Im Parallelogramm ABCD teilt E die Strecke AD im Verhältnis $\lambda = m:n$. Wie teilt die Verlängerung von BE die Seite CD?

19. Im Parallelogramm OABC, das durch die Basisvektoren $\mathfrak{a}$, $\mathfrak{c}$ aufgespannt wird, ist OA durch D im Verhältnis 3:1, AB durch E im Verhältnis 2:1 geteilt. Bestimme die Koordinaten

a) des Schnittpunktes von BD und OE,

b) des Schnittpunktes von OE und BC.

20. a) Im Parallelogramm ABCD teilt E die Seite CD außen im Verhältnis $\tau_1 = -1:5$, F die Seite AD innen im Verhältnis $\tau_2 = 2:1$. In welchem Verhältnis teilen sich die Strecken AE und BF? (Für die Zeichnung sei $\overline{AB} = 6$ cm, $\overline{AD} = 3{,}6$ cm, $\sphericalangle$ BAD $= 120°$).

b) Löse die Aufgabe auch für $\tau_1 = 4:1$ und $\tau_2 = 1:2$.

(Für die Zeichnung sei $\overline{AB} = 6$ cm, $\overline{AD} = 3{,}3$ cm, $\sphericalangle$ BAD $= 70°$).

21. Zeige: Wird der Punkt B eines Parallelogramms ABCD mit den Mittelpunkten der beiden Seiten AD und DC verbunden, so teilen die Verbindungslinien die Diagonale AC in drei gleiche Teile.

22. Zeige, daß die vier Schwerlinien eines Vierflachs bei geeigneter Orientierung ein geschlossenes räumliches Viereck bilden.

4.2. Die Gerade

Die Punktrichtungsform der Geradengleichung

Vorübung

Es sei gegeben der Punkt P_1 durch seinen Ortsvektor $\mathfrak{r}_1$ [1]), ferner ein Vektor $\mathfrak{u}$. Zeichne die Ortsvektoren $\mathfrak{r}_1 + \mathfrak{u}$, $\mathfrak{r}_1 + 2\,\mathfrak{u}$, $\mathfrak{r}_1 + 4\,\mathfrak{u}$, $\mathfrak{r}_1 - \mathfrak{u}$, $\mathfrak{r}_1 - 3\mathfrak{u}$.
Was läßt sich über den Ortsvektor $\mathfrak{r} = \mathfrak{r}_1 + \lambda\,\mathfrak{u}$ sagen?

Die Spitzen aller Ortsvektoren $\mathfrak{r} = \mathfrak{r}_1 + \lambda\,\mathfrak{u}$ liegen auf einer Geraden. Demnach ist die Gleichung der Geraden durch den Punkt $P_1\,[\mathfrak{r}_1]$ [1]), deren Richtung durch den Vektor $\mathfrak{u}$ bestimmt ist:

$$\mathfrak{r} = \mathfrak{r}_1 + \lambda\mathfrak{u} \quad \textit{Punktrichtungsform der Geradengleichung}$$

Durchläuft der *Parameter* λ alle Zahlen von $-\infty$ bis $+\infty$, so überstreicht die Spitze des Vektors $\mathfrak{r}$ alle Punkte der Geraden (Bild 46.1).

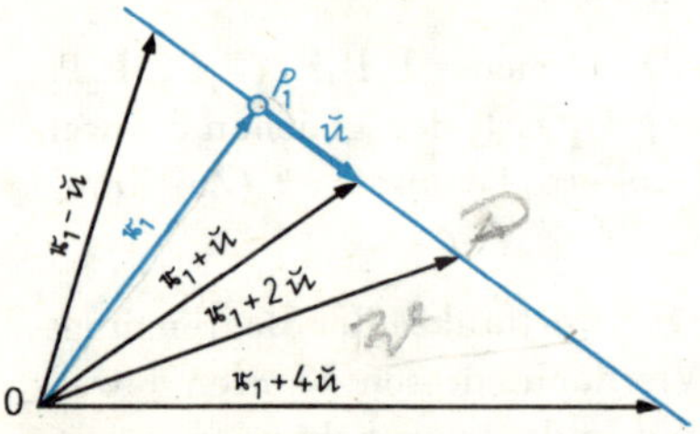

Bild 46.1

Damit ist es uns gelungen, aus allen Ortsvektoren des Raumes diejenigen auszusondern, die zu Punkten auf einer durch Punkt und Richtung vorgegebenen Geraden führen. Eine geometrische Beziehung zwischen Punkten drückt sich aus durch eine rechnerische Beziehung zwischen Vektoren. Und das ist doch das Hauptanliegen der vektoriellen Analytischen Geometrie.

Da uns als Gleichung der Geraden in der xy-Ebene schon

(1) $$y = mx + n$$

bekannt ist, wollen wir diese Geradengleichung mit der vektoriellen Geradengleichung

(2) $$\mathfrak{r} = \mathfrak{r}_1 + \lambda\mathfrak{u}$$

vergleichen:

In (1) wird zufolge der Vorschrift $y = mx + n$ jeder reellen Zahl x eine reelle Zahl y zugeordnet. Diese Gleichung hat also als Lösungsmenge eine Menge von Zahlenpaaren (x, y). Da man ein solches Zahlenpaar deuten kann als die Koordinaten eines Punktes in der xy-Ebene, erhält man als graphische Darstellung für die Lösungsmenge der arithmetischen Beziehung $y = mx + n$ die Menge aller Punkte, deren Koordinaten diese Gleichung erfüllen.

Die Beziehung $\mathfrak{r} = \mathfrak{r}_1 + \lambda\mathfrak{u}$ ordnet jeder reellen Zahl λ unmittelbar ein geometrisches Gebilde zu, nämlich den Ortsvektor $\mathfrak{r}$. Z. B. entspricht der Zahl $\lambda_1 = 0$ der Ortsvektor $\mathfrak{r}_1$. Wir sehen sofort, daß die Spitzen all dieser Vektoren $\mathfrak{r}_1 + \lambda\mathfrak{u}$ auf einer Geraden liegen; die vektorielle Geradengleichung ist viel anschaulicher! Obendrein liefert uns (2) alle Geraden des Raumes, während durch (1) nur Geraden in der xy-Ebene erfaßt werden können.

---

[1] Die Zusammengehörigkeit eines Punktes P_1 mit seinem Ortsvektor $\mathfrak{r}_1$ soll in Zukunft abgekürzt geschrieben werden als $P_1[\mathfrak{r}_1]$.

Da zu jedem Punkt auf der Geraden ein fester Ortsvektor und zu diesem wiederum ein bestimmter Parameterwert gehört, wollen wir diese Zugehörigkeit durch den gleichen Index kennzeichnen. Zum Punkt P_2 führt also der Ortsvektor $\mathfrak{r}_2 = \mathfrak{r}_1 + \lambda_2 \mathfrak{u}$, zum Punkt P_n der Ortsvektor $\mathfrak{r}_n = \mathfrak{r}_1 + \lambda_n \mathfrak{u}$, zum Punkt Q der Ortsvektor $\mathfrak{r}_Q = \mathfrak{r}_1 + \lambda_Q \mathfrak{u}$.

Beispiele

1. Wie heißen die Gleichungen der Geraden durch den Punkt P_1 (2/1/4), die parallel zu den Diagonalen des durch die Basisvektoren $\mathfrak{a}$ und $\mathfrak{b}$ aufgespannten Parallelogramms verlaufen?

Lösung: Es gibt zwei Diagonalen, deren Richtung durch $\mathfrak{u}_1 = \mathfrak{a} + \mathfrak{b} = \begin{pmatrix}1\\1\\0\end{pmatrix}$ und $\mathfrak{u}_2 = \mathfrak{a} - \mathfrak{b} = \begin{pmatrix}1\\-1\\0\end{pmatrix}$ gegeben ist. Damit erhält man die beiden Geraden

$$g_1: \mathfrak{r} = \begin{pmatrix}2\\1\\4\end{pmatrix} + \lambda \begin{pmatrix}1\\1\\0\end{pmatrix} \quad \text{und} \quad g_2: \mathfrak{r} = \begin{pmatrix}2\\1\\4\end{pmatrix} + \lambda \begin{pmatrix}1\\-1\\0\end{pmatrix}.$$

2. Liegen die Punkte P_2 (—1/10/7) und P_3 (1/6/2) auf der Geraden

$$g: \mathfrak{r} = \begin{pmatrix}2\\4\\1\end{pmatrix} + \lambda \begin{pmatrix}-1\\2\\2\end{pmatrix}?$$

Lösung: Wenn P_2 auf g liegt, so muß es einen bestimmten Parameterwert λ_2 geben, der die Gleichung $\mathfrak{r}_2 = \mathfrak{r}_1 + \lambda_2 \mathfrak{u}$ oder $\mathfrak{r}_2 - \mathfrak{r}_1 = \lambda_2 \mathfrak{u}$ erfüllt. Es muß also gelten:

$$\begin{pmatrix}-1\\10\\7\end{pmatrix} = \begin{pmatrix}2\\4\\1\end{pmatrix} + \lambda_2 \begin{pmatrix}-1\\2\\2\end{pmatrix} \quad \text{bzw.} \quad \begin{pmatrix}-3\\6\\6\end{pmatrix} = \lambda_2 \begin{pmatrix}-1\\2\\2\end{pmatrix}.$$

Da eine Vektorgleichung mit ihren drei skalaren Koordinatengleichungen gleichwertig ist, muß es also einen Parameterwert λ_2 geben, der die drei Gleichungen

$$\begin{aligned} -3 &= (-1)\,\lambda_2 \\ 6 &= 2\,\lambda_2 \\ 6 &= 2\,\lambda_2 \end{aligned}$$

erfüllt. Wir errechnen aus einer der Gleichungen, etwa der ersten, $\lambda_2 = 3$. Dieser Wert erfüllt auch die anderen Gleichungen. Somit liegt P_2 auf g.
Entsprechend gilt: P_3 liegt auf g, wenn es ein λ_3 gibt, das die Vektorgleichung $\mathfrak{r}_3 - \mathfrak{r}_1 = \lambda \mathfrak{u}$ und damit alle drei Koordinatengleichungen

$$\begin{aligned} -1 &= (-1)\,\lambda_3 \\ 2 &= 2\,\lambda_3 \\ 1 &= 2\,\lambda_3 \end{aligned}$$

erfüllt. Da es einen solchen Wert für λ_3 nicht gibt, liegt P_3 nicht auf g.

Aufgaben

1. Nimm drei Vektoren als Basisvektoren eines affinen Koordinatensystems an, entwirf eine Wertetabelle für die Gerade $\mathfrak{r} = \begin{pmatrix}1\\0\\2\end{pmatrix} + \lambda \begin{pmatrix}2\\1\\-2\end{pmatrix}$ und zeichne sie im Schrägbild.

2. Gib drei Punkte an, die auf der Geraden $\mathfrak{r} = \begin{pmatrix} 2 \\ 1 \\ -3 \end{pmatrix} + \lambda \begin{pmatrix} 1 \\ 5 \\ 2 \end{pmatrix}$ liegen.

3. Wie heißt die Gleichung der Geraden

a) durch den Punkt P_1 (6/5/2) mit dem Richtungsvektor $\mathfrak{u}_1 = \begin{pmatrix} -1 \\ 0 \\ 2 \end{pmatrix}$,

b) durch den Punkt P_2 (0/4/0) mit dem Richtungsvektor $\mathfrak{u}_2 = \begin{pmatrix} 3 \\ 2 \\ 1 \end{pmatrix}$?

4. Beschreibe die Lage folgender Geraden

a) $g\colon \mathfrak{r} = \begin{pmatrix} 1 \\ 0 \\ 0 \end{pmatrix} + \lambda \begin{pmatrix} 3 \\ 0 \\ 2 \end{pmatrix}$, b) $g\colon \mathfrak{r} = \begin{pmatrix} 2 \\ 4 \\ 3 \end{pmatrix} + \lambda \begin{pmatrix} 6 \\ 0 \\ 0 \end{pmatrix}$,

c) $g\colon \mathfrak{r} = \lambda \begin{pmatrix} 0 \\ 1 \\ 0 \end{pmatrix}$, d) $g\colon \mathfrak{r} = \lambda \begin{pmatrix} 2 \\ 2 \\ 2 \end{pmatrix}$.

5. Was läßt sich über $\mathfrak{u}$ sagen, wenn damit in einem kartesischen Koordinatensystem die Gerade $g\colon \mathfrak{r} = \mathfrak{r}_1 + \lambda\mathfrak{u}$
   a) parallel zur z-Achse,
   b) senkrecht zur xz-Ebene,
   c) parallel zur xy-Ebene verläuft?

6. Versuche, die Gleichung der Geraden durch den Ursprung aufzustellen, die in einem kartesischen Koordinatensystem
   a) mit der x-Achse den Winkel 30°, mit der y-Achse den Winkel 60°,
   b) mit allen drei Achsen gleiche Winkel,
   c) mit der xy-Ebene den Winkel 45°, mit der yz-Ebene den Winkel 60° einschließt.

7. Prüfe, ob die Punkte $P_2(5/-6/4{,}5)$ und $P_3(3/-4{,}5/3{,}5)$ auf der Geraden $g\colon \mathfrak{r} = \begin{pmatrix} -3 \\ 0 \\ 2 \end{pmatrix} + \lambda \begin{pmatrix} 4 \\ -3 \\ 1 \end{pmatrix}$ liegen.

8. Wie heißt die Gleichung der Geraden durch den Punkt $P_1(2/1/-3)$, die parallel zu der Geraden $g\colon \mathfrak{r} = \begin{pmatrix} 2 \\ 1 \\ 1 \end{pmatrix} + \lambda \begin{pmatrix} 4 \\ 0 \\ -5 \end{pmatrix}$ verläuft?

4.2.2. Die Zweipunkteform der Geradengleichung

Kennt man von einer Geraden zwei Punkte P_1 und P_2, so liegt durch sie ein Richtungsvektor $\mathfrak{u}$ der Geraden fest:

$$\mathfrak{u} = \mathfrak{r}_2 - \mathfrak{r}_1 .$$

Wir erhalten so aus der Punktrichtungsform der Geradengleichung ihre Zweipunkteform (Bild 49.1):

$$\mathfrak{r} = \mathfrak{r}_1 + \lambda(\mathfrak{r}_2 - \mathfrak{r}_1)$$

Zweipunkteform der Geradengleichung

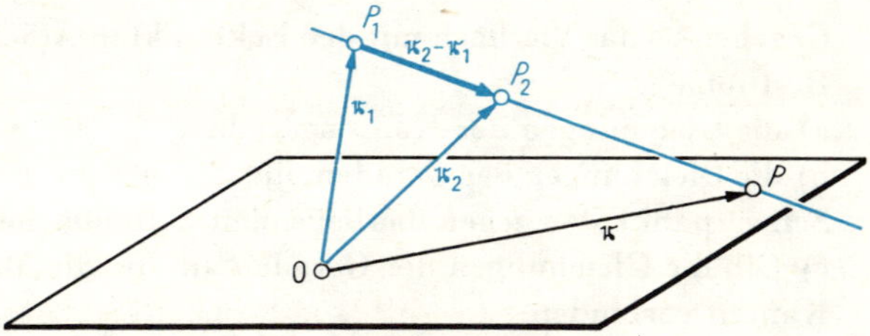

Bild 49.1

Beispiel

Wie heißen die Gleichungen der Seitengeraden eines gleichseitigen Dreiecks mit der Seitenlänge 1 LE

a) nach Wahl eines geeigneten affinen,

b) nach Wahl eines geeigneten kartesischen Koordinatensystems?

Lösung:

a) Wir legen eine Ecke des Dreiecks in den Ursprung und wählen die Ortsvektoren zu den anderen beiden Eckpunkten als Basisvektoren $\mathfrak{a} = \overrightarrow{OA}$ und $\mathfrak{b} = \overrightarrow{OB}$ eines Koordinatensystems (Bild 49.2).

Damit erhält man die Geradengleichungen

$$g_{OA}: \mathfrak{r} = \mathfrak{o} + \lambda\mathfrak{a} \Rightarrow \mathfrak{r} = \lambda\begin{pmatrix}1\\0\end{pmatrix}$$

$$g_{OB}: \mathfrak{r} = \mathfrak{o} + \lambda\mathfrak{b} \Rightarrow \mathfrak{r} = \lambda\begin{pmatrix}0\\1\end{pmatrix}$$

$$g_{AB}: \mathfrak{r} = \mathfrak{a} + \lambda(\mathfrak{b}-\mathfrak{a}) \Rightarrow \mathfrak{r} = \begin{pmatrix}1\\0\end{pmatrix} + \lambda\begin{pmatrix}-1\\1\end{pmatrix}.$$

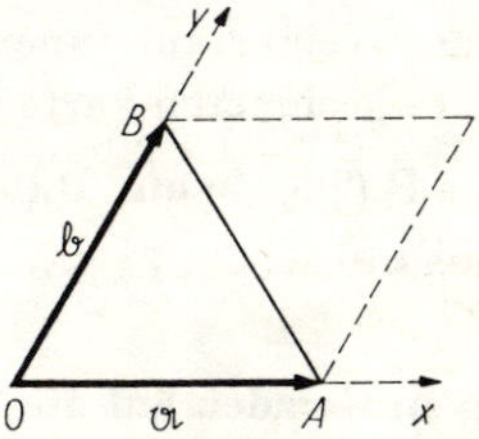

Bild 49.2

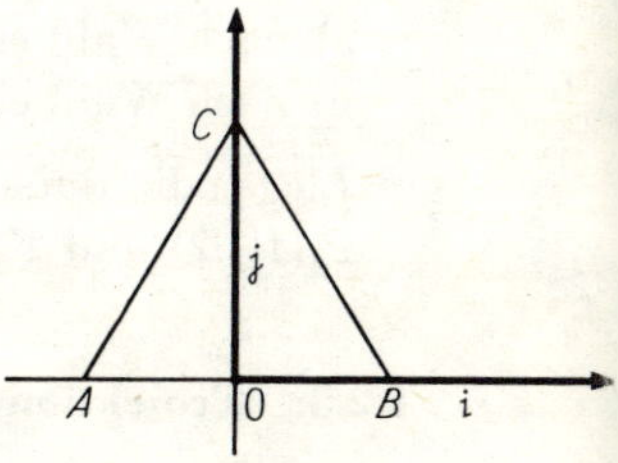

Bild 49.3

b) Wir legen das Dreieck so in das Koordinatensystem, wie es Bild 49.3 angibt. Demnach ergeben sich die Eckpunkte als

$$A\left(-\frac{1}{2}\Big/0\right),\ B\left(\frac{1}{2}\Big/0\right),\ C\left(0\Big/\frac{1}{2}\sqrt{3}\right)$$

und die Seitengeraden als

$$g_{AB}: \mathfrak{r} = \begin{pmatrix}-\frac{1}{2}\\0\end{pmatrix} + \lambda\begin{pmatrix}1\\0\end{pmatrix};\ g_{BC}: \mathfrak{r} = \begin{pmatrix}\frac{1}{2}\\0\end{pmatrix} + \lambda\begin{pmatrix}-\frac{1}{2}\\\frac{1}{2}\sqrt{3}\end{pmatrix};\ g_{CA}: \mathfrak{r} = \begin{pmatrix}0\\\frac{1}{2}\sqrt{3}\end{pmatrix} + \lambda\begin{pmatrix}\frac{1}{2}\\\frac{1}{2}\sqrt{3}\end{pmatrix}.$$

Man sieht an diesen Beispielen, daß die Wahl eines geeigneten Koordinatensystems häufig die Lösung der Aufgabe vereinfacht.

Aufgaben

1. **Bestimme die Gleichung der Geraden durch die Punkte $P_1(5/8/-3)$ und $P_2(4/-3/-9)$.**
2. **Ein Dreieck ist gegeben durch seine Eckpunkte A(2/1/0), B(7/−4/5), C(4/0/2). Bestimme**
   a) die Gleichungen der Seitengeraden,
   b) die Gleichungen der Seitenhalbierendengeraden.

3. Gegeben sei das Vierflach mit den Eckpunkten A(5/2/7), B(4/0/2), C(1/5/0), D(3/4/1). Bestimme

a) die Gleichungen der Kantengeraden,

b) die Gleichungen der Geraden, die durch einen Eckpunkt des Vierflachs und den Schwerpunkt der gegenüberliegenden Seitenfläche gehen.

c) Gib die Gleichungen der Geraden an, die die Mittelpunkte gegenüberliegender Kanten verbinden.

4. Es sind die Gleichungen aller Diagonalengeraden eines Spats anzugeben, der von den drei Vektoren $\mathfrak{a}$, $\mathfrak{b}$ und $\mathfrak{c}$ aufgespannt wird.

5. Gib die Gleichungen der Geraden an, die durch die Mittelpunkte von je zwei gegenüberliegenden Kanten eines Spats gehen.

6. Ein Oktaeder liege so in einem kartesischen Koordinatensystem, daß sein Mittelpunkt im Ursprung und alle Eckpunkte auf den Koordinatenachsen liegen. Bestimme die Gleichungen der Kantengeraden.

7. Ein Tetraeder steht mit seiner Grundfläche so auf der xy-Ebene, daß ein Eckpunkt auf der x-Achse liegt. Wie heißen die Gleichungen der Kantengeraden

a) nach Wahl eines geeigneten affinen,

b) nach Wahl eines geeigneten kartesischen Koordinatensystems?

8. Liegen die Punkte $P_3(2/8/10)$ und $P_4(0/-11/-9)$ auf der Geraden durch die Punkte $P_1(4/1/2)$ und $P_2(3/4/5)$?

4.2.3. Projektion von Geraden auf die Koordinatenebenen

Vorübung

Welche geometrische Beziehung besteht zwischen dem Vektor $\mathfrak{u}$ und

a) seinen Komponenten,

b) den Vektoren $\begin{pmatrix} u_x \\ u_y \\ 0 \end{pmatrix}$, $\begin{pmatrix} u_x \\ 0 \\ u_z \end{pmatrix}$, $\begin{pmatrix} 0 \\ u_y \\ u_z \end{pmatrix}$?

Wenn wir Vektoren auf die Grundebenen projizieren wollen, erhalten wir besonders einfache Ergebnisse, wenn die Projektionsrichtung mit der Richtung eines der Grundvektoren übereinstimmt. Bild 51.1 zeigt: Projiziert man den Vektor $\mathfrak{u}$ mit der Projektionsrichtung $\mathfrak{c}$ auf die xy-Ebene, so erhält man als Projektion $\mathfrak{u}' = \mathfrak{u}_x + \mathfrak{u}_y$. Entsprechend ergibt die Projektion in Richtung von $\mathfrak{a}$ auf die yz-Ebene $\mathfrak{u}'' = \mathfrak{u}_y + \mathfrak{u}_z$ und die Projektion in Richtung von $\mathfrak{b}$ auf die xz-Ebene $\mathfrak{u}''' = \mathfrak{u}_x + \mathfrak{u}_z$.

Wir wollen deshalb unter einer Projektion auf eine der Grundebenen immer die Projektion in Richtung des Basisvektors verstehen, der nicht in der betreffenden Grundebene liegt. Das bedeutet im Fall eines affinen Koordinatensystems eine schräge Parallelprojektion, im Fall eines kartesischen Koordinatensystems eine senkrechte Parallelprojektion. Ist ein kartesisches Koordinatensystem zugrunde gelegt, so heißt die Projektion auf die xy-Ebene *Grundriß,* die auf die yz-Ebene *Aufriß* und die auf die xz-Ebene *Seitenriß.*

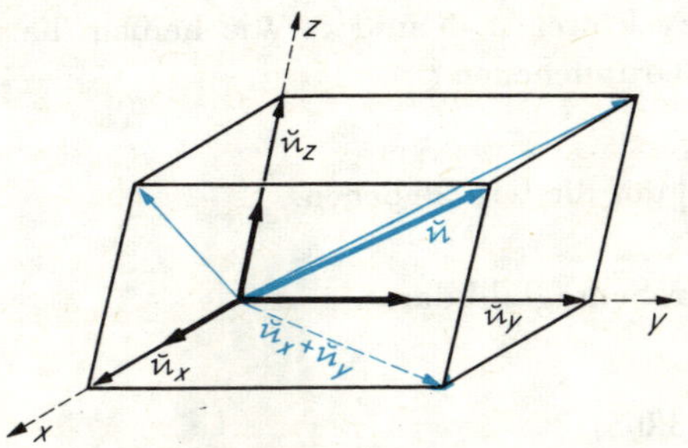

Bild 51.1

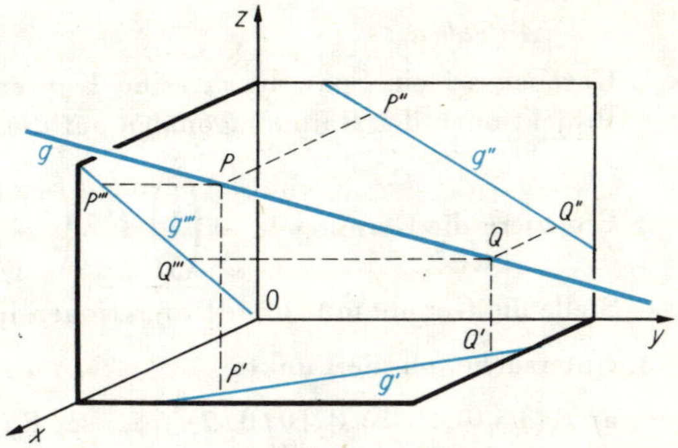

Bild 51.2

Wenn wir eine Gerade

$$g\colon \mathfrak{r} = \mathfrak{r}_1 + \lambda \mathfrak{u} = \begin{pmatrix} x_1 \\ y_1 \\ z_1 \end{pmatrix} + \lambda \begin{pmatrix} u_x \\ u_y \\ u_z \end{pmatrix}$$

auf die xy-Ebene projizieren wollen, müssen von den zu ihren Punkten führenden Ortsvektoren die z-Koordinaten Null werden, während die x- und y-Koordinaten erhalten bleiben. Man erhält als Projektion

$$g'\colon \mathfrak{r}' = \begin{pmatrix} x_1 \\ y_1 \\ 0 \end{pmatrix} + \lambda \begin{pmatrix} u_x \\ u_y \\ 0 \end{pmatrix} = \mathfrak{r}_1' + \lambda \mathfrak{u}'.$$

Entsprechend findet man die Projektionen in die anderen beiden Grundebenen. Bild 51.2 zeigt eine Gerade mit ihren Projektionen in einem kartesischen Koordinatensystem.
Damit ergibt sich grundsätzlich die Möglichkeit, viele Konstruktionsaufgaben der Darstellenden Geometrie (Zwei- und Dreitafelverfahren) rechnerisch nachzuvollziehen. Im allgemeinen gibt es jedoch rechnerische Verfahren, die schneller zum Ziel führen, so daß wir nur gelegentlich Methoden der Darstellenden Geometrie zu Hilfe nehmen wollen.

Beispiel

Wie heißt die Projektion der Geraden $g\colon \mathfrak{r} = \begin{pmatrix} 2 \\ 3 \\ 7 \end{pmatrix} + \lambda \begin{pmatrix} 4 \\ -6 \\ 0 \end{pmatrix}$ auf die yz-Ebene?

Lösung: Da in der yz-Ebene die x-Koordinate Null wird, erhält man

$$g''\colon \mathfrak{r} = \begin{pmatrix} 0 \\ 3 \\ 7 \end{pmatrix} + \lambda \begin{pmatrix} 0 \\ -6 \\ 0 \end{pmatrix}.$$

Da g parallel zur xy-Ebene verläuft, ist die Projektion von g auf die yz-Ebene zur y-Achse parallel.

Aufgaben

1. Gegeben sei ein Spat durch seine Kantenvektoren $\mathfrak{a}$, $\mathfrak{b}$ und $\mathfrak{c}$. Wie heißen die Projektionen der Raumdiagonalen auf die Grundebenen?

2. Projiziere die Gerade $g\colon \mathfrak{r} = \begin{pmatrix} 3 \\ 1 \\ 5 \end{pmatrix} + \lambda \begin{pmatrix} 1 \\ 2 \\ -1 \end{pmatrix}$ auf die Grundebenen.

   Stelle die Gerade mit ihren Projektionen im Schrägbild dar.

3. Untersuche, ob die Punkte

   a) $P_1(3/5/0)$, b) $P_2\left(0/0/7\frac{2}{3}\right)$, c) $P_3(3/0/5)$

   auf Projektionen der Geraden $g\colon \mathfrak{r} = \begin{pmatrix} 3 \\ 2 \\ 5 \end{pmatrix} + \lambda \begin{pmatrix} 0 \\ 3 \\ -4 \end{pmatrix}$ in eine der Grundebenen liegen.

4. Gegeben sei die Gerade $g\colon \mathfrak{r} = \begin{pmatrix} 8 \\ 6 \\ -1 \end{pmatrix} + \lambda \begin{pmatrix} 5 \\ -3 \\ 6 \end{pmatrix}$.

   Gib zwei weitere Geraden an, deren Projektion auf die
   a) xy-Ebene b) yz-Ebene c) xz-Ebene
   mit der Projektion von g auf diese Grundebene übereinstimmt.

4.2.4. Spurpunkte von Geraden

Vorübung

Wieviele Punkte kann eine Gerade mit den Grundebenen gemeinsam haben? Diskutiere die Sonderfälle.

Die Punkte, in denen eine Gerade durch eine der Grundebenen hindurchgeht, heißen *Spurpunkte* (Bild 52.1). Um den Spurpunkt S auf der xy-Ebene (xy-Spurpunkt) zu finden, müssen wir aus allen Vektoren $\mathfrak{r} = \mathfrak{r}_1 + \lambda\,\mathfrak{u}$, die zu einem Punkt der Geraden g führen, denjenigen herausfinden, dessen z-Koordinate Null ist. Wir erhalten also aus $\mathfrak{r}_S = \mathfrak{r}_1 + \lambda_S\,\mathfrak{u}$

$$z_S = z_1 + \lambda_S\,u_z = 0$$

als Gleichung für den Parameterwert λ_S, der zum gesuchten Spurpunkt S gehört. Daraus ergibt sich

$$\lambda_S = -\frac{z_1}{u_z}.$$

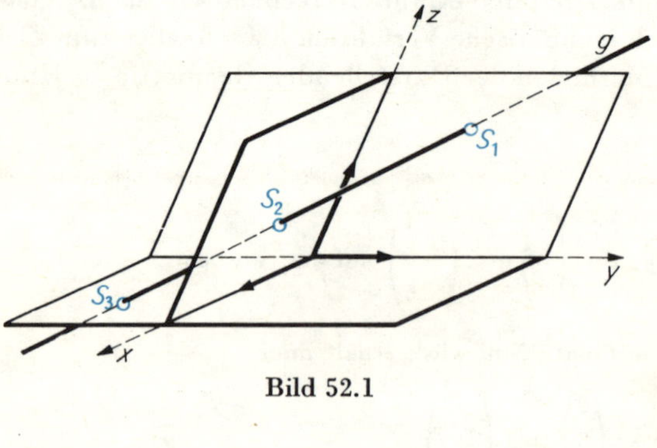

Bild 52.1

Eine Lösung ergibt sich nur für $u_z \neq 0$, anderenfalls ist die Gerade zur xy-Ebene parallel.

Beispiel

Bestimme die Spurpunkte der Geraden $g: \mathfrak{r} = \begin{pmatrix} 2 \\ 1 \\ 7 \end{pmatrix} + \lambda \begin{pmatrix} 0 \\ 6 \\ 4 \end{pmatrix}$ auf der xz- und der yz-Ebene.

Lösung: Da für alle Punkte der xz-Ebene die y-Koordinate 0 ist, erhalten wir für den Parameterwert λ_S, der zum Spurpunkt S gehört, die Bestimmungsgleichung $y_S = 1 + 6\,\lambda_S = 0$. Daraus folgt $\lambda_S = -\frac{1}{6}$. Demnach ergibt sich für den Ortsvektor $\mathfrak{r}_S$ zum Spurpunkt S

$$\mathfrak{r}_S = \begin{pmatrix} 2 \\ 1 \\ 7 \end{pmatrix} - \frac{1}{6} \begin{pmatrix} 0 \\ 6 \\ 4 \end{pmatrix} = \begin{pmatrix} 2 \\ 0 \\ 6\frac{1}{3} \end{pmatrix}.$$

Da wegen $u_x = 0$ die Gerade zur yz-Ebene parallel läuft, kann g keinen yz-Spurpunkt haben. Setzt man nämlich $x_S = 2 + 0 \cdot \lambda_S = 0$, so erhält man eine unerfüllbare Gleichung.

Aufgaben

1. Bestimme die drei Spurpunkte der Geraden $g: \mathfrak{r} = \begin{pmatrix} 4 \\ 6 \\ -3 \end{pmatrix} + \lambda \begin{pmatrix} 2 \\ 0 \\ 6 \end{pmatrix}$.

2. Bestimme die Spurpunkte der Geraden, die durch die Punkte $P_1\left(1\frac{1}{2}\middle/-4\middle/3\right)$ und $P_2\left(-2\middle/5\frac{1}{3}\middle/-4\right)$ geht.

3. Bestimme die Schnittpunkte der Geraden

   a) $g: \mathfrak{r} = \begin{pmatrix} 2 \\ 4 \end{pmatrix} + \lambda \begin{pmatrix} -3 \\ 2 \end{pmatrix}$ b) $g: \mathfrak{r} = \begin{pmatrix} 1 \\ -8 \end{pmatrix} + \lambda \begin{pmatrix} 0 \\ 2 \end{pmatrix}$ c) $g: \mathfrak{r} = \begin{pmatrix} 3 \\ 0 \\ 4 \end{pmatrix} + \lambda \begin{pmatrix} -1 \\ 0 \\ 6 \end{pmatrix}$

   mit den Koordinatenachsen.

4. Gegeben sei das Dreieck A(5/1/3), B(6/4/−2), C(3/−6/2).
   Bestimme die Spurpunkte der Geraden, die durch je zwei Dreieckspunkte gehen, auf der xy-Ebene, und zeige, daß die drei Spurpunkte auf einer Geraden liegen.

4.2.5. Parallele und gleiche Geraden

Vorübungen

1. Gegeben sei die Gerade $g: \mathfrak{r} = \begin{pmatrix} 2 \\ 1 \\ 3 \end{pmatrix} + \lambda \begin{pmatrix} 1 \\ 2 \\ 2 \end{pmatrix}$.

   Gib Gleichungen von zu g parallelen Geraden an, indem du $\mathfrak{r}_1$ bzw. $\mathfrak{u}$ abänderst.

2. Versuche, für die durch $\mathfrak{r} = \begin{pmatrix} 1 \\ 2 \\ 0 \end{pmatrix} + \lambda \begin{pmatrix} 4 \\ 2 \\ 6 \end{pmatrix}$ gegebene Gerade g andere Gleichungen zu finden.

Da zwei Geraden genau dann parallel sind, wenn sie die gleiche Richtung haben (Bild 54.1), ergibt sich der

Satz 4.5

Die Geraden $g_1: \mathfrak{r} = \mathfrak{r}_1 + \lambda\,\mathfrak{u}_1$ und $g_2: \mathfrak{r} = \mathfrak{r}_2 + \lambda\,\mathfrak{u}_2$ sind genau dann parallel, wenn $\mathfrak{u}_1$ und $\mathfrak{u}_2$ kollinear sind.

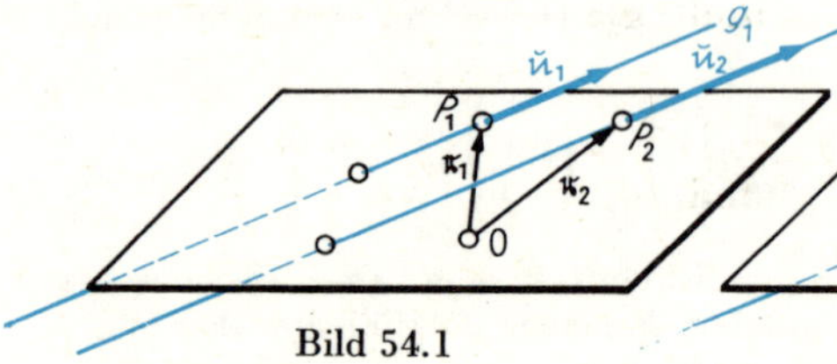

Bild 54.1

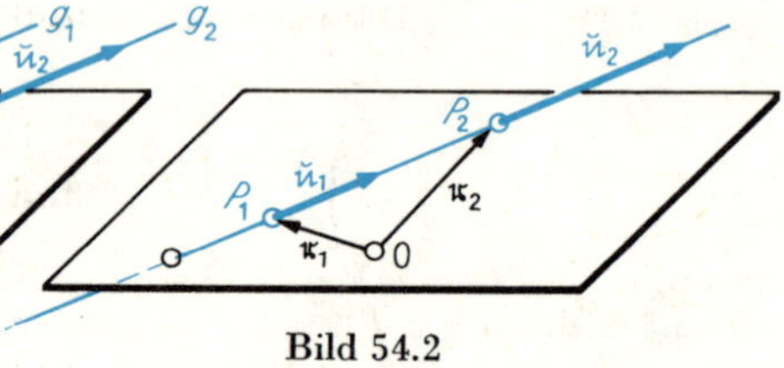

Bild 54.2

Wenn die Richtungsvektoren kollinear sind, ist es sogar möglich, daß durch beide Gleichungen dieselbe Gerade dargestellt wird. Das ist genau dann der Fall, wenn zusätzlich $P_2\,[\mathfrak{r}_2]$ auf g_1 (oder $P_1\,[\mathfrak{r}_1]$ auf g_2) liegt (Bild 54.2). Es muß demnach einen bestimmten Parameterwert λ_2 geben, so daß gilt:

$$\mathfrak{r}_2 = \mathfrak{r}_1 + \lambda_2\,\mathfrak{u}_1 \quad \text{oder} \quad \mathfrak{r}_2 - \mathfrak{r}_1 = \lambda_2\,\mathfrak{u}_1.$$

Man erhält also den

Satz 4.6

Zwei Geraden $g_1: \mathfrak{r} = \mathfrak{r}_1 + \lambda\,\mathfrak{u}_1$ und $g_2: \mathfrak{r} = \mathfrak{r}_2 + \lambda\,\mathfrak{u}_2$ sind genau dann gleich, wenn $\mathfrak{u}_1$ und $\mathfrak{u}_2$ kollinear sind und zusätzlich $\mathfrak{u}_1$ und $\mathfrak{r}_2 - \mathfrak{r}_1$ kollinear sind.

Da man also ein und dieselbe Gerade durch verschiedene Gleichungen darstellen kann, wählt man der einfachen Rechnung halber aus der Menge der kollinearen Richtungsvektoren denjenigen, dessen Koordinaten möglichst einfache Zahlen sind. Bei Ortsvektoren darf man natürlich nicht so vorgehen, da sie zu bestimmten Punkten (hier Punkten der Geraden) führen.

Beispiel

Untersuche, ob die Gerade $g: \mathfrak{r} = \begin{pmatrix} 0 \\ 3 \\ -2 \end{pmatrix} + \lambda \begin{pmatrix} -1 \\ 1 \\ -1 \end{pmatrix}$ zu einer der Seitengeraden des Dreiecks $P_1\,(2/5/0)$ $P_2\,(6/3/3)$ $P_3\,(6/1/4)$ parallel oder sogar mit ihr gleich ist.

Lösung: Vergleicht man die Richtungsvektoren der gegebenen Seitengeraden $\mathfrak{u}_1 = \mathfrak{r}_3 - \mathfrak{r}_2 = \begin{pmatrix} 0 \\ -2 \\ 1 \end{pmatrix}$, $\mathfrak{u}_2 = \mathfrak{r}_1 - \mathfrak{r}_3 = \begin{pmatrix} -4 \\ 4 \\ -4 \end{pmatrix}$, $\mathfrak{u}_3 = \mathfrak{r}_2 - \mathfrak{r}_1 = \begin{pmatrix} 4 \\ -2 \\ 3 \end{pmatrix}$ mit dem Richtungsvektor $\mathfrak{u} = \begin{pmatrix} -1 \\ 1 \\ -1 \end{pmatrix}$, so ergibt sich: g ist parallel zu der Geraden $g_2: \mathfrak{r} = \mathfrak{r}_3 + \lambda\,\mathfrak{u}_2$. Die Geraden wären gleich, wenn $\begin{pmatrix} 0 \\ 3 \\ -2 \end{pmatrix} - \begin{pmatrix} 2 \\ 5 \\ 0 \end{pmatrix} = \begin{pmatrix} -2 \\ -2 \\ -2 \end{pmatrix}$ kollinear mit $\mathfrak{u} = \begin{pmatrix} -1 \\ 1 \\ -1 \end{pmatrix}$ wäre. Da das nicht der Fall ist, sind g und g_2 nicht gleich.

Aufgaben

1. Untersuche auf Parallelität und Gleichheit die Geraden:

a) $g_1\colon \mathfrak{r} = \begin{pmatrix} 3 \\ 5{,}5 \\ -1 \end{pmatrix} + \lambda \begin{pmatrix} 4 \\ -3 \\ 6 \end{pmatrix}$ und $g_2\colon \mathfrak{r} = \begin{pmatrix} 13 \\ -2 \\ 14 \end{pmatrix} + \lambda \begin{pmatrix} -6 \\ 4{,}5 \\ -9 \end{pmatrix}$

b) $g_1\colon \mathfrak{r} = \begin{pmatrix} 5 \\ 8 \\ 3 \end{pmatrix} + \lambda \begin{pmatrix} -3 \\ 0 \\ 4 \end{pmatrix}$ und $g_2\colon \mathfrak{r} = \begin{pmatrix} 2 \\ -7 \\ 9 \end{pmatrix} + \lambda \begin{pmatrix} -6 \\ 1 \\ 8 \end{pmatrix}$

c) $g_1\colon \mathfrak{r} = \begin{pmatrix} 2 \\ 8 \\ 0 \end{pmatrix} + \lambda \begin{pmatrix} 0 \\ -2 \\ 5 \end{pmatrix}$ und $g_2\colon \mathfrak{r} = \begin{pmatrix} 1 \\ 4 \\ 0 \end{pmatrix} + \lambda \begin{pmatrix} 0 \\ 0{,}4 \\ -1 \end{pmatrix}$

d) $g_1\colon \mathfrak{r} = \begin{pmatrix} -1 \\ 6 \\ 0 \end{pmatrix} + \lambda \begin{pmatrix} -3 \\ 2 \\ -1 \end{pmatrix}$ und $g_2\colon \mathfrak{r} = \begin{pmatrix} 2 \\ 4 \\ 1 \end{pmatrix} + \lambda \begin{pmatrix} 3 \\ 2 \\ -1 \end{pmatrix}$

2. Untersuche, ob das Fünfeck A(3/0/—1), B(3/6/4), C(5/10/2), D(8/10/—6), E(8/4/—11) parallele Seiten hat und ob es zu irgendwelchen Seiten parallele Diagonalen gibt.

3. a) Weise nach, daß die beiden Geraden

$$g_1\colon \mathfrak{r} = \begin{pmatrix} 1 \\ 0 \\ 5 \end{pmatrix} + \lambda \begin{pmatrix} 4 \\ -2 \\ 6 \end{pmatrix} \quad \text{und}$$

$$g_2\colon \mathfrak{r} = \begin{pmatrix} 3 \\ -1 \\ 8 \end{pmatrix} + \mu \begin{pmatrix} -2 \\ 1 \\ -3 \end{pmatrix} \quad \text{gleich sind.}$$

b) Welche Parameterwerte λ gehören zu den Punkten auf g_2 mit den Parameterwerten $\mu = -2, -1, 0, +1, +2$?

c) Welche Beziehung besteht zwischen den Parametern λ und μ für gleiche Punkte?

4. Was kann man von zwei Geraden $g_1\colon \mathfrak{r} = \mathfrak{r}_1 + \lambda\, \mathfrak{u}_1$ und $g_2\colon \mathfrak{r} = \mathfrak{r}_2 + \lambda\, \mathfrak{u}_2$ sagen, wenn man weiß, daß $\mathfrak{r}_2 - \mathfrak{r}_1$ und $\mathfrak{u}_1$ kollinear sind, aber nicht $\mathfrak{u}_1$ und $\mathfrak{u}_2$?

5. Gegeben sei das Viereck A(5/2/0) B(3/6/4) C(0/10/5) D(2/5/3).

a) Zeige, daß das Viereck nicht eben ist, indem du nachweist, daß drei passend gewählte Vektoren nicht komplanar sind.

b) Laufen die Geraden, die die Mittelpunkte benachbarter Vierecksseiten miteinander verbinden, zueinander parallel?

c) Untersuche b) für ein beliebiges Viereck.

6. Zeige vektoriell, daß die Projektionen von zwei parallelen Geraden parallel sind.

4.2.6. Sich schneidende und windschiefe Geraden

Vorübungen

1. Gegeben sind die beiden Geraden $g_1\colon \mathfrak{r} = \begin{pmatrix} 6 \\ 3 \\ 2 \end{pmatrix} + \lambda \begin{pmatrix} 4 \\ 2 \\ -1 \end{pmatrix}$ und $g_2\colon \mathfrak{r} = \begin{pmatrix} -3 \\ 3 \\ 0 \end{pmatrix} + \lambda \begin{pmatrix} 5 \\ -2 \\ 3 \end{pmatrix}$, außerdem die beiden Punkte P_1 (—2/—1/4) und P_2 (2/1/3). Untersuche, ob die Punkte auf beiden Geraden liegen, und gib gegebenenfalls die Parameterwerte an.

2. Was läßt sich über den Ortsvektor sagen, der zum Schnittpunkt von zwei Geraden führt?

Sind zwei Geraden

$$g_1\colon \mathfrak{r} = \mathfrak{r}_1 + \lambda\, \mathfrak{u}_1 \quad \text{und } g_2\colon \mathfrak{r} = \mathfrak{r}_2 + \lambda\, \mathfrak{u}_2$$

im Raum nicht parallel, so können sie sich entweder schneiden oder aneinander vorbeilaufen (*windschiefe Geraden*).

Schneiden sie sich, so muß es einen Vektor $\mathfrak{r}_S$ geben, nämlich den, der zum Schnittpunkt S führt, der beiden Geradengleichungen genügt. Da im allgemeinen verschiedene Parameterwerte in beiden Geradengleichungen zum Schnittpunkt gehören, empfiehlt es sich, einen der beiden Parameter umzubenennen. Wir betrachten also die beiden Geraden

$$g_1\colon \mathfrak{r} = \mathfrak{r}_1 + \lambda\, \mathfrak{u}_1 \quad \text{und } g_2\colon \mathfrak{r} = \mathfrak{r}_2 + \mu\, \mathfrak{u}_2$$

und nehmen an, daß sie sich schneiden.

Dann muß es also einen Parameterwert λ_S geben, so daß

$$\mathfrak{r}_S = \mathfrak{r}_1 + \lambda_S\, \mathfrak{u}_1\,,$$

ferner einen Parameterwert μ_S, so daß

$$\mathfrak{r}_S = \mathfrak{r}_2 + \mu_S\, \mathfrak{u}_2 .$$

Durch Gleichsetzen erhält man

$$\mathfrak{r}_1 + \lambda_S\, \mathfrak{u}_1 = \mathfrak{r}_2 + \mu_S\, \mathfrak{u}_2$$

$$\lambda_S\, \mathfrak{u}_1 - \mu_S\, \mathfrak{u}_2 = \mathfrak{r}_2 - \mathfrak{r}_1 .$$

Geht man zu den Koordinatengleichungen über, so erhält man ein Gleichungssystem von drei Gleichungen für die beiden Variablen λ_S und μ_S. Die ersten beiden Gleichungen kann man im allgemeinen nach λ_S und μ_S auflösen (dem entspricht, daß die Projektionen auf die xy-Ebene sich schneiden; λ_S und μ_S geben den „Deckpunkt" in der xy-Ebene). Erfüllen die gefundenen Werte auch die dritte Gleichung, so schneiden sich die Geraden im Raum (der Schnittpunkt der Projektionen in die xy-Ebene ist Projektion eines wirklichen Schnittpunkts), anderenfalls sind sie windschief (Bild 56.1).

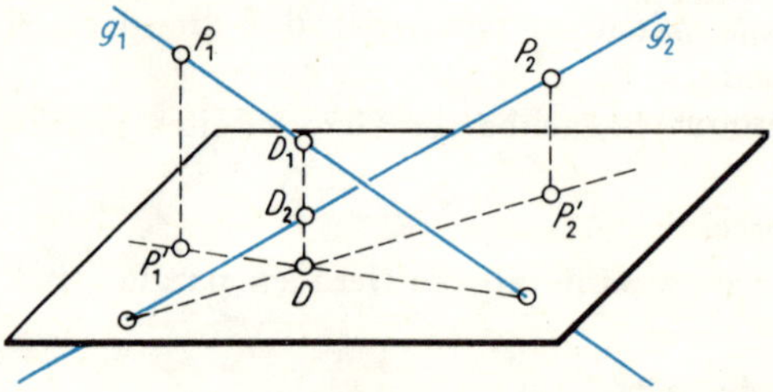

Bild 56.1

Nun ist es denkbar, daß die ersten beiden Gleichungen sich nicht auflösen lassen. Ist ihre Lösungsmenge leer, so läßt sich sicher kein Wertepaar (λ_S, μ_S) finden, das alle drei Gleichungen erfüllt, die Geraden schneiden sich sicher nicht. Werden die ersten beiden Gleichungen hingegen von beliebig vielen Wertepaaren erfüllt, so bestimmt man zunächst etwa das Wertepaar, das die erste und dritte Gleichung erfüllt. Da dieses Wertepaar auch die zweite Gleichung erfüllt, schneiden sich die Geraden. Lösen schließlich beliebig viele Zahlenpaare alle drei Gleichungen, so handelt es sich um zwei gleiche Geraden.

Beispiele

1. Untersuche, ob sich die Geraden

$$g_1 : \mathfrak{r} = \begin{pmatrix} 5 \\ 5 \\ 1 \end{pmatrix} + \lambda \begin{pmatrix} 2 \\ 1 \\ 0 \end{pmatrix} \quad \text{und } g_2 : \mathfrak{r} = \begin{pmatrix} 1 \\ 3 \\ 1 \end{pmatrix} + \mu \begin{pmatrix} 2 \\ 1 \\ 1 \end{pmatrix}$$

schneiden oder ob sie windschief sind.

Wir nehmen an, es gäbe einen Schnittpunkt S. Dann muß gelten:

(1) $$\mathfrak{r}_1 + \lambda_S \mathfrak{u}_1 = \mathfrak{r}_2 + \mu_S \mathfrak{u}_2 \quad \text{oder} \quad \lambda_S \mathfrak{u}_1 - \mu_S \mathfrak{u}_2 = \mathfrak{r}_2 - \mathfrak{r}_1.$$

Setzen wir ein, so ergibt sich:

$$\lambda_S \begin{pmatrix} 2 \\ 1 \\ 0 \end{pmatrix} - \mu_S \begin{pmatrix} 2 \\ 1 \\ 1 \end{pmatrix} = \begin{pmatrix} 1 \\ 3 \\ 1 \end{pmatrix} - \begin{pmatrix} 5 \\ 5 \\ 1 \end{pmatrix} = \begin{pmatrix} -4 \\ -2 \\ 0 \end{pmatrix}$$

Nun gehen wir zu den Koordinatengleichungen über:

$$\begin{aligned} 2\,\lambda_S - 2\,\mu_S &= -4 \\ \lambda_S - \mu_S &= -2 \\ -\mu_S &= 0 \end{aligned}$$

Die ersten beiden Gleichungen werden von beliebig vielen Zahlenpaaren erfüllt, sie sind voneinander abhängig. Aus der letzten Gleichung entnimmt man $\mu_S = 0$; aus der zweiten folgt $\lambda_S = -2$. Dieses Wertepaar $(-2{,}0)$ erfüllt auch die erste Gleichung und damit unsere Ausgangsgleichung (1). Deshalb gibt es einen Schnittpunkt, sein Ortsvektor läßt sich aus der Gleichung für g_1 als $\mathfrak{r}_S = \begin{pmatrix} 5 \\ 5 \\ 1 \end{pmatrix} - 2 \begin{pmatrix} 2 \\ 1 \\ 0 \end{pmatrix} = \begin{pmatrix} 1 \\ 3 \\ 1 \end{pmatrix}$ oder aus der Gleichung für g_2 als $\mathfrak{r}_S = \begin{pmatrix} 1 \\ 3 \\ 1 \end{pmatrix} + 0 \cdot \begin{pmatrix} 2 \\ 1 \\ 1 \end{pmatrix} = \begin{pmatrix} 1 \\ 3 \\ 1 \end{pmatrix}$ berechnen.

2. Zeige, daß sich in jedem Vierflach die Verbindungslinien der Mittelpunkte gegenüberliegender Kanten in einem Punkte schneiden.

Lösung: Wir führen zunächst ein geeignetes affines Koordinatensystem ein. Dazu legen wir die Ecke P_1 des Vierflachs in den Nullpunkt und wählen die Ortsvektoren zu den übrigen Eckpunkten als Basisvektoren: $\mathfrak{r}_2 = \mathfrak{a}$, $\mathfrak{r}_3 = \mathfrak{b}$, $\mathfrak{r}_4 = \mathfrak{c}$ (Bild 57.1). Nun ergibt sich für den Ortsvektor $\mathfrak{r}_{12}$ zum Mittelpunkt der Kante $P_1 P_2$:

$$\mathfrak{r}_{12} = \frac{1}{2}\mathfrak{a} = \begin{pmatrix} \frac{1}{2} \\ 0 \\ 0 \end{pmatrix}$$

Die gegenüberliegende Kante ist $P_3 P_4$. Für den Ortsvektor $\mathfrak{r}_{34}$ zu ihrem Mittelpunkt erhält man:

$$\mathfrak{r}_{34} = \frac{\mathfrak{r}_3 + \mathfrak{r}_4}{2} = \frac{\mathfrak{b} + \mathfrak{c}}{2} = \begin{pmatrix} 0 \\ \frac{1}{2} \\ \frac{1}{2} \end{pmatrix}$$

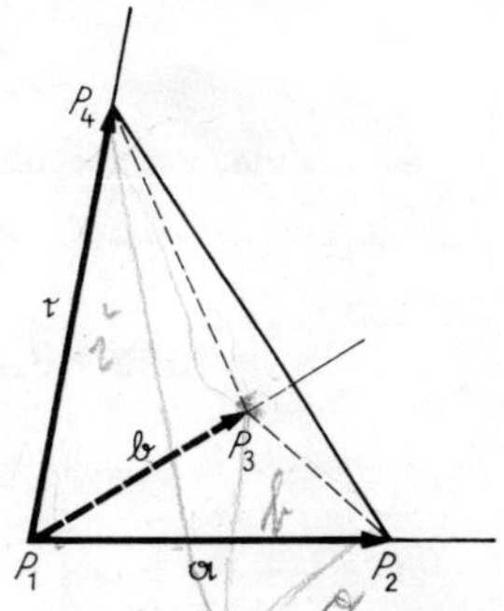

Bild 57.1

Somit ergibt sich als Gleichung der Geraden durch diese beiden Mittelpunkte:

$$\mathfrak{r} = \mathfrak{r}_{12} + \lambda\,(\mathfrak{r}_{34} - \mathfrak{r}_{12}) = \begin{pmatrix} \frac{1}{2} \\ 0 \\ 0 \end{pmatrix} + \lambda \begin{pmatrix} -\frac{1}{2} \\ \frac{1}{2} \\ \frac{1}{2} \end{pmatrix}.$$

Entsprechend erhält man als Gleichung der Geraden durch die Mittelpunkte der Kanten $P_1\,P_3$ und $P_2\,P_4$:

$$\mathfrak{r} = \mathfrak{r}_{13} + \mu\,(\mathfrak{r}_{24} - \mathfrak{r}_{13}) = \frac{\mathfrak{b}}{2} + \mu\left(\frac{\mathfrak{a}+\mathfrak{c}}{2} - \frac{\mathfrak{b}}{2}\right) = \begin{pmatrix} 0 \\ \frac{1}{2} \\ 0 \end{pmatrix} + \mu \begin{pmatrix} \frac{1}{2} \\ -\frac{1}{2} \\ \frac{1}{2} \end{pmatrix}$$

Gibt es einen Schnittpunkt S, so muß es Parameterwerte λ_S und μ_S geben, die die folgende Gleichung erfüllen:

$$\begin{pmatrix} \frac{1}{2} \\ 0 \\ 0 \end{pmatrix} + \lambda_S \begin{pmatrix} -\frac{1}{2} \\ \frac{1}{2} \\ \frac{1}{2} \end{pmatrix} = \begin{pmatrix} 0 \\ \frac{1}{2} \\ 0 \end{pmatrix} + \mu_S \begin{pmatrix} \frac{1}{2} \\ -\frac{1}{2} \\ \frac{1}{2} \end{pmatrix}$$

$$\lambda_S \begin{pmatrix} -\frac{1}{2} \\ \frac{1}{2} \\ \frac{1}{2} \end{pmatrix} + \mu_S \begin{pmatrix} -\frac{1}{2} \\ \frac{1}{2} \\ -\frac{1}{2} \end{pmatrix} = \begin{pmatrix} -\frac{1}{2} \\ \frac{1}{2} \\ 0 \end{pmatrix}$$

Aus der Gleichung für die z-Koordinaten ergibt sich $\lambda_S = \mu_S$, die Gleichung für die x-Koordinaten liefert $\lambda_S = \frac{1}{2}$. Da das Wertepaar $\left(\frac{1}{2}, \frac{1}{2}\right)$ auch die Gleichung für die y-Koordinaten erfüllt, gibt es den Schnittpunkt S wirklich. Sein Ortsvektor errechnet sich zu

$$\mathfrak{r}_S = \begin{pmatrix} \frac{1}{2} \\ 0 \\ 0 \end{pmatrix} + \frac{1}{2} \begin{pmatrix} -\frac{1}{2} \\ \frac{1}{2} \\ \frac{1}{2} \end{pmatrix} = \begin{pmatrix} \frac{1}{4} \\ \frac{1}{4} \\ \frac{1}{4} \end{pmatrix}.$$

Die Gerade, die die übrigen beiden Kantenmittelpunkte verbindet, ist g_3:

$$\mathfrak{r} = \mathfrak{r}_{14} + \nu\,(\mathfrak{r}_{23} - \mathfrak{r}_{14}) = \frac{\mathfrak{c}}{2} + \nu\left(\frac{\mathfrak{a}+\mathfrak{b}}{2} - \frac{\mathfrak{c}}{2}\right) = \begin{pmatrix} 0 \\ 0 \\ \frac{1}{2} \end{pmatrix} + \nu \begin{pmatrix} \frac{1}{2} \\ \frac{1}{2} \\ -\frac{1}{2} \end{pmatrix}$$

Da $\mathfrak{r}_S$ $\left(\text{für } \nu_S = \frac{1}{2}\right)$ auch diese Gleichung erfüllt, geht g_3 ebenfalls durch S. Damit ist die Behauptung bewiesen.

Aufgaben

1. **Untersuche, ob sich die folgenden Geraden schneiden, und bestimme gegebenenfalls ihren Schnittpunkt.**

a) $g_1\colon \mathfrak{r} = \begin{pmatrix}2\\1\end{pmatrix} + \lambda \begin{pmatrix}2\\2\end{pmatrix}$ und $g_2\colon \mathfrak{r} = \begin{pmatrix}7\\9\end{pmatrix} + \mu \begin{pmatrix}1\\2\end{pmatrix}$

b) $g_1\colon \mathfrak{r} = \begin{pmatrix}1\\0\\8\end{pmatrix} + \lambda \begin{pmatrix}2\\0\\-3\end{pmatrix}$ und $g_2\colon \mathfrak{r} = \begin{pmatrix}5\\0\\2\end{pmatrix} + \mu \begin{pmatrix}4\\0\\5\end{pmatrix}$

c) $g_1\colon \mathfrak{r} = \begin{pmatrix}5\\2\\0\end{pmatrix} + \lambda \begin{pmatrix}1\\0\\-3\end{pmatrix}$ und $g_2\colon \mathfrak{r} = \begin{pmatrix}8\\4\\-1\end{pmatrix} + \mu \begin{pmatrix}2\\1\\-2\end{pmatrix}$

d) $g_1\colon \mathfrak{r} = \begin{pmatrix}3\\5\\4\end{pmatrix} + \lambda \begin{pmatrix}4\\6\\4\end{pmatrix}$ und $g_2\colon \mathfrak{r} = \begin{pmatrix}8\\2\\7\end{pmatrix} + \mu \begin{pmatrix}3\\1\\5\end{pmatrix}$

e) $g_1\colon \mathfrak{r} = \begin{pmatrix}2\\4\\3\end{pmatrix} + \lambda \begin{pmatrix}5\\10\\-6\end{pmatrix}$ und $g_2\colon \mathfrak{r} = \begin{pmatrix}4\\8\\3\end{pmatrix} + \mu \begin{pmatrix}-2{,}5\\-5\\3\end{pmatrix}$

f) $g_1\colon \mathfrak{r} = \begin{pmatrix}2\\7\\1\end{pmatrix} + \lambda \begin{pmatrix}4\\-5\\-3\end{pmatrix}$ und $g_2\colon \mathfrak{r} = \begin{pmatrix}4\\4\\4\end{pmatrix} + \mu \begin{pmatrix}-1\\2\\-6\end{pmatrix}$

g) $g_1\colon \mathfrak{r} = \begin{pmatrix}2\\1\\4\end{pmatrix} + \lambda \begin{pmatrix}-6\\0\\2\end{pmatrix}$ und $g_2\colon \mathfrak{r} = \begin{pmatrix}8\\1\\2\end{pmatrix} + \mu \begin{pmatrix}3\\0\\-1\end{pmatrix}$

h) $g_1\colon \mathfrak{r} = \begin{pmatrix}3\\0\\5\end{pmatrix} + \lambda \begin{pmatrix}0\\0\\1\end{pmatrix}$ und $g_2\colon \mathfrak{r} = \begin{pmatrix}1\\-3\\6\end{pmatrix} + \mu \begin{pmatrix}2\\0\\-1\end{pmatrix}$

i) $g_1\colon \mathfrak{r} = \begin{pmatrix}6\\-1\\15\end{pmatrix} + \lambda \begin{pmatrix}2\\-1\\4\end{pmatrix}$ und $g_2\colon \mathfrak{r} = \begin{pmatrix}4\\0\\9\end{pmatrix} + \mu \begin{pmatrix}-1\\0{,}5\\-3\end{pmatrix}$

2. **Die Grundrisse von zwei Geraden schneiden sich im Punkte**

a) A (3/2/0), b) A (4/8/0),

die Aufrisse im Punkt

a) B (0/3/2), b) B (0/8/4).

Was ist über den Schnittpunkt der Geraden zu sagen?

3. **Zeige, daß sich die Raumdiagonalen eines Spates schneiden,**

a) **am Beispiel eines Spats, dessen eine Ecke im Nullpunkt liegt und der von den Vektoren** $\mathfrak{a} = \begin{pmatrix}3\\2\\4\end{pmatrix}$, $\mathfrak{b} = \begin{pmatrix}5\\1\\3\end{pmatrix}$, $\mathfrak{c} = \begin{pmatrix}2\\5\\1\end{pmatrix}$ **aufgespannt wird,**

b) **allgemeine Lösung.**

4. Gegeben sei das Viereck A(2/1/0) B(10/3/8) C(8/5/6) D(4/3/2).
Bestimme die Schnittpunkte der gegenüberliegenden Seitengeraden und der Diagonalen.

5. Gegeben seien von einem Dreieck die Gleichungen der Seiten.
Berechne die Eckpunkte.

$$g_1\colon \mathfrak{r} = \begin{pmatrix}5\\5\\2\end{pmatrix} + \lambda\begin{pmatrix}2\\4\\2\end{pmatrix}, \qquad g_2\colon \mathfrak{r} = \begin{pmatrix}1\\1\\-3\end{pmatrix} + \lambda\begin{pmatrix}2\\0\\3\end{pmatrix}, \qquad g_3\colon \mathfrak{r} = \begin{pmatrix}2\\-9\\1\end{pmatrix} + \lambda\begin{pmatrix}3\\10\\2\end{pmatrix}$$

6. Zeige, daß die Seitenhalbierenden des Dreiecks A(2/1/2) B(4/3/3) C(6/4/2) durch einen Punkt gehen.

7. Beweise den Satz: Wenn zwei Geraden $g_1\colon \mathfrak{r} = \mathfrak{r}_1 + \lambda\mathfrak{u}_1$ und $g_2\colon \mathfrak{r} = \mathfrak{r}_2 + \lambda\mathfrak{u}_2$ sich schneiden, so sind die Vektoren $\mathfrak{r}_2 - \mathfrak{r}_1$, $\mathfrak{u}_1$ und $\mathfrak{u}_2$ komplanar.

8. Untersuche, ob auch die Umkehrung des Satzes aus Aufgabe 7 gilt.

9. Schneiden sich die Diagonalen des Vierecks A(3/5/0) B(4/8/3) C(9/3/4) D(10/−4/0)?
Bestimme gegebenenfalls den Diagonalenschnittpunkt.

10. Untersuche vektoriell, ob die Projektion des Diagonalenschnittpunktes in einem ebenen Viereck gleich dem Schnittpunkt der Diagonalen der Projektion des Vierecks ist.

11. Beweise, daß sich in jedem Dreieck die drei Seitenhalbierenden in einem Punkt schneiden.

12. Untersuche, ob sich in jedem Spat die Verbindungsstrecken der Mittelpunkte gegenüberliegender Kanten in einem Punkt schneiden.

13. Beweise: Im Vierflach gehen die Verbindungslinien von jeder Ecke zum Schwerpunkt der gegenüberliegenden Seitenfläche durch einen Punkt.

* 4.2.7. Parameterformen linearer Gebilde

Vorübung

Überlege, welche Geraden durch die Gleichungen

$$\mathfrak{r} = \begin{pmatrix}3\\1\\0\end{pmatrix} + \lambda\begin{pmatrix}6\\2\\4\end{pmatrix} \quad \text{und} \quad \mathfrak{r} = \begin{pmatrix}3\\1\\0\end{pmatrix} + \mu\begin{pmatrix}3\\1\\2\end{pmatrix}$$

dargestellt werden. Wird auch durch $\mathfrak{r} = \begin{pmatrix}3\\1\\0\end{pmatrix} + \frac{1}{\sigma}\begin{pmatrix}3\\1\\2\end{pmatrix}$ eine Gerade dargestellt?

In der Geradengleichung $\mathfrak{r} = \mathfrak{r}_1 + \lambda\mathfrak{u}$ hat der Parameter λ eine anschauliche Bedeutung. λ gibt an, wie viele „Schritte" der Länge und Richtung von $\mathfrak{u}$ man von P_1 aus zurücklegen muß, um zum Punkt P mit dem Parameterwert λ zu kommen. Ist $|\mathfrak{u}| = 1$, so gibt $|\lambda|$ die Entfernung $\overline{P_1P}$ an. Faßt man in der Geradengleichung $\mathfrak{r} = \mathfrak{r}_1 + t\mathfrak{v}$ den Parameter t als Zeit auf, so ist t die Zahl der Zeiteinheiten, die man braucht, um die Entfernung $\overline{P_1P}$ mit der Geschwindigkeit $\mathfrak{v}$ zurückzulegen.

Es erhebt sich die Frage, ob sich Parameterdarstellungen für die Gerade finden lassen, in denen man dem Parameter noch andere Bedeutungen beilegen kann. Wir wollen uns die Aufgabe stellen, eine Geradengleichung zu entwickeln, die als Parameter das Teilverhältnis τ enthält. Im Abschnitt 4.1.4 haben wir die Formel für den Ortsvektor zum Teilpunkt

$$\mathfrak{r}_T = \frac{\mathfrak{r}_1 + \tau\,\mathfrak{r}_2}{1+\tau}$$

kennengelernt, die es ermöglicht, zu jedem vorgegebenen Teilverhältnis τ den Ortsvektor zum zugehörigen Teilpunkt zu bestimmen. Durchläuft τ alle reellen Zahlen, so überstreicht der Zielpunkt von $\mathfrak{r}_T$ alle Punkte der Geraden durch P_1 und P_2, den Punkt P_2 allerdings nur, wenn der Parameterwert $\tau = \pm\infty$ zugelassen wird. Umgekehrt gehört zu $\tau = -1$ kein Punkt der Geraden. Demnach ist

$$\mathfrak{r} = \frac{\mathfrak{r}_1 + \tau\,\mathfrak{r}_2}{1+\tau}$$

die gesuchte Form der Geradengleichung.

Beispiel

Untersuche, ob durch $\mathfrak{r} = \mathfrak{r}_1 + \sigma^2\,\mathfrak{u}$ eine Gerade dargestellt wird.

Lösung: Wenn σ alle reellen Zahlen durchläuft, durchläuft σ^2 alle positiven Zahlen. Zu $\mathfrak{r}_1$ werden also alle positiven Vielfachen des Vektors $\mathfrak{u}$ addiert, d. h. es handelt sich hier um einen Strahl, der von P_1 ausgehend in Richtung und Orientierung von $\mathfrak{u}$ verläuft.

Aufgaben

1. Untersuche, ob durch

a) $\mathfrak{r} = \mathfrak{r}_1 + \frac{\mathfrak{u}}{\mu}$ b) $\mathfrak{r} = \frac{\mathfrak{r}_1}{\alpha} + \frac{3}{\alpha}\mathfrak{u}$ c) $\mathfrak{r} = \mathfrak{r}_1 + \mathfrak{u}\cos\varphi$

d) $\mathfrak{r} = \mathfrak{r}_1 + \mathfrak{u}\tan\varphi$ e) $\mathfrak{r} = \mu\mathfrak{r}_1 + (1-\mu)\,\mathfrak{r}_2$

Geraden dargestellt werden.

2. Leite aus $\mathfrak{r} = \frac{\mathfrak{r}_1 + \tau\,\mathfrak{r}_2}{1+\tau}$ die Formel für den Ortsvektor zum Mittelpunkt der Strecke P_1P_2 her.

3. Bestimme die Gleichung der Geraden, die durch den Punkt $P_1(6/4/-2)$ und den Punkt geht, der die Strecke $P_2\,(0/4/3)\ P_3\,(2/-1/8)$ außen im Verhältnis 2:1 teilt.

4. Schreibe die Gleichung der Geraden $g: \mathfrak{r} = \mathfrak{r}_1 + \lambda\mathfrak{u} = \begin{pmatrix}4\\3\end{pmatrix} + \lambda\begin{pmatrix}2\\1\end{pmatrix}$ so um, daß der Parameter das Teilverhältnis bedeutet und

a) $\mathfrak{r}_1$ das Teilverhältnis $\tau = 0$ und $\mathfrak{r}_1 + \mathfrak{u}$ das Teilverhältnis $\tau = \pm\infty$,

b) $\mathfrak{r}_1$ das Teilverhältnis $\tau = 1$ und $\mathfrak{r}_1 + 3\mathfrak{u}$ das Teilverhältnis $\tau = -2$ bekommt.

5. In den folgenden Gleichungen soll der Parameter t die Maßzahl der Zeit in Sekunden bedeuten, so daß Bewegungen eines Massenpunktes dargestellt werden.

a) $\mathfrak{r} = \begin{pmatrix}4\\1\\2\end{pmatrix} + t\begin{pmatrix}2\\1\\3\end{pmatrix}$ b) $\mathfrak{r} = \begin{pmatrix}0\\0\\45\end{pmatrix} - t^2\begin{pmatrix}0\\0\\5\end{pmatrix}$ c) $\mathfrak{r} = \begin{pmatrix}1\\0\\0\end{pmatrix}\cos(2\pi\cdot t)$

Beschreibe die Bewegung des Massenpunktes und gib die Ortsvektoren zu den Punkten an, an denen er sich nach α) 1 sec, β) 2,5 sec befindet.

6. Der freie Fall wird durch folgende Gleichung beschrieben

$$\mathfrak{r} = \begin{pmatrix}0\\0\\h\end{pmatrix} - \frac{1}{2}\begin{pmatrix}0\\0\\g\end{pmatrix} t^2.$$

Wie lange dauert es, bis der fallende Körper auf die Höhe a) s, b) 0 gefallen ist?

7. Ein geworfener Stein bewege sich gemäß der Gleichung

$$\mathfrak{r} = \begin{pmatrix}0\\0\\25\end{pmatrix} + t\begin{pmatrix}1\\0\\20\end{pmatrix} - t^2\begin{pmatrix}0\\0\\5\end{pmatrix}.$$

a) Wann hat er wieder seine Ausgangshöhe erreicht?
b) Wann trifft er auf dem Erdboden (Höhe 0) auf?

4.2.8. Koordinatengleichungen von Geraden

Vorübungen

1. Welche Arten von Parameterformen für Geradengleichungen haben wir bisher kennengelernt?
2. Gib für die durch die Gleichungen a) $y = 0$, b) $y = x$, c) $y = 2x + 1$ dargestellten Geraden je eine vektorielle Geradengleichung an.

In diesem Abschnitt wollen wir ein kartesisches Koordinatensystem zugrunde legen. Im folgenden sollen vektorielle Geradengleichungen in Koordinatengleichungen umgewandelt werden. Dabei beschränken wir uns zunächst auf Geraden in der xy-Ebene. Eine solche Gerade sei uns durch die Gleichung $\mathfrak{r} = \mathfrak{r}_1 + \lambda\mathfrak{u}$ gegeben. Für viele Zwecke ist es nützlich, aus der Schar der möglichen Richtungsvektoren einen bestimmten zu nehmen, und zwar den, der die x-Koordinate 1 hat[1]). Dieser spezielle Richtungsvektor heißt *Steigungsvektor* $\mathfrak{u}_m$, weil seine y-Koordinate den schon früher mit m bezeichneten Anstieg der Geraden, den Tangens des Winkels α zwischen Gerade und x-Achse, bedeutet (Bild 62.1).

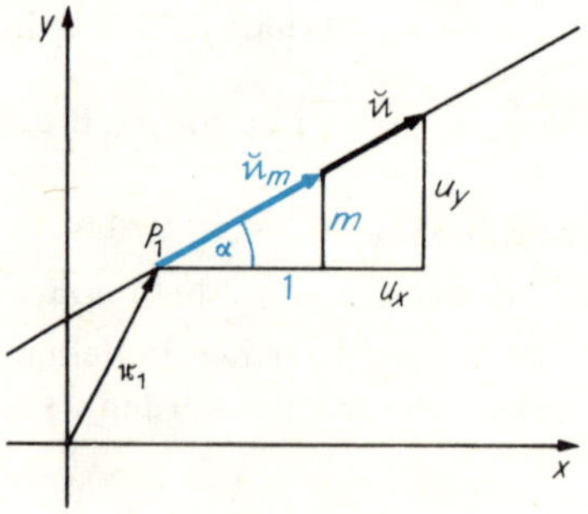

Bild 62.1

$$\mathfrak{u}_m = \begin{pmatrix}1\\ \frac{u_y}{u_x}\end{pmatrix} = \begin{pmatrix}1\\ \tan\alpha\end{pmatrix} = \begin{pmatrix}1\\ m\end{pmatrix}$$

a) Nun sei uns eine Geradengleichung in dieser Form gegeben:

$$\mathfrak{r} = \mathfrak{r}_1 + \lambda\mathfrak{u}_m$$

Aus $\begin{pmatrix}x\\y\end{pmatrix} = \begin{pmatrix}x_1\\y_1\end{pmatrix} + \lambda\begin{pmatrix}1\\m\end{pmatrix}$ erhält man die Koordinatengleichungen

$$x - x_1 = \lambda$$
$$y - y_1 = \lambda m.$$

[1] In Anlehnung an ATHEN, Vektorielle Analytische Geometrie, S. 24.

Daraus folgt schließlich $y - y_1 = m(x - x_1)$ oder

$$\frac{y - y_1}{x - x_1} = m$$

als kartesische Form der Punktrichtungsgleichung.

b) Ist die Gerade in der Zweipunkteform gegeben, so erhält man aus $\mathfrak{r} = \mathfrak{r}_1 + \lambda(\mathfrak{r}_2 - \mathfrak{r}_1)$ durch *Elimination des Parameters* aus den Koordinatengleichungen die kartesische Form der Zweipunktegleichung

$$\frac{y - y_1}{x - x_1} = \frac{y_2 - y_1}{x_2 - x_1}.$$

c) Weiß man von der Geraden, daß sie den Anstieg m hat und auf der y-Achse den Abschnitt b bildet, so muß ihre Gleichung sein

$$\mathfrak{r} = \begin{pmatrix} 0 \\ b \end{pmatrix} + \lambda \begin{pmatrix} 1 \\ m \end{pmatrix}.$$

Eliminiert man aus den Koordinatengleichungen

$$x = \lambda$$
$$y = b + \lambda m$$

den Parameter λ, so erhält man die bekannte kartesische Form

$$y = mx + b.$$

d) Schließlich sei eine Gerade festgelegt durch ihre Achsenabschnitte a auf der x-Achse und b auf der y-Achse. Dann geht sie durch die Punkte A(a/0) und B(0/b). Setzt man in die kartesische Form der Zweipunktegleichung ein, so erhält man

$$\frac{y - 0}{x - a} = \frac{b - 0}{0 - a}$$

oder

$$bx + ay = ab.$$

Wir dividieren durch ab und erhalten:

$$\frac{x}{a} + \frac{y}{b} = 1$$ *Achsenabschnittsform der Geradengleichung*

Entsprechende Gleichungen erhält man für Geraden in der yz-Ebene und der xz-Ebene. Hingegen ist es nicht möglich, durch Elimination des Parameters eine kartesische Gleichung für eine Gerade im Raum zu entwickeln. Geht man nämlich von der Geradengleichung

$$\mathfrak{r} = \mathfrak{r}_1 + \lambda\mathfrak{u}$$

über zu ihren Koordinatengleichungen

$$x = x_1 + \lambda u_x$$
$$y = y_1 + \lambda u_y$$
$$z = z_1 + \lambda u_z,$$

so erhält man aus den ersten beiden Gleichungen $\frac{x - x_1}{y - y_1} = \frac{u_x}{u_y}$, aus den letzten beiden $\frac{y - y_1}{z - z_1} = \frac{u_y}{u_z}$, also zwei Gleichungen, die man nicht zu einer kartesischen Gleichung der gegebenen Geraden kombinieren kann. Man kann höchstens beide in der Gleichungskette $\frac{x - x_1}{u_x} = \frac{y - y_1}{u_y} = \frac{z - z_1}{u_z}$ zusammenfassen.

Beispiel

Verwandele die Geradengleichung $\mathfrak{r} = \begin{pmatrix} 6 \\ 1 \end{pmatrix} + \lambda \begin{pmatrix} 2 \\ 1 \end{pmatrix}$ in die Achsenabschnittsform.

Lösung: Wir bringen diese Geradengleichung zunächst in die kartesische Punktrichtungsform: $\frac{y - 1}{x - 6} = \frac{1}{2}$. Das ergibt umgeformt $x - 2y = 4$. Dividieren wir nun diese Gleichung durch 4, so erhalten wir die gesuchte Achsenabschnittsform $\frac{x}{4} + \frac{y}{-2} = 1$, aus der man entnimmt, daß die Gerade auf der x-Achse den Abschnitt 4, auf der y-Achse den Abschnitt -2 bildet. — Als eine andere Möglichkeit zur Lösung dieser Aufgabe hätte nahegelegen, zunächst die Schnittpunkte dieser Geraden mit den Achsen zu bestimmen.

Aufgaben

1. Eliminiere aus der Teilverhältnisgleichung der Geraden den Parameter τ.
2. Bestimme den Steigungsvektor zu der Geraden, die
   a) durch den Punkt P_1 (2/4) und die Richtung $\mathfrak{u} = \begin{pmatrix} 3 \\ 2 \end{pmatrix}$,
   b) durch die beiden Punkte P_1 $(-4/2)$ und P_2 $(2/-10)$ bestimmt ist.
3. Bringe folgende Geradengleichungen in die kartesische Punktrichtungsform:
   a) $\mathfrak{r} = \begin{pmatrix} 3 \\ 4 \end{pmatrix} + \lambda \begin{pmatrix} 1 \\ 2 \end{pmatrix}$ b) $\mathfrak{r} = \begin{pmatrix} 1 \\ 0 \end{pmatrix} + \lambda \begin{pmatrix} 0 \\ 1 \end{pmatrix}$ c) $\mathfrak{r} = \begin{pmatrix} 0 \\ 4 \\ 3 \end{pmatrix} + \lambda \begin{pmatrix} 0 \\ 1 \\ 1 \end{pmatrix}$
4. Gib je eine kartesische Gleichung für die Gerade an, die
   a) durch den Punkt (2/5) geht und den Anstieg $m = 3$ hat,
   b) durch die beiden Punkte P_1 (6/3) und P_2 $(-1/4)$ geht,
   c) auf der x-Achse den Abschnitt $a = -12$, auf der y-Achse den Abschnitt $b = 5$ hat,
   d) durch die beiden Punkte P_1 (4/0/5) und P_2 $(9/0/-4)$ geht,
   e) auf der y-Achse den Abschnitt $b = 2$ und auf der z-Achse den Abschnitt $c = 4$ hat,
   f) durch den Punkt P_1 $(-2/3)$ geht und parallel zur y-Achse läuft,
   g) durch den Punkt P_1 $(-2/3)$ geht und parallel zur x-Achse läuft.
5. Verwandele die folgenden Geradengleichungen in eine Parameterform:
   a) $y - 3 = 4(x + 2)$ b) $y = 2x - 7$
   c) $\frac{y - 2}{x + 1} = \frac{3}{4}$ d) $\frac{x}{2} + \frac{z}{3} = 1$

6. Gib die Projektionen der Geraden

$$g_1\colon \mathfrak{r} = \begin{pmatrix} 2 \\ -1 \\ 4 \end{pmatrix} + \lambda \begin{pmatrix} 1 \\ 2 \\ -4 \end{pmatrix} \quad \text{und} \quad g_2\colon \mathfrak{r} = \begin{pmatrix} 1 \\ 3 \\ 4 \end{pmatrix} + \lambda \begin{pmatrix} 2 \\ 0 \\ 6 \end{pmatrix}$$

auf die xz-Ebene in kartesischer Form an und berechne ihren Schnittpunkt.

7. Gegeben sei die Gerade g: $y = 2x + 1$. Setzt man $x = \lambda$, so erhält man $y = 2\lambda + 1$. Diese beiden Gleichungen $\begin{matrix} x = 0 + \lambda \\ y = 1 + 2\lambda \end{matrix}$ lassen sich zusammenfassen zu der Vektorgleichung $\mathfrak{r} = \begin{pmatrix} 0 \\ 1 \end{pmatrix} + \lambda \begin{pmatrix} 1 \\ 2 \end{pmatrix}$.

a) Welche vektorielle Geradengleichung erhält man, wenn man

α) $x = \lambda - 0{,}5$ β) $x = 0{,}5\lambda$ γ) $y = \lambda$ setzt?

b) Verwandele mit diesem Verfahren die Geradengleichungen

α) $y = 3x - 1$ β) $y = 2$ γ) $y = mx + b$

in die Parameterform.

*4.2.9. Vermischte Aufgaben

1. Leite die verschiedenen Parameterformen der Geradengleichung her (Mathematischer Aufsatz).

2. Gegeben seien die beiden Punkte P(2/6/1) und Q(8/−2/5). Bestimme
   a) den Spurpunkt der Geraden durch P und Q auf der xz-Ebene,
   b) die Projektion dieser Geraden auf die xz-Ebene,
   c) den Mittelpunkt der Strecke PQ.

3. Gegeben sind die vier Punkte A(3/7/4), B(1/5/0), C(4/1/6), D(6/3/2).
   a) Untersuche, ob das Viereck eben ist oder nicht.
   b) Zeige, daß man ein Parallelogramm erhält, wenn man die Mittelpunkte benachbarter Vierecksseiten miteinander verbindet.
   c) Wie heißt die Gleichung der Geraden, die durch D und den Schwerpunkt des Dreiecks ABC geht?

4. Gegeben sei das Dreieck A(4/2/1) B(8/0/6) C(6/10/2). Zeige rechnerisch, daß sich die Seitenhalbierenden in einem Punkte schneiden.

5. Gegeben seien die sechs Punkte
   $P_1(4/1/1)$, $P_2(6/1/9)$, $P_3(5/-3/11)$,
   $Q_1(1/4/7)$, $Q_2(0/4/3)$, $Q_3(0/7/1)$.
   a) Untersuche, ob sich die Verlängerungen der Sechsecksseiten P_1P_2 und Q_1Q_2 schneiden.
   b) Gehen die Diagonalen P_1Q_1, P_2Q_2, und P_3Q_3 durch einen Punkt?
   c) Liegt der Punkt R(0/2,5/3,5) auf der Projektion der Strecke P_1Q_1 in die yz-Ebene?
   d) Bestimme die Spurpunkte der Geraden durch P_1 und P_2 auf der xy- und der xz-Ebene.

e) In welchem Verhältnis teilt der Schnittpunkt der Diagonalen P_2Q_2 und P_3Q_3 die Diagonale P_3Q_3?

f) Bestimme die Gleichung der Geraden, die durch P_3 und den Punkt geht, der die Strecke Q_1Q_2 außen im Verhältnis 5 : 2 teilt.

g) Hat die Gerade durch P_2 und P_3 die Gerade $2x - y = 12$ zur Projektion?

h) Wie heißt die Gleichung der Geraden durch P_2, die zu Q_1Q_3 parallel läuft?

i) Hat die Gerade durch P_2 und Q_2 die Gleichung $\mathfrak{r} = \begin{pmatrix} 0 \\ 4 \\ 3 \end{pmatrix} + \lambda \begin{pmatrix} 2 \\ -1 \\ 2 \end{pmatrix}$?

4.3. Die Ebene

4.3.1. Die Punktrichtungsform der Ebenengleichung

Vorübung

Es sei P_1 ein Punkt des Raumes, $\mathfrak{u}$ und $\mathfrak{v}$ seien zwei nicht kollineare Vektoren. Was läßt sich über die Ortsvektoren $\mathfrak{r}_2 = \mathfrak{r}_1 + \mathfrak{u} + \mathfrak{v}$, $\mathfrak{r}_3 = \mathfrak{r}_1 + 2\mathfrak{u} + 3\mathfrak{v}$, $\mathfrak{r}_4 = \mathfrak{r}_1 - \mathfrak{u} + 2\mathfrak{v}$, $\mathfrak{r}_5 = \mathfrak{r}_1 - 2\mathfrak{u} - 4\mathfrak{v}$ sagen?

Wir nehmen an, es seien uns in einer Ebene ein Punkt P_1 $[\mathfrak{r}_1]$ und zwei nicht kollineare Vektoren $\mathfrak{u}$ und $\mathfrak{v}$ gegeben. Da man durch die Linearkombination $\lambda\mathfrak{u} + \mu\mathfrak{v}$ jeden mit $\mathfrak{u}$ und $\mathfrak{v}$ komplanaren Vektor darstellen kann, erreicht der Vektor $\mathfrak{r} = \mathfrak{r}_1 + \lambda\mathfrak{u} + \mu\mathfrak{v}$ jeden Punkt der Ebene, wenn λ und μ unabhängig voneinander alle reellen Zahlen durchlaufen. Da diese Gleichung den zum Punkt P_1 führenden Ortsvektor $\mathfrak{r}_1$ und die beiden Richtungsvektoren $\mathfrak{u}$ und $\mathfrak{v}$ enthält, heißt

$$\mathfrak{r} = \mathfrak{r}_1 + \lambda\mathfrak{u} + \mu\mathfrak{v} \quad \textit{Punktrichtungsform der Ebenengleichung}$$

Sie enthält die beiden voneinander unabhängigen Parameter λ und μ. Im Grunde genommen bedeutet diese Gleichung, daß wir auf der Ebene ein affines Koordinatensystem mit den Basisvektoren $\mathfrak{u}$ und $\mathfrak{v}$ und dem Ursprung P_1 eingeführt haben. λ und μ sind die Koordinaten des Ebenenpunktes P in diesem System (Bild 66.1).

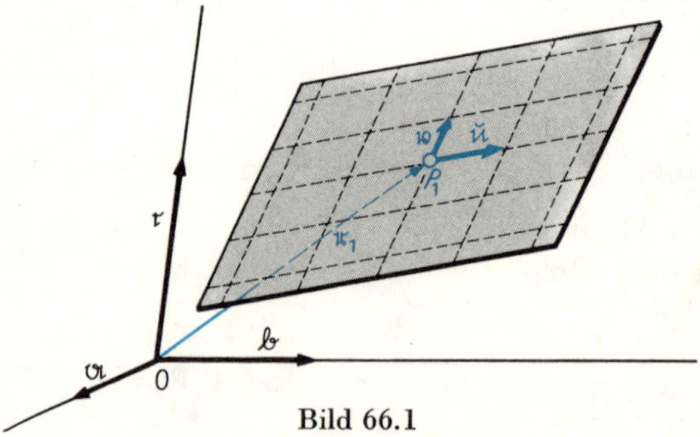

Bild 66.1

Beispiele

1. Untersuche, ob die Punkte A (5/2/6) und B (8/1/4) in der Ebene

$$E: \mathfrak{r} = \begin{pmatrix} 2 \\ 1 \\ 4 \end{pmatrix} + \lambda \begin{pmatrix} 3 \\ 2 \\ -1 \end{pmatrix} + \mu \begin{pmatrix} 0 \\ 4 \\ -2 \end{pmatrix}$$

liegen, und gib gegebenenfalls ihre Koordinaten in dem durch

$$\mathfrak{u} = \begin{pmatrix} 3 \\ 2 \\ -1 \end{pmatrix} \text{ und } \mathfrak{v} = \begin{pmatrix} 0 \\ 4 \\ -2 \end{pmatrix}$$

auf E erzeugten affinen Koordinatensystem an.

Lösung: Wenn A auf E liegt, muß es feste Parameterwerte λ_A und μ_A geben, die die Gleichung

$$\begin{pmatrix} 5 \\ 2 \\ 6 \end{pmatrix} = \begin{pmatrix} 2 \\ 1 \\ 4 \end{pmatrix} + \lambda_A \begin{pmatrix} 3 \\ 2 \\ -1 \end{pmatrix} + \mu_A \begin{pmatrix} 0 \\ 4 \\ -2 \end{pmatrix} \quad \text{oder} \quad \lambda_A \begin{pmatrix} 3 \\ 2 \\ -1 \end{pmatrix} + \mu_A \begin{pmatrix} 0 \\ 4 \\ -2 \end{pmatrix} = \begin{pmatrix} 3 \\ 1 \\ 2 \end{pmatrix}$$

erfüllen. Aus den ersten beiden Koordinatengleichungen ergibt sich $\lambda_A = 1$, $\mu_A = -\frac{1}{4}$.
Da dieses Wertepaar aber nicht die dritte Gleichung und damit auch nicht die Vektorgleichung erfüllt, liegt A(5/2/6) nicht in E.
Entsprechend ergibt sich für den Punkt B die Gleichung

$$\lambda_B \begin{pmatrix} 3 \\ 2 \\ -1 \end{pmatrix} + \mu_B \begin{pmatrix} 0 \\ 4 \\ -2 \end{pmatrix} = \begin{pmatrix} 6 \\ 0 \\ 0 \end{pmatrix}.$$

Es zeigt sich, daß das Wertepaar (2, − 1) diese Vektorgleichung erfüllt. Deshalb liegt B(8/1/4) in E. Die Koordinaten von B in dem durch $\mathfrak{u}$ und $\mathfrak{v}$ auf E erzeugten affinen Koordinatensystem mit dem Ursprung P_1 sind (2/−1).

2. Welcher Punkt P_2 der Ebene

$$E: \mathfrak{r} = \begin{pmatrix} 4 \\ 2 \\ 0 \end{pmatrix} + \lambda \begin{pmatrix} -1 \\ 3 \\ 2 \end{pmatrix} + \mu \begin{pmatrix} 2 \\ -4 \\ 1 \end{pmatrix}$$

hat als Grundriß P_2' (11/—15/0)?

Lösung: Es muß gelten

$$\begin{pmatrix} 11 \\ -15 \\ z_2 \end{pmatrix} = \begin{pmatrix} 4 \\ 2 \\ 0 \end{pmatrix} + \lambda_2 \begin{pmatrix} -1 \\ 3 \\ 2 \end{pmatrix} + \mu_2 \begin{pmatrix} 2 \\ -4 \\ 1 \end{pmatrix}.$$

Aus den Gleichungen für die x- und y-Koordinaten

$$-\lambda_2 + 2\mu_2 = 7$$
$$3\lambda_2 - 4\mu_2 = -17$$

erhält man $\lambda_2 = -3$, $\mu_2 = 2$. So ergibt sich aus der Gleichung für die z-Koordinate

$$z_2 = 2\lambda_2 + \mu_2 \Rightarrow z_2 = -4.$$

Der gesuchte Punkt ist P_2 (11/—15/—4).

Aufgaben

1. Wie heißt die Gleichung der Ebene durch den Punkt $P_1(4/5/1)$, die von den Vektoren $\mathfrak{u} = \begin{pmatrix} -1 \\ 3 \\ 2 \end{pmatrix}$ und $\mathfrak{v} = \begin{pmatrix} 2 \\ 5 \\ 0 \end{pmatrix}$ aufgespannt wird?

2. Gegeben sei die Ebene $E: \mathfrak{r} = \begin{pmatrix} 2 \\ 1 \\ 3 \end{pmatrix} + \lambda \begin{pmatrix} 4 \\ 0 \\ 2 \end{pmatrix} + \mu \begin{pmatrix} 3 \\ 1 \\ 5 \end{pmatrix}$.

   Gib die Koordinaten derjenigen Punkte im $\mathfrak{a}$, $\mathfrak{b}$, $\mathfrak{c}$-Koordinatensystem an, die in bezug auf das $\mathfrak{u}$-, $\mathfrak{v}$-System mit dem Ursprung P_1 die Koordinaten a) (0/1), b) (2/−1), c) (−1/−1), d) (1,5/0) haben.

3. Zeige, daß die Punkte
   a) $P_2(10/-1/-1)$, b) $P_3(-1/3/8)$, c) $P_4(1/2/6)$, d) $P_5(16/-2{,}5/-5)$ auf der Ebene $E: \mathfrak{r} = \begin{pmatrix} 1 \\ 2 \\ 6 \end{pmatrix} + \lambda \begin{pmatrix} -5 \\ 1 \\ 3 \end{pmatrix} + \mu \begin{pmatrix} 2 \\ -1 \\ -2 \end{pmatrix}$ liegen, und bestimme die Koordinaten der Punkte in bezug auf das von $\mathfrak{u}$ und $\mathfrak{v}$ mit dem Ursprung P_1 erzeugte Koordinatensystem.

4. Liegen die Punkte

a) $P_2(3/3/2)$, b) $P_3(-3/6/7)$

auf der Ebene $E: \mathfrak{r} = \begin{pmatrix} 2 \\ 0 \\ 4 \end{pmatrix} + \lambda \begin{pmatrix} -1 \\ 4 \\ -3 \end{pmatrix} + \mu \begin{pmatrix} 2 \\ -1 \\ -3 \end{pmatrix}$?

5. Warum sind in der Vorübung nicht kollineare Vektoren vorausgesetzt worden?

6. Bestimme in einem kartesischen Koordinatensystem die Punktrichtungsgleichung

a) der xy-Ebene,

b) der Ebene, die durch P_1 geht und senkrecht zur y-Achse verläuft,

c) der Symmetrieebenen zur xy- und xz-Ebene.

7. Welche Ebene wird dargestellt durch die Gleichung

a) $\mathfrak{r} = \begin{pmatrix} 2 \\ 0 \\ 3 \end{pmatrix} + \lambda \begin{pmatrix} 4 \\ 0 \\ 5 \end{pmatrix} + \mu \begin{pmatrix} 3 \\ 0 \\ 2 \end{pmatrix}$,

b) $\mathfrak{r} = \begin{pmatrix} 4 \\ 3 \\ 1 \end{pmatrix} + \lambda \begin{pmatrix} 1 \\ 1 \\ 1 \end{pmatrix} + \mu \begin{pmatrix} 2 \\ 2 \\ 2 \end{pmatrix}$?

8. Wie heißt die Gleichung der Ebene, die durch den Punkt $P_1(2/1/4)$ geht und parallel zu der Ebene $E: \mathfrak{r} = \begin{pmatrix} -1 \\ 0 \\ 0 \end{pmatrix} + \lambda \begin{pmatrix} 3 \\ 2 \\ 4 \end{pmatrix} + \mu \begin{pmatrix} 2 \\ 0 \\ -3 \end{pmatrix}$ verläuft?

9. Untersuche, ob die beiden Geraden

$$g_1: \mathfrak{r} = \begin{pmatrix} -2 \\ 3 \\ -6 \end{pmatrix} + \lambda \begin{pmatrix} 4 \\ -3 \\ 5 \end{pmatrix} \quad \text{und} \quad g_2: \mathfrak{r} = \begin{pmatrix} 8 \\ 8 \\ -5 \end{pmatrix} + \lambda \begin{pmatrix} 3 \\ 4 \\ -2 \end{pmatrix}$$

in einer Ebene liegen. Wenn ja, bestimme die Gleichung dieser Ebene.

10. Bestimme den Punkt der Ebene $E: \mathfrak{r} = \begin{pmatrix} 0{,}5 \\ 2{,}5 \\ 14 \end{pmatrix} + \lambda \begin{pmatrix} -1 \\ 1 \\ 3 \end{pmatrix} + \mu \begin{pmatrix} -1{,}5 \\ -1{,}5 \\ 8 \end{pmatrix}$,

a) der auf der z-Achse liegt,

b) dessen Projektion auf die yz-Ebene der Punkt (0/1,5/11) ist,

c) der lauter gleiche Koordinaten hat,

d) dessen Koordinaten sich wie 1 : 2 : 3 verhalten.

11. Liegen die Punkte

a) $P_1(3{,}7/2{,}9/2{,}0)$ b) $P_2(1{,}3/0{,}5/5{,}2)$

innerhalb der Parallelogrammfläche, von der eine Ecke im Ursprung liegt und die von den Vektoren $\mathfrak{u} = \begin{pmatrix} 2 \\ 1 \\ 6 \end{pmatrix}$ und $\mathfrak{v} = \begin{pmatrix} 5 \\ 4 \\ 2 \end{pmatrix}$ aufgespannt wird?

12. Welches geometrische Gebilde wird dargestellt durch die Gleichung $\mathfrak{r} = \mathfrak{r}_1 + \lambda \mathfrak{u} + \mu \mathfrak{v}$, wenn man dem Parameter λ einen festen Wert λ_0 gibt und den Parameter μ alle reellen Werte annehmen läßt?

13. Liegt die Gerade $g: \mathfrak{r} = \begin{pmatrix} 6 \\ 0 \\ 4 \end{pmatrix} + \lambda \begin{pmatrix} 4 \\ -1 \\ 5 \end{pmatrix}$ in der Ebene $E: \mathfrak{r} = \begin{pmatrix} 2 \\ 0 \\ 1 \end{pmatrix} + \lambda \begin{pmatrix} 4 \\ 1 \\ 1 \end{pmatrix} + \mu \begin{pmatrix} 0 \\ -1 \\ 2 \end{pmatrix}$?

14. Wo liegen alle Punkte der Ebene $E: \mathfrak{r} = \begin{pmatrix} 2 \\ 0 \\ 1 \end{pmatrix} + \lambda \begin{pmatrix} 4 \\ 1 \\ 1 \end{pmatrix} + \mu \begin{pmatrix} 0 \\ -1 \\ 2 \end{pmatrix}$, für die gilt $\lambda + \mu = 1$?

15. Welche geometrischen Gebilde werden durch folgende Gleichungen dargestellt?

a) $\mathfrak{r} = \mathfrak{r}_1 + \lambda^2 \mathfrak{u} + \mu \mathfrak{v}$

b) $\mathfrak{r} = \mathfrak{r}_1 + \lambda^2 \mathfrak{u} + \frac{1}{\mu} \mathfrak{v}$

c) $\mathfrak{r} = \mathfrak{r}_1 + \frac{1}{\lambda} \mathfrak{u} - \frac{1}{\mu} \mathfrak{v}$

d) $\mathfrak{r} = \mathfrak{r}_1 + \lambda^2 \mathfrak{u} + \mu^2 \mathfrak{v}$

e) $\mathfrak{r} = \mathfrak{r}_1 + \lambda \mathfrak{u} + \cos \varphi \, \mathfrak{v}$

f) $\mathfrak{r} = \mathfrak{r}_1 + \lambda \mathfrak{u} + \mu \mathfrak{v} + \nu \mathfrak{w}$

16. Gib in einem kartesischen Koordinatensystem die Gleichung eines Streifens von der Breite 2 LE an, dessen Mittelparallele die Gerade $g: \mathfrak{r} = \lambda \begin{pmatrix} 1 \\ 1 \end{pmatrix}$ ist.

4.3.2. Die Dreipunkteform der Ebenengleichung

Vorübung

In 4.3.1 haben wir die Gleichung einer Ebene aufgestellt, die durch einen Punkt und zwei Richtungen vorgegeben ist. Wie könnte man eine Ebene noch vorgeben? Versuche, für jeden der gefundenen Fälle eine Ebenengleichung aufzustellen.

Besonders wichtig ist der Fall, daß eine Ebene durch drei ihrer Punkte P_1, P_2, P_3 gegeben ist, die aber nicht alle auf einer Geraden liegen dürfen. Dann lassen sich leicht zwei linear unabhängige Richtungsvektoren finden: $\mathfrak{u} = \mathfrak{r}_2 - \mathfrak{r}_1$ und $\mathfrak{v} = \mathfrak{r}_3 - \mathfrak{r}_1$, so daß man erhält (Bild 69.1):

$$\mathfrak{r} = \mathfrak{r}_1 + \lambda (\mathfrak{r}_2 - \mathfrak{r}_1) + \mu (\mathfrak{r}_3 - \mathfrak{r}_1)$$ *Dreipunkteform der Ebenengleichung*

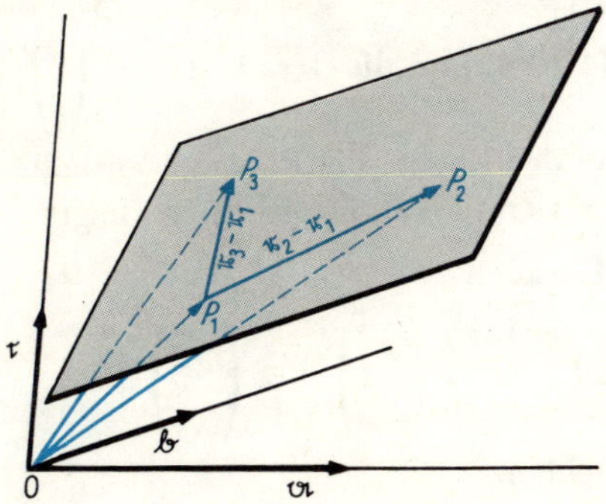

Bild 69.1

Beispiel

Gegeben sei der Einheitswürfel (Bild 70.1) in einem kartesischen Koordinatensystem. Stelle die Gleichung der Ebene auf, in der der Diagonalschnitt BCHE liegt.

Lösung: Mit Hilfe der angegebenen Koordinaten erhält man:

$$\mathfrak{r} = \overrightarrow{DH} + \lambda\,(\overrightarrow{DE} - \overrightarrow{DH}) + \mu\,(\overrightarrow{DC} - \overrightarrow{DH})$$

$$\mathfrak{r} = \begin{pmatrix}0\\0\\1\end{pmatrix} + \lambda\left[\begin{pmatrix}1\\0\\1\end{pmatrix} - \begin{pmatrix}0\\0\\1\end{pmatrix}\right] + \mu\left[\begin{pmatrix}0\\1\\0\end{pmatrix} - \begin{pmatrix}0\\0\\1\end{pmatrix}\right]$$

$$\mathfrak{r} = \begin{pmatrix}0\\0\\1\end{pmatrix} + \lambda\begin{pmatrix}1\\0\\0\end{pmatrix} + \mu\begin{pmatrix}0\\1\\-1\end{pmatrix}$$

In dieser Ebene liegt auch B ($\lambda = 1$ und $\mu = 1$).

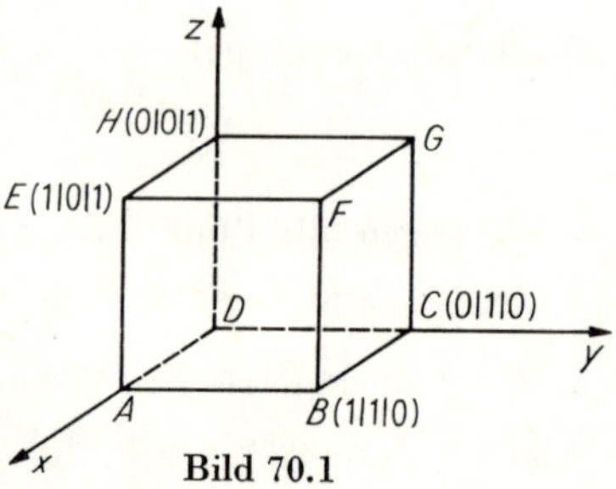

Bild 70.1

Aufgaben

1. Stelle die Gleichung der Ebene auf, in der die drei Punkte $P_1(6/-1/4)$, $P_2(5/4/0)$ und $P_3(3/-1/-5)$ liegen.

2. Gegeben sei das Dreieck A(4/2/1) B(6/4/−1) C(5/−3/−2). Bestimme die Gleichung der Dreiecksebene.

3. Liegt der Punkt $P_0\,(-2/3/0)$ in der Ebene des Dreiecks A(4/5/2) B(1/1/−2) C(5/0/1)?

4. Ist das Viereck A(2/0/3) B(3/4/−5) C(5/1/8) D(6/5/0) eben oder nicht?

5. Gib die Gleichungen der Ebenen an, die das Vierflach mit den Eckpunkten A(2/1/0), B(5/4/1), C(3/3/2), D(4/2/6) begrenzen.

6. Gegeben sei eine Ebene durch einen Punkt $P_0(3/2/4)$ und eine Gerade $g\colon \mathfrak{r} = \begin{pmatrix}3\\1\\0\end{pmatrix} + \lambda\begin{pmatrix}0\\1\\3\end{pmatrix}$. Bestimme die Gleichung der Ebene, die P_0 und g enthält.

7. Gegeben seien der Punkt $P_0(3/2/4)$ und die Gerade $g\colon \mathfrak{r} = \begin{pmatrix}4\\2\\1\end{pmatrix} + \lambda\begin{pmatrix}-1\\0\\3\end{pmatrix}$. Welche Ebene ist durch P_0 und g bestimmt?

8. Gegeben sei der Punkt $P_0(4/10/8)$ und die Gerade $g\colon \mathfrak{r} = \begin{pmatrix}3\\2\\4\end{pmatrix} + \lambda\begin{pmatrix}6\\5\\-3\end{pmatrix}$.
   a) Bestimme die Gleichung der Ebene, die P_0 und g enthält.
   b) Untersuche, ob der Punkt Q(5/6/4,5) in der Ebene liegt.

9. Gegeben seien die beiden Geraden

$$g_1\colon \mathfrak{r} = \begin{pmatrix}3\\1\\5\end{pmatrix} + \lambda\begin{pmatrix}-4\\1\\3\end{pmatrix} \text{ und } g_2\colon \mathfrak{r} = \begin{pmatrix}4\\-1\\4\end{pmatrix} + \lambda\begin{pmatrix}2\\3\\-1\end{pmatrix}.$$

   a) Zeige, daß sie sich schneiden.
   b) Welche Ebene ist durch die beiden Geraden bestimmt?

10. Welche Ebene wird durch folgende Geraden bestimmt?

a) $g_1: \mathfrak{r} = \begin{pmatrix} 3 \\ 1 \\ 5 \end{pmatrix} + \lambda \begin{pmatrix} 2 \\ -3 \\ 0{,}5 \end{pmatrix}$ und $g_2: \mathfrak{r} = \begin{pmatrix} 5 \\ -2 \\ 1 \end{pmatrix} + \lambda \begin{pmatrix} -4 \\ 6 \\ -1 \end{pmatrix}$

b) $g_1: \mathfrak{r} = \begin{pmatrix} 2 \\ 1 \\ 6 \end{pmatrix} + \mu \begin{pmatrix} 0 \\ 1{,}5 \\ -2 \end{pmatrix}$ und $g_2: \mathfrak{r} = \begin{pmatrix} 2 \\ -2 \\ 10 \end{pmatrix} + \lambda \begin{pmatrix} 0 \\ -3 \\ 4 \end{pmatrix}$

11. Liegt der Nullpunkt in der Ebene des Dreiecks A(2/−4/0) B(−3/1/4) C(−1/2/0)?

12. Gib zu dem Würfel (Bild 70.1) die Gleichungen der
   a) Seitenflächen,
   b) Diagonalschnittebenen,
   c) Symmetrieebenen an.

13. Gib die Gleichungen der Seitenflächen des Tetraeders BDEG an, dessen Kanten Flächendiagonalen des Würfels (Bild 70.1) sind.

14. Ein Spat wird von den Kantenvektoren $\mathfrak{a}$, $\mathfrak{b}$ und $\mathfrak{c}$ aufgespannt. Bestimme in einem geeignet gewählten affinen Koordinatensystem die Gleichungen der
   a) Seitenflächen,
   b) Diagonalschnittebenen,
   c) Ebenen, die die Mittelpunkte von je vier parallelen Kanten enthalten.

15. Ein Vierflach ist durch die Kantenvektoren $\mathfrak{a}$, $\mathfrak{b}$ und $\mathfrak{c}$ bestimmt. In einem geeignet gewählten affinen Koordinatensystem sind zu bestimmen
   a) die Gleichungen der Kantengeraden,
   b) die Gleichungen der Ebenen, die das Vierflach begrenzen.

16. Ein Tetraeder mit der Kantenlänge $a = 2$ LE steht mit der Grundfläche ABC auf der xy-Ebene eines kartesischen Koordinatensystems. Dabei liegt A auf der x-Achse, D auf der z-Achse. Es sind zu bestimmen
   a) die Gleichungen der Kantengeraden,
   b) die Gleichungen der Ebenen, die das Tetraeder begrenzen.

17. Was wird dargestellt durch die Gleichung
   a) $\mathfrak{r} = \lambda\, \mathfrak{r}_2 + \mu\, \mathfrak{r}_3 + (1 - \lambda - \mu)\, \mathfrak{r}_1$,
   b) $\mathfrak{r} = (\lambda + \mu)\, \mathfrak{r}_1 + (1 - \lambda - \mu)\, \mathfrak{r}_2$?

4.3.3. Die Spurgeraden der Ebene

Vorübung

Gegeben sei das Parallelogramm A (1/2/1) B (3/5/2) C (4/6/7) D (2/3/6). Bestimme die Spurpunkte aller Geraden durch je zwei Parallelogrammpunkte auf der xy-Ebene und zeige, daß sie auf einer Geraden liegen. Welche Bedeutung hat diese Gerade für die Ebene des Parallelogramms?

Eine Ebene schneidet eine andere Ebene, die nicht zu ihr parallel ist, in einer Geraden. Die Geraden, in denen eine Ebene die Grundebenen schneidet, heißen *Spurgeraden*

der Ebene (Bild 72.1). Um die Gleichungen der Spurgeraden zu bestimmen, könnte man nach der Vorübung verfahren. Schneller kommt man zum Ziel, wenn man nach folgendem Beispiel vorgeht:

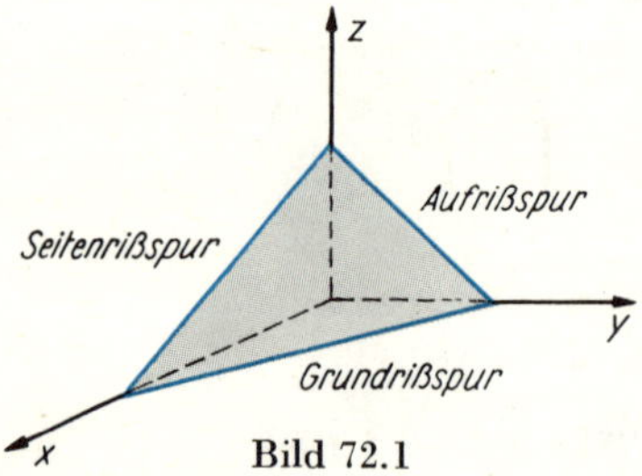

Bild 72.1

Beispiel

Bestimme die Grundrißspur (Spurgerade auf der xy-Ebene) der Ebene

$$E: \mathfrak{r} = \begin{pmatrix} 2 \\ 1 \\ 4 \end{pmatrix} + \lambda \begin{pmatrix} 3 \\ 2 \\ 6 \end{pmatrix} + \mu \begin{pmatrix} 5 \\ 2 \\ -1 \end{pmatrix}$$

Lösung: Da für alle Punkte auf der xy-Ebene die z-Koordinate Null ist, ergibt sich als Bedingung für diese Punkte der Ebene E

$$4 + 6\lambda - \mu = 0 \qquad \text{oder} \qquad \mu = 4 + 6\lambda.$$

Diese Beziehung zwischen den Parametern λ und μ muß also für alle Punkte bestehen, die sowohl auf E als auch auf der xy-Ebene liegen, d. h. für alle Punkte auf der Grundrißspur. Wir setzen deshalb für μ den Term $4 + 6\lambda$ in die Ebenengleichung ein

$$\mathfrak{r} = \begin{pmatrix} 2 \\ 1 \\ 4 \end{pmatrix} + \lambda \begin{pmatrix} 3 \\ 2 \\ 6 \end{pmatrix} + (4 + 6\lambda) \begin{pmatrix} 5 \\ 2 \\ -1 \end{pmatrix},$$

formen um

$$\mathfrak{r} = \begin{pmatrix} 2 \\ 1 \\ 4 \end{pmatrix} + 4 \begin{pmatrix} 5 \\ 2 \\ -1 \end{pmatrix} + \lambda \begin{pmatrix} 3 \\ 2 \\ 6 \end{pmatrix} + 6\lambda \begin{pmatrix} 5 \\ 2 \\ -1 \end{pmatrix}$$

und erhalten

$$\mathfrak{r} = \begin{pmatrix} 22 \\ 9 \\ 0 \end{pmatrix} + \lambda \begin{pmatrix} 33 \\ 14 \\ 0 \end{pmatrix}$$

als Gleichung der gesuchten Spurgeraden.

Aufgaben

1. Bestimme die drei Spurgeraden der Ebenen

a) $E_1: \mathfrak{r} = \begin{pmatrix} -3 \\ 2 \\ 4 \end{pmatrix} + \lambda \begin{pmatrix} 2 \\ -1 \\ 1 \end{pmatrix} + \mu \begin{pmatrix} 1 \\ 2 \\ -2 \end{pmatrix}$

b) $E_2: \mathfrak{r} = \begin{pmatrix} 2 \\ 1 \\ 3 \end{pmatrix} + \lambda \begin{pmatrix} 1 \\ 0 \\ -1 \end{pmatrix} + \mu \begin{pmatrix} 0 \\ -1 \\ 1 \end{pmatrix}$

c) $E_3: \mathfrak{r} = \begin{pmatrix} 4 \\ -2 \\ 3 \end{pmatrix} + \lambda \begin{pmatrix} 0 \\ 1 \\ -2 \end{pmatrix} + \mu \begin{pmatrix} 0 \\ 2 \\ 1 \end{pmatrix}.$

2. Führe die im Beispiel durchgeführte Rechnung allgemein für die Ebene $E: \mathfrak{r} = \mathfrak{r}_1 + \lambda \mathfrak{u} + \mu \mathfrak{v}$ durch.

3. Gegeben ist die Ebene E: $\mathfrak{r} = \begin{pmatrix} 2 \\ 4 \\ 8 \end{pmatrix} + \lambda \begin{pmatrix} 4 \\ -1 \\ 2 \end{pmatrix} + \mu \begin{pmatrix} 0 \\ 3 \\ 6 \end{pmatrix}$.

Bestimme den Schnittpunkt der Spurgeraden in der xy- und der yz-Ebene.

4. Gegeben sei die Gerade g: $\mathfrak{r} = \begin{pmatrix} 2 \\ 1 \\ 3 \end{pmatrix} + \lambda \begin{pmatrix} 4 \\ 2 \\ -1 \end{pmatrix}$ und der Punkt $P_0(4/0/6)$.

Bestimme die drei Spuren der durch g und P_0 bestimmten Ebene.

5. Gegeben seien die Geraden g_1: $\mathfrak{r} = \begin{pmatrix} 0 \\ 4 \\ 1 \end{pmatrix} + \lambda \begin{pmatrix} 2 \\ -1 \\ 0 \end{pmatrix}$ und g_2: $\mathfrak{r} = \begin{pmatrix} -2 \\ 5 \\ 2 \end{pmatrix} + \lambda \begin{pmatrix} -4 \\ 2 \\ 1 \end{pmatrix}$.

a) Zeige, daß die Geraden sich schneiden.
b) Bestimme die Spuren der durch die Geraden aufgespannten Ebene.

6. Eine Ebene E ist durch die beiden Spurgeraden h_0: $\mathfrak{r} = \begin{pmatrix} 0 \\ 2 \\ 0 \end{pmatrix} + \mu \begin{pmatrix} 2 \\ 2 \\ 0 \end{pmatrix}$ und

v_0: $\mathfrak{r} = \begin{pmatrix} 0 \\ 2 \\ 0 \end{pmatrix} + \lambda \begin{pmatrix} 0 \\ 1 \\ 5 \end{pmatrix}$ gegeben.

a) Liegt $P_0(3/-3/-10)$ in E?
b) Bestimme die Gleichung der dritten Spurgeraden.

7. Bestimme den Schnittpunkt der Spurgeraden in der xy-Ebene und der yz-Ebene von der Ebene, die durch den Punkt P(4/2/1) und die Gerade

g: $\mathfrak{r} = \begin{pmatrix} 2 \\ 3 \\ 1 \end{pmatrix} + \lambda \begin{pmatrix} 4 \\ 2 \\ 6 \end{pmatrix}$ festgelegt ist.

8. In einem kartesischen Koordinatensystem sei eine Ebene E durch die beiden Spurgeraden h_0: $\mathfrak{r} = \begin{pmatrix} 0 \\ 1 \\ 0 \end{pmatrix} + \lambda \begin{pmatrix} 1 \\ 2 \\ 0 \end{pmatrix}$ und v_0: $\mathfrak{r} = \begin{pmatrix} 0 \\ 1 \\ 0 \end{pmatrix} + \mu \begin{pmatrix} 0 \\ 1 \\ 1 \end{pmatrix}$ gegeben.

Bestimme
a) die Gleichung der Geraden, die im Abstand $z = 5$ über der xy-Ebene in E liegt (Höhenlinie im Abstand 5),
b) die Gleichung der Geraden, die im Abstand $x = 5$ vor der yz-Ebene in E liegt (Frontlinie im Abstand 5),
c) den Schnittpunkt der beiden in a) und b) berechneten Geraden.
d) Auf welcher Geraden liegen die Schnittpunkte, die man erhält, wenn man jede Höhenlinie mit derjenigen Frontlinie zum Schnitt bringt, die den gleichen Abstand von der Grundebene hat?

9. Beweise rechnerisch: Die Höhenlinien laufen parallel zur Spurgeraden in der xy-Ebene.

10. Berechne Grundrißspur und Aufrißspur der Ebene

$$E: \mathfrak{r} = \begin{pmatrix} 1 \\ 1 \\ 3 \end{pmatrix} + \lambda \begin{pmatrix} -2 \\ -1 \\ 3 \end{pmatrix} + \mu \begin{pmatrix} 2 \\ -2 \\ -3 \end{pmatrix}$$

und untersuche, ob sie sich schneiden.

4.3.4. Parallele und gleiche Ebenen

Vorübung

Wähle eine Ebenengleichung und gib die Gleichung von mehreren dazu parallelen Ebenen an. Gib ferner mehrere Gleichungen an, die die gleiche Ebene darstellen wie die Ausgangsebene, die sich aber in allen drei vorkommenden Vektoren von der Ausgangsgleichung unterscheiden.

Gegeben seien die Ebenen $E_1: \mathfrak{r} = \mathfrak{r}_1 + \lambda\, \mathfrak{u}_1 + \mu\, \mathfrak{v}_1$ und $E_2: \mathfrak{r} = \mathfrak{r}_2 + \lambda\, \mathfrak{u}_2 + \mu\, \mathfrak{v}_2$. Da es für eine Ebene beliebig viele verschiedene Gleichungen gibt, müssen wir nach einem Verfahren suchen, das uns zu prüfen gestattet, ob durch zwei Gleichungen dieselbe Ebene dargestellt wird. Es ist zweckmäßig, zunächst die Ebenen auf Parallelität hin zu untersuchen.

Ebenen sind nach Def. 3.2 genau dann parallel, wenn die Richtungsvektoren $\mathfrak{u}_1$, $\mathfrak{v}_1$ der einen Ebene zu denen der anderen Ebene $\mathfrak{u}_2, \mathfrak{v}_2$ komplanar sind (Bild 74.1). Die Komplanarität prüft man nach Satz 4.4 am bequemsten mit Determinanten.

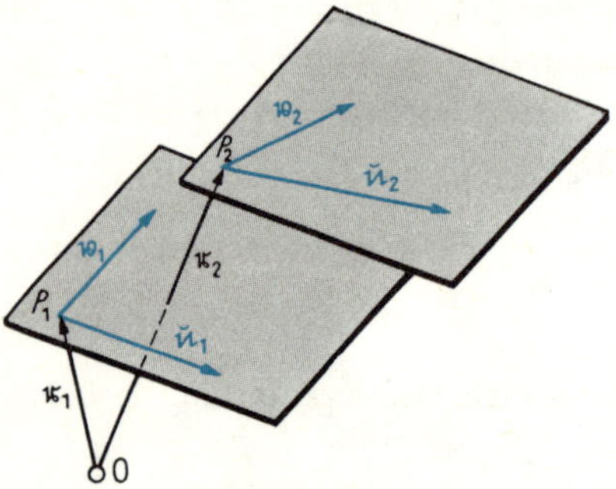

Bild 74.1

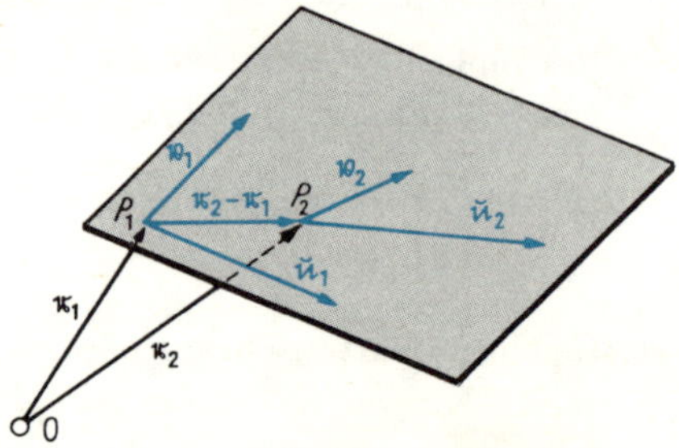

Bild 74.2

Wenn die Richtungsvektoren komplanar sind, ist es sogar möglich, daß durch beide Gleichungen dieselbe Ebene dargestellt wird. Das ist genau dann der Fall, wenn zusätzlich $P_2\,[\mathfrak{r}_2]$ auf E_1 (oder $P_1\,[\mathfrak{r}_1]$ auf E_2) liegt. Es muß gelten $\mathfrak{r}_2 = \mathfrak{r}_1 + \lambda_2\, \mathfrak{u}_1 + \mu_2 \mathfrak{v}_1$ oder $\mathfrak{r}_2 - \mathfrak{r}_1 = \lambda_2\, \mathfrak{u}_1 + \mu_2\, \mathfrak{v}_1$. Das bedeutet: $\mathfrak{r}_2 - \mathfrak{r}_1$ muß mit den Richtungsvektoren $\mathfrak{u}_1$ und $\mathfrak{v}_1$ (und natürlich auch mit $\mathfrak{u}_2$ und $\mathfrak{v}_2$) in einer Ebene liegen (Bild 74.2). Man erhält also den

Satz 4.7

Zwei Ebenen $E_1: \mathfrak{r} = \mathfrak{r}_1 + \lambda\, \mathfrak{u}_1 + \mu\, \mathfrak{v}_1$ und $E_2: \mathfrak{r} = \mathfrak{r}_2 + \lambda\, \mathfrak{u}_2 + \mu\, \mathfrak{v}_2$ sind genau dann gleich, wenn $\mathfrak{u}_1, \mathfrak{v}_1, \mathfrak{u}_2, \mathfrak{v}_2$ komplanar sind und zusätzlich $\mathfrak{r}_2 - \mathfrak{r}_1, \mathfrak{u}_1$ und $\mathfrak{v}_1$ komplanar sind.

Beispiel

Es soll untersucht werden, ob durch die Gleichungen

$$\mathfrak{r} = \begin{pmatrix} 2 \\ 1 \\ 4 \end{pmatrix} + \lambda \begin{pmatrix} 3 \\ 0 \\ -2 \end{pmatrix} + \mu \begin{pmatrix} 5 \\ -1 \\ 4 \end{pmatrix}$$

und

$$\mathfrak{r} = \begin{pmatrix} 0 \\ 2 \\ -2 \end{pmatrix} + \lambda \begin{pmatrix} 1 \\ 1 \\ -8 \end{pmatrix} + \mu \begin{pmatrix} 1 \\ -2 \\ 14 \end{pmatrix}$$

parallele Ebenen dargestellt werden oder ob es sich sogar um die gleiche Ebene handelt.

Lösung: Wir prüfen zunächst, ob die Ebenen parallel, d. h. die Vektoren

$$\mathfrak{u}_1 = \begin{pmatrix} 3 \\ 0 \\ -2 \end{pmatrix}, \quad \mathfrak{v}_1 = \begin{pmatrix} 5 \\ -1 \\ 4 \end{pmatrix}, \quad \mathfrak{u}_2 = \begin{pmatrix} 1 \\ 1 \\ -8 \end{pmatrix}, \quad \mathfrak{v}_2 = \begin{pmatrix} 1 \\ -2 \\ 14 \end{pmatrix}$$

komplanar sind. Zunächst betrachten wir $\mathfrak{u}_1, \mathfrak{v}_1$ und $\mathfrak{u}_2$:

$$\begin{vmatrix} 3 & 5 & 1 \\ 0 & -1 & 1 \\ -2 & 4 & -8 \end{vmatrix} = \begin{vmatrix} 3 & -1 & 1 \\ 0 & -1 & 1 \\ -2 & 8 & -8 \end{vmatrix} = 0$$

Dabei wurde von der zweiten Spalte das Doppelte der ersten subtrahiert.

Die zweite Determinante hat den Wert Null, weil sie zwei proportionale Spalten enthält.

Nun muß die Komplanarität von $\mathfrak{u}_1, \mathfrak{v}_1$ und $\mathfrak{v}_2$ geprüft werden:

$$\begin{vmatrix} 3 & 5 & 1 \\ 0 & -1 & -2 \\ -2 & 4 & 14 \end{vmatrix} = \begin{vmatrix} 3 & 5 & 1 \\ 6 & 9 & 0 \\ -2 & -3 & 0 \end{vmatrix} = 0$$

Dabei wurde zur dritten Zeile das Siebenfache der zweiten und zur zweiten das Doppelte der ersten Zeile addiert. Damit ist nachgewiesen, daß $\mathfrak{u}_1, \mathfrak{v}_1, \mathfrak{u}_2$ und $\mathfrak{v}_2$ komplanar, d. h. die beiden Ebenen mindestens parallel sind.

Sind sie sogar gleich, so muß

$$\mathfrak{r}_2 - \mathfrak{r}_1 = \begin{pmatrix} 0 \\ 2 \\ -2 \end{pmatrix} - \begin{pmatrix} 2 \\ 1 \\ 4 \end{pmatrix} = \begin{pmatrix} -2 \\ 1 \\ -6 \end{pmatrix}$$

ebenfalls in der von zwei dieser vier komplanaren Vektoren aufgespannten Ebene liegen. Wir prüfen dazu die Komplanarität von $\mathfrak{u}_1, \mathfrak{v}_1$ und $\mathfrak{r}_2 - \mathfrak{r}_1$:

$$\begin{vmatrix} 3 & 5 & -2 \\ 0 & -1 & 1 \\ -2 & 4 & -6 \end{vmatrix} = 0,$$

wie sich durch Subtraktion der zweiten von der ersten Spalte leicht nachweisen läßt. Damit ist gezeigt, daß beide Gleichungen dieselbe Ebene darstellen.

Aufgaben

1. Untersuche, ob die folgenden Ebenen parallel oder gleich sind.

a) $E_1\colon \mathfrak{r} = \begin{pmatrix} 1 \\ -2 \\ 0 \end{pmatrix} + \lambda \begin{pmatrix} 2 \\ 1 \\ 3 \end{pmatrix} + \mu \begin{pmatrix} 5 \\ 4 \\ 0 \end{pmatrix}$, $\quad E_2\colon \mathfrak{r} = \begin{pmatrix} 4 \\ 0 \\ 2 \end{pmatrix} + \lambda \begin{pmatrix} 7 \\ 5 \\ 3 \end{pmatrix} + \mu \begin{pmatrix} 1 \\ 1 \\ -1 \end{pmatrix}$.

b) E_1 sei gegeben durch $P_1(2/4/3)$, $P_2(5/4/9)$, $P_3(4/8/3)$,
E_2 sei gegeben durch $Q_1(0/2/-1)$, $Q_2(1/-2/5)$, $Q_3(4/-2/11)$.

c) E_1 sei gegeben durch $P_0(1/4/2)$ und $g: \mathfrak{r} = \begin{pmatrix} 3 \\ 2 \\ 1 \end{pmatrix} + \lambda \begin{pmatrix} 4 \\ 2 \\ -3 \end{pmatrix}$,

E_2 sei gegeben durch die sich schneidenden Geraden

$$g_1: \mathfrak{r} = \begin{pmatrix} 2 \\ 6 \\ 1 \end{pmatrix} + \lambda \begin{pmatrix} 7 \\ 8 \\ 3 \end{pmatrix}, \quad g_2: \mathfrak{r} = \begin{pmatrix} 2 \\ 6 \\ 1 \end{pmatrix} + \lambda \begin{pmatrix} 2 \\ 3 \\ -2 \end{pmatrix}.$$

d) E_1 sei gegeben durch $P_0(1/4/4)$ und $g: \mathfrak{r} = \begin{pmatrix} 0 \\ 2 \\ 8 \end{pmatrix} + \lambda \begin{pmatrix} 2 \\ 1 \\ 0 \end{pmatrix}$,

E_2 sei gegeben durch die beiden Spuren

$$h_0: \mathfrak{r} = \begin{pmatrix} 2 \\ 6 \\ 0 \end{pmatrix} + \lambda \begin{pmatrix} 2 \\ 1 \\ 0 \end{pmatrix} \text{ und } v_0: \mathfrak{r} = \begin{pmatrix} 0 \\ 2 \\ 8 \end{pmatrix} + \lambda \begin{pmatrix} 0 \\ -3 \\ 8 \end{pmatrix}.$$

2. Gegeben sei das Dreieck $P_1(4/1/5)$ $P_2(3/6/2)$ $P_3(5/8/3)$, ferner ein Punkt $Q_1(8/4/8)$. Bestimme Q_2 und Q_3 so, daß $Q_1Q_2Q_3$ die Deckfläche eines schiefen Prismas ist, das $P_1P_2P_3$ zur Grundfläche hat.

4.3.5. Ebene und Gerade

Vorübungen

1. Wie können Gerade und Ebene im Raum zueinander liegen?
2. Wie bestimmt man den gemeinsamen Punkt einer Geraden mit einer der Grundebenen?

Wenn die Ebene $E: \mathfrak{r} = \mathfrak{r}_1 + \lambda\,\mathfrak{u} + \mu\,\mathfrak{v}$ und die Gerade $g: \mathfrak{r} = \mathfrak{r}_2 + \nu\,\mathfrak{w}$ einen gemeinsamen Punkt S (Schnittpunkt) haben, so muß es einen festen Parameterwert ν_S geben, so daß der Vektor $\mathfrak{r}_S = \mathfrak{r}_2 + \nu_S\,\mathfrak{w}$ zum Schnittpunkt S führt, ferner muß es zwei feste Parameterwerte λ_S und μ_S geben, so daß der Vektor $\mathfrak{r}_S = \mathfrak{r}_1 + \lambda_S\,\mathfrak{u} + \mu_S\,\mathfrak{v}$ zum gleichen Punkt S führt. D. h. die Gleichung

$$\mathfrak{r}_1 + \lambda_S\,\mathfrak{u} + \mu_S\,\mathfrak{v} = \mathfrak{r}_2 + \nu_S\,\mathfrak{w}$$

muß sich eindeutig nach λ_S, μ_S und ν_S auflösen lassen.
Die rechnerische Bestimmung des Schnittpunktes zeigt das folgende

Beispiel

Bestimme den Schnittpunkt der Geraden

$$g: \mathfrak{r} = \begin{pmatrix} 1 \\ 0 \\ 2 \end{pmatrix} + \nu \begin{pmatrix} 1 \\ 2 \\ 1 \end{pmatrix}$$

mit der Ebene

$$E: \mathfrak{r} = \begin{pmatrix} 2 \\ 3 \\ 1 \end{pmatrix} + \lambda \begin{pmatrix} 4 \\ 2 \\ 9 \end{pmatrix} + \mu \begin{pmatrix} 3 \\ 1 \\ 6 \end{pmatrix}.$$

Lösung: Es muß also, wenn es einen Schnittpunkt gibt, drei Werte λ_S, μ_S und ν_S geben, die sich aus der Gleichung

$$\begin{pmatrix}2\\3\\1\end{pmatrix} + \lambda_S \begin{pmatrix}4\\2\\9\end{pmatrix} + \mu_S \begin{pmatrix}3\\1\\6\end{pmatrix} = \begin{pmatrix}1\\0\\2\end{pmatrix} + \nu_S \begin{pmatrix}1\\2\\1\end{pmatrix}$$

berechnen lassen. Zur Berechnung der Variablen formen wir um:

$$\nu_S \begin{pmatrix}-1\\-2\\-1\end{pmatrix} + \lambda_S \begin{pmatrix}4\\2\\9\end{pmatrix} + \mu_S \begin{pmatrix}3\\1\\6\end{pmatrix} = \begin{pmatrix}-1\\-3\\1\end{pmatrix}$$

Auf Grund der übersichtlichen Spaltenschreibweise brauchen wir nun nicht die Koordinatengleichungen hinzuschreiben. Wir gehen vielmehr sofort zu den Determinanten über und wenden die CRAMERsche Regel an:

$$\nu_S = \frac{\begin{vmatrix}-1 & 4 & 3\\-3 & 2 & 1\\1 & 9 & 6\end{vmatrix}}{\begin{vmatrix}-1 & 4 & 3\\-2 & 2 & 1\\-1 & 9 & 6\end{vmatrix}} = \frac{\begin{vmatrix}8 & -2 & 3\\0 & 0 & 1\\19 & -3 & 6\end{vmatrix}}{\begin{vmatrix}5 & -2 & 3\\0 & 0 & 1\\11 & -3 & 6\end{vmatrix}} = \frac{-\begin{vmatrix}8 & -2\\19 & -3\end{vmatrix}}{-\begin{vmatrix}5 & -2\\11 & -3\end{vmatrix}} = \frac{14}{7} = 2$$

Aus dem für ν_S gefundenen Wert ergibt sich durch Einsetzen in die Geradengleichung

$$\mathfrak{r}_S = \begin{pmatrix}1\\0\\2\end{pmatrix} + 2 \begin{pmatrix}1\\2\\1\end{pmatrix} = \begin{pmatrix}3\\4\\4\end{pmatrix}$$

und damit für den Schnittpunkt: S (3/4/4).
Die Berechnung von λ_S und μ_S ist nicht nötig, kann aber natürlich zur Kontrolle erfolgen.

Aus dem durchgeführten Verfahren ergibt sich, daß man die unbekannten Parameterwerte nicht bestimmen kann, wenn die Nennerdeterminante verschwindet. Da die Nennerdeterminante von den Spaltenvektoren $\mathfrak{u}$, $\mathfrak{v}$, $\mathfrak{w}$ gebildet wird, ergibt sich nach Satz 4.4 genau dann keine Lösung, wenn $\mathfrak{u}$, $\mathfrak{v}$ und $\mathfrak{w}$ komplanar sind, d. h. wenn g und E parallel sind oder sogar g in E liegt.

Aufgaben

1. Bestimme den Schnittpunkt der Geraden g: $\mathfrak{r} = \begin{pmatrix}2\\6\\3\end{pmatrix} + \lambda \begin{pmatrix}1\\-2\\-5\end{pmatrix}$ mit der Ebene

   E: $\mathfrak{r} = \begin{pmatrix}1\\4\\-2\end{pmatrix} + \lambda \begin{pmatrix}4\\0\\6\end{pmatrix} + \mu \begin{pmatrix}-1\\2\\1\end{pmatrix}$.

2. Wo durchstößt die Gerade g: $\mathfrak{r} = \begin{pmatrix}-4{,}5\\0\\0\end{pmatrix} + \lambda \begin{pmatrix}4\\-1\\2\end{pmatrix}$ die durch die drei Punkte

   P_1 (0/0/−1), P_2 (1/0/1), P_3 (0/1/0) festgelegte Ebene?

3. Bringe die Ebene E: $\mathfrak{r} = \begin{pmatrix}2\\0\\0\end{pmatrix} + \lambda \begin{pmatrix}-2\\3\\0\end{pmatrix} + \mu \begin{pmatrix}-2\\0\\4\end{pmatrix}$ mit der Geraden

   g: $\mathfrak{r} = \begin{pmatrix}0\\0\\1\end{pmatrix} + \lambda \begin{pmatrix}1\\1\\0\end{pmatrix}$ zum Schnitt.

4. Bestimme die gemeinsamen Punkte der Geraden g: $\mathfrak{r} = \begin{pmatrix} 0 \\ 3 \\ 1 \end{pmatrix} + \lambda \begin{pmatrix} 4 \\ 4 \\ 1 \end{pmatrix}$ und der Ebene E: $\mathfrak{r} = \begin{pmatrix} 2 \\ 1 \\ 4 \end{pmatrix} + \lambda \begin{pmatrix} -1 \\ 3 \\ 0 \end{pmatrix} + \mu \begin{pmatrix} 6 \\ -2 \\ 1 \end{pmatrix}$.

5. Trifft die Gerade durch die Punkte P_1 (3/1/0) und P_2 (6/3/0) die Fläche des Dreiecks A (3/5/2) B (3/11/4) C (4/6/2)?

6. Bestimme den Durchstoßpunkt der Geraden durch die Punkte P_1 (3/2/−8) und P_2 (6/8/1) mit der Ebene E: $\mathfrak{r} = \begin{pmatrix} 3 \\ 1 \\ 2 \end{pmatrix} + \lambda \begin{pmatrix} 1 \\ 1 \\ 2 \end{pmatrix} + \mu \begin{pmatrix} 1 \\ 2 \\ 1 \end{pmatrix}$

7. Wo trifft die Gerade g: $\mathfrak{r} = \begin{pmatrix} 3 \\ 4 \\ 5 \end{pmatrix} + \lambda \begin{pmatrix} 4 \\ -2 \\ 1 \end{pmatrix}$ die Ebene E: $\mathfrak{r} = \begin{pmatrix} 4 \\ 1 \\ 2 \end{pmatrix} + \lambda \begin{pmatrix} 3 \\ 1 \\ 2 \end{pmatrix} + \mu \begin{pmatrix} 2 \\ 4 \\ 3 \end{pmatrix}$?

8. Gegeben ist die Ebene E durch ihre Spuren h_0: $\mathfrak{r} = \begin{pmatrix} 0 \\ 1 \\ 0 \end{pmatrix} + \lambda \begin{pmatrix} 1 \\ 2 \\ 0 \end{pmatrix}$ und v_0: $\mathfrak{r} = \begin{pmatrix} 0 \\ 1 \\ 0 \end{pmatrix} + \lambda \begin{pmatrix} 0 \\ 1 \\ 1 \end{pmatrix}$, ferner die Gerade g: $\mathfrak{r} = \begin{pmatrix} 9 \\ 7 \\ 3 \end{pmatrix} + \lambda \begin{pmatrix} -3 \\ 1 \\ -0{,}5 \end{pmatrix}$.
Bestimme den Schnittpunkt.

9. Gegeben seien die beiden Ebenen E_1: $\mathfrak{r} = \begin{pmatrix} 5 \\ 6 \\ 2 \end{pmatrix} + \lambda \begin{pmatrix} 2 \\ 4 \\ -1 \end{pmatrix} + \mu \begin{pmatrix} 0 \\ 1 \\ 3 \end{pmatrix}$ und E_2: $\mathfrak{r} = \begin{pmatrix} 1 \\ 6 \\ -3 \end{pmatrix} + \lambda \begin{pmatrix} 2 \\ 5 \\ 2 \end{pmatrix} + \mu \begin{pmatrix} -2 \\ -3 \\ 4 \end{pmatrix}$.
   a) Zeige, daß die beiden Ebenen parallel sind.
   b) Gib Angriffs- und Zielpunkt des Vektors an, den die beiden Ebenen aus der Geraden g: $\mathfrak{r} = \begin{pmatrix} 3 \\ 1 \\ 0 \end{pmatrix} + \lambda \begin{pmatrix} 4 \\ -1 \\ 2 \end{pmatrix}$ ausschneiden, und vergleiche seine Länge mit der des Richtungsvektors von g.

10. Gegeben sei ein Spat durch den Punkt P_0(4/1/2) und die Zielpunkte der drei von P_0 ausgehenden Kantenvektoren P_1 (4/8/1), P_2 (6/1/6), P_3 (8/6/8). In welchem Verhältnis teilt die durch P_1, P_2 und P_3 gehende Ebene die von P_0 ausgehende Raumdiagonale des Spats?

11. Gegeben sei ein Spat durch seine drei Kantenvektoren $\mathfrak{a}$, $\mathfrak{b}$ und $\mathfrak{c}$. In welchem Verhältnis wird die von einem der Eckpunkte ausgehende Raumdiagonale von der Ebene geteilt, die man durch die Zielpunkte der drei von dem gleichen Eckpunkt ausgehenden Kantenvektoren legen kann?

12. Gegeben sei ein Vierflach durch die Spitze S (1/1/1) und die drei von S ausgehenden Kantenvektoren $\overrightarrow{SA} = \mathfrak{a} = \begin{pmatrix} -2 \\ 0 \\ 4 \end{pmatrix}$, $\overrightarrow{SB} = \mathfrak{b} = \begin{pmatrix} -2 \\ 6 \\ 4 \end{pmatrix}$, $\overrightarrow{SC} = \mathfrak{c} = \begin{pmatrix} -2 \\ -3 \\ 7 \end{pmatrix}$, ferner ein Punkt Q (−11/7/31).
Zeige, daß die Strecke SQ von der Ebene durch A, B und C im Verhältnis 1:5 geteilt wird.

13. Ein Spat wird aufgespannt durch die drei vom Punkt P_0 (2/1/1) ausgehenden Kantenvektoren $\overrightarrow{P_0A} = \mathfrak{a} = \begin{pmatrix} -1 \\ 6 \\ 0 \end{pmatrix}$, $\overrightarrow{P_0B} = \mathfrak{b} = \begin{pmatrix} 5 \\ 3 \\ 1 \end{pmatrix}$, $\overrightarrow{P_0C} = \mathfrak{c} = \begin{pmatrix} 1 \\ 2 \\ 6 \end{pmatrix}$.
Welches Stück der Geraden $g\colon \mathfrak{x} = \begin{pmatrix} 15 \\ 9 \\ 18 \end{pmatrix} + \lambda \begin{pmatrix} 27 \\ 6 \\ 31 \end{pmatrix}$ liegt innerhalb des Spats?

14. Gegeben sei das Vierflach A (4/0/2), B (7/9/2), C (1/6/3,5), D (4/6/8), ferner die beiden Punkte E (7/1/3) und F (2/11/5,5). Welches Stück der Geraden durch E und F verläuft im Innern des Vierflachs? (Es empfiehlt sich, zunächst auf Grund einer Zeichnung im Zweitafelverfahren zu entscheiden, welche der Vierflachebenen von der Geraden durchstoßen werden.)

15. Gegeben sei ein windschiefes Viereck. Bestimme den Punkt, in dem die Verbindungslinie der Diagonalenmittelpunkte die Ebene trifft, die durch die Mittelpunkte der vier Kanten geht.

16. Ein Spat wird durch die Kantenvektoren $\mathfrak{a}$, $\mathfrak{b}$ und $\mathfrak{c}$ aufgespannt, ein Eckpunkt liegt im Ursprung. In welchen Punkten trifft die von 0 ausgehende Raumdiagonale die drei Ebenen, die parallel zu den Spatflächen laufen und $\frac{1}{3}$ $\left(\frac{1}{n}\right)$ des Spats abschneiden?

17. Gegeben sei ein Vierflach. In welchem Punkt trifft die Verbindungslinie von einem der Eckpunkte zum Schwerpunkt der gegenüberliegenden Dreiecksfläche die Ebene, die durch die Schwerpunkte der anderen drei Dreiecksflächen geht?

4.3.6. Die Schnittgerade zweier Ebenen

Vorübungen

1. Wie bestimmt man die Schnittgerade einer Ebene mit einer der Grundebenen?
2. Die Schnittgerade von zwei Ebenen könnte man leicht angeben, wenn man von ihr zwei Punkte kennte. Verhältnismäßig leicht lassen sich die Punkte der Schnittgeraden finden, die in den Grundebenen liegen. Bestimme so die Gleichung der Schnittgeraden der beiden Ebenen von Aufgabe 1 a).

Der in der Vorübung gefundene Weg zur Bestimmung der Schnittgeraden ist meist nicht der, der am schnellsten zum Ziele führt. Ein anderer Weg soll im folgenden Beispiel vorgeführt werden.

Beispiel

Bestimme die Schnittgerade der beiden Ebenen

$$E_1: \mathfrak{r} = \begin{pmatrix} 4 \\ 0 \\ -3 \end{pmatrix} + \lambda \begin{pmatrix} 0 \\ -1 \\ 0 \end{pmatrix} + \mu \begin{pmatrix} -2 \\ 0 \\ 3 \end{pmatrix}$$

und

$$E_2: \mathfrak{r} = \begin{pmatrix} -2 \\ 3 \\ 0 \end{pmatrix} + \lambda \begin{pmatrix} 0 \\ 0 \\ -1 \end{pmatrix} + \mu \begin{pmatrix} 2 \\ -1 \\ 3 \end{pmatrix}.$$

Lösung: Wir suchen alle die Vektoren $\mathfrak{r}'$, die zu gemeinsamen Punkten auf beiden Ebenen führen. Da aber die Parameterwerte λ'_1 und μ'_1, die zu einem Punkt P_1' der Schnittgeraden gehören, im allgemeinen für die beiden Ebenengleichungen verschieden sein werden, müssen wir sie voneinander unterscheiden. Wir benennen deshalb die Parameter der zweiten Ebenengleichung um. Die zu den Punkten der Schnittgeraden führenden Vektoren $\mathfrak{r}'$ müssen sowohl der einen als auch der anderen Ebenengleichung genügen.
Deshalb erhalten wir

$$(1)\ \mathfrak{r}' = \begin{pmatrix} 4 \\ 0 \\ -3 \end{pmatrix} + \lambda' \begin{pmatrix} 0 \\ -1 \\ 0 \end{pmatrix} + \mu' \begin{pmatrix} -2 \\ 0 \\ 3 \end{pmatrix} \quad \text{und} \quad (2)\ \mathfrak{r}' = \begin{pmatrix} -2 \\ 3 \\ 0 \end{pmatrix} + \varrho' \begin{pmatrix} 0 \\ 0 \\ -1 \end{pmatrix} + \sigma' \begin{pmatrix} 2 \\ -1 \\ 3 \end{pmatrix}.$$

Nun setzen wir die Vektorterme auf den rechten Seiten der beiden Gleichungen einander gleich:

$$\begin{pmatrix} 4 \\ 0 \\ -3 \end{pmatrix} + \lambda' \begin{pmatrix} 0 \\ -1 \\ 0 \end{pmatrix} + \mu' \begin{pmatrix} -2 \\ 0 \\ 3 \end{pmatrix} = \begin{pmatrix} -2 \\ 3 \\ 0 \end{pmatrix} + \varrho' \begin{pmatrix} 0 \\ 0 \\ -1 \end{pmatrix} + \sigma' \begin{pmatrix} 2 \\ -1 \\ 3 \end{pmatrix}$$

Diese Gleichung läßt sich in drei Koordinatengleichungen auflösen, aus denen man nicht vier Parameterwerte λ', μ', ϱ', σ' eindeutig errechnen kann. Man kann nur zwei der Parameter eliminieren, so daß eine Beziehung zwischen den anderen beiden Parametern übrigbleibt. Rechnerisch nützt uns diese Beziehung nur, wenn sie zwischen zwei Parametern der gleichen Ebene herausgekommen ist. Wir formen deshalb um

$$\lambda' \begin{pmatrix} 0 \\ -1 \\ 0 \end{pmatrix} + \mu' \begin{pmatrix} -2 \\ 0 \\ 3 \end{pmatrix} + \varrho' \begin{pmatrix} 0 \\ 0 \\ 1 \end{pmatrix} = \sigma' \begin{pmatrix} 2 \\ -1 \\ 3 \end{pmatrix} + \begin{pmatrix} -6 \\ 3 \\ 3 \end{pmatrix}$$

und erhalten mit der CRAMERschen Regel:

$$\varrho' = \frac{\begin{vmatrix} 0 & -2 & 2\sigma' - 6 \\ -1 & 0 & -\sigma' + 3 \\ 0 & 3 & 3\sigma' + 3 \end{vmatrix}}{\begin{vmatrix} 0 & -2 & 0 \\ -1 & 0 & 0 \\ 0 & 3 & 1 \end{vmatrix}} = \frac{\begin{vmatrix} -2 & 2\sigma' - 6 \\ 3 & 3\sigma' + 3 \end{vmatrix}}{\begin{vmatrix} -2 & 0 \\ 3 & 1 \end{vmatrix}} = \frac{6 \begin{vmatrix} -1 & \sigma' - 3 \\ 1 & \sigma' + 1 \end{vmatrix}}{-2} = -3\,(-\sigma' - 1 - \sigma' + 3)$$

$$\varrho' = 6\,\sigma' - 6$$

Damit haben wir eine Beziehung gefunden, die zwischen den Parametern ϱ' und σ' all der Punkte bestehen muß, die auf der Schnittgeraden liegen. Für ϱ' setzen wir den Term $6\,\sigma' - 6$ in Gleichung (2) ein

$$\mathfrak{r}' = \begin{pmatrix} -2 \\ 3 \\ 0 \end{pmatrix} + (6\,\sigma' - 6) \begin{pmatrix} 0 \\ 0 \\ -1 \end{pmatrix} + \sigma' \begin{pmatrix} 2 \\ -1 \\ 3 \end{pmatrix},$$

formen um

$$\mathfrak{r}' = \begin{pmatrix}-2\\3\\0\end{pmatrix} + 6\begin{pmatrix}0\\0\\1\end{pmatrix} + \sigma'\begin{pmatrix}2\\-1\\3\end{pmatrix} + 6\,\sigma'\begin{pmatrix}0\\0\\-1\end{pmatrix}$$

und erhalten

$$\mathfrak{r}' = \begin{pmatrix}-2\\3\\6\end{pmatrix} + \sigma'\begin{pmatrix}2\\-1\\-3\end{pmatrix}$$

oder nach Umbenennung des Parameters und des Laufvektors

$$\mathfrak{r} = \begin{pmatrix}-2\\3\\6\end{pmatrix} + \lambda\begin{pmatrix}2\\-1\\-3\end{pmatrix}$$

als Gleichung der gesuchten Schnittgeraden.

Aufgaben

1. Bestimme die Schnittgerade der Ebenen:

a) $E_1\colon \mathfrak{r} = \begin{pmatrix}2\\0\\1\end{pmatrix} + \lambda\begin{pmatrix}1\\0\\0\end{pmatrix} + \mu\begin{pmatrix}0\\1\\1\end{pmatrix}$ **und** $E_2\colon \mathfrak{r} = \begin{pmatrix}3\\1\\-1\end{pmatrix} + \lambda\begin{pmatrix}0\\2\\0\end{pmatrix} + \mu\begin{pmatrix}0\\0\\-1\end{pmatrix}$

b) $E_1\colon \mathfrak{r} = \begin{pmatrix}2\\0\\0\end{pmatrix} + \lambda\begin{pmatrix}-2\\1\\0\end{pmatrix} + \mu\begin{pmatrix}-2\\0\\3\end{pmatrix}$ **und** $E_2\colon \mathfrak{r} = \begin{pmatrix}1\\0\\0\end{pmatrix} + \lambda\begin{pmatrix}-1\\3\\0\end{pmatrix} + \mu\begin{pmatrix}-1\\0\\2\end{pmatrix}$

c) $E_1\colon \mathfrak{r} = \begin{pmatrix}2\\0\\1\end{pmatrix} + \lambda\begin{pmatrix}4\\3\\2\end{pmatrix} + \mu\begin{pmatrix}6\\0\\1\end{pmatrix}$ **und** $E_2\colon \mathfrak{r} = \begin{pmatrix}3\\1\\4\end{pmatrix} + \lambda\begin{pmatrix}2\\-3\\-1\end{pmatrix} + \mu\begin{pmatrix}2\\6\\3\end{pmatrix}$

2. Bestimme die Schnittgerade der Ebene, die in einem kartesischen Koordinatensystem auf allen drei Koordinatenachsen einen Abschnitt der Länge 1 abschneidet, mit der Ebene, die durch die drei Punkte P_1 (1/0/2), P_2 (0/1/2) und P_3 (1/− 1/1) geht.

3. Gegeben sei eine Ebene E_1 durch ihre Spuren $h_1\colon \mathfrak{r} = \begin{pmatrix}0\\1\\0\end{pmatrix} + \lambda\begin{pmatrix}2\\1\\0\end{pmatrix}$ **und**

$v_1\colon \mathfrak{r} = \begin{pmatrix}0\\1\\0\end{pmatrix} + \mu\begin{pmatrix}0\\1\\1\end{pmatrix}$**, ferner eine Ebene E_2 durch ihre Spuren** $h_2\colon \mathfrak{r} = \begin{pmatrix}5\\0\\0\end{pmatrix} + \varrho\begin{pmatrix}-1\\2\\0\end{pmatrix}$

und $v_2\colon \mathfrak{r} = \begin{pmatrix}0\\10\\0\end{pmatrix} + \sigma\begin{pmatrix}0\\0\\1\end{pmatrix}$**. Untersuche, ob der Punkt Q (2/6/4) auf der Schnittgeraden von E_1 und E_2 liegt.**

4. Bringe die Ebenen der Dreiecke A (5/3/6) B (8/1/8) C (0/6/−1) und P (1/1/3) Q (5/12/3) R (0/2/6) zum Schnitt.

5. Gegeben sei das Vierflach A (0/0/0) B (4/0/0) C (1/5/0) D (2/4/6). In C und D sollen an das Vierflach Ebenen gelegt werden, die zu den gegenüberliegenden Dreiecksflächen parallel sind. Bestimme die Schnittgerade.

6. Gegeben seien die Ebene E: $\mathfrak{r} = \begin{pmatrix} 4 \\ 1 \\ 2 \end{pmatrix} + \lambda \begin{pmatrix} 3 \\ 0 \\ 2 \end{pmatrix} + \mu \begin{pmatrix} 1 \\ 2 \\ 0 \end{pmatrix}$ und die Gerade

$g' : \mathfrak{r} = \begin{pmatrix} 5 \\ -3 \\ 0 \end{pmatrix} + \lambda \begin{pmatrix} 1 \\ 3 \\ 0 \end{pmatrix}$. Bestimme die Gerade g, die in E liegt und g' zur Projektion hat.

4.3.7. Koordinatengleichungen der Ebene

Vorübung

Wie läßt sich die Parameterform der Geradengleichung in die kartesische Form verwandeln? Was ergibt sich, wenn man aus einer Gleichung für eine Gerade im Raum den Parameter eliminiert?

Auch aus der Ebenengleichung

$$\mathfrak{r} = \mathfrak{r}_1 + \lambda \mathfrak{u} + \mu \mathfrak{v} \quad \text{oder} \quad \mathfrak{r} - \mathfrak{r}_1 = \lambda \mathfrak{u} + \mu \mathfrak{v}$$

lassen sich die Parameter λ und μ eliminieren, so daß man eine Koordinatengleichung der Ebene erhält.
Man geht zu den Gleichungen für die einzelnen Koordinaten über:

$$\begin{aligned} x - x_1 &= \lambda u_x + \mu v_x \\ y - y_1 &= \lambda u_y + \mu v_y \\ z - z_1 &= \lambda u_z + \mu v_z \end{aligned}$$

Nun läßt sich aus den ersten beiden Gleichungen λ und μ in der Form errechnen, daß auf der rechten Seite außer x und y nur noch die mit der Ebenengleichung bekannten Größen x_1, y_1, u_x, u_y, v_x und v_y stehen. Setzt man diese Beziehung in die dritte Gleichung ein, so erhält man eine parameterfreie Koordinatengleichung. Zu dieser parameterfreien Koordinatengleichung kann man allerdings viel schneller kommen, wenn man der Ebenengleichung

$$\mathfrak{r} - \mathfrak{r}_1 = \lambda \mathfrak{u} + \mu \mathfrak{v}$$

entnimmt, daß für jeden Punkt P der Ebene die drei Vektoren $\mathfrak{r} - \mathfrak{r}_1$, $\mathfrak{u}$ und $\mathfrak{v}$ komplanar sind (Bild 82.1). Deshalb muß nach Satz 4.4 die aus ihnen gebildete Determinante den Wert Null haben. Somit erhält man

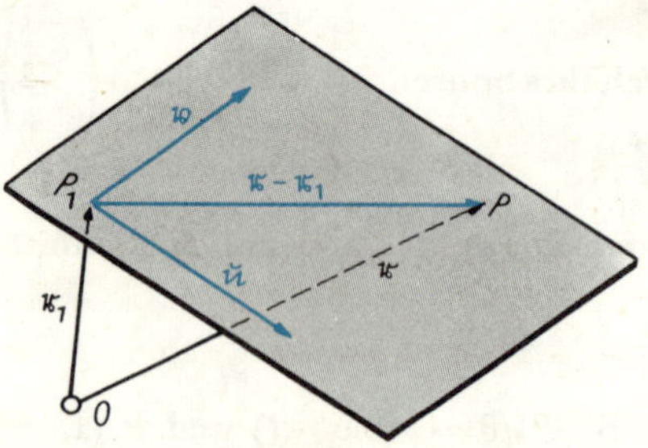

Bild 82.1

$$\begin{vmatrix} x - x_1 & u_x & v_x \\ y - y_1 & u_y & v_y \\ z - z_1 & u_z & v_z \end{vmatrix} = 0$$

als die gesuchte Koordinatengleichung der Ebene. Löst man diese Determinante auf, so erhält man eine Gleichung der Form $Ax + By + Cz + D = 0$. Damit ist nachgewiesen, daß sich jede Ebenengleichung auf die Form $Ax + By + Cz + D = 0$ bringen läßt. Daß auch umgekehrt zu jeder linearen Gleichung in x, y und z eine Ebene gehört, wird später gezeigt.

Als Beispiel berechnen wir die Koordinatengleichung der Ebene, die auf den drei Achsen eines kartesischen Koordinatensystems Abschnitte a, b und c abschneidet (Bild 83.1).

Die Ebene geht durch die Punkte $P_1(a/0/0)$, $P_2(0/b/0)$, $P_3(0/0/c)$, hat also die Gleichung

$$\mathfrak{r} = \begin{pmatrix} a \\ 0 \\ 0 \end{pmatrix} + \lambda \begin{pmatrix} -a \\ b \\ 0 \end{pmatrix} + \mu \begin{pmatrix} -a \\ 0 \\ c \end{pmatrix}.$$

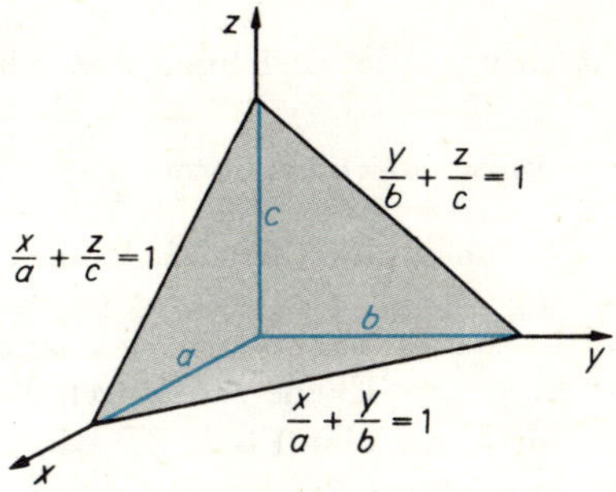

Bild 83.1

Ihr entspricht die Determinante

$$\begin{vmatrix} x-a & -a & -a \\ y & b & 0 \\ z & 0 & c \end{vmatrix} = 0,$$

die sich auflösen läßt zu $bc \cdot x + ac \cdot y + ab \cdot z = abc$.

Das ist bereits die verlangte Koordinatenform. Dividieren wir noch durch abc, so erhalten wir

$$\frac{x}{a} + \frac{y}{b} + \frac{z}{c} = 1.$$ *Achsenabschnittsform der Ebenengleichung*

Aus dieser Gleichung ergeben sich auf besonders einfache Weise die Spurgeraden: da z. B. für alle Punkte der Spurgeraden auf der xy-Ebene die z-Koordinate verschwinden muß, erhält man die Gleichung dieser Spurgeraden

$$\frac{x}{a} + \frac{y}{b} = 1$$

in der Achsenabschnittsform.

Ferner ist diese Form der Ebenengleichung besonders geeignet, sich eine Vorstellung von der Lage der Ebene im Raum zu verschaffen (Bild 83.1).

Aufgaben

1. Liegen die Punkte
   a) A (1/1/0), b) B (2/0/2), c) C (1,5/4/4,5)
   auf den Ebenen
   α) E_1: $3x + 2y - 3z = 0$, β) E_2: $4x - 2y + z = 2$?

2. Zeichne ein Schrägbild der Ebene E: $\frac{x}{3} + \frac{y}{4} + \frac{z}{6} = 1$.

3. Gib zu der Koordinatengleichung der Ebene E: $2x - y + z = 4$ vier verschiedene vektorielle Parametergleichungen an.

4. Welche besondere Lage haben Ebenen mit der Gleichung $Ax + By + Cz + D = 0$, für die gilt

a) $A = 0$, b) $B = 0$, c) $C = 0$, d) $D = 0$,
e) $A = 0$ und $B = 0$, f) $A = 0$ und $C = 0$, g) $A = 0$ und $D = 0$,
h) $A = 0$ und $B = 0$ und $C = 0$ (!), i) $A = 0$ und $B = 0$ und $D = 0$?

5. Drücke die in der linearen Gleichung $Ax + By + Cz + D = 0$ auftretenden Koeffizienten durch die Koordinaten von $\mathfrak{r}_1$, $\mathfrak{u}$ und $\mathfrak{v}$ aus.

6. Bringe die Gleichung der Ebene $E: \mathfrak{r} = \begin{pmatrix} 2 \\ 5 \\ -3 \end{pmatrix} + \lambda \begin{pmatrix} -1 \\ 4 \\ 0 \end{pmatrix} + \mu \begin{pmatrix} 0 \\ -2 \\ 6 \end{pmatrix}$ auf die Achsenabschnittsform.

7. Wie heißt die Gleichung einer Ebene, die auf allen drei Achsen gleiche Abschnitte der Länge a abschneidet?

8. In der xy-Ebene wird durch die Gleichung $x + 2y = 1$ eine Gerade g dargestellt, im Raum eine Ebene E. Beschreibe die Lage von g und E. Welche Bedeutung hat g für E?

9. Gegeben seien drei Punkte A (6/−2/0), B (6/−1/2) und C (−2/1/4).

a) Gib die Koordinatengleichung der Ebene des Dreiecks ABC an.
b) Liegt der Nullpunkt in dieser Ebene?
c) Wie heißen die Gleichungen der drei Spurgeraden?

10. Ein Oktaeder der Kantenlänge a liegt so in einem kartesischen Koordinatensystem, daß alle sechs Eckpunkte auf den Koordinatenachsen liegen. Gib die Koordinatengleichungen der Ebenen an, die das Oktaeder begrenzen.

11. Bestimme die gemeinsamen Punkte der drei Ebenen

a) $E_1: 2x + 3y - z = 0$
$E_2: 3x + y - 2z + 1 = 0$
$E_3: x + y + z - 3 = 0$

b) $E_1: 4x - 2y + 2z - 6 = 0$
$E_2: -2x + y - z + 3 = 0$
$E_3: 6x - 3y + 3z - 9 = 0$

c) $E_1: x - y = 0$
$E_2: y - z = 0$
$E_3: z - x = 0$.

*4.3.8. Vermischte Aufgaben

1. Ein Quader liegt mit drei Kanten so auf den Achsen eines kartesischen Koordinatensystems, daß auf der x-Achse der Punkt A (a/0/0), auf der y-Achse der Punkt B (0/b/0) und auf der z-Achse der Punkt C (0/0/c) Eckpunkte des Quaders sind, eine Ecke liegt im Ursprung. In welchem Punkt trifft die von 0 ausgehende Raumdiagonale die durch A, B und C gehende Ebene?

2. Trifft die Gerade g: $\mathfrak{r} = \begin{pmatrix} 6 \\ 12 \\ 10 \end{pmatrix} + \lambda \begin{pmatrix} 1 \\ 2 \\ 3 \end{pmatrix}$ die Fläche des Parallelogramms ABCD mit A (2/1/0) und $\overrightarrow{AB} = \begin{pmatrix} 3 \\ 0 \\ 8 \end{pmatrix}$, $\overrightarrow{AD} = \begin{pmatrix} 1 \\ 6 \\ 2 \end{pmatrix}$?

3. a) Die Gleichung der Ebene durch die drei Punkte P_1 (6/0/0), P_2 (0/6/6) und P_3 (0/0/10) soll in die Koordinatenform gebracht werden.
   b) Liegt der Punkt P_4 (4/8/0) in dieser Ebene?
   c) Der Schnittpunkt der Geraden g: $\mathfrak{r} = \begin{pmatrix} 1 \\ 1 \\ 0 \end{pmatrix} + \lambda \begin{pmatrix} 0 \\ 0 \\ 1 \end{pmatrix}$ mit der Ebene ist zu bestimmen.
   d) Wie heißt die Gleichung der Schnittgeraden der Ebenen durch P_1, P_2, P_3 und P_2, P_3, P_4?

4. Gegeben seien die vier Punkte A (10/2/5), B (6/8/3), C (−2/12/7), D (2/6/9).
   a) Zeige, daß die vier Punkte in einer Ebene liegen.
   b) Bestimme die Gleichung der Vierecksebene.
   c) Bestimme den Spurpunkt der Geraden durch A und C auf der yz-Ebene.
   d) Wie heißt die Projektion der Geraden durch A und C auf die yz-Ebene in Koordinatenform?
   e) Zeige, daß das Viereck ABCD ein Parallelogramm ist.
   f) Bestimme die Gleichung der Spurgeraden der Vierecksebene auf der xy-Ebene in Parameter- und Achsenabschnittsform.
   g) Bringe die Vierecksebene zum Schnitt mit der Ebene

$$E_2\colon \mathfrak{r} = \begin{pmatrix} 5 \\ 2 \\ 8 \end{pmatrix} + \lambda \begin{pmatrix} 4 \\ -3 \\ 8 \end{pmatrix} + \mu \begin{pmatrix} 1 \\ 0 \\ 0 \end{pmatrix}.$$

5. Bestimme das Stück der Geraden durch die beiden Punkte E (3/3/−3) und F (7/9/5), das innerhalb des Vierflachs A (2/1/1) B (9/7/2) C (4/10/0) D (5/5, 5/7) liegt.

5. Das Skalarprodukt

5.1. Einführung und Herleitung

Vorübungen

1. Wie sind Vektorsumme, Vektordifferenz und S-Multiplikation definiert?
2. Welche zugehörigen Rechengesetze haben wir zu diesen Operationen kennengelernt?
3. Was versteht man unter einem linearen Vektorraum?

Wir haben bisher drei Rechenoperationen für Vektoren kennengelernt. Die Addition von Vektoren ging nach den gleichen Gesetzen vor sich wie die Addition von Zahlen, so daß wir in der Menge der durch die Addition verknüpften Vektoren die gleiche Struktur erkannten wie in der Menge der durch die Addition verknüpften Zahlen: die Struktur einer Gruppe. Das gab uns eigentlich erst die Berechtigung, diese Vektorverknüpfung als Addition zu bezeichnen. Die Subtraktion von Vektoren ist wie die der Zahlen die Umkehrung der Addition. Schließlich beschäftigten wir uns mit einer Verknüpfung zwischen Vektoren und Skalaren. Die zugehörigen Rechenregeln entsprachen formal denen der Zahlenalgebra, deshalb nannten wir diese Operation S-Multiplikation. So erhielt die Menge der Vektoren die Struktur eines linearen Vektorraums.

In diesem linearen Vektorraum haben wir eine Vielzahl von geometrischen Problemen erörtern können, und zwar solche, die mit Geraden, Ebenen, Schnittpunkten, der Parallelität und dem Teilverhältnis zusammenhängen. Da es sich hierbei um Begriffe handelt, die gerade das kennzeichnen, was von allen affinen Abbildungen nicht verändert wird, bei ihnen also „invariant“ bleibt, können wir sagen, daß wir in unserem linearen Vektorraum bisher nur „affine Geometrie“ betrieben haben. (Zu den affinen Abbildungen gehören beispielsweise die Dehnungen, Scherungen oder Parallelprojektionen.)

Darüber hinaus kann man die Vektorrechnung aber auch auf solche geometrischen Probleme anwenden, die nicht der affinen Geometrie angehören, z. B. auf Längen- und Winkelmessungen. Dazu müssen wir erklären, wie Längen gemessen (oder gar erst definiert) werden sollen. Anders gesagt: Wir müssen eine „Metrik“ einführen und damit unseren linearen Vektorraum zu einem metrischen Vektorraum machen. Aus diesem Grunde ist es erforderlich, daß wir uns mit weiteren Verknüpfungen zwischen Vektoren beschäftigen. Die für diese neuen Operationen gültigen Gesetze ähneln denen, die für die Multiplikation von Zahlen gelten. Daher sollen diese neuen Verknüpfungen ebenfalls Multiplikationen genannt werden.

Grundsätzlich gibt es nun zwei Möglichkeiten, zwei Vektoren zu einem Produkt zu verknüpfen: Entweder ist das Produkt eine Zahl, ein Skalar, oder es ist ein Vektor. Im ersten Fall nennen wir das Produkt Skalarprodukt, im zweiten Fall Vektorprodukt. Wir wollen in diesem Kapitel ein Skalarprodukt definieren und uns mit dem Vektorprodukt in einem späteren Abschnitt beschäftigen. Wie in der Zahlenalgebra wollen wir die Produktbildung durch einen Punkt zum Ausdruck bringen, wollen aber den Punkt als Verknüpfungssymbol im allgemeinen fortlassen. Auch das ist uns aus der Algebra geläufig.

$$\mathfrak{a} \cdot \mathfrak{b} = \mathfrak{a}\,\mathfrak{b}$$

Wir lesen „$\mathfrak{a}$ Punkt $\mathfrak{b}$“ oder „$\mathfrak{a}\,\mathfrak{b}$“.

In den vorhergehenden Kapiteln haben wir festgestellt, daß sich das Rechnen mit Vektoren weitgehend auf dem Rechnen mit Basisvektoren aufbaut. Diese können wie z. B. im kartesischen Koordinatensystem insbesondere Einheitsvektoren sein. Es gilt $\mathfrak{a} = a\,\mathfrak{a}^\circ$ und speziell im kartesischen Koordinatensystem $\mathfrak{a} = a_x\mathfrak{i} + a_y\mathfrak{j} + a_z\mathfrak{k}$. Deshalb wollen wir für unser neu zu definierendes Skalarprodukt zwischen zwei Vektoren auch zunächst das Produkt von zwei Einheitsvektoren festlegen. Dazu orientieren wir uns an den Zahlen $+1$ und -1 der gewöhnlichen Arithmetik, an den Zahlen also, die sich als Einheitsvektoren auf der Zahlengeraden deuten lassen. Dort gilt:

$$(+1)(+1) = (-1)(-1) = +1$$

In Analogie dazu fordern wir:

Axiom 5.1

Für jeden Einheitsvektor $\mathfrak{a}^\circ$ soll gelten: $\mathfrak{a}^\circ\,\mathfrak{a}^\circ = 1$

Um mit Produkten rechnen zu können, brauchen wir noch die zugehörigen Rechenregeln für Produkte. Wir übernehmen diese Regeln aus der Zahlenalgebra in die Vektorrechnung, indem wir für alle Vektoren $\mathfrak{a}$, $\mathfrak{b}$, $\mathfrak{c}$ verlangen:

Axiom 5.2

1. $\mathfrak{a}\,\mathfrak{b} = \mathfrak{b}\,\mathfrak{a}$ (kommutatives Gesetz)
2. $\mathfrak{a}\,(\mathfrak{b} + \mathfrak{c}) = \mathfrak{a}\,\mathfrak{b} + \mathfrak{a}\,\mathfrak{c}$ (distributives Gesetz)
3. $n\,(\mathfrak{a}\,\mathfrak{b}) = (n\,\mathfrak{a})\,\mathfrak{b} = \mathfrak{a}\,(n\,\mathfrak{b})$ (gemischtes Assoziativgesetz)

Es erscheint zunächst verwunderlich, daß wir im dritten Gesetz des Postulates 5.2 nicht ein Assoziativgesetz verlangt haben in der Form $\mathfrak{a}\,(\mathfrak{b}\,\mathfrak{c}) = (\mathfrak{a}\,\mathfrak{b})\,\mathfrak{c}$. Gilt es doch in der Zahlenalgebra unumschränkt! Wie wir uns leicht klarmachen können, kann es in dieser Form keine Gültigkeit haben. Denn seien z. B. $\mathfrak{a}$, $\mathfrak{b}$, $\mathfrak{c}$ drei Vektoren, von denen je zwei nicht kollinear sind. Dann ist $\mathfrak{a}\,(\mathfrak{b}\,\mathfrak{c})$ ein Vektor mit der Richtung von $\mathfrak{a}$. $(\mathfrak{a}\,\mathfrak{b})\,\mathfrak{c}$ hat jedoch die Richtung von $\mathfrak{c}$.
Gerade an diesem Beispiel sieht man besonders gut, daß man nicht beliebige Gesetze als Axiome wählen kann, sondern mit Überlegung vorgehen muß. Die Definition der Gleichheit von Vektoren steht mit dem Axiom $\mathfrak{a}\,(\mathfrak{b}\,\mathfrak{c}) = (\mathfrak{a}\,\mathfrak{b})\,\mathfrak{c}$ im Widerspruch. Axiome jedoch dürfen sich nicht widersprechen.
Auf Grund dieser beiden Axiome läßt sich nun in weiteren Fällen das Skalarprodukt von Vektoren bilden:

1. $\mathfrak{a}^\circ \cdot (-\mathfrak{a}^\circ) = -1$
   Denn es ist $\mathfrak{a}^\circ\,(-\mathfrak{a}^\circ) = \mathfrak{a}^\circ\,(-1\,\mathfrak{a}^\circ) = -1\,(\mathfrak{a}^\circ\,\mathfrak{a}^\circ)$ wegen der Gültigkeit des gemischten Assoziativgesetzes. Aus Postulat 5.1 ergibt sich dann die Behauptung.
2. Falls $\mathfrak{a}$ und $\mathfrak{b}$ kollinear sind, gilt:
   $\mathfrak{a}\,\mathfrak{b} = \pm\, a\, b$ (+ für gleiche, − für entgegengesetzte Orientierung). Denn aus der Kollinearität folgt $\mathfrak{a} = a\,\mathfrak{a}^\circ$ und $\mathfrak{b} = \pm\, b\,\mathfrak{a}^\circ$. Daraus ergibt sich auf Grund des gemischten Assoziativgesetzes und des Axioms 5.1

$$\mathfrak{a}\,\mathfrak{b} = (a\,\mathfrak{a}^\circ)\cdot(\pm\, b\,\mathfrak{a}^\circ) = \pm\, a\, b\,(\mathfrak{a}^\circ\,\mathfrak{a}^\circ) = \pm\, a\, b$$

   Für den Spezialfall $\mathfrak{a} = \mathfrak{b}$ erhält man

$$\mathfrak{a}\,\mathfrak{a} = a^2.$$

$\mathfrak{a}$ und $\mathfrak{b}$ seien nun zwei nicht kollineare Vektoren, beide $\neq \mathfrak{o}$. Dann läßt sich $\mathfrak{b}$ als Summe von $\mathfrak{b}_{\mathfrak{a}}$ und einem bestimmten Vielfachen von $\bar{\mathfrak{a}}^\circ$ darstellen. Hierbei bedeutet $\mathfrak{b}_{\mathfrak{a}}$ den Projektionsvektor von $\mathfrak{b}$ auf $\mathfrak{a}$ und $\bar{\mathfrak{a}}^\circ$ einen Lotvektor von $\mathfrak{a}^\circ$ in der durch $\mathfrak{a}$ und $\mathfrak{b}$ aufgespannten Ebene. Es gilt also (Bild 87.1):

$$\mathfrak{b} = \mathfrak{b}_{\mathfrak{a}} + n\,\bar{\mathfrak{a}}^\circ$$

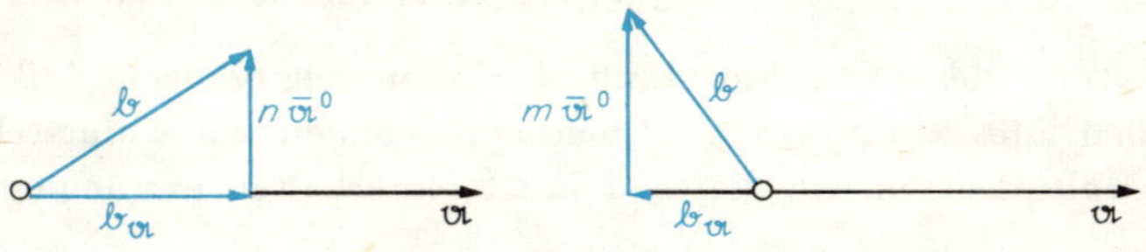

Bild 87.1

Wir bilden $\mathfrak{a} \cdot \mathfrak{b} = \mathfrak{a}\,(\mathfrak{b}_a + n\,\bar{\mathfrak{a}}^\circ) = \mathfrak{a}\,\mathfrak{b}_a + \mathfrak{a}\,(n\,\bar{\mathfrak{a}}^\circ) = \mathfrak{a}\,\mathfrak{b}_a + n\,a\,(\mathfrak{a}^\circ\,\bar{\mathfrak{a}}^\circ)$.
$\mathfrak{a} \cdot \mathfrak{b}_a$ läßt sich als Produkt zweier kollinearer Vektoren berechnen. Sobald das Produkt der beiden aufeinander senkrecht stehenden Einheitsvektoren $\mathfrak{a}^\circ$ und $\bar{\mathfrak{a}}^\circ$ bekannt ist, läßt sich also auch das skalare Produkt $\mathfrak{a} \cdot \mathfrak{b}$ zweier beliebiger Vektoren angeben. Da sich das Produkt zweier Einheitsvektoren, die aufeinander senkrecht stehen, nicht aus den Axiomen 5.1 und 5.2 herleiten läßt, müssen wir zusätzlich feststellen, was wir unter $\mathfrak{a}^\circ \cdot \bar{\mathfrak{a}}^\circ$ verstehen wollen.
Nach Axiom 5.1 gilt für zwei Einheitsvektoren, die die gleiche Richtung und Orientierung haben und damit einen Winkel von 0° einschließen, $\mathfrak{a}^\circ \cdot \mathfrak{a}^\circ = 1$. Nach Folgerung 1 ist $\mathfrak{a}^\circ \cdot (-\mathfrak{a}^\circ) = -1$. Dabei beträgt der Winkel zwischen $\mathfrak{a}^\circ$ und $-\mathfrak{a}^\circ$ 180°.
Infolgedessen ist es naheliegend (Bild 88.1), für zwei Vektoren, die einen Winkel von 90° einschließen, festzusetzen:

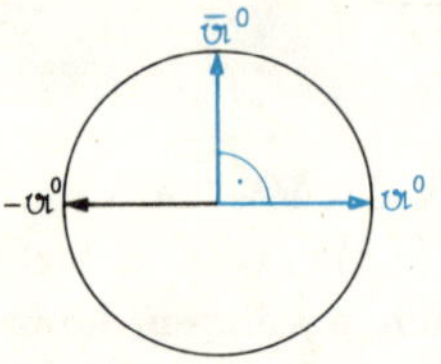

Bild 88.1

Axiom 5.3

Falls die Einheitsvektoren $\mathfrak{a}^\circ$ und $\mathfrak{b}^\circ$ aufeinander senkrecht stehen, soll gelten:

$$\mathfrak{a}^\circ \cdot \mathfrak{b}^\circ = \mathfrak{a}^\circ \cdot \bar{\mathfrak{a}}^\circ = 0$$

Damit erhalten wir für das skalare Produkt zweier beliebiger Vektoren $\mathfrak{a}$ und $\mathfrak{b}$:

$$\mathfrak{a}\,\mathfrak{b} = \mathfrak{a}\,(\mathfrak{b}_a + n\,\bar{\mathfrak{a}}^\circ) = \mathfrak{a}\,\mathfrak{b}_a + n\,a\,(\mathfrak{a}^\circ\,\bar{\mathfrak{a}}^\circ) = \mathfrak{a}\,\mathfrak{b}_a + n\,a\,(0) = \mathfrak{a}\,\mathfrak{b}_a = \pm\, a\, b_a$$

Wir wollen unter $\sphericalangle\,(\mathfrak{a};\,\mathfrak{b})$ den Winkel verstehen, um den man den Vektor $\mathfrak{a}$ auf kürzestem Wege drehen muß, damit sein Zielpunkt in die Richtung des Zielpunktes von $\mathfrak{b}$ weist. Das Skalarprodukt ist also positiv, wenn $\mathfrak{b}_a$ und $\mathfrak{a}$ die gleiche Orientierung haben (Folgerung 2), anderenfalls ist es negativ. Das bedeutet wiederum, daß das skalare Produkt genau dann positiv ist, wenn $\sphericalangle\,(\mathfrak{a};\,\mathfrak{b}) < 90°$ ist.
Das bisherige Ergebnis $\mathfrak{a}\,\mathfrak{b} = \mathfrak{a}\,\mathfrak{b}_a = \pm\, a\, b_a$ läßt sich auch anders formulieren, wenn wir b_a durch a, b und den Winkel zwischen $\mathfrak{a}$ und $\mathfrak{b}$ ausdrücken (Bild 88.2). Falls $\sphericalangle\,(\mathfrak{a};\,\mathfrak{b}) < 90°$ ist, gilt:

$$b_a = b \cos(\mathfrak{a};\,\mathfrak{b}) = b \cos\varphi$$

Falls $\sphericalangle\,(\mathfrak{a};\,\mathfrak{b}) > 90°$ ist, ist

$$b_a = b \cos(180 - \varphi) = -\,b \cos\varphi = -\,b \cos(\mathfrak{a};\,\mathfrak{b}).$$

Setzen wir die Werte für b_a in die Gleichung $\mathfrak{a}\,\mathfrak{b} = \pm\, a\, b_a$ ein, so erhalten wir für alle Winkel φ

$$\mathfrak{a} \cdot \mathfrak{b} = a\, b \cos(\mathfrak{a};\,\mathfrak{b}).$$

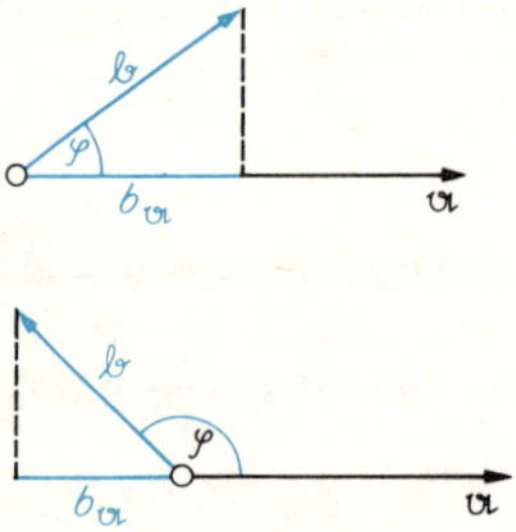

Bild 88.2

Bei der Herleitung dieser Gleichung sind wir davon ausgegangen, daß sich $\mathfrak{b}$ in der Form schreiben läßt $\mathfrak{b} = \mathfrak{b}_a + n\,\bar{\mathfrak{a}}^\circ$. Ebensogut können wir $\mathfrak{a}$ darstellen als $\mathfrak{a} = \mathfrak{a}_\mathfrak{b} + m\,\bar{\mathfrak{b}}^\circ$. Multiplizieren wir dieses $\mathfrak{a}$ mit $\mathfrak{b}$, so erhalten wir analog

$$\mathfrak{a} \cdot \mathfrak{b} = \mathfrak{a}_\mathfrak{b} \cdot \mathfrak{b}\,.$$

Aus diesen Überlegungen ergibt sich zwangsläufig: Wenn es überhaupt ein Skalarprodukt gibt, das mit den Axiomen 5.1 bis 5.3 nicht im Widerspruch steht, müssen wir definieren:

Definition 5.1 a

$$\mathfrak{a}\cdot\mathfrak{b} = \mathfrak{a}_\mathfrak{b}\cdot\mathfrak{b} = \mathfrak{a}\cdot\mathfrak{b}_\mathfrak{a} = \pm\, a_\mathfrak{b}\cdot b = \pm\, a\cdot b_\mathfrak{a}\,.$$

Damit ist gleichwertig die

Definition 5.1 b

$$\mathfrak{a}\,\mathfrak{b} = a\,b\cos(\mathfrak{a};\mathfrak{b})\,.$$

Da wir die Rechengesetze im Axiom 5.2 postuliert und nur in Spezialfällen benutzt haben, muß noch die Gültigkeit dieser Gesetze für das eben definierte Skalarprodukt nachgewiesen werden. Für das kommutative und gemischt assoziative Gesetz ist das leicht durchzuführen (s. Aufg. 1). Die Gültigkeit des distributiven Gesetzes wollen wir in folgendem Beispiel beweisen:

Beispiel

Behauptung: $\mathfrak{a}\,(\mathfrak{b}+\mathfrak{c}) = \mathfrak{a}\,\mathfrak{b} + \mathfrak{a}\,\mathfrak{c}$

Beweis: Wir tragen $\mathfrak{a}$ und $\mathfrak{b}$ von einem gemeinsamen Angriffspunkt aus ab. Die durch diesen Punkt und die Vektoren $\mathfrak{a}$ und $\mathfrak{b}$ aufgespannte Ebene sei E_1. Wir hängen an $\mathfrak{b}$ den Vektor $\mathfrak{c}$ und betrachten die Ebene E_2, die senkrecht steht auf E_1 und durch den Zielpunkt von $\mathfrak{c}$ geht. Die Behauptung $\mathfrak{a}\,(\mathfrak{b}+\mathfrak{c}) = \mathfrak{a}\,\mathfrak{b} + \mathfrak{a}\,\mathfrak{c}$ ist gleichbedeutend mit der Behauptung $a\,|\mathfrak{b}+\mathfrak{c}|_\mathfrak{a} = a\,b_\mathfrak{a} + a\,c_\mathfrak{a}$ wegen Def. 5.1 a.

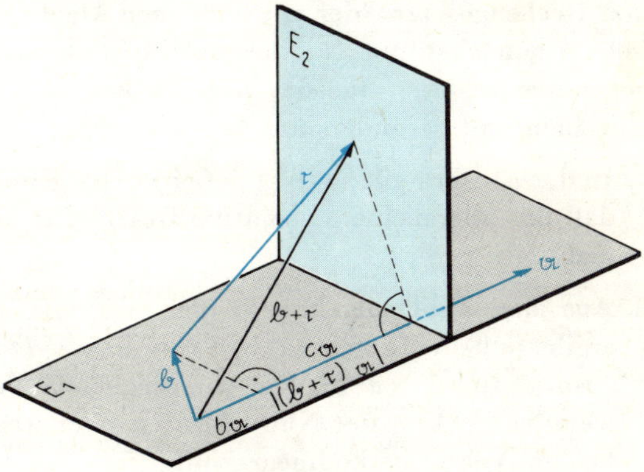

Bild 89.1

Wir teilen die Gleichung durch a und erhalten $|\mathfrak{b}+\mathfrak{c}|_\mathfrak{a} = b_\mathfrak{a} + c_\mathfrak{a}$. Diese Behauptung folgt unmittelbar aus Bild 89.1. Man nennt diese Gleichung auch den Projektionssatz.

Aufgaben

1. Zeige, daß für das Skalarprodukt das kommutative und das gemischt assoziative Gesetz gelten.
2. Was ergibt $\mathfrak{a}^\circ\cdot\mathfrak{b}^\circ$?
3. Untersuche, in welchen Sonderfällen das allgemeine assoziative Gesetz für Vektoren gilt.
4. Zeige: für den Fall $\mathfrak{a} \neq \mathfrak{o}$ und $\mathfrak{b} \neq \mathfrak{o}$ gilt $\mathfrak{a}\,\mathfrak{b} \leqq a\,b$.
5. Zeige, daß die Definition $\mathfrak{a}\,\mathfrak{b} = a\,b$ statt $\mathfrak{a}\cdot\mathfrak{b} = a\,b\cos(\mathfrak{a};\mathfrak{b})$ mit dem distributiven Gesetz in Widerspruch steht.
   Anleitung: Betrachte die Vektorgleichung $\mathfrak{b}+\mathfrak{c} = \mathfrak{o}$ und multipliziere sie mit $\mathfrak{a} \neq \mathfrak{o}$ unter Zugrundelegung der Definition $\mathfrak{a}\,\mathfrak{b} = a\,b$.

6. Bild 90.1 legt folgende Definition für das skalare Produkt nahe:

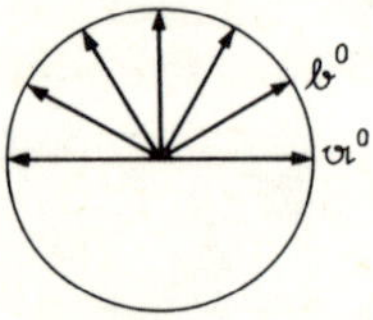

Bild 90.1

$\sphericalangle\ (\mathfrak{a}^\circ; \mathfrak{b}^\circ)$	0°	30°	60°	90°	120°	150°	180°
$\mathfrak{a}^\circ \cdot \mathfrak{b}^\circ$	1	$\frac{2}{3}$	$\frac{1}{3}$	0	$-\frac{1}{3}$	$-\frac{2}{3}$	−1

Weise nach, daß auch diese Definition mit dem distributiven Gesetz in Widerspruch steht.

Anleitung: Untersuche $\mathfrak{a}^\circ\,(\mathfrak{a}^\circ + \mathfrak{b}^\circ)$, wobei $\sphericalangle\ (\mathfrak{a}^\circ; \mathfrak{b}^\circ) = 120°$.

5.2. Besonderheiten des Skalarproduktes

Die Einführung des skalaren Produktes hat gezeigt, daß das Produkt zweier Vektoren große Ähnlichkeit hat mit dem Produkt zweier Zahlen in der Zahlenalgebra. Wir haben unsere Rechengesetze ja gerade so gewählt, daß sie formal genau mit den Rechengesetzen der gewöhnlichen Algebra übereinstimmen. Diese Analogie gilt jedoch zunächst nur für die ausdrücklich postulierten Gesetze. Wie sich Vektoren gegenüber anderen aus der Algebra bekannten Gesetzen verhalten, muß in jedem einzelnen Fall besonders untersucht werden.

1. In der Algebra gilt: $a\,(b\,c) = (a\,b)\,c$. Im Kapitel 5.1 haben wir bereits festgestellt, daß das allgemeine assoziative Gesetz für das skalare Produkt zweier Vektoren nicht gilt.

2. Aus der Zahlenalgebra kennen wir die Potenzregel $(ab)^2 = a^2\,b^2$. Vektoriell ergibt $(\mathfrak{a}\,\mathfrak{b})^2 = \big(a\,b\cos(\mathfrak{a};\mathfrak{b})\big)^2 = a^2\,b^2\cos^2(\mathfrak{a};\mathfrak{b})$. Andererseits ist $\mathfrak{a}^2 \cdot \mathfrak{b}^2 = a^2 \cdot b^2$. Also ist $(\mathfrak{a}\,\mathfrak{b})^2 \neq \mathfrak{a}^2\,\mathfrak{b}^2$. Die entsprechende Vektorgleichung ist nur dann richtig, wenn ein Vektor der Nullvektor ist oder wenn $\cos(\mathfrak{a};\mathfrak{b}) = \pm 1$, d. h. wenn die beiden Vektoren kollinear sind.

3. In der Algebra ist $a\,b = 0$, wenn einer der Faktoren Null ist. Das Skalarprodukt zweier Vektoren $\mathfrak{a}$ und $\mathfrak{b}$ jedoch ist genau dann gleich Null, wenn

   1) $\mathfrak{a} = \mathfrak{o}$
   oder 2) $\mathfrak{b} = \mathfrak{o}$
   oder 3) $\mathfrak{a} \perp \mathfrak{b};\ \mathfrak{a} \neq \mathfrak{o};\ \mathfrak{b} \neq \mathfrak{o}$.

   Das skalare Produkt kann also auch dann Null werden, wenn keiner der beiden Vektoren der Nullvektor ist. Diese Tatsache spielt für die Anwendung des Skalarproduktes eine ganz entscheidende Rolle.

4. Ein weiterer besonders tiefgreifender Unterschied zur Zahlenalgebra besteht darin, daß man nicht durch Vektoren dividieren kann, d. h., daß sich die skalare Multiplikation nicht umkehren läßt. Untersuchen wir dieses Problem etwas genauer.
   In der Algebra ergibt sich aus der Gleichung

$$xa = b$$

eindeutig $\frac{b}{a}$ als Lösungsterm.

In der Vektorrechnung müssen wir uns entsprechend fragen, ob die Gleichung

$$\mathfrak{x}\,\mathfrak{a} = b$$

(b muß natürlich ein Skalar sein) *eindeutig* nach $\mathfrak{x}$ hin auflösbar ist. Gibt es genau eine solche Lösung, so stellt sie den gesuchten Quotienten $\frac{b}{\mathfrak{a}}$ dar. Bild 91.1 macht den Sachverhalt geometrisch deutlich. Der Einfachheit halber sollen alle Vektoren in der xy-Ebene liegen. Angenommen, $\mathfrak{x}_1$ sei ein Vektor, der die Gleichung

$$\mathfrak{x}\,\mathfrak{a} = b$$

erfüllt. Dann gilt:

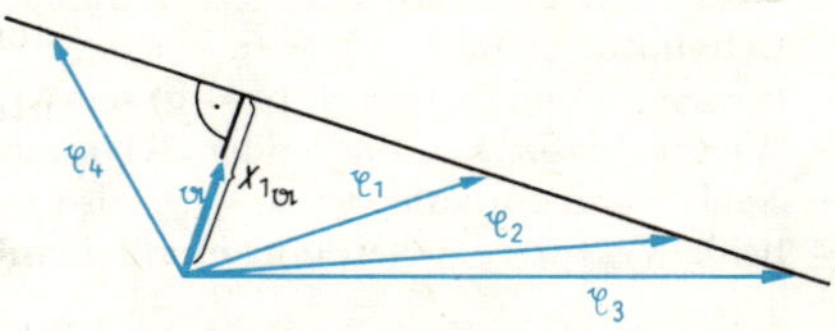

Bild 91.1

$\mathfrak{x}_1\,\mathfrak{a} = b$ oder $x_{1\mathfrak{a}} \cdot a = b$ (Def. 5.1 a)

Man sieht unmittelbar, daß es unendlich viele Vektoren $\mathfrak{x}_1, \mathfrak{x}_2, \mathfrak{x}_3 \cdots$ usw. gibt, die die Gleichung $\mathfrak{x}\,\mathfrak{a} = b$ oder $x_{\mathfrak{a}}\,a = b$ erfüllen. Die Lösungsmenge besteht aus unendlich vielen Vektoren, die ihren Angriffspunkt im Angriffspunkt von $\mathfrak{a}$ haben und deren Zielpunkte alle auf einer Geraden senkrecht zum Vektor $\mathfrak{a}$ liegen. Die Lage der Geraden hängt von der Größe von a und b ab. Der „Quotient" aus einer Zahl b und einem Vektor ist also unendlich vieldeutig. Eine Division einer Zahl b durch einen Vektor $\mathfrak{a}$ ist damit nicht möglich.

5. Da das skalare Produkt von zwei Vektoren eine reelle Zahl und kein Vektor ist, bildet die Menge der Vektoren hinsichtlich der skalaren Multiplikation keine Gruppe.

Beispiel

Die Umformung $\frac{\mathfrak{a}\,\mathfrak{b}}{\mathfrak{a}^2} = \frac{\mathfrak{b}}{\mathfrak{a}}$, die durch formales Kürzen durch den Vektor $\mathfrak{a}$ entsteht, ist falsch, da die Division durch einen Vektor nicht möglich ist.

Aufgaben

1. Sind folgende Umformungen falsch oder richtig? Gib jeweils die Begründung an.
   a) $(\mathfrak{b}\,\mathfrak{c})\,\mathfrak{c} = \mathfrak{b}\,\mathfrak{c}^2 = \mathfrak{b}\,c^2$ b) $\mathfrak{a}\,\mathfrak{b} = 3 \Rightarrow \mathfrak{b} = \frac{3}{\mathfrak{a}}$ c) $n\,(\mathfrak{a}\,\mathfrak{b}) = 4 \Rightarrow n = \frac{4}{\mathfrak{a}\,\mathfrak{b}}$
   d) $\mathfrak{a}\,(\mathfrak{b}\,\mathfrak{c}) + (\mathfrak{a}\,\mathfrak{b})\,\mathfrak{c} = \mathfrak{a}\,(\mathfrak{b}\,\mathfrak{c} + \mathfrak{b}\,\mathfrak{c}) = \mathfrak{a} \cdot 2\,\mathfrak{b}\,\mathfrak{c} = 2\,\mathfrak{a} \cdot (\mathfrak{b}\,\mathfrak{c})$
2. Welche Rechenoperationen werden durch die Punkte in dem Ausdruck $\mathfrak{a} \cdot (\mathfrak{b} \cdot \mathfrak{c})$ symbolisiert?

* 5.3. Elementargeometrische Anwendungen

Da in dem skalaren Produkt $\mathfrak{a}\,\mathfrak{b} = a\,b\,\cos\,(\mathfrak{a}; \mathfrak{b})$ Beträge von Vektoren und Winkel zwischen Vektoren auftreten, können wir bei geeigneter Aufgabenstellung aus dem Skalarprodukt Strecken und Winkel berechnen. Zudem wird das skalare Produkt zweier aufeinander senkrecht stehender Vektoren Null. Damit sind wir in der Lage, über das skalare Produkt festzustellen, ob zwei Vektoren, zwei Strecken oder Geraden einen rechten Winkel einschließen. Viele elementargeometrische

Sätze, die wir auf der Mittelstufe durch geeignete Abbildungen oder mit Hilfe der Kongruenzsätze bewiesen haben, lassen sich vektoriell durch Anwendung des skalaren Produktes überraschend einfach herleiten.

Beispiele

1. Zeige, daß in einem Rhombus die Diagonalen aufeinander senkrecht stehen (Bild 92.1).
Voraussetzung: ABCD ist ein Parallelogramm mit $a = b$.
Behauptung: $(\mathfrak{a} + \mathfrak{b}) \perp (\mathfrak{a} - \mathfrak{b})$
Beweis: Wenn $(\mathfrak{a} + \mathfrak{b}) \perp (\mathfrak{a} - \mathfrak{b})$ sein soll, dann muß gezeigt werden: $(\mathfrak{a} + \mathfrak{b}) \cdot (\mathfrak{a} - \mathfrak{b}) = 0$
Wir multiplizieren die beiden Klammern aus und erhalten: $(\mathfrak{a} + \mathfrak{b})(\mathfrak{a} - \mathfrak{b}) = a^2 - b^2$
Nach Voraussetzung ist $a = b$, also ist auch $a^2 = b^2$. Damit wird $(\mathfrak{a} + \mathfrak{b}) \cdot (\mathfrak{a} - \mathfrak{b}) = 0$, beide Vektoren stehen mithin aufeinander senkrecht, was zu beweisen war.

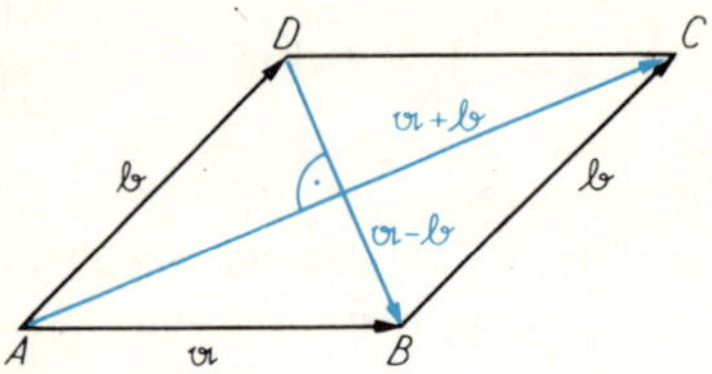

Bild 92.1

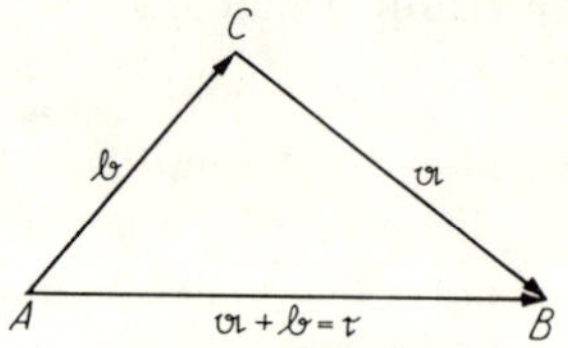

Bild 92.2

2. Beweise den Lehrsatz des Pythagoras (Bild 92.2).
Voraussetzung: ABC ist ein rechtwinkliges Dreieck, d. h. $\mathfrak{a} \cdot \mathfrak{b} = 0$
Behauptung: $a^2 + b^2 = c^2$.
Beweis: Es ist $\mathfrak{c} = \mathfrak{a} + \mathfrak{b}$. Wir quadrieren diese Gleichung und erhalten
$\mathfrak{c}^2 = c^2 = (\mathfrak{a} + \mathfrak{b})^2 = \mathfrak{a}^2 + 2\,\mathfrak{a}\,\mathfrak{b} + \mathfrak{b}^2$.
Nach Voraussetzung ist $\mathfrak{a} \cdot \mathfrak{b} = 0$. Somit ergibt sich $a^2 + b^2 = c^2$.

3. **Es sei $a = 3$ LE, $b = 2$ LE, $\alpha = \sphericalangle(\mathfrak{a}; \mathfrak{b}) = 120°$ und $\mathfrak{r}_1 = 2\,\mathfrak{a} - 5\,\mathfrak{b}$.**
Wie lang ist $\mathfrak{r}_1$, welchen Winkel bildet $\mathfrak{r}_1$ mit $\mathfrak{a}$?
Es ist $\mathfrak{r}_1^2 = r_1^2 \Rightarrow r_1 = \sqrt{\mathfrak{r}_1^2}$. Wir multiplizieren $\mathfrak{r}_1$ mit sich selbst, berücksichtigen $\mathfrak{a}^2 = a^2$, $\mathfrak{b}^2 = b^2$, $\mathfrak{a}\,\mathfrak{b} = a\,b\cos\alpha$ und erhalten

$$r_1 = \sqrt{(2\mathfrak{a} - 5\mathfrak{b})^2} = \sqrt{4\,\mathfrak{a}^2 - 20\,\mathfrak{a}\,\mathfrak{b} + 25\,\mathfrak{b}^2}$$

$$r_1 = \sqrt{36 - 20\,(3 \cdot 2\cos 120°) + 100} = \sqrt{196} = \mathbf{14\ LE}.$$

Der gesuchte Winkel tritt in dem skalaren Produkt $\mathfrak{r}_1\,\mathfrak{a} = r_1\,a\cos(\mathfrak{r}_1; \mathfrak{a})$ auf. Wir lösen nach $\cos(\mathfrak{r}_1; \mathfrak{a})$ auf und setzen $\mathfrak{r}_1$ ein.

$$\cos(\mathfrak{r}_1; \mathfrak{a}) = \frac{\mathfrak{r}_1\,\mathfrak{a}}{r_1\,a} = \frac{(2\,\mathfrak{a} - 5\,\mathfrak{b})\,\mathfrak{a}}{14 \cdot 3} = \frac{2\,\mathfrak{a}^2 - 5\,\mathfrak{a}\,\mathfrak{b}}{42}.$$

Setzen wir nun noch die gegebenen Werte ein, so ergibt sich

$$\cos(\mathfrak{r}_1; \mathfrak{a}) = \frac{18 - 5\left(3 \cdot 2\left(-\frac{1}{2}\right)\right)}{42} = \frac{11}{14}$$

$$\cos(\mathfrak{r}_1; \mathfrak{a}) = \frac{11}{14} \Rightarrow \sphericalangle(\mathfrak{r}_1; \mathfrak{a}) = 38{,}22°.$$

Aufgaben

1. Beweise den Kosinussatz.
2. Zeige: Wenn ein Vektor $\mathfrak{n}$ senkrecht steht auf $\mathfrak{a}$ und $\mathfrak{b}$, so steht er auf jedem Vektor der Ebene senkrecht, die durch $\mathfrak{a}$ und $\mathfrak{b}$ aufgespannt wird.

3. Für welche Punkte mit dem Ortsvektor $\mathfrak{r}$ gilt $\mathfrak{r}^2 = 9$?

4. Beweise, daß in einem gleichschenkligen Dreieck mit $a = b$ gilt: s_c steht senkrecht auf c.

5. Zeige:
   a) Wenn sich in einem Viereck die Diagonalen halbieren, dann ist es ein Parallelogramm.
   b) Wenn in einem Parallelogramm die Diagonalen aufeinander senkrecht stehen, dann ist es ein Rhombus.

6. Weise nach, daß ein Parallelogramm, in dem die Diagonalen gleich lang sind, ein Rechteck ist.

7. Zeige, daß in einem Rechteck die Diagonalen gleich lang sind.

8. Die Innen- und Außenwinkelhalbierende eines Winkels stehen aufeinander senkrecht. Anleitung: Betrachte die Winkelhalbierende zwischen zwei Einheitsvektoren.

9. Beweise den Satz des Thales und seine Umkehrung an Bild 93.1.

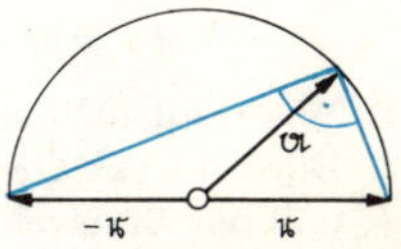

Bild 93.1

10. Beweise folgenden Satz (Sekantensatz): Schneiden sich zwei Sekanten eines Kreises in einem Punkt C außerhalb dieses Kreises, so ist das Produkt der Abschnitte der einen Sekante gleich dem Produkt der Abschnitte der anderen Sekante, d. h. es gilt $CA \cdot CB = \text{const}$ (Bild 93.2). Anleitung: Zeige, daß $CA \cdot CB$ nur vom Radius des Kreises und von der Lage von C abhängt.

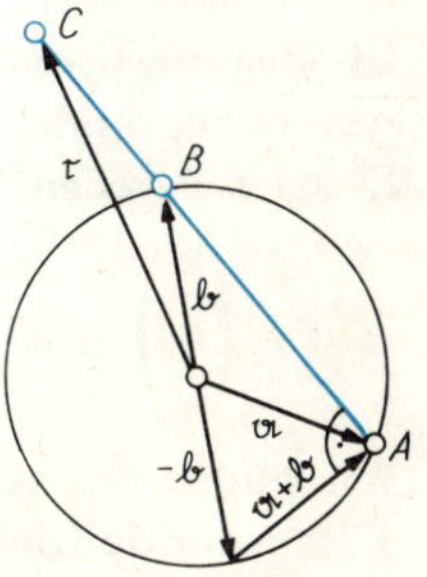

Bild 93.2

11. Beweise den Höhensatz an Bild 93.3.

12. In der Physik gilt für die Arbeit A, die die Kraft $\mathfrak{K}$ längs des Weges $\mathfrak{s}$ leistet: $A = K\ s\ \cos(\mathfrak{K}; \mathfrak{s})$. Deute dieses Ergebnis vektoriell und berechne den Winkel zwischen $\mathfrak{K}$ und $\mathfrak{s}$ für den Fall, daß $K = 9$ kp, $s = 6$m und $A = 27$ mkp ist.

13. Es sei $\sphericalangle(\mathfrak{a}^\circ; \mathfrak{b}^\circ) = 60^\circ$ und $\mathfrak{r}_1 = 4\,\mathfrak{a}^\circ - 6\,\mathfrak{b}^\circ$ und $\mathfrak{r}_2 = 4\,\mathfrak{a}^\circ + \mathfrak{b}^\circ$. Stehen $\mathfrak{r}_1$ und $\mathfrak{r}_2$ aufeinander senkrecht? Berechne r_1 und r_2.

14. Untersuche, ob sich die Raumdiagonalen eines Würfels halbieren und ob sie aufeinander senkrecht stehen.

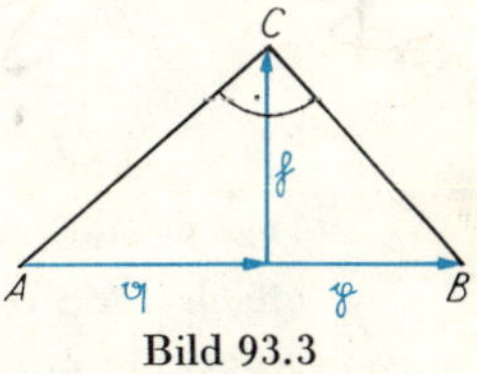

Bild 93.3

15. Welchen Winkel schließen die Vektoren $\mathfrak{a}$ und $\mathfrak{b}$ ein, wenn sie folgende Eigenschaften besitzen:
   a) $a = 3$ LE, $b = 4$ LE und $\left(\mathfrak{a} - \frac{\mathfrak{b}}{2}\right) \perp (\mathfrak{a} + \mathfrak{b})$,
   b) $a = 3$ LE, $b = 4$ LE und $(4\,\mathfrak{a} + 6\,\mathfrak{b}) \perp (8\,\mathfrak{a} - 3\,\mathfrak{b})$?

16. $\mathfrak{a}^\circ$ und $\mathfrak{b}^\circ$ seien zwei Einheitsvektoren, die aufeinander senkrecht stehen, und es sei $\mathfrak{r}_1 = \mathfrak{a}^\circ + 2\,\mathfrak{b}^\circ$. Für welches λ gilt:
   a) $\mathfrak{r}_1 \perp \mathfrak{r}_2$ mit $\mathfrak{r}_2 = 4\,\mathfrak{a}^\circ + \lambda\mathfrak{b}^\circ$,
   b) $\sphericalangle(\mathfrak{r}_1; \mathfrak{r}_2) = 45^\circ$ mit $\mathfrak{r}_2 = \mathfrak{a}^\circ + \lambda\,\mathfrak{b}^\circ$?

17. Eine schiefe Pyramide mit dem Parallelogramm ABCD als Grundfläche und der Spitze S sei gegeben durch die Vektoren $\overrightarrow{AB} = \mathfrak{a}$, $\overrightarrow{BC} = \mathfrak{b}$, $\overrightarrow{AS} = \mathfrak{c}$. Es betrage $a = 5$ LE, $b = 4$ LE, $c = 3$ LE, $\sphericalangle(\mathfrak{a}, \mathfrak{b}) = 60°$, $\sphericalangle(\mathfrak{b}; \mathfrak{c}) = 90°$, $\sphericalangle(\mathfrak{a}; \mathfrak{c}) = 120°$. Berechne
   a) die Kantenlängen BS, CS, DS,
   b) den Winkel ASB.

18. Ein Spat ist geometrisch festgelegt durch die Angabe von drei Vektoren $\mathfrak{a}, \mathfrak{b}, \mathfrak{c}$, die man von dem einen Eckpunkt A der Grundfläche abträgt. Es sei $a = 1$ LE, $b = 2$ LE, $c = 3$ LE, $\sphericalangle(\mathfrak{a}; \mathfrak{c}) = 60°$, $\sphericalangle(\mathfrak{a}; \mathfrak{b}) = 90°$, $\sphericalangle(\mathfrak{b}; \mathfrak{c}) = 60°$. Berechne die senkrechten Projektionen der Raumdiagonalen AD auf $\mathfrak{a}, \mathfrak{b}, \mathfrak{c}$.

19. Gegeben seien zwei Vektoren $\mathfrak{a}$ und $\mathfrak{b}$, die nicht kollinear sind und nicht aufeinander senkrecht stehen. Zeige

$$\mathfrak{a}_{\mathfrak{b}} = \frac{\mathfrak{a}\,\mathfrak{b}}{\mathfrak{b}^2} \cdot \mathfrak{b}\,.$$

5.4. Das skalare Produkt in Koordinatendarstellung

Vorübungen

1. Wie werden Vektoren in Spaltenschreibweise addiert, subtrahiert und vervielfacht?
2. Bilde die skalaren Produkte aller Grundvektoren $\mathfrak{a}, \mathfrak{b}, \mathfrak{c}$ eines affinen Koordinatensystems und der Basisvektoren $\mathfrak{i}, \mathfrak{j}, \mathfrak{k}$ eines kartesischen Koordinatensystems und vergleiche.

Vorübung 2 zeigt, daß die skalaren Produkte der Basisvektoren eines kartesischen Koordinatensystems besonders einfache Zahlen sind. Deshalb legen wir für alle Überlegungen und Aufgaben der folgenden Kapitel ein kartesisches Koordinatensystem zugrunde.
Es seien gegeben

$$\mathfrak{a} = \begin{pmatrix} a_x \\ a_y \\ a_z \end{pmatrix} \Rightarrow \mathfrak{a} = a_x\,\mathfrak{i} + a_y\,\mathfrak{j} + a_z\,\mathfrak{k} \quad \text{und} \quad \mathfrak{b} = \begin{pmatrix} b_x \\ b_y \\ b_z \end{pmatrix} \Rightarrow \mathfrak{b} = b_x\,\mathfrak{i} + b_y\,\mathfrak{j} + b_z\,\mathfrak{k}\,.$$

Wir bilden das skalare Produkt, indem wir unter Beachtung der Axiome 5.1, 5.2, 5.3 ausmultiplizieren. Es ergibt sich

Satz 5.1

$$\mathfrak{a} \cdot \mathfrak{b} = \begin{pmatrix} a_x \\ a_y \\ a_z \end{pmatrix} \begin{pmatrix} b_x \\ b_y \\ b_z \end{pmatrix} = a_x\,b_x + a_y\,b_y + a_z\,b_z\,.$$

Das skalare Produkt zweier Vektoren $\mathfrak{a}$ und $\mathfrak{b}$ in Spaltenschreibweise ist gleich der Summe der Produkte der in den Spalten nebeneinanderstehenden Koordinaten.

Mit dem skalaren Produkt haben wir nun eine Metrik für den linearen Vektorraum festgelegt; wir können nämlich die Länge eines Vektor und den Winkel zwischen zwei Vektoren folgendermaßen berechnen:

$$\mathfrak{a}^2 = a^2 \Rightarrow a = \sqrt{\mathfrak{a}^2}$$

Den Radikanden berechnen wir nach Satz 5.1 und erhalten

Satz 5.2

$$|\mathfrak{a}| = a = \sqrt{a_x^2 + a_y^2 + a_z^2}$$

Die Länge eines Vektors ist gleich der Wurzel aus der Summe der Quadrate seiner Koordinaten.

Für die Winkelberechnung beachten wir Def. 5.1 b

$$\mathfrak{a} \cdot \mathfrak{b} = a\, b \cos(\mathfrak{a}; \mathfrak{b}) \Rightarrow \cos(\mathfrak{a}; \mathfrak{b}) = \frac{\mathfrak{a} \cdot \mathfrak{b}}{a \cdot b}$$

Es ergibt sich

Satz 5.3

$$\cos(\mathfrak{a}; \mathfrak{b}) = \frac{\mathfrak{a} \cdot \mathfrak{b}}{a \cdot b}$$

Zum Abschluß dieses Kapitels wollen wir die Schnittwinkel eines Einheitsvektors mit den drei Koordinatenachsen berechnen.

Für den Schnittwinkel zwischen $\mathfrak{a}^\circ = \begin{pmatrix} a_x^\circ \\ a_y^\circ \\ a_z^\circ \end{pmatrix}$ und $\mathfrak{i} = \begin{pmatrix} 1 \\ 0 \\ 0 \end{pmatrix}$ erhält man nach Satz 5.3

$$\cos(\mathfrak{a}^\circ; \mathfrak{i}) = \frac{\mathfrak{a}^\circ\, \mathfrak{i}}{a^\circ\, i} = \frac{a_x^\circ \cdot 1}{1} = a_x^\circ .$$

Entsprechend ergibt sich:

$$\cos(\mathfrak{a}^\circ; \mathfrak{j}) = a_y^\circ, \qquad \cos(\mathfrak{a}^\circ; \mathfrak{k}) = a_z^\circ \quad \text{und deshalb} \quad \mathfrak{a}^\circ = \begin{pmatrix} \cos(\mathfrak{a}^\circ; \mathfrak{i}) \\ \cos(\mathfrak{a}^\circ; \mathfrak{j}) \\ \cos(\mathfrak{a}^\circ; \mathfrak{k}) \end{pmatrix}.$$

Satz 5.4

Die Koordinaten des Einheitsvektors $\mathfrak{a}^\circ$ sind gleich den Kosinus der Schnittwinkel mit den entsprechenden Koordinatenachsen (Richtungskosinus).

Beispiel

Gegeben sind die Vektoren $\mathfrak{a} = \begin{pmatrix} 12 \\ 3 \\ 4 \end{pmatrix}$ und $\mathfrak{b} = \begin{pmatrix} 6 \\ 0 \\ -8 \end{pmatrix}$.

Berechne

a) ihre Länge,

b) $\mathfrak{a}^\circ$ und $\mathfrak{b}^\circ$,

c) den Winkel zwischen $\mathfrak{a}$ und $\mathfrak{b}$,

d) die Schnittwinkel von $\mathfrak{a}^\circ$ mit den Koordinatenachsen.

a) Nach Satz 5.2 ist $a = \sqrt{a_x^2 + a_y^2 + a_z^2} = \sqrt{169} = 13$ LE.

Entsprechend bekommt man $b = \sqrt{36 + 0 + 64} = 10$ LE.

b) Es ist $\mathfrak{a}^\circ = \frac{\mathfrak{a}}{a} = \frac{1}{a}\,\mathfrak{a}$. Wir setzen ein und erhalten $\mathfrak{a}^\circ = \frac{1}{13}\begin{pmatrix} 12 \\ 3 \\ 4 \end{pmatrix} = \begin{pmatrix} \frac{12}{13} \\ \frac{3}{13} \\ \frac{4}{13} \end{pmatrix}$.

Analog ergibt sich $\mathfrak{b}^\circ = \frac{1}{b}\,\mathfrak{b} = \frac{1}{10}\begin{pmatrix} 6 \\ 0 \\ -8 \end{pmatrix} = \begin{pmatrix} \frac{3}{5} \\ 0 \\ -\frac{4}{5} \end{pmatrix}$.

c) Die Anwendung der Sätze 5.3, 5.1, 5.2 ergibt

$$\cos(\mathfrak{a};\mathfrak{b}) = \frac{\mathfrak{a}\,\mathfrak{b}}{a\,b} = \frac{72 + 0 - 32}{13 \cdot 10} = \frac{4}{13} = 0{,}3077 \;\Rightarrow\; \alpha = 72{,}08^\circ.$$

d) Das Ergebnis von Aufgabe b) zusammen mit Satz 5.4 liefert

$$\mathfrak{a}^\circ = \begin{pmatrix} \frac{12}{13} \\ \frac{3}{13} \\ \frac{4}{13} \end{pmatrix} \Rightarrow \begin{aligned} &\cos(\mathfrak{a}^\circ;\mathfrak{i}) = \frac{12}{13} \Rightarrow \sphericalangle(\mathfrak{a}^\circ;\mathfrak{i}) = 22{,}61^\circ, \\ &\cos(\mathfrak{a}^\circ;\mathfrak{j}) = \frac{3}{13} \Rightarrow \sphericalangle(\mathfrak{a}^\circ;\mathfrak{j}) = 76{,}66^\circ, \\ &\cos(\mathfrak{a}^\circ;\mathfrak{k}) = \frac{4}{13} \Rightarrow \sphericalangle(\mathfrak{a}^\circ;\mathfrak{k}) = 72{,}08^\circ. \end{aligned}$$

Aufgaben (Rechne gegebenenfalls mit dem Rechenstab!)

1. Bilde das skalare Produkt der folgenden Vektoren:

a) $\mathfrak{a} = \begin{pmatrix} 1 \\ 2 \\ 3 \end{pmatrix}$, $\mathfrak{b} = \begin{pmatrix} 3 \\ -2 \\ 1 \end{pmatrix}$ b) $\mathfrak{a} = \begin{pmatrix} 2 \\ 1 \\ 0 \end{pmatrix}$, $\mathfrak{b} = \begin{pmatrix} 4 \\ -8 \\ 1 \end{pmatrix}$

2. Wie lang sind folgende Vektoren?

$\mathfrak{a} = \begin{pmatrix} 3 \\ 0 \\ 4 \end{pmatrix}$, $\mathfrak{b} = \begin{pmatrix} -2 \\ 1 \\ 5 \end{pmatrix}$, $\mathfrak{c} = \begin{pmatrix} \frac{1}{2} \\ 3 \\ \sqrt{\frac{3}{4}} \end{pmatrix}$

3. Welchen Winkel bilden folgende Vektoren?

a) $\mathfrak{r}_1 = \begin{pmatrix} 2 \\ -5 \\ 3 \end{pmatrix}$, $\mathfrak{r}_2 = \begin{pmatrix} -1 \\ 5 \\ -2 \end{pmatrix}$ b) $\mathfrak{r}_1 = \begin{pmatrix} 2 \\ -3 \\ 4 \end{pmatrix}$, $\mathfrak{r}_2 = \begin{pmatrix} 1 \\ 1 \\ 1 \end{pmatrix}$ c) $\mathfrak{r}_1 = \begin{pmatrix} 4 \\ -3 \\ 7 \end{pmatrix}$, $\mathfrak{r}_2 = \begin{pmatrix} 3 \\ -7 \\ 2 \end{pmatrix}$

4. Welche Winkel bilden folgende Vektoren mit den Koordinatenachsen?

$\mathfrak{a} = \begin{pmatrix} 3 \\ -4 \end{pmatrix}$, $\mathfrak{b} = \begin{pmatrix} 7 \\ 4 \\ -4 \end{pmatrix}$, $\mathfrak{c} = \begin{pmatrix} \frac{1}{2} \\ 0 \\ 4 \end{pmatrix}$

1. Einheitsvektoren bestimmen
2. Koordinaten des ↗ entsprechen den cosinus.

5. Zeige, daß für $\mathfrak{a} = \begin{pmatrix} 6 \\ -2 \\ -4 \end{pmatrix}$ und $\mathfrak{b} = \begin{pmatrix} 3 \\ -1 \\ -2 \end{pmatrix}$ $\mathfrak{a}\,\mathfrak{b} = a\,b$ ist. Was folgt daraus?

a und b sind kollinear

6. Zeige, daß folgende Vektoren aufeinander senkrecht stehen:

a) $\mathfrak{a} = \begin{pmatrix} 1 \\ -3 \\ 4 \end{pmatrix}$, $\mathfrak{b} = \begin{pmatrix} -8 \\ 0 \\ 2 \end{pmatrix}$ b) $\mathfrak{a} = \begin{pmatrix} 2 \\ 3 \end{pmatrix}$, $\mathfrak{b} = \begin{pmatrix} -9 \\ 6 \end{pmatrix}$

7. Wie heißt der Vektor $\mathfrak{a}_{\mathfrak{b}}$, wenn $\mathfrak{a} = \begin{pmatrix} -2 \\ -1 \\ 2 \end{pmatrix}$ und $\mathfrak{b} = \begin{pmatrix} -5 \\ 3 \\ 4 \end{pmatrix}$ ist?

8. Gegeben sind die Punkte P_1 und P_2 durch $\mathfrak{r}_1$ und $\mathfrak{r}_2$. Gib eine Formel an für die Länge der Strecke $P_1 P_2$. Was ergibt sich aus der Formel bei Vertauschung der Indizes?

9. Wie lang sind die Seiten in folgendem Dreieck:
$P_1\,(7/3/4)$ $P_2\,(3/5/0)$ $P_3\,(11/4/4)$?

10. Berechne die Winkel in folgendem Dreieck:
a) $P_1\,(2/4/3)$ $P_2\,(6/0/-4)$ $P_3\,(5/-4/2)$
b) $P_1\,(3/6/2)$ $P_2\,(0/7/0)$ $P_3\,(-3/-2/1)$

11. Gegeben ist der Vektor $\mathfrak{a} = \begin{pmatrix} 1 \\ 2 \end{pmatrix}$.
a) Spiegele $\mathfrak{a}$ an der x- und y-Achse.
b) Drehe $\mathfrak{a}$ um seinen Angriffspunkt um 90°, 180° und 270°.

12. Es sei $\mathfrak{a} = \begin{pmatrix} 5 \\ 10 \end{pmatrix}$ und $\mathfrak{b} = \begin{pmatrix} 4 \\ 3 \end{pmatrix}$. Spiegele $\mathfrak{a}$ an $\mathfrak{b}$.

13. $\mathfrak{a}$ bilde mit den Basisvektoren $\mathfrak{i}$, $\mathfrak{j}$, $\mathfrak{k}$ folgende Skalarprodukte:
a) $\mathfrak{a}\,\mathfrak{i} = 4$, $\mathfrak{a}\,\mathfrak{j} = 7$, $\mathfrak{a}\,\mathfrak{k} = 4$ b) $\mathfrak{a}\,\mathfrak{i} = 5$, $\mathfrak{a}\,\mathfrak{j} = 12$, $\mathfrak{a}\,\mathfrak{k} = 0$
Bestimme $\mathfrak{a}$. Wie lang ist $\mathfrak{a}$?

14. Wie lang ist die Strecke, die zwischen den Geraden $g_1\colon \mathfrak{r} = \begin{pmatrix} 4 \\ 2 \end{pmatrix} + \lambda \begin{pmatrix} 1 \\ 2 \end{pmatrix}$ und $g_2\colon \mathfrak{r} = \begin{pmatrix} 4 \\ 2 \end{pmatrix} + \mu \begin{pmatrix} 2 \\ -5 \end{pmatrix}$ liegt und in $P_1\,(6/0)$ im Verhältnis 1:2 geteilt wird?

15. In der xy-Ebene sei $\mathfrak{a}^\circ$ ein Einheitsvektor in Richtung der Winkelhalbierenden im
a) 1. Quadranten
b) 2. Quadranten eines Koordinatensystems.
Berechne die Koordinaten von $\mathfrak{a}^\circ$.

16. Welche Winkel bildet die Raumdiagonale eines Würfels mit den Würfelkanten? (Anleitung: Setze die Länge der Raumdiagonalen gleich 1.)

17. In einem Quader stehen die Kanten im Verhältnis $a:b:c = 1:2:3$. Bestimme die Winkel zwischen der Raumdiagonalen und den Kanten des Quaders. Wie heißt die Koordinatendarstellung des Vektors der Raumdiagonalen?

5.5. Lotvektoren

Vorübungen

1. Gegeben ist der Vektor $\mathfrak{a} = \begin{pmatrix} a_x \\ a_y \end{pmatrix}$. Zeige, daß die Vektoren $\bar{\mathfrak{a}} = \begin{pmatrix} -a_y \\ a_x \end{pmatrix}$ und $\bar{\mathfrak{a}}' = \begin{pmatrix} a_y \\ -a_x \end{pmatrix}$ senkrecht auf $\mathfrak{a}$ stehen, also Lotvektoren zu $\mathfrak{a}$ sind.

2. Gegeben ist der Vektor $\mathfrak{a} = \begin{pmatrix} a_x \\ a_y \\ a_z \end{pmatrix}$ im Raum. Zeige, daß die Vektoren $\bar{\mathfrak{a}}_1 = \begin{pmatrix} 0 \\ -a_z \\ a_y \end{pmatrix}$, $\bar{\mathfrak{a}}_2 = \begin{pmatrix} a_z \\ 0 \\ -a_x \end{pmatrix}$

und $\bar{\mathfrak{a}}_3 = \begin{pmatrix} -a_y \\ a_x \\ 0 \end{pmatrix}$ Lotvektoren zu $\mathfrak{a}$ sind.

Bilde weitere Lotvektoren von $\mathfrak{a}$.

Wenn uns ein Vektor $\mathfrak{a}$ in der xy-Ebene gegeben ist, so hat ein Lotvektor $\bar{\mathfrak{a}}$ von $\mathfrak{a}$ in derselben Ebene wie $\mathfrak{a}$ folgende Koordinaten:

$$\mathfrak{a} = \begin{pmatrix} a_x \\ a_y \end{pmatrix} \Rightarrow \bar{\mathfrak{a}} = \begin{pmatrix} -a_y \\ a_x \end{pmatrix}$$

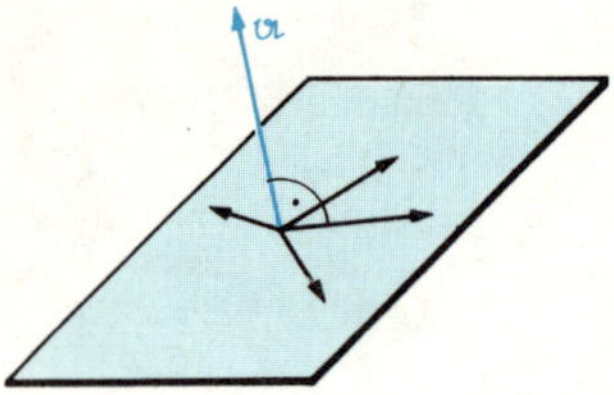

Bild 98.1

Jeder Lotvektor von $\mathfrak{a}$ ist kollinear zu $\bar{\mathfrak{a}}$ und läßt sich deshalb in der Form $\lambda\bar{\mathfrak{a}}$ schreiben.

Etwas schwieriger schon ist das Problem der Berechnung eines Lotvektors $\bar{\mathfrak{a}}$ von $\mathfrak{a}$, wenn uns $\mathfrak{a}$ als Vektor im Raum gegeben ist. Bild 98.1 zeigt, daß es unendlich viele nicht zueinander kollineare Lotvektoren zu $\mathfrak{a}$ gibt. Sie sind alle komplanar zu einer Ebene, auf der $\mathfrak{a}$ senkrecht steht.

Einen solchen Lotvektor erhält man z. B., wenn man eine Koordinate von $\mathfrak{a} = \begin{pmatrix} a_x \\ a_y \\ a_z \end{pmatrix}$ Null setzt, die beiden anderen vertauscht und vor eine dieser beiden noch ein Minuszeichen setzt. Dann sind

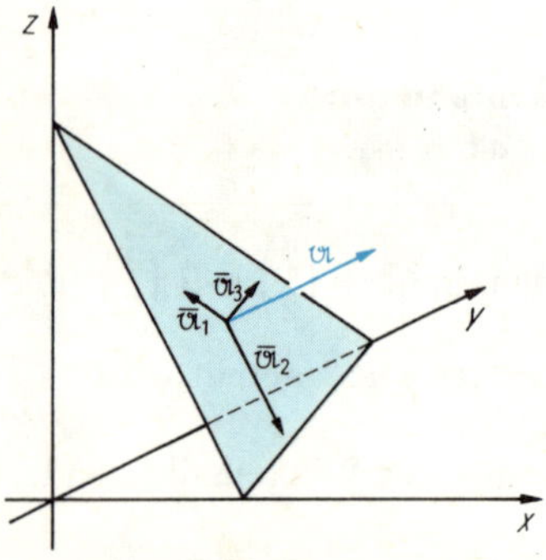

Bild 98.2

$$\bar{\mathfrak{a}}_1 = \begin{pmatrix} 0 \\ -a_z \\ a_y \end{pmatrix} \quad \bar{\mathfrak{a}}_2 = \begin{pmatrix} a_z \\ 0 \\ -a_x \end{pmatrix} \quad \bar{\mathfrak{a}}_3 = \begin{pmatrix} -a_y \\ a_x \\ 0 \end{pmatrix}$$

Lotvektoren von $\mathfrak{a}$, von denen je zwei nicht kollinear sind. Jeder von ihnen liegt genau in einer der drei Grundebenen (Bild 98.2). Da alle überhaupt existierenden Lotvektoren untereinander komplanar sind, $\bar{\mathfrak{a}}_1$, $\bar{\mathfrak{a}}_2$ und $\bar{\mathfrak{a}}_3$ untereinander nicht kollinear sind, läßt sich jeder Lotvektor von $\mathfrak{a}$ als Linearkombination aus zwei nicht kollinearen Lotvektoren darstellen z. B. in der Form $\lambda\bar{\mathfrak{a}}_1 + \mu\bar{\mathfrak{a}}_2$ (Vgl. Aufg. 1).

Beispiel

Gegeben sind die Punkte P_1 (6/7) und P_2 (2/3). Berechne die Gleichung der Mittelsenkrechten von P_1P_2 in der Parameterform.

Zur Aufstellung der gesuchten Gleichung brauchen wir einen Punkt der Mittelsenkrechten und ihren Richtungsvektor. Als Punkt wählen wir den Mittelpunkt M von P_1P_2. Es gilt:

$$\mathfrak{r}_M = \frac{\mathfrak{r}_1 + \mathfrak{r}_2}{2} = \begin{pmatrix} 4 \\ 5 \end{pmatrix}$$

Da die Mittelsenkrechte senkrecht steht auf P_1P_2, hat ihr Richtungsvektor dieselbe Eigenschaft. Er ist Lotvektor von $\overrightarrow{P_1 P_2}$. Damit ergibt sich der Richtungsvektor $\mathfrak{u}$ der Mittelsenkrechten als

$$\mathfrak{u} = \overline{\mathfrak{r}_1 - \mathfrak{r}_2} = \begin{pmatrix} -4 \\ 4 \end{pmatrix}.$$

Die Gleichung der gesuchten Mittelsenkrechten lautet also

$$\mathfrak{r} = \begin{pmatrix} 4 \\ 5 \end{pmatrix} + \lambda \begin{pmatrix} -4 \\ 4 \end{pmatrix}.$$

Aufgaben

1. Zeige rechnerisch: Jeder Vektor der Form $\lambda \bar{\mathfrak{a}}_1 + \mu \bar{\mathfrak{a}}_2$ steht senkrecht auf $\mathfrak{a}$.

2. Gegeben ist $\mathfrak{a} = \begin{pmatrix} 2 \\ 0 \\ 0 \end{pmatrix}$. Bestimme die Menge aller Lotvektoren zu $\mathfrak{a}$. Welche Besonderheit stellst du bei der Bildung von $\bar{\mathfrak{a}}_1$, $\bar{\mathfrak{a}}_2$, $\bar{\mathfrak{a}}_3$ fest?

3. Zeige, daß $\bar{\mathfrak{a}} = \begin{pmatrix} -2\,a_y\,a_z \\ a_x\,a_z \\ a_x\,a_y \end{pmatrix}$ Lotvektor von $\mathfrak{a} = \begin{pmatrix} a_x \\ a_y \\ a_z \end{pmatrix}$ ist. Stelle $\bar{\mathfrak{a}}$ durch zwei der Vektoren $\bar{\mathfrak{a}}_1$, $\bar{\mathfrak{a}}_2$, $\bar{\mathfrak{a}}_3$ dar.

4. Berechne die Menge der Lotvektoren der Geraden

   a) $g: \mathfrak{r} = \begin{pmatrix} 1 \\ 1 \\ 3 \end{pmatrix} + \lambda \begin{pmatrix} 2 \\ 3 \\ -1 \end{pmatrix}$ b) $g: \mathfrak{r} = \begin{pmatrix} 0 \\ 2 \\ -1 \end{pmatrix} + \lambda \begin{pmatrix} -1 \\ 0 \\ 4 \end{pmatrix}$.

5. Gegeben sind die Punkte $P_1\,(5/-2)$ und $P_2\,(3/-6)$.
   Berechne die Gleichung der Symmetriegeraden zu P_1 und P_2.

6. Gegeben ist das Dreieck $P_1\,(0/4)$ $P_2\,(2/8)$ $P_3\,(-1/-3)$.
   Berechne den Radius des Umkreises.

7. In welchem Punkt schneidet das Lot, das von $P_1\left(7\frac{1}{3}/-3\frac{2}{3}\right)$ auf die Gerade $g: \mathfrak{r} = \begin{pmatrix} 0 \\ 6 \end{pmatrix} + \lambda \begin{pmatrix} 3 \\ 4 \end{pmatrix}$ gefällt wird, diese Gerade?

8. $P_1\,(8/3)$, $P_2\,(7/-2)$ und $P_3\,(-5/-10)$ seien die Eckpunkte eines Dreiecks.
   Berechne den Schnittpunkt der Mittelsenkrechten.

9. $P_1\,(5/6)$, $P_2\,(-2/4)$ und $P_3\,(6/-1)$ seien die Eckpunkte eines Dreiecks.
   Berechne die Gleichungen der Höhengeraden.

10. Der Punkt $P_1\,(5/2)$ soll mit dem Schnittpunkt der beiden Geraden $g_1: \mathfrak{r} = \begin{pmatrix} 9 \\ 1 \end{pmatrix} + \lambda \begin{pmatrix} 2 \\ -1 \end{pmatrix}$ und $g_2: \mathfrak{r} = \begin{pmatrix} 1 \\ -25 \end{pmatrix} + \lambda \begin{pmatrix} 2 \\ 9 \end{pmatrix}$ verbunden werden. Berechne die Gleichung der Mittelsenkrechten dieser Verbindungsstrecke.

Fragen!

5.6. Die Behandlung von Vektorgleichungen mit Hilfe des operativen Verfahrens

Vorübungen

1. Welche Rechenoperationen haben wir bisher zur Lösung von Vektorgleichungen angewandt?
2. Ist die Multiplikation einer Vektorgleichung mit einem Vektor $\mathfrak{a}$ zulässig?

Wir haben in den früheren Kapiteln gesehen, daß Gleichungen zwischen Vektoren ähnlich behandelt werden können wie in der gewöhnlichen Algebra. Wir können in einer Vektorgleichung auf beiden Seiten Vektoren addieren bzw. subtrahieren, wir können die Gleichung mit einer Zahl multiplizieren oder sie durch eine Zahl dividieren. Das alles liegt ganz einfach daran, daß jede Seite der Gleichung für sich als Ganzes einen Vektor darstellt, mit dem wir natürlich jede Operation durchführen können, die in der Vektorrechnung definiert ist. Wir können deshalb auch eine Vektorgleichung mit einem Vektor multiplizieren unter Beachtung der zugehörigen Rechengesetze. Wir wollen dieses Verfahren der Multiplikation einer Vektorgleichung mit einem Vektor *operatives Verfahren* nennen. Es wird recht häufig angewandt und soll deshalb an einigen Beispielen erläutert werden.

Daß wir eine Vektorgleichung und damit Vektoren nicht durch einen Vektor dividieren dürfen, haben wir in Kapitel 5.2 untersucht.

Beispiele

1. Löse die Vektorgleichung $\mathfrak{r}_1 = \lambda_1 \mathfrak{u} + \mu_1 \bar{\mathfrak{u}}$ nach λ_1 und μ_1 auf.
Das für Gleichungen dieser Form in der Zahlenalgebra übliche Verfahren läßt sich auf die vorliegende Vektorgleichung nicht anwenden, da wir ordnen und anschließend durch den Vektor $\mathfrak{u}$ dividieren müßten. Wir verwenden deshalb das operative Verfahren, indem wir die Gleichung mit dem Vektor $\mathfrak{u}$ multiplizieren. Wegen $\mathfrak{u}\,\mathfrak{u} = \mathrm{u}^2$ und $\mathfrak{u}\,\bar{\mathfrak{u}} = 0$ ergibt sich:
$$\mathfrak{u}\,\mathfrak{r}_1 = \lambda_1 \mathrm{u}^2$$
Durch diese Multiplikation mit dem Vektor $\mathfrak{u}$ ist aus der vorgegebenen Gleichung, in der links und rechts Vektoren stehen, eine Gleichung zwischen Zahlen geworden, da skalare Produkte eine Zahl ergeben. Außerdem ist μ_1 herausgefallen. Wir können jetzt die Gleichung durch den Skalar u^2 dividieren und erhalten
$$\lambda_1 = \frac{\mathfrak{u}\,\mathfrak{r}_1}{\mathrm{u}^2}.$$
Analog ergibt sich μ_1, wenn wir die Ausgangsgleichung mit $\bar{\mathfrak{u}}$ multiplizieren:
$$\bar{\mathfrak{u}}\,\mathfrak{r}_1 = \mu_1 \bar{\mathrm{u}}^2 \Rightarrow \mu_1 = \frac{\bar{\mathfrak{u}}\,\mathfrak{r}_1}{\bar{\mathrm{u}}^2}.$$

2. Gegeben seien die Vektoren $\mathfrak{a} = \begin{pmatrix} 2 \\ 2 \\ 1 \end{pmatrix}$, $\mathfrak{b} = \begin{pmatrix} 8 \\ 5 \\ 1 \end{pmatrix}$. Berechne $\mathfrak{a}_{\mathfrak{b}}$ und $\mathfrak{b}_{\mathfrak{a}}$.
Wir setzen an: $\mathfrak{a}_{\mathfrak{b}} = \lambda \mathfrak{b}$. Um λ zu eliminieren, multiplizieren wir mit $\mathfrak{b}$, dividieren durch b^2 und erhalten
$$\lambda = \frac{\mathfrak{a}_{\mathfrak{b}} \cdot \mathfrak{b}}{\mathrm{b}^2}.$$
Nach Def. 5.1a ist $\mathfrak{a}_{\mathfrak{b}} \cdot \mathfrak{b} = \mathfrak{a} \cdot \mathfrak{b}$ und damit
$$\lambda = \frac{\mathfrak{a} \cdot \mathfrak{b}}{\mathrm{b}^2} = \frac{27}{90} = \frac{3}{10} \Rightarrow \mathfrak{a}_{\mathfrak{b}} = \frac{3}{10} \begin{pmatrix} 8 \\ 5 \\ 1 \end{pmatrix} = \begin{pmatrix} 2{,}4 \\ 1{,}5 \\ 0{,}3 \end{pmatrix}.$$

Entsprechend ergibt sich für $\mathfrak{b}_\mathfrak{a} = \mu\,\mathfrak{a}$

$$\mu = \frac{\mathfrak{b}_\mathfrak{a} \cdot \mathfrak{a}}{\mathfrak{a}^2} = \frac{\mathfrak{a} \cdot \mathfrak{b}}{\mathfrak{a}^2} = \frac{27}{9} = 3 \Rightarrow \mathfrak{b}_\mathfrak{a} = 3 \begin{pmatrix} 2 \\ 2 \\ 1 \end{pmatrix} = \begin{pmatrix} 6 \\ 6 \\ 3 \end{pmatrix}.$$

3. Gegeben ist das rechtwinklige Dreieck ABC. Beweise den Lehrsatz des Euklid in der Form $b^2 = q\,c$ (Bild 101.1).
Es gilt $\mathfrak{c} = \mathfrak{b} - \mathfrak{a}$. Da das Dreieck rechtwinklig ist, ist $\mathfrak{a}\,\mathfrak{b} = 0$.
Um diese Voraussetzung auszunutzen, multiplizieren wir die Gleichung $\mathfrak{c} = \mathfrak{b} - \mathfrak{a}$ mit $\mathfrak{b}$ und erhalten

$$\mathfrak{b}\,\mathfrak{c} = \mathfrak{b}^2 \Rightarrow \mathfrak{b}\,\mathfrak{c} = b^2.$$

Nach Satz 5.1 ist $\mathfrak{b}\,\mathfrak{c} = b_c \cdot c = q c$. Das bedeutet $q\,c = b^2$.

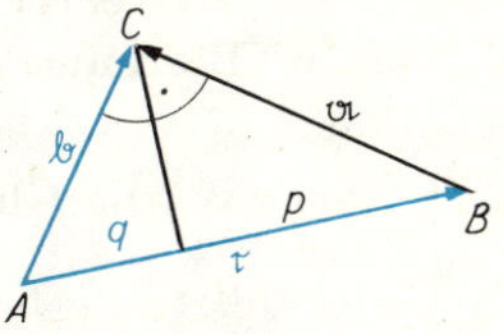

Bild 101.1

Aufgaben

1. Es sei

a) $\mathfrak{a} = \begin{pmatrix} \frac{9}{4} \\ 6 \\ \frac{3}{2} \end{pmatrix}$, $\mathfrak{b} = \begin{pmatrix} 3 \\ 8 \\ 2 \end{pmatrix}$, $\mathfrak{a} = \lambda_1 \mathfrak{b}$ b) $\mathfrak{a} = \begin{pmatrix} 1 \\ 2 \\ 3 \end{pmatrix}$, $\mathfrak{b} = \begin{pmatrix} 2 \\ 4 \\ 7 \end{pmatrix}$, $\mathfrak{a} = \lambda_1 \mathfrak{b}$

Berechne mit Hilfe des operativen Verfahrens λ_1 (Probe!).

2. Es sei $\mathfrak{a} = \begin{pmatrix} 1 \\ -2 \end{pmatrix}$ und $\mathfrak{b} = \begin{pmatrix} 3 \\ 1 \end{pmatrix}$ und $\mathfrak{a} = \lambda_1 \mathfrak{b} + \mu_1 \bar{\mathfrak{b}}$. Berechne λ_1 und μ_1.

3. Berechne $\mathfrak{a}\mathfrak{b}$ aus folgender Gleichung durch Anwendung des operativen Verfahrens:

$\mu\,\bar{\mathfrak{b}} = \mathfrak{a} - (\mathfrak{c}\mathfrak{a})\,\mathfrak{c}$, wobei $\mathfrak{a} = \begin{pmatrix} 1 \\ a_y \end{pmatrix}$, $\mathfrak{b} = \begin{pmatrix} 1 \\ b_y \end{pmatrix}$, $\mathfrak{c} = \begin{pmatrix} c_x \\ 0 \end{pmatrix}$.

4. Beweise den Kathetensatz des Euklid in der Form $a^2 = p\,c$.

5. Beweise an Bild 101.2 den Sinussatz der Trigonometrie durch Anwendung des operativen Verfahrens auf die Gleichung $\mathfrak{c} = \mathfrak{b} - \mathfrak{a}$.

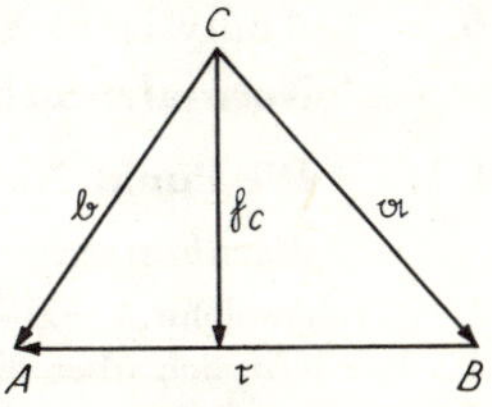

Bild 101.2

6. Im Dreieck $P_1P_2P_3$ sei H der Schnittpunkt zweier Höhen. Zeige durch Subtraktion der Gleichungen, die die Höheneigenschaften zweier Höhen ausdrücken, daß die dritte Höhe ebenfalls durch H geht. (Bild 101.3)

7. Es sei $\mathfrak{n}\,\mathfrak{a} = 0$, $\mathfrak{n}\,\mathfrak{b} = 0$ und $\mathfrak{r} = \lambda\mathfrak{a} + \mu\mathfrak{b}$. Zeige mit Hilfe des operativen Verfahrens, daß $\mathfrak{n}\,\mathfrak{r} = 0$ ist.

8. $\mathfrak{a}^\circ$ sei ein Einheitsvektor. Zeige durch Anwendung des operativen Verfahrens auf die Koordinatendarstellung von $\mathfrak{a}^\circ$:

$$\mathfrak{a}^\circ = \cos\varphi\,\mathfrak{i} + \sin\varphi\,\mathfrak{j}, \text{ wobei } \varphi = \sphericalangle(\mathfrak{a}^\circ; \mathfrak{i}).$$

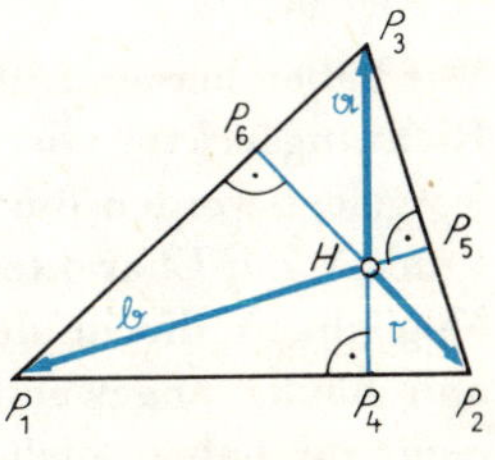

Bild 101.3

* 5.7. Vermischte Aufgaben

1. In einem Parallelogramm ist die Summe der Quadrate der Diagonalen gleich der Summe der Quadrate aller vier Seiten.

2. Durch die Punkte P_1 (5/4/5), P_2 (4/6/7), P_3 (2/7/5) ist ein Parallelogramm festgelegt. Berechne

a) den vierten Punkt, b) die Länge der Seiten, c) die Winkel, d) den Flächeninhalt, e) den Schnittpunkt der Diagonalen, f) die Länge der Diagonalen.

3. Wie lang sind die Seiten im Dreieck A(−4/3/5) B(−2/−3/−4) C(−1/1/0)?

4. Ein Einheitsvektor $\mathfrak{a}^\circ$ im Raum bildet mit der x- und y-Achse je einen Winkel von 60°. Bestimme den Winkel zwischen $\mathfrak{a}^\circ$ und der z-Achse. Welche Koordinaten hat $\mathfrak{a}^\circ$?

5. Gesucht ist die Gleichung der Geraden, auf der alle Lösungsvektoren $\mathfrak{x}_n$ der Gleichung $\mathfrak{x}\,\mathfrak{a} = b$ mit $\mathfrak{a} = \begin{pmatrix} 1 \\ 2 \end{pmatrix}$ und $b = 4$ enden, wenn man alle $\mathfrak{x}_n$ vom Angriffspunkt von $\mathfrak{a}$ aus abträgt.

6. Gegeben ist das Dreieck A (1/2) B (6/1) C (3/7). Berechne

a) den Höhenschnittpunkt,

b) den Schnittpunkt der Seitenhalbierenden,

c) den Schnittpunkt der Mittelsenkrechten.

d) Zeige, daß diese drei Schnittpunkte auf einer Geraden liegen.

7. $\mathfrak{a}^\circ$ und $\mathfrak{b}^\circ$ seien zwei Einheitsvektoren, die im Einheitskreis mit dem Mittelpunkt im Nullpunkt eingezeichnet seien. Sie bilden mit $\mathfrak{i}$ die Winkel α und β. Zeige: $\cos(\alpha \pm \beta) = \cos\alpha \cos\beta \mp \sin\alpha \sin\beta$.

6. Analytische Geometrie II
Normalenformen der Geraden- und Ebenengleichung

6.1. Die Punkt-Normalenform

Vorübungen

1. Durch welche Angaben wird eine Gerade (Ebene) im Raum eindeutig festgelegt?
2. Was läßt sich über die Menge der Lotvektoren einer Geraden und einer Ebene aussagen?
3. a) Warum hat die Gleichung $\mathfrak{x}\mathfrak{a} = b$ keine eindeutige Lösung?

   b) Was läßt sich über die Menge aller Vektoren $\mathfrak{x}_n$ im Raum sagen, die diese Gleichung erfüllen?

Wir haben bereits früher festgestellt, daß eine Gerade durch einen Punkt und einen Richtungsvektor oder durch zwei Punkte eindeutig bestimmt ist. Eine Ebene kann festgelegt werden durch einen Punkt und zwei Richtungsvektoren oder durch drei Punkte. Zur Charakterisierung von Gerade und Ebene gibt es nun noch eine weitere Möglichkeit, die auf dem skalaren Produkt aufbaut und zu einer besonders einfachen und häufig angewandten Art von Gleichungen führt. Wie stets in der Vektorrechnung haben auch diese Gleichungen eine anschauliche Bedeutung.

Jede Ebene im Raum besitzt unendlich viele Lotvektoren, die alle untereinander kollinear sind. Aus der Menge dieser Lotvektoren, die auch *Normalenvektoren* heißen, wählen wir einen Repräsentanten $\mathfrak{n}$ aus (Bild 103.1). Dann ist eine Ebene eindeutig bestimmt, wenn wir diesen Normalenvektor und einen Punkt P_1 angeben, der in der Ebene liegen soll.

Diese Festlegung einer Ebene durch einen Punkt P_1 und einen Normalenvektor $\mathfrak{n}$ läßt sich nicht auf eine Gerade im Raum übertragen. Denn wir können einen Normalenvektor einer Geraden um diese Gerade herumdrehen, ohne daß er seine Eigen-

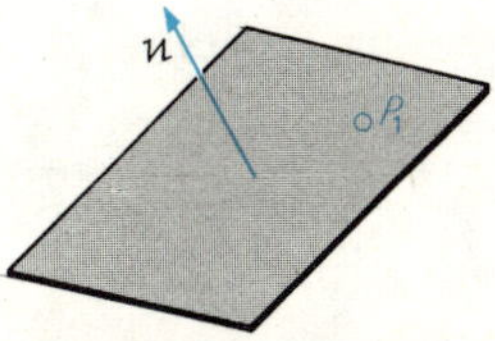

Bild 103.1

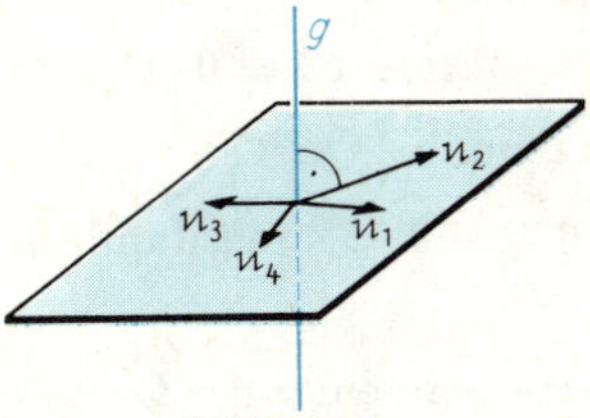

Bild 103.2

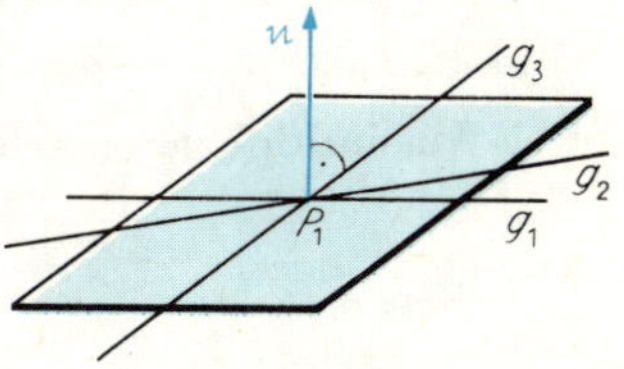

Bild 103.3

schaft verliert, Normalenvektor zu sein (Bild 103.2). Es gibt unendlich viele Normalenvektoren zu g, die alle zueinander nicht kollinear, wohl aber komplanar sind. Auch umgekehrt besteht keine eindeutige Zuordnung mehr: zu jedem vorgegebenen $\mathfrak{n}$ gibt es unendlich viele Geraden g, die alle durch P_1 gehen und dieses $\mathfrak{n}$ als Normalenvektor haben (Bild 103.3). Eine Gerade g im Raum läßt sich also durch Angabe eines Normalenvektors $\mathfrak{n}$ und eines Punktes P_1 nicht eindeutig charakterisieren.

Sobald wir uns jedoch auf eine Gerade in einer der Grundebenen beschränken und verlangen, daß der Normalenvektor der Geraden in derselben Grundebene wie g liegen soll, ist die eindeutige Zuordnung zwischen $(\mathfrak{n};\ P_1)$ und g hergestellt.
Deshalb gilt die nun herzuleitende Formel nur für Geraden in einer der drei Grundebenen, jedoch für beliebige Ebenen im Raum.
Gegeben sei also ein Punkt P_1 und ein Normalenvektor $\mathfrak{n}$. Gesucht ist die Gleichung der Ebene (Geraden), die durch P_1 geht und auf $\mathfrak{n}$ senkrecht steht (Bilder 103.4, 103.6).

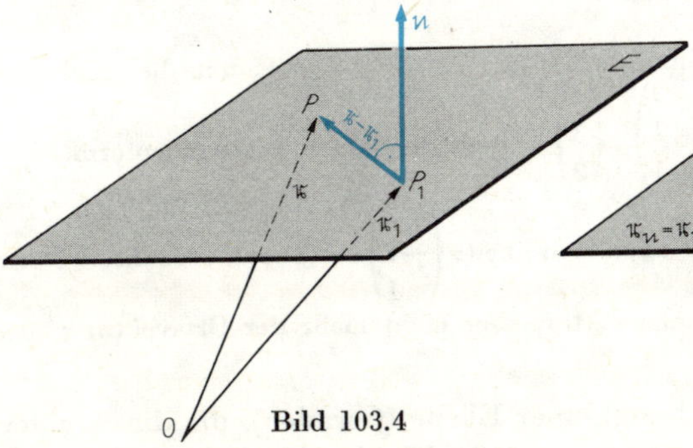

Bild 103.4

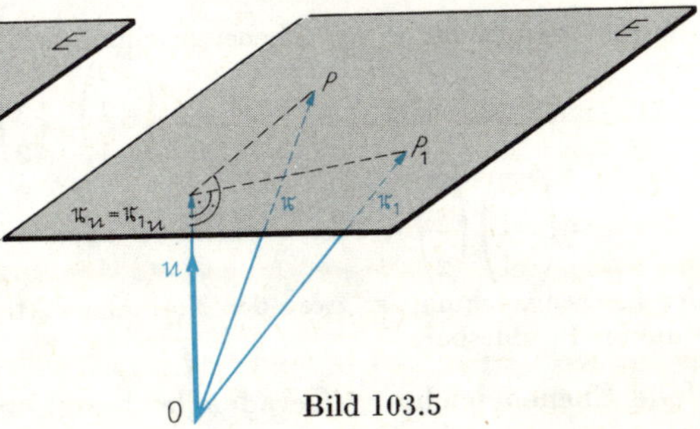

Bild 103.5

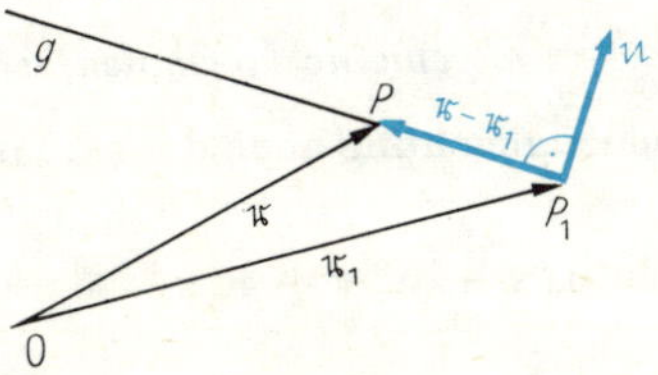

Bild 103.6

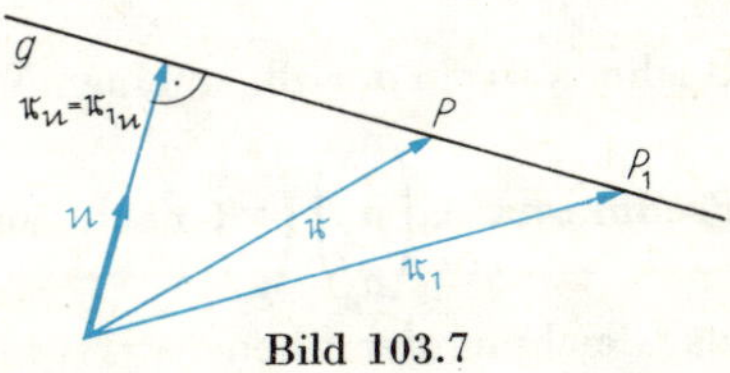

Bild 103.7

$\mathfrak{n}$ steht, wie wir früher gesehen haben, damit senkrecht auf jedem Vektor in der Ebene (in Richtung der Geraden). Wenn nun $P_1[\mathfrak{r}_1]$ ein fester und $P[\mathfrak{r}]$ ein laufender Punkt der Ebene (der Geraden) ist, liegt $\mathfrak{r} - \mathfrak{r}_1$ in der Ebene (auf der Geraden) und steht deshalb senkrecht auf $\mathfrak{n}$:

$$\mathfrak{n}(\mathfrak{r} - \mathfrak{r}_1) = 0$$

Durch Ausmultiplizieren erhält man

$$\mathfrak{n}\,\mathfrak{r} - \mathfrak{n}\,\mathfrak{r}_1 = 0 \qquad \text{und damit den}$$

Satz 6.1

Eine Ebene im Raum (Gerade in einer der Grundebenen) sei festgelegt durch einen Normalenvektor $\mathfrak{n}$ und einen Punkt P_1 in der Ebene (auf der Geraden). Dann lautet ihre Gleichung:

$$\mathfrak{n}\,\mathfrak{r} - \mathfrak{n}\,\mathfrak{r}_1 = 0 \qquad \textit{Punkt–Normalenform}$$

Diese Gleichung hat auch in der Form $\mathfrak{n}\,\mathfrak{r} = \mathfrak{n}\,\mathfrak{r}_1$ eine anschauliche Bedeutung, die sich leicht einsehen läßt (Bilder 103.5, 103.7).
Wir schreiben die beiden skalaren Produkte in anderer Form:

$$\mathfrak{n}\,\mathfrak{r} = \mathfrak{n}\,\mathfrak{r}_1 \Rightarrow r_\mathfrak{n} \cdot n = r_{1\mathfrak{n}} \cdot n \Rightarrow r_\mathfrak{n} = r_{1\mathfrak{n}}$$

Das bedeutet: Jeder Ortsvektor eines Punktes der Ebene (Geraden) hat die gleiche Projektion auf $\mathfrak{n}$. Sie ist gleich dem Abstand der Ebene (Geraden) vom Nullpunkt.

Beispiel

Wie lautet die Gleichung der Ebene E, die durch P_1 (1/3/2) geht und den Normalenvektor $\mathfrak{n} = \begin{pmatrix} 2 \\ -1 \\ 1 \end{pmatrix}$ hat, in der Punkt-Normalenform?

Die Punkt-Normalform der Ebenengleichung heißt: $\mathfrak{n}\mathfrak{r} - \mathfrak{n}\mathfrak{r}_1 = 0$. Setzt man die gegebenen Vektoren ein, so erhält man $\begin{pmatrix} 2 \\ -1 \\ 1 \end{pmatrix} \mathfrak{r} - \begin{pmatrix} 2 \\ -1 \\ 1 \end{pmatrix} \cdot \begin{pmatrix} 1 \\ 3 \\ 2 \end{pmatrix} = 0$ als die gesuchte Normalenform.

Da $\mathfrak{n}\,\mathfrak{r}_1 = \begin{pmatrix} 2 \\ -1 \\ 1 \end{pmatrix} \begin{pmatrix} 1 \\ 3 \\ 2 \end{pmatrix} = 1$ ist, können wir auch schreiben: $\begin{pmatrix} 2 \\ -1 \\ 1 \end{pmatrix} \mathfrak{r} - 1 = 0$. Aus dieser Form der Ebenengleichung ist zwar der Normalenvektor, aber nicht mehr der Ortsvektor $\mathfrak{r}_1$ des Punktes P_1 ablesbar.

Jede Ebenengleichung (Geradengleichung) einer Ebene (Geraden), die durch einen Punkt P_1 und einen Normalenvektor gegeben ist, läßt sich also auf die Form bringen:

$$\mathfrak{n}\,\mathfrak{r} - c = 0 \qquad \textit{allgemeine Normalenform}$$

Rechnen wir in der allgemeinen Normalenform der Ebenengleichung auch das skalare Produkt $\mathfrak{n}\,\mathfrak{r} = \begin{pmatrix} n_x \\ n_y \\ n_z \end{pmatrix} \begin{pmatrix} x \\ y \\ z \end{pmatrix}$ noch aus, dann ergibt sich $n_x x + n_y y + n_z z - c = 0$ als Gleichung der Ebene.

Wir wollen jetzt umgekehrt eine Gleichung $a_1x + a_2y + a_3z + a_4 = 0$ vorgeben und uns fragen, ob sie die Gleichung einer Ebene darstellt. Deuten wir die Koeffizienten a_1, a_2, a_3 als Koordinaten eines Vektors $\mathfrak{a}$ und x, y, z als Koordinaten des Laufvektors $\mathfrak{r}$, so können wir die vorgegebene Gleichung mit diesen Vektoren auch folgendermaßen schreiben:

$$\begin{pmatrix} a_1 \\ a_2 \\ a_3 \end{pmatrix} \begin{pmatrix} x \\ y \\ z \end{pmatrix} + a_4 = 0$$

oder

$$\mathfrak{a}\,\mathfrak{r} + a_4 = 0.$$

Wir setzen $a_4 = -\,\mathfrak{a}\,\mathfrak{r}_1 = -\,(a_1x_1 + a_2y_1 + a_3z_1)$.
Da a_1, a_2, a_3, a_4 vorgegeben sind, können wir die Zahlen x_1 und y_1 frei wählen und aus der letzten Gleichung z_1 bestimmen. Damit läßt sich die Gleichung $a_1x + a_2y + a_3z + a_4 = 0$ in die vektorielle Form bringen

$$\begin{pmatrix} a_1 \\ a_2 \\ a_3 \end{pmatrix} \mathfrak{r} - \begin{pmatrix} a_1 \\ a_2 \\ a_3 \end{pmatrix} \begin{pmatrix} x_1 \\ y_1 \\ z_1 \end{pmatrix} = 0 \quad \text{oder} \quad \mathfrak{a}\,\mathfrak{r} - \mathfrak{a}\,\mathfrak{r}_1 = 0.$$

Das ist aber die Gleichung einer Ebene, die durch den errechneten Punkt $P_1\,(x_1, y_1, z_1)$ geht und auf $\mathfrak{a} = \begin{pmatrix} a_1 \\ a_2 \\ a_3 \end{pmatrix}$ senkrecht steht.

Wenn wir rückblickend noch einmal die verschiedenen vektoriellen Formen der Ebenengleichung (Geradengleichung) zusammenstellen, können wir zwei verschiedene Arten von Gleichungen unterscheiden:

1. die Parameterformen
   a) die Punkt-Richtungsform
   b) die Drei-Punkte-Form (Zwei-Punkte-Form für Geraden)
2. die Normalenformen
   a) die Punkt-Normalenform
   b) die allgemeine Normalenform

Ihr wesentlicher Unterschied besteht darin, daß zwar alle Gleichungen mit Vektoren geschrieben werden, daß jedoch die Parameterformen gleichwertig sind mit *drei* Koordinatengleichungen, während die Normalenformen *eine* einzige skalare Gleichung darstellen.
An den Parameterformen und an den Normalenformen der Ebenen- und Geradengleichung wird besonders deutlich, welche Anschaulichkeit und Durchsichtigkeit der vektoriellen Darstellung eines geometrischen Sachverhalts zukommt. Man sieht der Gleichung ihre Richtigkeit unmittelbar an, der Beweis tritt „plastisch“ aus der Gleichung heraus. Wohl keine andere Darstellungsform in der Analytischen Geometrie besitzt eine solche Bildhaftigkeit und Eleganz wie die vektorielle. Darüber hinaus macht es die Vektorrechnung möglich, Beweise für analoge geometrische

Sachverhalte wie für Ebenen im Raum und Geraden in einer der Grundebenen mit einer einzigen Formel zu erfassen.

Beispiele

1. Eine Gerade g sei gegeben durch die Punkte $P_1(2/-3)$ und $P_2(1/-1)$. Bestimme ihre Gleichung in der allgemeinen Normalenform.
$(\mathfrak{r}_1 - \mathfrak{r}_2)$ ist ein Richtungsvektor $\mathfrak{u}$ der Geraden. $\bar{\mathfrak{u}}$ ist Lotvektor von $\mathfrak{u}$ und damit Normalenvektor von g. P_1 ist ein Punkt von g. Die Vektoren haben folgende Koordinaten:
$$\mathfrak{u} = \mathfrak{r}_1 - \mathfrak{r}_2 = \begin{pmatrix} 1 \\ -2 \end{pmatrix} \Rightarrow \bar{\mathfrak{u}} = \mathfrak{n} = \begin{pmatrix} 2 \\ 1 \end{pmatrix};\ \mathfrak{r}_1 = \begin{pmatrix} 2 \\ -3 \end{pmatrix}$$
Damit heißt die Punkt-Normalenform der Geradengleichung
$$\mathfrak{n}\,\mathfrak{r} - \mathfrak{n}\,\mathfrak{r}_1 = 0 \Rightarrow \begin{pmatrix} 2 \\ 1 \end{pmatrix} \mathfrak{r} - \begin{pmatrix} 2 \\ 1 \end{pmatrix} \begin{pmatrix} 2 \\ -3 \end{pmatrix} = 0\,.$$
Wir berechnen $\mathfrak{n}\,\mathfrak{r}_1 = 1$ und erhalten als allgemeine Normalenform $\begin{pmatrix} 2 \\ 1 \end{pmatrix} \mathfrak{r} - 1 = 0\,.$

2. Welche Ebene E_2 durch $P_1\,(2/-1/2)$ ist parallel zu E_1: $2x - y + z = -3$?
Da beide Ebenen parallel sein sollen, gilt $\mathfrak{n}_1 = \mathfrak{n}_2$. P_1 soll ein Punkt der gesuchten Ebene E_2 werden. Wir setzen die Vektoren in die Gleichung $\mathfrak{n}_2\,\mathfrak{r} - \mathfrak{n}_2\,\mathfrak{r}_1 = 0$ ein, wobei die Koeffizienten von x, y, z die Koordinaten von $\mathfrak{n}_2$ sind. Wir erhalten
$$\mathfrak{n}_1 = \mathfrak{n}_2 = \begin{pmatrix} 2 \\ -1 \\ 1 \end{pmatrix} \Rightarrow \begin{pmatrix} 2 \\ -1 \\ 1 \end{pmatrix} \mathfrak{r} - \begin{pmatrix} 2 \\ -1 \\ 1 \end{pmatrix} \begin{pmatrix} 2 \\ -1 \\ 2 \end{pmatrix} = 0 \Rightarrow \begin{pmatrix} 2 \\ -1 \\ 1 \end{pmatrix} \mathfrak{r} - 7 = 0\,.$$

Aufgaben

1. Wie lautet die Gleichung der Geraden (Ebene) durch P_1, die senkrecht auf $\mathfrak{n}$ steht?
a) $P_1\,(2/-4)$, $\mathfrak{n} = \begin{pmatrix} 3 \\ -7 \end{pmatrix}$ b) $P_1\,(2/0/3)$, $\mathfrak{n} = \begin{pmatrix} 4 \\ 5 \\ 0 \end{pmatrix}$ c) $P_1\,(1/-1/0)$, $\mathfrak{n} = \begin{pmatrix} 2 \\ -1 \\ 0 \end{pmatrix}$.

2. Bringe folgende Ebenengleichungen in die allgemeine Normalenform
a) $y = 0{,}5\,x - 7$ b) $x = 4$ c) $y = -\frac{2}{3}x + \frac{4}{5}z - 1$ d) $z = 3\,x - 4y$.
Diskutiere die Lage der Ebenen.

3. Bestimme die allgemeine Normalenform der Gleichung für eine Gerade, die durch $P_1\,(4/-3)$ geht und
a) parallel zur x-Achse,
b) parallel zur y-Achse,
c) parallel zur Geraden g_2: $3\,x + 5y = 7$ läuft. Lotvektoren gleich

4. Stelle die Gleichung einer Geraden (Ebene) in der allgemeinen Normalenform auf, wenn die Gerade (Ebene) durch den Nullpunkt geht.

5. Es sei E_1 durch $2\,x - y - z = 5$ gegeben. Wie lautet die Gleichung der Ebene E_2 in der allgemeinen Normalenform, die durch $P_2\,(0{,}5/2/-3)$ parallel zu E_1 verläuft?

6. Gegeben sind $P_1\,(2/3)$ und $P_2\,(3/-1)$. Wie lautet die Gleichung der Geraden durch P_1 und P_2 in der allgemeinen Normalenform?

7. Welche Gerade g_1 durch $P_1\,(1/-2)$ steht auf $g_2\colon \mathfrak{r} = \begin{pmatrix}3\\2\end{pmatrix} + \lambda \begin{pmatrix}2\\-5\end{pmatrix}$ senkrecht?

8. Gegeben sind die Geraden g_1 durch $\mathfrak{r} = \begin{pmatrix}-1\\1\end{pmatrix} + \lambda \begin{pmatrix}-1\\-3\end{pmatrix}$ und g_2 durch $\mathfrak{r} = \begin{pmatrix}4\\1\end{pmatrix} + \mu \begin{pmatrix}-2\\-1\end{pmatrix}$.

a) Gib die Gleichungen der Geraden in der allgemeinen Normalenform an.
b) Der Schnittpunkt von g_1 mit der y-Achse sei P_1, der Schnittpunkt von g_2 mit der x-Achse sei P_2. Bestimme die Gleichungen der Geraden durch P_1 parallel zu g_2 und der Geraden durch P_2 parallel zu g_1 in der allgemeinen Normalenform.

9. Liegen folgende Punkte auf der Geraden g (Ebene E)?

a) g: $\begin{pmatrix}2\\3\end{pmatrix} \mathfrak{r} = 16$, $P_1\,(2/4)$, $P_2\,(8/0)$, $P_3\,(0/8)$

b) E: $\begin{pmatrix}1\\-2\\-3\end{pmatrix} \mathfrak{r} = -9$, $P_1\,(0/1/3)$, $P_2\,(-2/-1/3)$, $P_3\,(0/0/-3)$

10. Berechne zu den Punkten $P_1\,(3/5/1)$ und $P_2\,(7/-1/3)$ die Symmetrieebene in der allgemeinen Normalenform und bestimme ihre Spurgeraden.

11. E sei gegeben durch die Gleichung $\mathfrak{r} = \begin{pmatrix}1\\-16\\6\end{pmatrix} + \lambda \begin{pmatrix}4\\15\\2\end{pmatrix} + \mu \begin{pmatrix}6\\21\\2\end{pmatrix}$. Bringe sie in die Punkt-Normalenform.

12. a) Gegeben sei die Gerade g: $\mathfrak{r} = \lambda \begin{pmatrix}1\\-2\end{pmatrix}$. Spiegele g an der x- und y-Achse und berechne die Gleichungen der Spiegelgeraden in der allgemeinen Normalenform.

b) Spiegele g: $\mathfrak{r} = \begin{pmatrix}1\\2\end{pmatrix} + \lambda \begin{pmatrix}2\\-1\end{pmatrix}$ an der x- und y-Achse und bestimme die Gleichungen der Spiegelgeraden.

13. Gegeben ist das Dreieck $P_1\,(0/4)$ $P_2\,(5/0)$ $P_3\,(5/6)$. Berechne die Geraden, auf denen
a) die Seiten, b) die Höhen, c) die Seitenhalbierenden liegen, indem du die allgemeinen Normalenformen aufstellst.

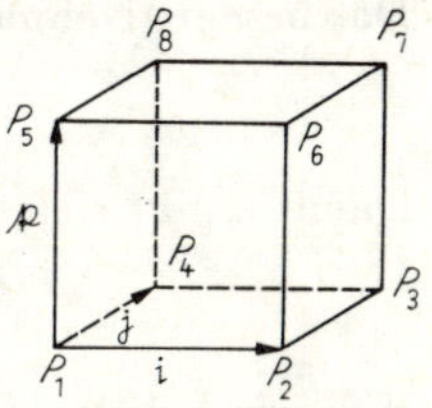

Bild 107.1

14. Ein Würfel der Kantenlänge 1 habe eine Ecke P_1 im Ursprung, seine Kanten laufen parallel zu den Achsen (Bild 107.1). Bestimme die Gleichung der Ebene, die durch die Ecke $P_7\,(1/1/1)$ geht und senkrecht auf einer Raumdiagonalen steht. Wieviele solcher Ebenen gibt es?

15. Gegeben sind die Punkte $P_1\,(-3/-4)$, $P_2\,(1/-2)$, $P_3\,(-5/2)$. Man ziehe durch P_3 zwei Geraden so, daß die eine zu P_1P_2 parallel ist und die zweite auf P_1P_2 senkrecht steht. Berechne die Gleichungen der beiden Geraden in der Punkt-Normalenform.

16. Gegeben ist das Dreieck P_1 (0/6) P_2 (2/0) P_3 (10/−4). Bestimme die Gleichungen der Geraden, auf denen die Mittelsenkrechten liegen.

17. Durch den Punkt M (5/30,5) soll eine Gerade so gelegt werden, daß der zwischen den Achsen gelegene Teil der Geraden durch M halbiert wird. Wie heißt die Gleichung der gesuchten Geraden in der allgemeinen Normalenform?

6.2. Die Hessesche Normalenform

Vorübungen

1. Vergleiche die Ebenen, die durch folgende Gleichungen dargestellt werden:

$$\begin{pmatrix} 2 \\ 4 \\ -1 \end{pmatrix} \mathfrak{r} - 2 = 0; \quad \begin{pmatrix} -4 \\ -8 \\ +2 \end{pmatrix} \mathfrak{r} + 4 = 0; \quad \begin{pmatrix} 1 \\ 2 \\ -\frac{1}{2} \end{pmatrix} \mathfrak{r} - 1 = 0$$

2. Wann stellen zwei Gleichungen in der allgemeinen Normalenform dieselbe Ebene (Gerade) dar?

3. Deute geometrisch das skalare Produkt $\mathfrak{n}\,\mathfrak{r}_1$ aus der Punkt-Normalenform $\mathfrak{n}\,\mathfrak{r} - \mathfrak{n}\,\mathfrak{r}_1 = 0$.

An den Bildern 103.5, 103,7 haben wir festgestellt, daß in der Punkt-Normalenform $\mathfrak{n}\,\mathfrak{r} - \mathfrak{n}\,\mathfrak{r}_1 = 0$ das skalare Produkt $\mathfrak{n}\,\mathfrak{r}_1$ das $|\mathfrak{n}|$-fache des Abstandes der Ebene (Geraden) vom Nullpunkt bedeutet.
Andererseits gibt es unendlich viele allgemeine Normalenformen für ein und dieselbe Ebenengleichung (Geradengleichung), in der die auftretenden Normalenvektoren alle untereinander kollinear sind. Läßt sich nun unter diesen Normalenformen eine angeben, aus der man den Abstand d der Ebene (Geraden) vom Nullpunkt unmittelbar ersehen kann? Welchen Normalenvektor haben wir dafür zu wählen?
Da in der Punkt-Normalenform $\mathfrak{n}\,\mathfrak{r} - \mathfrak{n}\,\mathfrak{r}_1 = 0$ das skalare Produkt $\mathfrak{n}\,\mathfrak{r}_1 = |\mathfrak{n}|\,d$ ist, ergibt sich

$$\mathfrak{n}\,\mathfrak{r}_1 = |\mathfrak{n}|\,d \Rightarrow d = \frac{\mathfrak{n}\,\mathfrak{r}_1}{|\mathfrak{n}|} = \frac{\mathfrak{n}}{|\mathfrak{n}|}\,\mathfrak{r}_1 = \mathfrak{n}^\circ\,\mathfrak{r}_1.$$

Das besagt: Nehmen wir als Normalenvektor einen Normaleneinheitsvektor, so ist

$$\mathfrak{n}^\circ\,\mathfrak{r}_1 = d.$$

Damit ergibt sich die gesuchte Normalenform als

$$\mathfrak{n}^\circ\,\mathfrak{r} - \mathfrak{n}^\circ\,\mathfrak{r}_1 = 0 \text{ oder } \mathfrak{n}^\circ\,\mathfrak{r} - d = 0.$$

Wie wir bei der Einführung des Skalarproduktes gesehen haben, kann $d = \mathfrak{n}^\circ\,\mathfrak{r}_1 = 1\,r_1 \cos(\mathfrak{n}^\circ; \mathfrak{r}_1)$ positiv oder negativ sein. Bei positivem d ist der Winkel zwischen den beiden Vektoren kleiner als 90° (Bild 109.1), bei negativem d größer als 90° (Bild 109.2). Wenn wir also $d \geqq 0$ verlangen, ist damit $\sphericalangle(\mathfrak{n}^\circ; \mathfrak{r}_1) \leq 90°$. Das bedeutet, daß $\mathfrak{n}^\circ$, vom Nullpunkt aus abgetragen, zur Ebene (Geraden) weist (Bild 109.1).

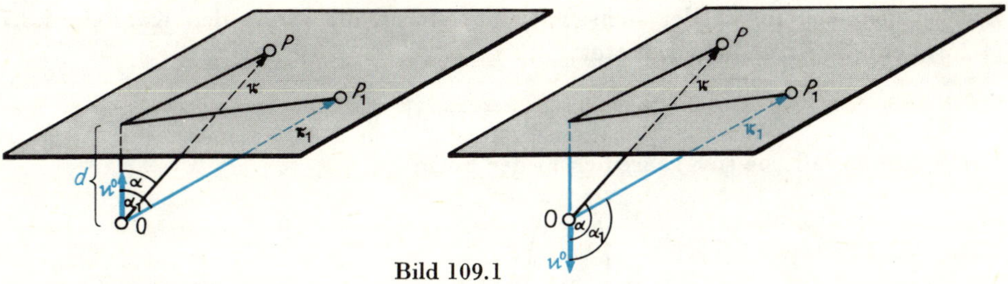

Bild 109.1

Damit erhalten wir den

Satz 6.2

Wenn eine Ebene im Raum (Gerade in einer der Grundebenen) durch einen Punkt P_1 und einen Normaleneinheitsvektor $\mathfrak{n}^\circ$ gegeben ist, dann heißt ihre Gleichung

$$\mathfrak{n}^\circ\,\mathfrak{r} - \mathrm{d} = 0\,. \qquad \textit{Hessesche}^{1)}\ \textit{Normalenform}$$

Hierin soll $\mathrm{d} = \mathfrak{n}^\circ\,\mathfrak{r}_1 \geqq 0$ sein. Dann gibt d den Abstand der Ebene (Geraden) vom Nullpunkt an, und der Normaleneinheitsvektor $\mathfrak{n}^\circ$ zeigt stets vom Nullpunkt zur Ebene (Geraden).

Falls die Ebene (Gerade) durch den Nullpunkt geht, kann die Orientierung des Normaleneinheitsvektors beliebig gewählt werden.

Beispiel

Bringe die Gleichung der Ebene E: $\begin{pmatrix}12\\3\\4\end{pmatrix}\mathfrak{r} + 26 = 0$ in die Hessesche Normalenform und berechne ihren Abstand vom Nullpunkt.

Zur Lösung dieser Aufgabe dividieren wir die Gleichung durch $|\mathfrak{n}| = 13$, und es ergibt sich aus $\mathfrak{n}\,\mathfrak{r} + \mathrm{c} = 0$ $\;\mathfrak{n}^\circ\,\mathfrak{r} + \dfrac{\mathrm{c}}{|\mathfrak{n}|} = 0$, in unserem Fall also $\begin{pmatrix}\frac{12}{13}\\[2pt]\frac{3}{13}\\[2pt]\frac{4}{13}\end{pmatrix}\mathfrak{r} + 2 = 0\,.$

Damit ist der Normalenvektor zwar ein Einheitsvektor. Man erkennt jedoch am absoluten Glied, daß er noch nicht die richtige Orientierung hat. Wir multiplizieren deshalb die Gleichung mit -1; damit weist $\mathfrak{n}^\circ = \begin{pmatrix}-\frac{12}{13}\\[2pt]-\frac{3}{13}\\[2pt]-\frac{4}{13}\end{pmatrix}$ vom Nullpunkt zur Ebene hin. Die Gleichung der Ebene in der Hesseschen Normalenform lautet also $\begin{pmatrix}-\frac{12}{13}\\[2pt]-\frac{3}{13}\\[2pt]-\frac{4}{13}\end{pmatrix}\mathfrak{r} - 2 = 0\,.$

Der gesuchte Abstand der Ebene beträgt d = 2 LE.

[1] Ludwig Otto Hesse, 1811 — 1874. Er lehrte 1845 — 1856 in Königsberg, von 1856 bis 1869 in Heidelberg und ab 1869 an der TH in München. Die nach ihm benannte Hessesche Form fand er 1865.

Die Ebenengleichung in der Achsenabschnittsform, die wir in den Kapiteln 4.3.7 (4.2.8) kennengelernt haben, lautet

$$\frac{x}{a} + \frac{y}{b} + \frac{z}{c} = 1 .$$

Mit Vektoren läßt sie sich schreiben in der Form

$$\begin{pmatrix} \frac{1}{a} \\ \frac{1}{b} \\ \frac{1}{c} \end{pmatrix} \mathfrak{r} - 1 = 0 .$$

Damit ordnet sie sich in dieser vektoriellen Schreibweise den Normalenformen unter. So wie wir beim Übergang von der Punkt-Normalenform zur Hesseschen Normalenform den Normalenvektor als *Einheits*vektor wählen mußten, können wir von der Punkt-Normalenform zur Achsenabschnittsform gelangen, wenn wir den Normalenvektor so wählen, daß in der Gleichung $\mathfrak{n}\,\mathfrak{r} - c = 0 \quad c = 1$ wird. Das erreichen wir durch Division der Gleichung durch c. Die reziproken Koordinaten eines solchen Normalenvektors ergeben dann die Achsenabschnitte der Ebene (Geraden).

Aufgaben

1. Berechne den Abstand der Geraden g: $-3x + 4z = -10$ vom Nullpunkt.
2. a) Berechne den Abstand der beiden Geraden g_1 und g_2.
   g_1: $3x + 4y = 15$, $\quad g_2$: $3x + 4y = 25$
   b) Wie ändert sich das Ergebnis, wenn g_2: $3x + 4y = -25$ ist?
3. Berechne die Gleichung der Ebene, die parallel zur Ebene $7x - 4y + 4z - 18 = 0$ läuft und den Abstand d = 5 LE vom Nullpunkt hat. Wieviele solcher Ebenen gibt es?
4. Gegeben sei der Lotvektor $\mathfrak{d}$ vom Nullpunkt auf eine Gerade g. Gesucht ist die Gleichung der Geraden g in der allgemeinen Normalenform.
   a) $\mathfrak{d} = \begin{pmatrix} d_x \\ d_y \end{pmatrix}$ $\quad$ b) $\mathfrak{d} = \begin{pmatrix} 1 \\ 2 \end{pmatrix}$.
5. Zur Ebene $\begin{pmatrix} 8 \\ 0 \\ 6 \end{pmatrix} \mathfrak{r} = 40$ soll durch den Punkt $P_1\,(-10/1/15)$ eine Parallelebene gelegt werden.
   a) Berechne den Abstand der beiden Ebenen.
   b) Wie liegt der Nullpunkt zu den beiden Ebenen?
6. Wie lauten die Gleichungen der Ebenen, die von der Ebene $\mathfrak{n}^\circ\,\mathfrak{r} - d = 0$ den Abstand a haben?
7. a) Wie lang ist das vom Nullpunkt auf die Gerade g: $7x + 24y = 50$ gefällte Lot, und welchen Winkel bildet es mit den Achsen?
   b) Berechne den Lotfußpunkt.

8. Wie lautet die Gleichung der Geraden in der xz-Ebene, die vom Nullpunkt den Abstand $d = 5$ LE hat und deren Normalenvektor mit der positiven x-Achse einen Winkel von 30° (45°, 60°) bildet?

9. Beweise: Ist $\mathfrak{r} = \mathfrak{r}_1 + \lambda \mathfrak{u}$ die Gleichung einer Geraden, so ist $\mathfrak{d} = \mathfrak{r}_1 - \frac{\mathfrak{r}_1 \mathfrak{u}}{\mathfrak{u}^2} \cdot \mathfrak{u}$ der Ortsvektor des Fußpunktes des Lotes vom Ursprung auf die Gerade.

10. Berechne den Abstand der folgenden Geraden vom Nullpunkt.

a) $g: \mathfrak{r} = \begin{pmatrix} -2 \\ 5 \end{pmatrix} + \lambda \begin{pmatrix} 4 \\ 3 \end{pmatrix}$ b) $g: \mathfrak{r} = \begin{pmatrix} 1 \\ 7 \end{pmatrix} + \lambda \begin{pmatrix} -3 \\ 4 \end{pmatrix}$ c) $g: \mathfrak{r} = \begin{pmatrix} 7 \\ 17 \end{pmatrix} + \lambda \begin{pmatrix} -5 \\ -12 \end{pmatrix}$

11. Welche besondere Lage hat eine Ebene, deren Gleichung in der Form $\mathfrak{n}^\circ \mathfrak{r} = 0$ gegeben ist?

12. Eine Ebene sei gegeben durch die Punkte $P_1(3/-2/1)$, $P_2(5/4/1)$, $P_3(-1/-2/3)$. Berechne ihren Abstand vom Nullpunkt.

13. Gegeben ist der Punkt $P_1(5/-12)$. Wie heißt die Gleichung der Geraden, die durch P_1 geht und den Abstand $\overline{OP_1}$ vom Nullpunkt hat?

14. Wie heißen die Gleichungen der Ebenen, die auf $E: 2x + 3y + 6z = 18$ senkrecht stehen und vom Nullpunkt den Abstand 2 LE haben? Wieviele solcher Ebenen gibt es?

15. Zeige, daß sich die Gleichung einer Ebene in der Hesseschen Normalenform auch schreiben läßt als

$$\begin{pmatrix} \cos\alpha \\ \cos\beta \\ \cos\gamma \end{pmatrix} \mathfrak{r} - d = 0,$$

wobei $\alpha = \sphericalangle(\mathfrak{n}^\circ; \mathfrak{i})$, $\beta = \sphericalangle(\mathfrak{n}^\circ; \mathfrak{j})$, $\gamma = \sphericalangle(\mathfrak{n}^\circ; \mathfrak{k})$.

16. Wie heißen die Gleichungen der Geraden, die durch $P_1(-1/7)$ gehen und vom Nullpunkt den Abstand 5 LE haben?

17. Wo schneiden die folgenden Ebenen die Koordinatenachsen?

a) $E: \begin{pmatrix} 2 \\ 3 \\ -4 \end{pmatrix} \mathfrak{r} - 12 = 0$ b) $E: \begin{pmatrix} -7 \\ 4 \\ 8 \end{pmatrix} \mathfrak{r} - 112 = 0$ c) $E: \mathfrak{r} = \begin{pmatrix} 2 \\ 3 \\ -4 \end{pmatrix} + \lambda \begin{pmatrix} 1 \\ -1 \\ 2 \end{pmatrix} + \mu \begin{pmatrix} -1 \\ -2 \\ 3 \end{pmatrix}$

18. Bestimme die Achsenabschnitte der folgenden Geraden:

a) $g: \mathfrak{r} = \begin{pmatrix} 1 \\ -1 \end{pmatrix} + \lambda \begin{pmatrix} 2 \\ -4 \end{pmatrix}$ b) $g: \begin{pmatrix} 3 \\ 8 \end{pmatrix} \mathfrak{r} - 5 = 0$

6.3. Abstandsberechnungen

Vorübungen

1. Was versteht man unter dem Abstand eines Punktes P_1 in der xy-Ebene von einer Geraden g in der xy-Ebene?
Was versteht man unter dem Abstand eines Punktes P_1 von einer Ebene?

2. Wie heißt die Gleichung der Ebene E_1, die durch $P_1(4/2/9)$ geht und parallel zur Ebene $E: \begin{pmatrix} 2 \\ -3 \\ 6 \end{pmatrix} \mathfrak{r} - 28 = 0$ ist? Berechne den Abstand des Punktes P_1 von der gegebenen Ebene.

Gegeben sei eine Ebene E durch $\mathfrak{n}^\circ \mathfrak{r} - d = 0$ und ein Punkt P_1 außerhalb dieser Ebene. Wir wollen den Abstand des Punktes P_1 von dieser Ebene berechnen.

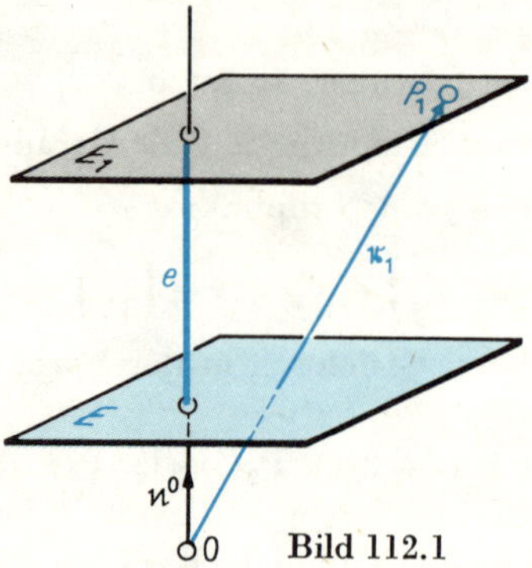

Bild 112.1

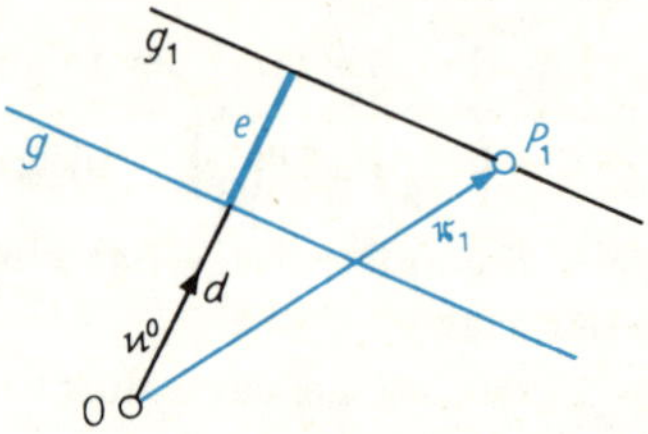

Bild 112.2

Um den Abstand zu bestimmen, denken wir uns eine Hilfsebene durch P_1 parallel zu E (Bild 112.1). Ihre Ebenengleichung lautet $\mathfrak{n}^\circ \mathfrak{r} - \mathfrak{n}^\circ \mathfrak{r}_1 = 0$. Der gesuchte Abstand $|e|$ ist dann

$$|e| = |d_1 - d|\,, \quad \text{wobei} \quad d_1 = \mathfrak{n}^\circ \mathfrak{r}_1$$

je nach Lage von P_1 auch Null oder negativ sein kann. Setzen wir den Wert für d_1 ein, ergibt sich

$$|e| = |\mathfrak{n}^\circ \mathfrak{r}_1 - d|\,.$$

e ist positiv, wenn $d_1 > d$ ist, d. h. wenn P_1 und der Nullpunkt auf verschiedenen Seiten der gegebenen Ebene E liegen. Anderenfalls ist e negativ.
Vergleicht man den Ausdruck $e = \mathfrak{n}^\circ \mathfrak{r}_1 - d$ mit der Hesseschen Normalenform der gegebenen Ebenengleichung $\mathfrak{n}^\circ \mathfrak{r} - d = 0$, so ergibt sich der

Satz 6.3

Um den Abstand eines Punktes $P_1\,[\mathfrak{r}_1]$ von einer Ebene E zu bestimmen, setzt man für $\mathfrak{r}$ in die linke Seite der Hesseschen Normalenform der Ebenengleichung den Ortsvektor für P_1 ein. Dann erhält man den gesuchten Abstand $|e|$ aus $e = \mathfrak{n}^\circ \mathfrak{r}_1 - d$. e ist positiv, wenn P_1 und der Nullpunkt auf verschiedenen Seiten der Ebene liegen, negativ, wenn sie auf derselben Seite liegen. Für eine Gerade in einer der Grundebenen gilt das Entsprechende (Bild 112.2).

Beispiel

Berechne den Abstand des Punktes $P_1\,(2/-4/1)$ von der Ebene $\begin{pmatrix} -3 \\ 2 \\ -6 \end{pmatrix} \mathfrak{r} + 27 = 0$.

Der Normalenvektor der Ebene ist $\mathfrak{n} = \begin{pmatrix} -3 \\ 2 \\ -6 \end{pmatrix} \Rightarrow n = 7$. Wir bringen die Ebenengleichung in die Hessesche Normalenform, indem wir die Ebenengleichung durch -7 dividieren: $\frac{3}{7}x - \frac{2}{7}y + \frac{6}{7}z - \frac{27}{7} = 0$. Wir setzen den Ortsvektor r_1 des gegebenen Punktes P_1 in diese Gleichung ein und erhalten den gesuchten Abstand $|e|$

$$|e| = |\mathfrak{n}^\circ \mathfrak{r}_1 - d| \Rightarrow |e| = \left|\frac{6}{7} + \frac{8}{7} + \frac{6}{7} - \frac{27}{7}\right| = |-1|$$

P_1 hat den Abstand 1 LE von der Ebene und liegt auf derselben Seite der Ebene wie der Nullpunkt.

Aufgaben

1. Berechne den Abstand folgender Punkte von der Geraden.
   a) $g\colon 7x + 24y - 100 = 0$, $P_1(5/10)$, $P_2(-4/2)$, $P_3(5/0)$
   b) $g\colon 7x + 24y = 0$, $P_1(5/10)$, $P_2(-4/2)$

2. Berechne nach Satz 6.3 den Abstand des Nullpunktes von der Geraden $g\colon \begin{pmatrix}3\\4\end{pmatrix}\mathfrak{r} + 2 = 0$ und diskutiere die Bedeutung des Vorzeichens.

3. Gegeben ist das Dreieck $P_1(5/6)$ $P_2(-2/4)$ $P_3(6/-1)$.
   Berechne die Länge der drei Höhen.

4. Eine Gerade gehe durch P_1 und P_2. Wie weit ist P_3 von ihr entfernt?
   a) $P_1(4/3)$, $P_2(18/-4)$, $P_3(5/10)$,
   b) $P_1(-2/-1)$, $P_2(1/8)$, $P_3(1/13)$.

5. Berechne den Abstand von $P_1(6/1)$ zu folgenden Geraden:
   a) $g\colon \mathfrak{r} = \begin{pmatrix}2\\4\end{pmatrix} + \lambda\begin{pmatrix}2\\1\end{pmatrix}$ b) $g\colon \mathfrak{r} = \begin{pmatrix}7\\3\end{pmatrix} + \lambda\begin{pmatrix}0\\2\end{pmatrix}$ c) $g\colon \mathfrak{r} = \begin{pmatrix}6\\-2\end{pmatrix} + \lambda\begin{pmatrix}1\\-1\end{pmatrix}$

6. Wie lautet die Gleichung der Geraden, die durch $P_1(8/5)$ geht und von $P_2(3/7)$ den Abstand $|e| = |-5|$ hat? (Konstruktion und Rechnung!)

7. Welchen Abstand haben die folgenden Geraden voneinander?
   $g_1\colon 3x + 4y = -30$, $g_2\colon 6x + 8y = 40$.

8. Welchen Abstand haben die folgenden Ebenen voneinander?
   $E_1\colon \begin{pmatrix}3\\2\\-6\end{pmatrix}\mathfrak{r} - 35 = 0$, $E_2\colon \begin{pmatrix}3\\2\\-6\end{pmatrix}\mathfrak{r} - 14 = 0$.

9. Wo liegen die Punkte, die von der Ebene $7x - 4y + 4z + 27 = 0$ den Abstand $|e| = 2$ ($|e| = |-2|$) haben?

10. Gegeben sind $P_1(-1/2/3)$, $P_2(1/0/0)$, $P_3(2/2/-6)$. Liegt $P_4\,(-2/4/3)$ in der durch $P_1P_2P_3$ bestimmten Ebene?
    Berechne gegebenenfalls den Abstand von P_4 zur Ebene.

11. Gegeben sei die Ebene $E\colon \begin{pmatrix}1\\-2\\2\end{pmatrix}\mathfrak{r} - 9 = 0$ und der Punkt $P_1\,(5/1/12)$.
    a) Berechne den Abstand von P_1 zur Ebene.
    b) P_1' sei die senkrechte Projektion von P_1 auf die Ebene. Wie läßt sich $\mathfrak{r}_1'$ vektoriell darstellen? Berechne P_1'.

12. Gegeben sei die Gerade g: $\begin{pmatrix} 3 \\ -4 \end{pmatrix} \mathfrak{r} + 25 = 0$ und ein Punkt $P_1(3/1)$. Berechne P_1', die Projektion von P_1 auf g.

13. Ein Dreieck sei gegeben durch $\mathfrak{r}_1 = \begin{pmatrix} 3 \\ 2 \end{pmatrix}$, $\mathfrak{r}_2 = \begin{pmatrix} 5 \\ 7 \end{pmatrix}$, $\mathfrak{r}_3 = \begin{pmatrix} 1 \\ 6 \end{pmatrix}$.

    Berechne die Länge der Lote, die vom Schwerpunkt auf die drei Seiten gefällt werden.

14. Berechne den Rauminhalt des Vierflachs, dessen Eckpunkte durch $\mathfrak{r}_1 = \begin{pmatrix} 3 \\ 1 \\ 0 \end{pmatrix}$,

    $\mathfrak{r}_2 = \begin{pmatrix} 5 \\ 2{,}5 \\ 0 \end{pmatrix}$, $\mathfrak{r}_3 = \begin{pmatrix} 8 \\ 1 \\ 0 \end{pmatrix}$, $\mathfrak{r}_4 = \begin{pmatrix} 2 \\ -6 \\ 4 \end{pmatrix}$ gegeben sind.

15. a) Durch $P_1(-2/5)$ soll eine Gerade g so gelegt werden, daß $P_2(3/-7)$ und $P_3(-4/1)$ denselben Abstand von g haben.
    b) $P_1(7/11)$, $P_2(3/4)$, $P_3(9/5)$

16. Gegeben sind die Geraden g_1: $\begin{pmatrix} 3 \\ 4 \end{pmatrix} \mathfrak{r} + 25 = 0$ und g_2: $\begin{pmatrix} 24 \\ 7 \end{pmatrix} \mathfrak{r} + 25 = 0$.

    Bestimme die Punkte der Geraden g_3: $\mathfrak{r} = \lambda \begin{pmatrix} 1 \\ 1 \end{pmatrix}$, die von g_1 und g_2 gleich weit entfernt sind. Wie groß sind diese Abstände?

17. Beweise: Für jeden Punkt innerhalb eines gleichseitigen Dreiecks gilt: Die Summe seiner Abstände von den Seiten des Dreiecks ist gleich der Länge der Dreieckshöhe. Diskutiere auch den Fall, daß P außerhalb des Dreiecks liegt.

    Anleitung: Lege den Nullpunkt in den Schwerpunkt des Dreiecks und zeige zunächst, daß in einem gleichseitigen Dreieck die Summe der nach außen gerichteten Normaleneinheitsvektoren gleich dem Nullvektor ist.

6.4. Schnitte von Geraden und Ebenen

Vorübungen

Welche Formen der Geraden- und Ebenengleichung haben wir bisher kennengelernt? Welchen Grundformen lassen sich alle diese Formen unterordnen?

Wir wollen uns in diesem Kapitel mit Schnittproblemen beschäftigen und die Rechenverfahren erweitern, die wir hierzu bereits in Kapitel 4 kennengelernt haben. Dort waren Geraden und Ebenen ausschließlich durch Parameterformen festgelegt. Im weiteren sollen nun insbesondere auch die Normalenformen bei der Berechnung von Schnittproblemen mit herangezogen werden.

I. Schnittpunkt von zwei Geraden

1. Verfahren (Beide Geraden sind in der Parameterform gegeben):
   g_1: $\mathfrak{r} = \mathfrak{r}_1 + \lambda\, \mathfrak{u}_1$, g_2: $\mathfrak{r} = \mathfrak{r}_2 + \lambda\, \mathfrak{u}_2$. Lösungsverfahren s. 4.2.6.

2. Verfahren (Eine Gerade ist in der Parameterform, die andere in der Normalenform gegeben):

$g_1\colon \mathfrak{r} = \begin{pmatrix}1\\2\end{pmatrix} + \lambda \begin{pmatrix}4\\2\end{pmatrix}, \quad g_2\colon \begin{pmatrix}3\\4\end{pmatrix} \mathfrak{r} = 111.$

Für den Schnittpunkt P_s gilt $\mathfrak{r}_s = \mathfrak{r}_1 + \lambda_s \mathfrak{u}_1$ und $\mathfrak{n}\,\mathfrak{r}_s = c$.

Durch Einsetzen erhält man $\mathfrak{n}\,(\mathfrak{r}_1 + \lambda_s \mathfrak{u}_1) = c \Rightarrow \lambda_s \mathfrak{n}\,\mathfrak{u}_1 = c - \mathfrak{n}\,\mathfrak{r}_1 \Rightarrow$

$\lambda_s = \dfrac{c - \mathfrak{n}\,\mathfrak{r}_1}{\mathfrak{n}\,\mathfrak{u}_1} \Rightarrow \lambda_s = \dfrac{111 - 11}{20} = 5.$

Daraus folgt

$$\mathfrak{r}_s = \mathfrak{r}_1 + \lambda_s \mathfrak{u}_1 \Rightarrow \mathfrak{r}_s = \begin{pmatrix}1+20\\2+10\end{pmatrix} = \begin{pmatrix}21\\12\end{pmatrix}.$$

3. Verfahren (Beide Geraden sind in der Normalenform gegeben):

$g_1\colon \begin{pmatrix}2\\3\end{pmatrix} \mathfrak{r} - 13 = 0, \quad g_2\colon \begin{pmatrix}5\\-1\end{pmatrix} \mathfrak{r} = 7.$

Für den Schnittpunkt P_s als einen Punkt auf beiden Geraden ergibt sich

$$\mathfrak{n}_1 \mathfrak{r}_s - c_1 = 0 \quad \text{und} \quad \mathfrak{n}_2 \mathfrak{r}_s - c_2 = 0.$$

Damit erhalten wir zwei Gleichungen mit zwei Variablen x_S und y_S:

$$\begin{aligned} 2x_s + 3y_s - 13 &= 0 \\ 5x_s - y_s - 7 &= 0 \end{aligned}$$

$$x_s = 2,\ y_s = 3 \Rightarrow \mathfrak{r}_s = \begin{pmatrix}2\\3\end{pmatrix}.$$

II. Schnittgerade von zwei Ebenen

Wir wollen die Punkte der Schnittgeraden g' mit $P'(x'/y')$ bezeichnen.

1. Verfahren (Beide Ebenen sind in der Parameterform gegeben):

$E_1\colon \mathfrak{r} = \mathfrak{r}_1 + \lambda \mathfrak{u}_1 + \mu \mathfrak{v}_1, \quad E_2\colon \mathfrak{r} = \mathfrak{r}_2 + \lambda \mathfrak{u}_2 + \mu \mathfrak{v}_2.$

Die Lösung haben wir in Kapitel 4.3.6 kennengelernt.

2. Verfahren (Eine Ebene ist in der Parameterform, die andere in der Normalenform gegeben):

$E_1\colon \mathfrak{r} = \begin{pmatrix}2\\3\\1\end{pmatrix} + \lambda \begin{pmatrix}-1\\3\\1\end{pmatrix} + \mu \begin{pmatrix}4\\5\\-2\end{pmatrix}, \quad E_2\colon \begin{pmatrix}1\\2\\1\end{pmatrix} \mathfrak{r} - 21 = 0.$

Die Punkte P' der Schnittgeraden liegen in beiden Ebenen. Wir setzen ein und erhalten $\mathfrak{n}_2 (\mathfrak{r}_1 + \lambda' \mathfrak{u}_1 + \mu' \mathfrak{v}_1) - c = 0$.

Die Auflösung nach λ' ergibt

$$\lambda' = \frac{c - \mathfrak{n}_2 \mathfrak{r}_1 - \mu' \mathfrak{n}_2 \mathfrak{v}_1}{\mathfrak{n}_2 \mathfrak{u}_1} \Rightarrow \lambda' = \frac{21 - 9 - 12\,\mu'}{6} = 2 - 2\mu'.$$

Daraus folgt durch Einsetzen in die Ebenengleichung von E_1

$$\mathfrak{r}' = \mathfrak{r}_1 + (2 - 2\mu')\,\mathfrak{u}_1 + \mu' \mathfrak{v}_1 \Rightarrow \mathfrak{r}' = \begin{pmatrix}0\\9\\3\end{pmatrix} + \mu' \begin{pmatrix}6\\-1\\-4\end{pmatrix}.$$

Das ist die Gleichung der Schnittgeraden in der Parameterform.

3. Verfahren (Beide Ebenen sind in der Normalenform gegeben):

$$E_1: \begin{pmatrix}1\\2\\-3\end{pmatrix}\mathfrak{r} - 3 = 0, \quad E_2: \begin{pmatrix}1\\2\\-1\end{pmatrix}\mathfrak{r} - 5 = 0.$$

Wir können die Parametergleichung der Schnittgeraden g' aufstellen, wenn wir zwei Punkte P_1' und P_2' von g' kennen. Als Punkte wählen wir die Schnittpunkte der Spurgeraden in der xz- und yz-Ebene. Die Spurgeraden in der xy-Ebene sind parallel, wie man an den Normalenvektoren $\mathfrak{n}_1$ und $\mathfrak{n}_2$ unmittelbar sieht (Bild 116.1).

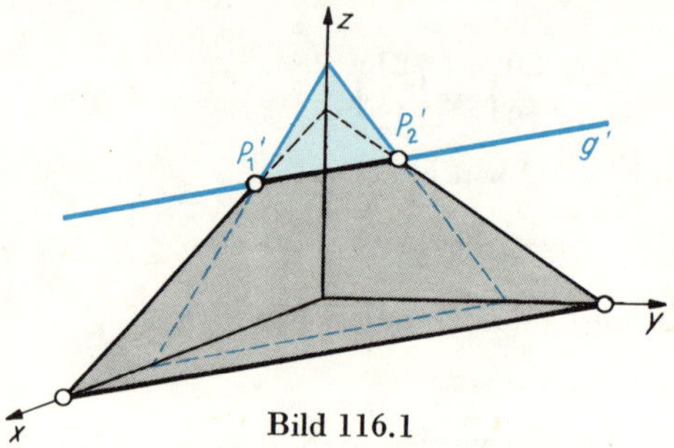

Bild 116.1

P_1' sei der Schnittpunkt der beiden Spurgeraden in der xz-Ebene. Dann gilt

$$\begin{pmatrix}1\\0\\-3\end{pmatrix}\mathfrak{r}_1' - 3 = 0; \quad \begin{pmatrix}1\\0\\-1\end{pmatrix}\mathfrak{r}_1' - 5 = 0.$$

Daraus ergibt sich

$$\begin{array}{l} x_1' - 3z_1' - 3 = 0 \\ x_1' - z_1' - 5 = 0 \\ \hline z_1' = 1, \end{array} \quad x_1' = 6 \Rightarrow \mathfrak{r}_1' = \begin{pmatrix}6\\0\\1\end{pmatrix}.$$

Analog bestimmen wir den Schnittpunkt P_2' der beiden Spurgeraden in der yz-Ebene. Da P'_2 auf beiden Spurgeraden liegt, muß gelten

$$2y_2' - 3z_2' - 3 = 0 \text{ und } 2y_2' - z_2' - 5 = 0.$$

Man erhält $z_2' = 1$ und $y_2' = 3 \Rightarrow \mathfrak{r}_2' = \begin{pmatrix}0\\3\\1\end{pmatrix}$.

Die Gleichung der Schnittgeraden g' von E_1 und E_2 ergibt sich also als

$$\mathfrak{r}' = \mathfrak{r}_1' + \lambda'(\mathfrak{r}_2' - \mathfrak{r}_1') \Rightarrow \mathfrak{r}' = \begin{pmatrix}6\\0\\1\end{pmatrix} + \lambda'\begin{pmatrix}-6\\3\\0\end{pmatrix}.$$

III. Schnittpunkt von Gerade und Ebene

1. Verfahren (Gerade und Ebene sind in der Parameterform gegeben):

$$g: \mathfrak{r} = \mathfrak{r}_1 + \lambda\mathfrak{u}, \qquad E: \mathfrak{r} = \mathfrak{r}_2 + \mu\mathfrak{v} + \nu\mathfrak{w}$$ (s. Kap. 4.3.5)

2. Verfahren (Die Gerade ist in der Parameterform, die Ebene in der Normalenform gegeben):

$$g: \mathfrak{r} = \begin{pmatrix}1\\3\\2\end{pmatrix} + \lambda\begin{pmatrix}2\\1\\0\end{pmatrix}, \quad E: \begin{pmatrix}1\\1\\2\end{pmatrix}\mathfrak{r} - 11 = 0.$$

Die Rechnung verläuft nach dem Verfahren 2 beim Schnitt zweier Geraden. Wir setzen ein und erhalten

$$\mathfrak{n}\,(\mathfrak{r}_1 + \lambda_s\,\mathfrak{u}) - c = 0 \Rightarrow \lambda_s = \frac{c - \mathfrak{n}\,\mathfrak{r}_1}{\mathfrak{n}\,\mathfrak{u}} = 1 \Rightarrow \mathfrak{r}_s = \begin{pmatrix}1\\3\\2\end{pmatrix} + 1\begin{pmatrix}2\\1\\0\end{pmatrix} = \begin{pmatrix}3\\4\\2\end{pmatrix}.$$

IV. Schnittwinkel

1. Schnittwinkel von Geraden

Zwei sich schneidende Geraden g_1 und g_2 bilden zwei Paare von Scheitelwinkeln. Unter dem Schnittwinkel α von g_1 und g_2 wollen wir den kleineren der beiden Winkel α und β verstehen (Bild 117.1).

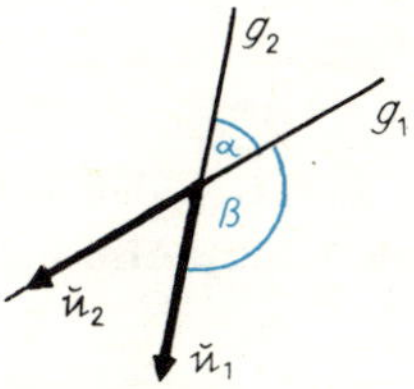

Bild 117.1

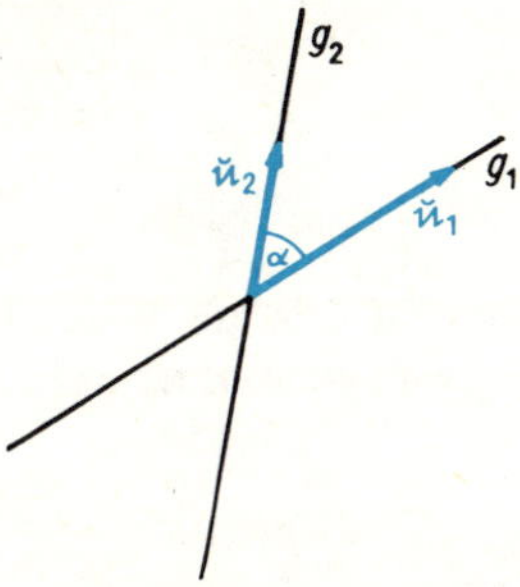

Bild 117.2

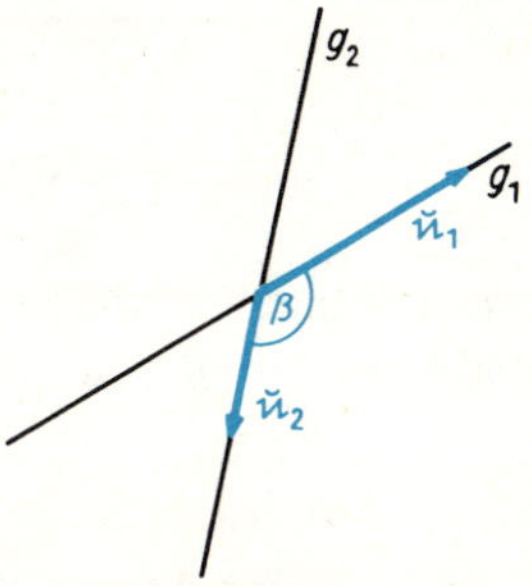

Bild 117.3

Zur Berechnung von α betrachten wir die Richtungsvektoren $\mathfrak{u}_1$ und $\mathfrak{u}_2$ der beiden Geraden. Es ist

$$\mathfrak{u}_1\,\mathfrak{u}_2 = u_1\,u_2 \cos(\mathfrak{u}_1; \mathfrak{u}_2).$$

Je nachdem, ob $\mathfrak{u}_1$ und $\mathfrak{u}_2$ einen spitzen oder stumpfen Winkel einschließen (Bild 117.2 u. 3), ist

$$\mathfrak{u}_1\,\mathfrak{u}_2 > 0 \text{ und } \cos(\mathfrak{u}_1; \mathfrak{u}_2) = \cos\alpha \text{ oder } \mathfrak{u}_1\,\mathfrak{u}_2 < 0 \text{ und } \cos(\mathfrak{u}_1; \mathfrak{u}_2) = \cos\beta.$$

Da $\cos\beta = \cos(180 - \alpha) = -\cos\alpha$ ist, ist im zweiten Fall $\cos(\mathfrak{u}_1; \mathfrak{u}_2) = -\cos\alpha$. Damit ergibt sich der Schnittwinkel α der beiden Geraden g_1 und g_2 aus

$$\cos\alpha = \left|\frac{\mathfrak{u}_1\,\mathfrak{u}_2}{u_1\,u_2}\right|.$$

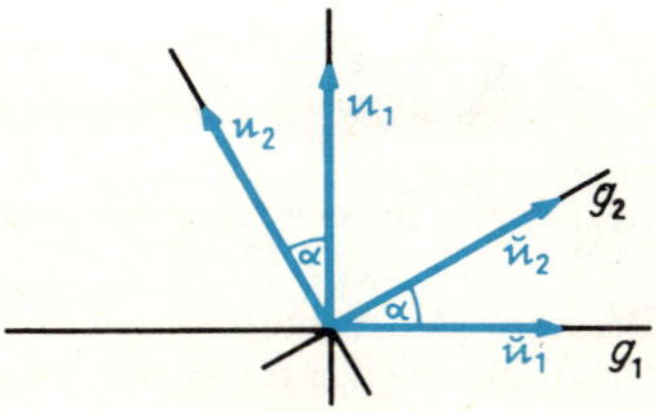

Bild 117.4

Wenn die beiden Geraden in einer der Grundebenen liegen und ihre Gleichungen in einer Normalenform gegeben sind, kann man ihren Schnittwinkel auch über die Normalenvektoren berechnen (Bild 117.4). Der Schnittwinkel zweier Lotgeraden von g_1 und g_2 ist genauso groß wie der Schnittwinkel der Geraden selbst. Also gilt

$$\cos\alpha = \left|\frac{\mathfrak{n}_1\,\mathfrak{n}_2}{n_1\,n_2}\right|.$$

2. Schnittwinkel von Ebenen

Wenn g die Schnittgerade zweier Ebenen E_1 und E_2 ist, dann wollen wir unter dem Schnittwinkel der beiden Ebenen den Schnittwinkel zwischen zwei beliebigen Geraden g_1 und g_2 verstehen, die in E_1 und E_2 liegen und senkrecht auf g stehen (Falllinien) (Bild 118.1).

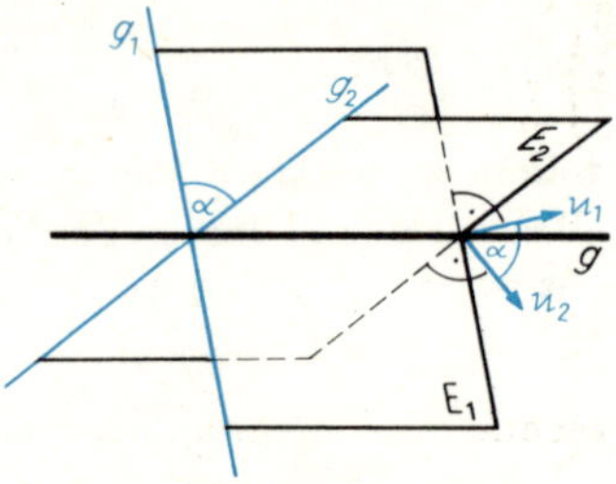

Bild 118.1

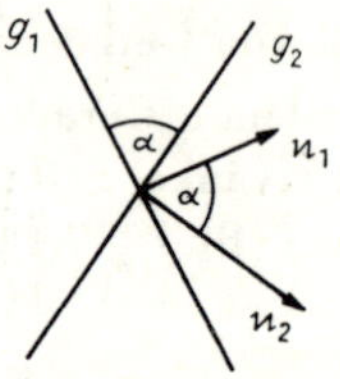

Bild 118.2

Dieser Winkel ist wiederum genauso groß wie der Winkel zwischen zwei Geraden in Richtung der beiden Normalenvektoren $\mathfrak{n}_1$ und $\mathfrak{n}_2$ der Ebenen (Bild 118.2). Also ist

$$\cos\alpha = \left|\frac{\mathfrak{n}_1\,\mathfrak{n}_2}{n_1\,n_2}\right|.$$

3. Schnittwinkel von Gerade und Ebene

Unter dem Schnittwinkel einer Geraden g mit einer Ebene E verstehen wir den Schnittwinkel zwischen g und der senkrechten Projektion g' von g auf E (Bild 118.3).

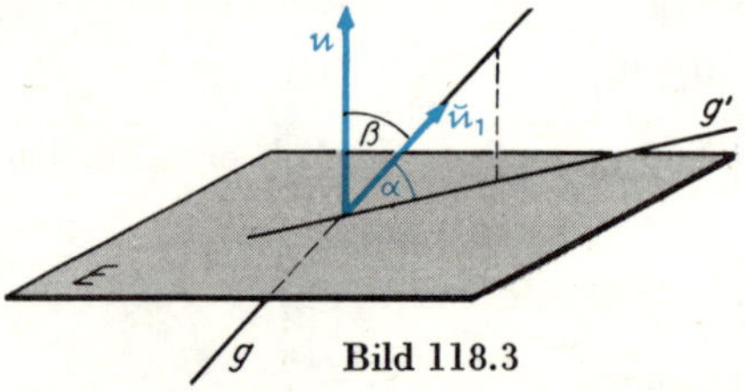

Bild 118.3

Für den Winkel β zwischen g und einer Lotgeraden der Ebene gilt:

$$\beta = 90° - \alpha \Rightarrow \cos\beta = \cos(90° - \alpha) = \sin\alpha.$$

Deshalb ist

$$\cos\beta = \left|\frac{\mathfrak{n}\,\mathfrak{u}_1}{n\,u_1}\right| = \sin\alpha.$$

Beispiel

Gegeben sei die Gerade g durch $\mathfrak{r} = \begin{pmatrix}1\\5\\-7\end{pmatrix} + \lambda\begin{pmatrix}-3\\0\\4\end{pmatrix}$ und die Ebene E durch $x + 2y + 2z = 3$.

Berechne den Schnittwinkel von g und E.

Der Richtungsvektor $\mathfrak{u}_1$ der Geraden und der Normalenvektor $\mathfrak{n}$ der Ebene haben die Darstellung

$$\mathfrak{u}_1 = \begin{pmatrix}-3\\0\\4\end{pmatrix} \quad \text{und} \quad \mathfrak{n} = \begin{pmatrix}1\\2\\2\end{pmatrix}.$$

Damit ergibt sich

$$\cos\beta = \left|\frac{\mathfrak{n}\,\mathfrak{u}_1}{n\,u_1}\right| = \frac{5}{15} = 0{,}3333 = \sin\alpha$$
$$\alpha = 19{,}47°.$$

Aufgaben

Die Schnittwinkel in folgenden Aufgaben sind gegebenenfalls mit dem Rechenstab zu berechnen.

1. Berechne den Schnittpunkt und Schnittwinkel der Geraden g mit der Ebene E.

a) $g:\ \mathfrak{r} = \begin{pmatrix} 2 \\ 3 \\ -1 \end{pmatrix} + \lambda \begin{pmatrix} 2 \\ -3 \\ 1 \end{pmatrix}, \quad E:\ \begin{pmatrix} 3 \\ 4 \\ -2 \end{pmatrix} \mathfrak{r} - 4 = 0,$

b) $g:\ \mathfrak{r} = \begin{pmatrix} 5 \\ -1 \\ 3 \end{pmatrix} + \lambda \begin{pmatrix} 7 \\ -2 \\ 1 \end{pmatrix}, \quad E:\ x - 4z = 5.$

2. Gegeben sind die Ebenen E_1 und E_2. Berechne die Gleichung der Schnittgeraden.

a) $E_1:\ \mathfrak{r} = \begin{pmatrix} 1 \\ 0 \\ -1 \end{pmatrix} + \lambda \begin{pmatrix} -5 \\ 6 \\ 2 \end{pmatrix} + \mu \begin{pmatrix} 3 \\ 2 \\ -8 \end{pmatrix}, \quad E_2:\ \begin{pmatrix} 4 \\ 3 \\ 2 \end{pmatrix} \mathfrak{r} - 6 = 0,$

b) $E_1:\ \mathfrak{r} = \begin{pmatrix} 1 \\ -2 \\ 2 \end{pmatrix} + \lambda \begin{pmatrix} -1 \\ 0 \\ -5 \end{pmatrix} + \mu \begin{pmatrix} 3 \\ 0 \\ 1 \end{pmatrix}, \quad E_2:\ \begin{pmatrix} 3 \\ 0 \\ -1 \end{pmatrix} \mathfrak{r} = 3.$

3. Bestimme für folgende Ebenen die Spurgeraden und die Schnittpunkte mit den Koordinatenachsen.

a) $E: \begin{pmatrix} 2 \\ 3 \\ -4 \end{pmatrix} \mathfrak{r} - 12 = 0$, b) $E: \begin{pmatrix} -7 \\ 4 \\ -8 \end{pmatrix} \mathfrak{r} = 112$, c) $E: \mathfrak{r} = \begin{pmatrix} 2 \\ 3 \\ -4 \end{pmatrix} + \lambda \begin{pmatrix} 1 \\ -1 \\ 2 \end{pmatrix} + \mu \begin{pmatrix} -1 \\ -2 \\ 3 \end{pmatrix}.$

4. Bestimme den Schnittpunkt der Geraden g, die durch P_1 und P_2 geht, mit der Ebene E, die durch P_3, P_4, P_5 festgelegt ist.

a) $P_1(4/4/0)$, $P_2(4/4/5)$, $P_3(2/0/2)$, $P_4(2/2/3)$, $P_5(0/2/2)$.

b) $P_1(1/4/3)$, $P_2(5/0/1)$, $P_3(5/5/1{,}5)$, $P_4(2/2/3)$, $P_5(0/2/2)$.

5. Gegeben sei die Ebene E_1 durch $\mathfrak{r} = \begin{pmatrix} 1 \\ -5 \\ -2 \end{pmatrix} + \lambda \begin{pmatrix} 2 \\ 3 \\ 1 \end{pmatrix} + \mu \begin{pmatrix} -1 \\ 0 \\ 3 \end{pmatrix}$ und die Ebene E_2 durch einen Normalenvektor $\mathfrak{n}_2 = \begin{pmatrix} 1 \\ -2 \\ 0 \end{pmatrix}$ und ihren Abstand $d = \frac{12}{5}\sqrt{5}$ LE vom Nullpunkt.

Berechne

a) die Schnittgerade der beiden Ebenen,

b) die Durchstoßpunkte der Schnittgeraden mit den Grundebenen.

6. Berechne den Schnittpunkt der Geraden g_1 und g_2.

a) $g_1:\ \mathfrak{r} = \begin{pmatrix} -2 \\ 5 \end{pmatrix} + \lambda \begin{pmatrix} 3 \\ 2 \end{pmatrix}, \quad g_2:\ \begin{pmatrix} 2 \\ 4 \end{pmatrix} \mathfrak{r} + 12 = 0,$

b) $g_1\colon\ \mathfrak{r} = \begin{pmatrix}4\\0\end{pmatrix} + \lambda \begin{pmatrix}5\\-1\end{pmatrix},\quad g_2\colon\ \begin{pmatrix}-2\\-3\end{pmatrix}\mathfrak{r} = 6,$

c) $g_1\colon\ \mathfrak{r} = \begin{pmatrix}-1\\2\end{pmatrix} + \lambda \begin{pmatrix}-1\\-3\end{pmatrix},\quad g_2\colon\ \begin{pmatrix}7\\2\end{pmatrix}\mathfrak{r} - 10 = 0.$

7. In welchem Punkt schneidet die von P_1 auf die Ebene E gefällte Lotgerade die Ebene?

a) $P_1(0/0/0)$, E: $\begin{pmatrix}2\\1\\-5\end{pmatrix}\mathfrak{r} - 9 = 0,$

b) $P_1(5/3/0)$, E: $\begin{pmatrix}2\\1\\-5\end{pmatrix}\mathfrak{r} - 9 = 0.$

8. Gegeben sei die Gerade g durch die Punkte $P_1(9/-15/7)$ und $P_2(-3/-11/1)$ und die Ebene E durch $\mathfrak{r} = \begin{pmatrix}1\\-16\\6\end{pmatrix} + \lambda \begin{pmatrix}4\\15\\2\end{pmatrix} + \mu \begin{pmatrix}6\\21\\2\end{pmatrix}.$

Berechne
a) den Schnittpunkt von g und E,
b) die Entfernung von E zum Nullpunkt.
c) Zeige, daß g auf E senkrecht steht.

9. Berechne Schnittpunkt und Schnittwinkel folgender Geraden:

a) $g_1\colon\ \begin{pmatrix}4\\-5\end{pmatrix}\mathfrak{r} = 35,\quad g_2\colon\ \begin{pmatrix}7\\2\end{pmatrix}\mathfrak{r} - 29 = 0,$

b) $g_1\colon\ \begin{pmatrix}7\\-13\end{pmatrix}\mathfrak{r} = -25,\quad g_2\colon\ \begin{pmatrix}21\\-39\end{pmatrix}\mathfrak{r} - 18 = 0,$

c) $g_1\colon\ \begin{pmatrix}7\\8\end{pmatrix}\mathfrak{r} - 38 = 0,\quad g_2\colon\ \begin{pmatrix}104\\-91\end{pmatrix}\mathfrak{r} + 65 = 0.$

10. Berechne den Schnittpunkt und Schnittwinkel folgender Geraden:

a) $g_1\colon\ \mathfrak{r} = \begin{pmatrix}1\\2\end{pmatrix} + \lambda \begin{pmatrix}-3\\1\end{pmatrix},\quad g_2\colon\ \mathfrak{r} = \begin{pmatrix}3\\1\end{pmatrix} + \mu \begin{pmatrix}1\\0\end{pmatrix},$

b) $g_1\colon\ \mathfrak{r} = \begin{pmatrix}2\\-2\end{pmatrix} + \lambda \begin{pmatrix}3\\6\end{pmatrix},\quad g_2\colon\ \mathfrak{r} = \begin{pmatrix}1\\-2\end{pmatrix} + \mu \begin{pmatrix}5\\12\end{pmatrix}.$

11. Gegeben sei die Gerade g_1 durch $3x + 4y = 10$ und der Punkt $P_2(1/3)$.
Berechne
a) die Gerade g_2 durch P_2, die auf g_1 senkrecht steht,
b) die Gerade g_3 durch P_2, die parallel zu g_1 verläuft.

12. Berechne die Schnittgerade und die Schnittwinkel von folgenden Ebenen:

$E_1\colon\ \mathfrak{r} = \begin{pmatrix}1\\1\\1\end{pmatrix} + \lambda \begin{pmatrix}0\\-1\\1\end{pmatrix} + \mu \begin{pmatrix}2\\-2\\-2\end{pmatrix},\quad E_2\colon\ \mathfrak{r} = \begin{pmatrix}0\\1\\1\end{pmatrix} + \lambda \begin{pmatrix}2\\-1\\-3\end{pmatrix} + \mu \begin{pmatrix}2\\-2\\-1\end{pmatrix}.$

13. Berechne Schnittgerade und Schnittwinkel von folgenden Ebenen:

a) $E_1: \begin{pmatrix} -3 \\ -2 \\ 1 \end{pmatrix} \mathfrak{r} = 2, \quad E_2: \begin{pmatrix} -3 \\ -2 \\ -1 \end{pmatrix} \mathfrak{r} + 1 = 0.$

b) $E_1: -x + y - z = 1, \quad E_2: x - z = 2.$

Wie liegt E_2 im Raum?

14. Berechne den Abstand des Punktes $P_1(4/2/4)$ von der Raumgeraden

$$g: \mathfrak{r} = \begin{pmatrix} 1 \\ 5 \\ 1 \end{pmatrix} + \lambda \begin{pmatrix} 1 \\ -2 \\ 1 \end{pmatrix}.$$

Anleitung: Betrachte die Ebene durch P_1 senkrecht auf g.

15. Über dem Dreieck A(0/0/0) B(3/4/0) C(0/5/0) ist ein senkrechtes Prisma der Höhe 6 errichtet. Wie lang ist die Strecke, die man erhält, wenn man das Dreieck durch A und die gegenüberliegende Kante B_1C_1 mit dem Dreieck durch die Kante BC und den gegenüberliegenden Punkt A_1 zum Schnitt bringt?

16. Berechne den Schnittpunkt der folgenden beiden Geraden durch Anwendung des operativen Verfahrens:

a) $g_1: \mathfrak{r} = \begin{pmatrix} 3 \\ 2 \\ 1 \end{pmatrix} + \lambda \begin{pmatrix} 2 \\ 1 \\ 0 \end{pmatrix}, \quad g_2: \mathfrak{r} = \begin{pmatrix} 2 \\ 1 \\ 0 \end{pmatrix} + \mu \begin{pmatrix} 1 \\ 0 \\ -1 \end{pmatrix},$

b) $g_1: \mathfrak{r} = \begin{pmatrix} 0 \\ 1 \\ 0 \end{pmatrix} + \lambda \begin{pmatrix} 1 \\ 2 \\ 1 \end{pmatrix}, \quad g_2: \mathfrak{r} = \begin{pmatrix} 0 \\ 2 \\ 0 \end{pmatrix} + \mu \begin{pmatrix} 3 \\ 3 \\ 2 \end{pmatrix}.$

Mache in jedem Fall die Probe!

* 6.5. Vermischte Aufgaben

1. Gegeben ist das Vierflach $P_0(0/0/0)$ P_1 $(2/1/0)$ $P_2(1/2/0)$ $P_3(1/1/2)$. Berechne
   a) die Höhe der Pyramide über der Fläche $P_1P_2P_3$,
   b) die Projektion P_0' von P_0 auf die Ebene durch $P_1P_2P_3$,
   c) im Dreieck $P_0P_1P_2$ die Gleichung der Geraden, auf der die Höhe von P_2 auf P_0P_1 liegt, in der Normalenform,
   d) den Schnittwinkel der Ebene durch $P_1P_2P_3$ mit der Geraden durch P_0P_1,
   e) die Gleichung der Winkelhalbierenden des Winkels $P_3P_1P_2$ in der Punktrichtungsform,
   f) den Durchstoßpunkt P_5 der Geraden $\mathfrak{r} = \begin{pmatrix} 3 \\ 2 \\ -1 \end{pmatrix} + \lambda \begin{pmatrix} 1 \\ 0 \\ 1 \end{pmatrix}$ mit der Ebene durch $P_1P_2P_3$,
   g) den Schnittwinkel von $\overrightarrow{P_1P_3}$ mit den Koordinatenachsen.
2. Gegeben sind die Punkte $P_1(7/2/3)$, $P_2(7/5/0)$, $P_3(-1/4/5)$.
   a) Bestimme die Gleichung der Ebene durch $P_1P_2P_3$ und bringe sie in die Achsenabschnittsform.

b) Gegeben ist ferner eine Gerade g durch den Punkt $P_0(0/4/3)$ und den Richtungsvektor $\mathfrak{u} = \begin{pmatrix} 1 \\ 0 \\ 1 \end{pmatrix}$. Berechne den Schnittwinkel zwischen g und E.

c) Berechne den Schnittpunkt P_4 von g und E.

d) Wie lautet die Gleichung der Ebene durch P_0 parallel zu E?

e) Berechne den Abstand der beiden Ebenen.

3. Gegeben sind die Punkte $P_1(10/2/5)$, $P_2(6/8/3)$, $P_3(-2/12/7)$, $P_4(2/6/9)$.

a) Zeige, daß die vier Punkte in einer Ebene liegen. Um was für ein Viereck handelt es sich?

b) Bestimme die Gleichung der Vierecksebene in der Normalenform.

c) Bestimme den Mittelpunkt P_5 der Diagonalen P_1P_3 im Viereck $P_1P_2P_3P_4$.

d) Berechne den Spurpunkt der Geraden durch P_1 und P_3 in der yz-Ebene.

e) Wie heißt die Projektion der Geraden durch P_1 und P_3 auf die yz-Ebene in der kartesischen Form?

f) Bestimme die Gleichung der Spurgeraden der Vierecksebene in der xy-Ebene.

g) Berechne den Durchstoßpunkt P_8 der Geraden durch $P_6(3/1/2)$ und $P_7(14/4/-1)$ mit der Ebene durch $P_1P_2P_3$.

4. Durch $P_0(5/2)$ ist die Gerade g zu legen, die von den Punkten $P_1(5/7)$ und $P_2(-3/1)$ den gleichen Abstand hat. Konstruiere auch die gesuchte Gerade.

5. Die beiden Geraden $g_1\colon \begin{pmatrix} 2 \\ -1 \end{pmatrix} \mathfrak{r} = 4$ und $g_2\colon \begin{pmatrix} 1 \\ 1 \end{pmatrix} \mathfrak{r} = c$ schließen mit der x-Achse ein Dreieck vom Flächeninhalt F = 3 FE ein. Berechne c.

6. Berechne denjenigen Punkt P_0 auf der Geraden $g_1\colon \begin{pmatrix} -1 \\ 2 \end{pmatrix} \mathfrak{r} = 8$, der von der Geraden $g_2\colon \begin{pmatrix} 3 \\ 4 \end{pmatrix} \mathfrak{r} = 11$ ebenso weit entfernt ist wie vom Punkt $P_1(8/3)$. Bestimme auch diese Entfernung.

7. Bringe im Dreieck $P_1(2/1/2)$ $P_2(4/3/3)$ $P_3(6/4/2)$ die Winkelhalbierende des Winkels bei P_1 zum Schnitt mit der gegenüberliegenden Seite und bestätige an diesem Beispiel den Satz: Die Winkelhalbierende teilt die Gegenseite im Verhältnis der Anseiten.

8. Welche Punkte auf der Geraden $g\colon \mathfrak{r} = \begin{pmatrix} 2 \\ 1 \\ 8 \end{pmatrix} + \lambda \begin{pmatrix} -3 \\ 0 \\ 4 \end{pmatrix}$ haben

a) von der xy-Ebene den Abstand 5 LE,

b) vom Spurpunkt auf der xy-Ebene die Entfernung 5 LE?

9. Gegeben ist ein Vierflach durch die Punkte $P_1(2/4/0)$, $P_2(5/8/0)$, $P_3(1/2/0)$ und $P_4(4/5/6)$. Berechne

a) die Länge der Höhe durch P_3 im Dreieck $P_1P_2P_3$,

b) den Flächeninhalt des Dreiecks $P_1P_2P_3$,

c) den Rauminhalt des Vierflachs.

10. Gegeben ist die Ebene E durch $2x - 2y + z = 6$, ferner eine Gerade g durch die beiden Punkte $P_1(2/1/0)$ und $P_2(9/5/4)$.
a) Berechne die Länge und den Lotfußpunkt des vom Nullpunkt auf die Ebene gefällten Lotes.
b) Bestimme Durchstoßungspunkt und Schnittwinkel zwischen g und E.
c) Welchen Punkt P_1' erhält man, wenn man P_1 an E spiegelt?
d) Welche Punkte auf g haben von E den Abstand $|e| = |\pm 2|$ LE?

* 7. Das Vektorprodukt

* 7.1. Einführung und Herleitung

Vorübungen

Es sei $\mathfrak{a} = \begin{pmatrix} 1 \\ 2 \\ 2 \end{pmatrix}$ und $\mathfrak{b} = \begin{pmatrix} 4 \\ 2 \\ 4 \end{pmatrix}$.

a) Berechne einen Vektor $\mathfrak{n}$, für den gilt $\mathfrak{n}\mathfrak{a} = 0$ und $\mathfrak{n}\mathfrak{b} = 0$. Was bedeutet diese Forderung geometrisch?
b) Berechne den Flächeninhalt F des durch $\mathfrak{a}$ und $\mathfrak{b}$ aufgespannten Parallelogramms. Beachte dabei, daß sich die Höhe h_a mit Hilfe des Winkels zwischen $\mathfrak{a}$ und $\mathfrak{b}$ bestimmen läßt.

Die Stellung einer Ebene im Raum läßt sich durch zwei nicht kollineare Richtungsvektoren $\mathfrak{u}$ und $\mathfrak{v}$ oder durch einen Normalenvektor $\mathfrak{n}$ eindeutig festlegen. Das kommt algebraisch darin zum Ausdruck, daß sich ein Normalenvektor $\mathfrak{n}$ aus $\mathfrak{u}$ und $\mathfrak{v}$ errechnen läßt. Andererseits spannen $\mathfrak{u}$ und $\mathfrak{v}$ ein Parallelogramm auf, dessen Flächeninhalt F man aus $\mathfrak{u}$ und $\mathfrak{v}$ bestimmen kann.
Früher wurde bereits erwähnt, daß es grundsätzlich zwei Möglichkeiten für die Produktbildung zweier Vektoren gibt: entweder ist das Produkt eine Zahl (skalares Produkt) oder es ist ein Vektor (vektorielles Produkt). In diesem Kapitel wollen wir zwei Vektoren als Produkt einen Vektor zuordnen und damit eine neue Rechenoperation für Vektoren definieren, die den oben erwähnten rechnerischen und geometrischen Zusammenhang zwischen $\mathfrak{u}$, $\mathfrak{v}$ und $\mathfrak{n}$ einerseits sowie $\mathfrak{u}$, $\mathfrak{v}$ und F andererseits besonders elegant und anschaulich darstellt.
Als Verknüpfungszeichen wählen wir bei dem neu zu definierenden Vektorprodukt im Unterschied zum skalaren Produkt ein Kreuz. Wir gehen bei der Einführung des Vektorproduktes ähnlich vor wie bei der Herleitung des skalaren Produktes, indem wir zunächst festlegen, was wir unter dem Vektorprodukt zweier aufeinander senkrecht stehender Einheitsvektoren verstehen wollen.
$\mathfrak{a}^\circ$ und $\mathfrak{b}^\circ$ seien also zwei aufeinander senkrecht stehende Einheitsvektoren. Der zu definierende Produktvektor $\mathfrak{a}^\circ \times \mathfrak{b}^\circ$ muß nach Größe, Richtung und Orientierung bekannt sein. Da $\mathfrak{a}^\circ$ und $\mathfrak{b}^\circ$ als Richtungsvektoren die Stellung einer Ebene festlegen und diese Stellung andererseits durch einen Normalenvektor angegeben werden kann, ist es sinnvoll, als Richtung des Produktvektors die Richtung dieses Normalenvektors zu wählen (Bild 124.1). Wir verlangen weiterhin $|\mathfrak{a}^\circ \times \mathfrak{b}^\circ| = 1$. Durch diese beiden Forderungen sind zwar Richtung und Betrag des Vektors $\mathfrak{a}^\circ \times \mathfrak{b}^\circ = \mathfrak{c}^\circ$ bestimmt, nicht aber seine Orientierung. Deshalb verlangen wir:

Axiom 7.1

$\mathfrak{a}^\circ$ und $\mathfrak{b}^\circ$ seien zwei aufeinander senkrecht stehende Einheitsvektoren. Wir setzen fest

$$\mathfrak{a}^\circ \times \mathfrak{b}^\circ = \mathfrak{c}^\circ, \text{ wobei } \mathfrak{c}^\circ \perp \mathfrak{a}^\circ \text{ und } \mathfrak{c}^\circ \perp \mathfrak{b}^\circ.$$

Außerdem sollen $\mathfrak{a}^\circ$, $\mathfrak{b}^\circ$, $\mathfrak{c}^\circ$ in dieser Reihenfolge ein Rechtssystem bilden.

Ein solches Rechtssystem können wir uns außer an den Fingern der rechten Hand auch mit der sogenannten Schraubenregel veranschaulichen: Drehen wir $\mathfrak{a}^\circ$ über den kleineren Winkel in die Richtung und Orientierung von $\mathfrak{b}^\circ$, dann entsteht dabei eine Drehrichtung, die, auf eine normale Schraube angewandt, diese Schraube in die Richtung und Orientierung von $\mathfrak{c}^\circ$ bewegen würde.

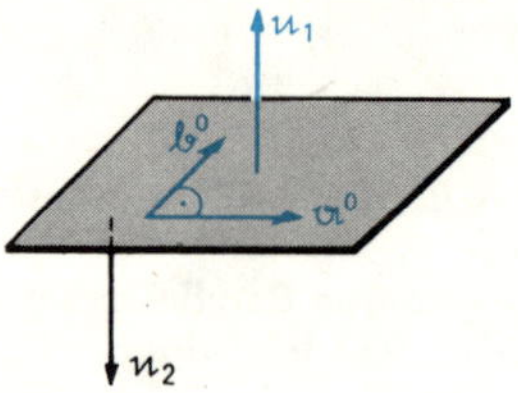

Bild 124.1

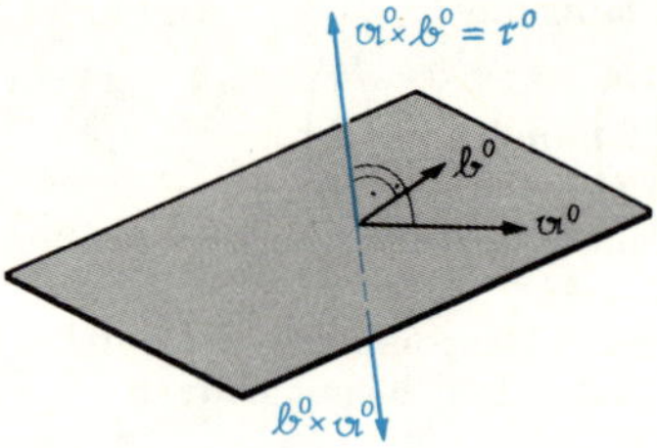

Bild 124.2

Aus Axiom 7.1 ergibt sich zwangsläufig eine Folgerung, die das Vektorprodukt grundsätzlich vom Produkt $a \cdot b$ der gewöhnlichen Algebra und auch vom Skalarprodukt unterscheidet. Es gilt nämlich $\mathfrak{a}^\circ \times \mathfrak{b}^\circ = -(\mathfrak{b}^\circ \times \mathfrak{a}^\circ)$. Denn wie Bild 124.2 zeigt, sind $\mathfrak{a}^\circ \times \mathfrak{b}^\circ$ und $\mathfrak{b}^\circ \times \mathfrak{a}^\circ$ Gegenvektoren.

Wir wollen in Analogie zur Einführung des Skalarproduktes nun die Rechenregeln postulieren, denen das Vektorprodukt genügen soll.

Axiom 7.2

1. $\mathfrak{a} \times \mathfrak{b} = -(\mathfrak{b} \times \mathfrak{a})$ (alternatives Gesetz)
2. $\mathfrak{a} \times (\mathfrak{b} + \mathfrak{c}) = (\mathfrak{a} \times \mathfrak{b}) + (\mathfrak{a} \times \mathfrak{c}) = \mathfrak{a} \times \mathfrak{b} + \mathfrak{a} \times \mathfrak{c}$ (distributives Gesetz)
3. $(\lambda\, \mathfrak{a}) \times \mathfrak{b} = \mathfrak{a} \times (\lambda\, \mathfrak{b}) = \lambda\, (\mathfrak{a} \times \mathfrak{b})$ (gemischt assoziatives Gesetz)

Bis auf das alternative Gesetz, das auf Grund des Axioms 7.1 (s. Folgerung) an die Stelle des kommutativen Gesetzes treten muß, verlangen wir mit dem Axiom 7.2 die entsprechenden Gesetze wie beim skalaren Produkt.

Mit Hilfe dieser Axiome lassen sich in weiteren Fällen Vektorprodukte berechnen:

1. $\mathfrak{a}^\circ \times \mathfrak{a}^\circ = \mathfrak{o}$ für alle $\mathfrak{a}$
   Da $\mathfrak{a}^\circ \times \mathfrak{a}^\circ$ wegen des alternativen Gesetzes gleich $-(\mathfrak{a}^\circ \times \mathfrak{a}^\circ)$ sein muß, kann $\mathfrak{a}^\circ \times \mathfrak{a}^\circ$ nur der Nullvektor sein.
2. Falls $\mathfrak{a}$ und $\mathfrak{b}$ kollinear sind, gilt für alle $\mathfrak{a}$ und $\mathfrak{b}$:

$$\mathfrak{a} \times \mathfrak{b} = \mathfrak{o}.$$

Denn es ist unter Anwendung des gemischt assoziativen Gesetzes und der Folgerung 1

$$\mathfrak{a}\times\mathfrak{b} = (\mathrm{a}\,\mathfrak{a}^\circ)\times(\pm\,\mathrm{b})\,\mathfrak{a}^\circ = \pm\,\mathrm{a\,b}\,(\mathfrak{a}^\circ\times\mathfrak{a}^\circ) = \mathfrak{o}\,.$$

Als Spezialfall ergibt sich: $\mathfrak{a}\times\mathfrak{a} = \mathfrak{o}$.

3. Falls $\mathfrak{a}\perp\mathfrak{b}$, gilt für alle $\mathfrak{a}$ und $\mathfrak{b}$:

$$\mathfrak{a}\times\mathfrak{b} = \mathrm{a\,b}\,\mathfrak{c}^\circ \qquad \text{mit} \quad |\mathfrak{a}\times\mathfrak{b}| = \mathrm{a}\cdot\mathrm{b}\,.$$

Zum Beweis wenden wir das gemischt assoziative Gesetz und das Axiom 7.1 an und erhalten $\mathfrak{a}\times\mathfrak{b} = \mathrm{a}\mathfrak{a}^\circ\times\mathrm{b}\mathfrak{b}^\circ = \mathrm{ab}(\mathfrak{a}^\circ\times\mathfrak{b}^\circ) = \mathrm{ab}\mathfrak{c}^\circ$. Daraus folgt $|\mathfrak{a}\times\mathfrak{b}| = \mathrm{a}\cdot\mathrm{b}$.

$\mathfrak{a}$ und $\mathfrak{b}$ seien nun zwei nicht kollineare und nicht aufeinander senkrecht stehende Vektoren. Dann gilt

$$\mathfrak{b} = \mathfrak{b}_\mathfrak{a} + \mathrm{n}\,\bar{\mathfrak{a}}^\circ\,,$$

wobei $\mathfrak{b}_\mathfrak{a}$ den Projektionsvektor von $\mathfrak{b}$ auf $\mathfrak{a}$ bedeutet und $\bar{\mathfrak{a}}^\circ$ einen Lotvektor von $\mathfrak{a}^\circ$ in der durch $\mathfrak{a}$ und $\mathfrak{b}$ aufgespannten Ebene (Bild 125.1). Wir bilden $\mathfrak{a}\times\mathfrak{b} = \mathfrak{a}\times(\mathfrak{b}_\mathfrak{a} + \mathrm{n}\,\bar{\mathfrak{a}}^\circ) = \mathfrak{a}\times\mathfrak{b}_\mathfrak{a} + \mathrm{n}\,\mathfrak{a}\times\bar{\mathfrak{a}}^\circ = \mathfrak{a}\times\mathfrak{b}_\mathfrak{a} + \mathrm{na}\,(\mathfrak{a}^\circ\times\bar{\mathfrak{a}}^\circ)$. Wegen Folgerung 2 ist $\mathfrak{a}\times\mathfrak{b}_\mathfrak{a} = \mathfrak{o}$. $\mathfrak{a}^\circ\times\bar{\mathfrak{a}}^\circ$ ist ein Vektor senkrecht auf $\mathfrak{a}^\circ$ und senkrecht auf $\bar{\mathfrak{a}}^\circ$.

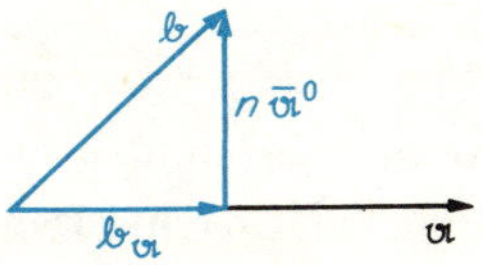

Bild 125.1

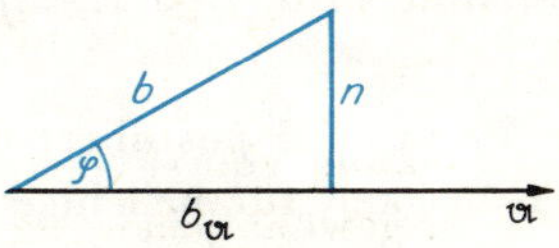

Bild 125.2

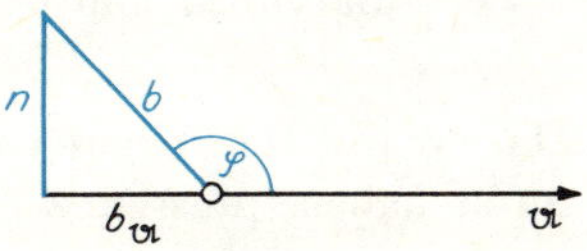

Bild 125.3

Damit steht $\mathfrak{a}^\circ\times\bar{\mathfrak{a}}^\circ$ auch senkrecht auf $\mathfrak{a}$ und $\mathfrak{b}$. $\mathfrak{a}^\circ$, $\bar{\mathfrak{a}}^\circ$, $\mathfrak{a}^\circ\times\bar{\mathfrak{a}}^\circ$ bilden in dieser Reihenfolge ein Rechtssystem, ebenso auch $\mathfrak{a}$, $\mathfrak{b}$, $\mathfrak{a}^\circ\times\bar{\mathfrak{a}}^\circ$. Damit steht $\mathfrak{a}\times\mathfrak{b} = \mathrm{na}\,(\mathfrak{a}^\circ\times\bar{\mathfrak{a}}^\circ)$ senkrecht auf $\mathfrak{a}$ und $\mathfrak{b}$ und bildet mit $\mathfrak{a}$ und $\mathfrak{b}$ in der Reihenfolge $\mathfrak{a}$, $\mathfrak{b}$, $\mathfrak{a}\times\mathfrak{b}$ ein Rechtssystem. Außerdem ist $|\,\mathfrak{a}\times\mathfrak{b}\,| = \mathrm{n\,a}$, da $|\,\mathfrak{a}^\circ\times\bar{\mathfrak{a}}^\circ\,| = 1$ nach Axiom 7.1.
Für die Strecke n (Bild 125.2 u. 3) gilt

$$\sin(\mathfrak{a};\mathfrak{b}) = \frac{\mathrm{n}}{\mathrm{b}} \Rightarrow \mathrm{n} = \mathrm{b}\cdot\sin(\mathfrak{a};\mathfrak{b})\,.$$

Setzen wir diesen Wert für n in die Beziehung

$$\mathfrak{a}\times\mathfrak{b} = \mathrm{n}\cdot\mathrm{a}\,(\mathfrak{a}^\circ\times\bar{\mathfrak{a}}^\circ)$$

ein, so erhält man

$$\mathfrak{a}\times\mathfrak{b} = \mathrm{a}\cdot\mathrm{b}\sin(\mathfrak{a};\mathfrak{b})\cdot(\mathfrak{a}^\circ\times\bar{\mathfrak{a}}^\circ)\,.$$

Damit ergibt sich zwangsläufig: Wenn es überhaupt ein Vektorprodukt gibt, das mit den Axiomen 7.1 und 7.2 nicht im Widerspruch steht, müssen wir definieren:

Definition 7.1

Der Vektor $\mathfrak{a}\times\mathfrak{b}$ steht senkrecht auf $\mathfrak{a}$ und $\mathfrak{b}$, bildet mit $\mathfrak{a}$ und $\mathfrak{b}$ in der Reihenfolge $\mathfrak{a}$, $\mathfrak{b}$, $\mathfrak{a}\times\mathfrak{b}$ ein Rechtssystem und hat den Betrag $|\,\mathfrak{a}\times\mathfrak{b}\,| = \mathrm{a}\cdot\mathrm{b}\sin(\mathfrak{a};\mathfrak{b})$.

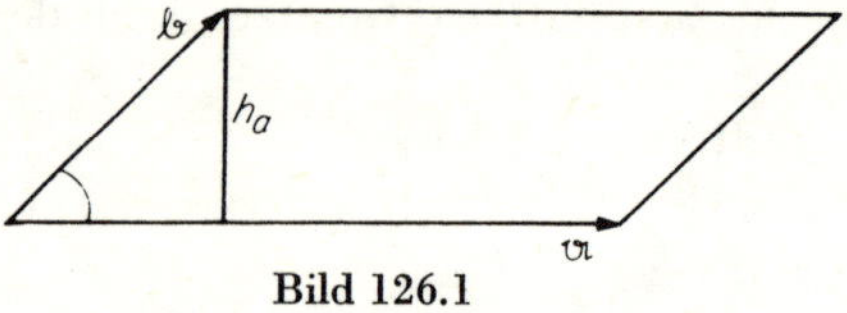

Bild 126.1

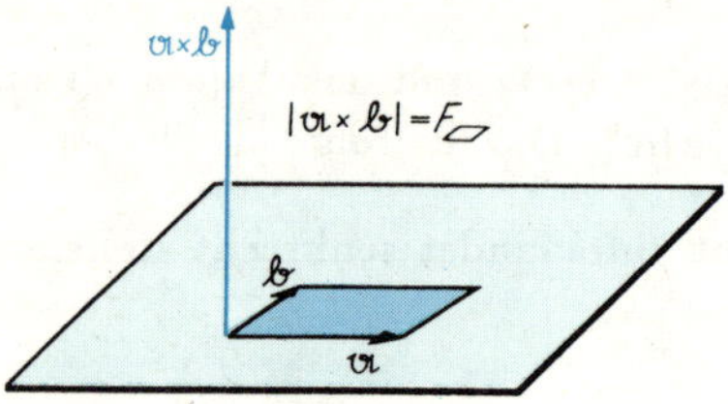

Bild 126.2

Die Länge des Produktvektors

$$|\mathfrak{a}\times\mathfrak{b}| = a \cdot b \sin(\mathfrak{a};\mathfrak{b})$$

hat eine wichtige geometrische Bedeutung. Dazu betrachten wir das Parallelogramm, das durch $\mathfrak{a}$ und $\mathfrak{b}$ aufgespannt wird (Bild 126.1). Es hat den Flächeninhalt

$$F = a\,h_a\,.$$

Für h_a dürfen wir schreiben

$$h_a = b \sin(\mathfrak{a};\mathfrak{b})\,.$$

Also ergibt sich für F

$$F = a \cdot b \sin(\mathfrak{a};\mathfrak{b})\,.$$

Damit erhalten wir den

Satz 7.1

$|\mathfrak{a}\times\mathfrak{b}| = a \cdot b \cdot \sin(\mathfrak{a};\mathfrak{b})$ ist gleich der Maßzahl der Parallelogrammfläche, die von $\mathfrak{a}$ und $\mathfrak{b}$ aufgespannt wird (Bild 126.2).

Da wir die Rechengesetze des Axioms 7.2 postuliert und nur in Spezialfällen benutzt haben, müssen wir ihre Gültigkeit für beliebige Vektoren noch nachweisen.

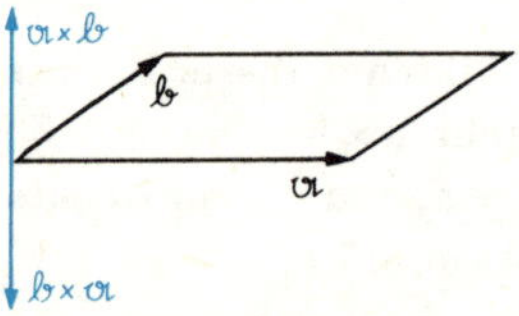

Bild 126.3

1. Für alle Vektoren $\mathfrak{a}$ und $\mathfrak{b}$ gilt

$$\mathfrak{a}\times\mathfrak{b} = -(\mathfrak{b}\times\mathfrak{a}).$$

Die Vektoren $\mathfrak{a}\times\mathfrak{b}$ und $\mathfrak{b}\times\mathfrak{a}$ haben bei gleicher Länge entgegengesetzte Orientierung (Bild 126.3).

2. Für alle Vektoren $\mathfrak{a}$, $\mathfrak{b}$, $\mathfrak{c}$ gilt

$$\mathfrak{a}\times(\mathfrak{b}+\mathfrak{c}) = \mathfrak{a}\times\mathfrak{b} + \mathfrak{a}\times\mathfrak{c}\,.$$

Wir denken uns die drei Vektoren $\mathfrak{a}$, $\mathfrak{b}$, $\mathfrak{c}$ von einem gemeinsamen Punkt A aus abgetragen und projizieren das durch $\mathfrak{b}$ und $\mathfrak{c}$ aufgespannte Parallelogramm ABCD parallel zu $\mathfrak{a}$ in eine Ebene E, die $\mathfrak{a}$ als Normalenvektor hat. Das durch diese Projektion in E entstehende Viereck ist wiederum ein Parallelogramm A'B'C'D'. Es wird erzeugt durch die Vektoren $\mathfrak{b}'$ und $\mathfrak{c}'$. Der Diagonalenvektor $\mathfrak{b}' + \mathfrak{c}'$ ist auf Grund dieser Projektion gleich $(\mathfrak{b}+\mathfrak{c})'$, wie man Bild 127.1 unmittelbar entnimmt. Nun untersuchen wir die im distributiven Gesetz auftretenden Vektoren $\mathfrak{a}\times\mathfrak{b}$, $\mathfrak{a}\times\mathfrak{c}$, $\mathfrak{a}\times(\mathfrak{b}+\mathfrak{c})$. Da das durch $\mathfrak{a}$ und $\mathfrak{b}$ erzeugte Parallelogramm flächengleich mit dem Parallelogramm aus $\mathfrak{a}$ und $\mathfrak{b}'$ ist (Scherung parallel zu $\mathfrak{a}$, s. Bild 127.1), da außerdem Richtung und Orientierung von $\mathfrak{a}\times\mathfrak{b}$ und $\mathfrak{a}\times\mathfrak{b}'$ übereinstimmen, gilt

$$(\mathfrak{a}\times\mathfrak{b}) = (\mathfrak{a}\times\mathfrak{b}')$$

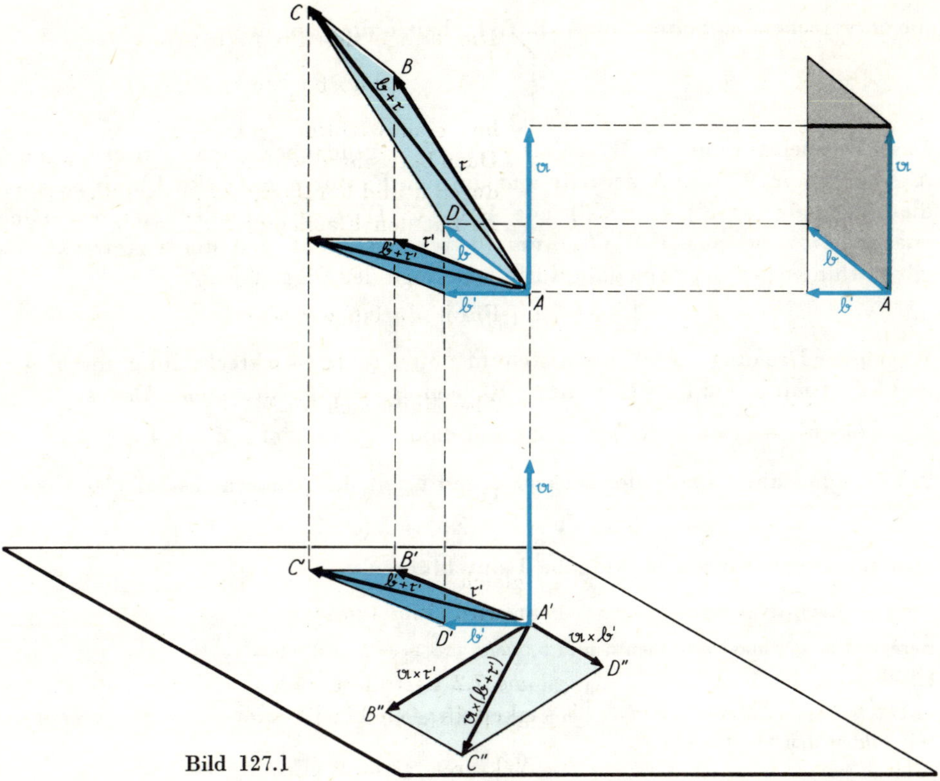

Bild 127.1

und entsprechend

$$(\mathfrak{a}\times\mathfrak{c}) = (\mathfrak{a}\times\mathfrak{c}')$$

$$\mathfrak{a}\times(\mathfrak{b}+\mathfrak{c}) = \mathfrak{a}\times(\mathfrak{b}+\mathfrak{c})' = \mathfrak{a}\times(\mathfrak{b}'+\mathfrak{c}').$$

Damit läßt sich das distributive Gesetz

$$\mathfrak{a}\times(\mathfrak{b}+\mathfrak{c}) = \mathfrak{a}\times\mathfrak{b}+\mathfrak{a}\times\mathfrak{c}$$

auch in der Form schreiben

$$\mathfrak{a}\times(\mathfrak{b}'+\mathfrak{c}') = \mathfrak{a}\times\mathfrak{b}'+\mathfrak{a}\times\mathfrak{c}'.$$

Diese Vektoren $\mathfrak{a}\times\mathfrak{b}'$, $\mathfrak{a}\times\mathfrak{c}'$, $\mathfrak{a}\times(\mathfrak{b}'+\mathfrak{c}')$ liegen ebenfalls in der Ebene E, da sie senkrecht auf $\mathfrak{a}$, dem Normalenvektor der Ebene, stehen müssen (s. Def. 7.1). $\mathfrak{a}\times\mathfrak{b}'$ und $\mathfrak{a}\times\mathfrak{c}'$ sind außerdem in E Lotvektoren von $\mathfrak{b}'$ bzw. $\mathfrak{c}'$ (beachte die Schraubenregel!). Sie spannen deshalb ein Parallelogramm A′ B″ C″ D″ auf, das gegen A′ B′ C′ D′ im positiven Sinn um 90° um A′ gedreht ist. Die Seiten dieses Parallelogramms A′ B″ C″ D″ haben die Längen

$$|\,\mathfrak{a}\times\mathfrak{c}'\,| = a\cdot c'\cdot\sin(\mathfrak{a};\mathfrak{c}') = a\,c'\,,$$

$$|\,\mathfrak{a}\times\mathfrak{b}'\,| = a\cdot b'\cdot\sin(\mathfrak{a};\mathfrak{b}') = a\,b'\,,$$

die entsprechenden Seiten von A′ B′ C′ D′ haben die Längen

$$|\mathfrak{b}'| = b'$$
$$|\mathfrak{c}'| = c'.$$

Das Parallelogramm A′ B″ C″ D″ ist also gegenüber dem Parallelogramm A′ B′ C′ D′ um 90° um A′ gedreht *und* um den Faktor a gestreckt. Damit ist auch die Diagonale $(\mathfrak{a}\times\mathfrak{b}') + (\mathfrak{a}\times\mathfrak{c}')$ aus A′ B″ C″ D″ gegenüber der entsprechenden Diagonale $\mathfrak{b}' + \mathfrak{c}'$ aus A′ B′ C′ D′ um 90° um A gedreht und um a gestreckt. Es gilt mithin wegen der Streckung für die Beträge der Diagonalen

$$|(\mathfrak{a}\times\mathfrak{b}') + (\mathfrak{a}\times\mathfrak{c}')| = a\,|\mathfrak{b}' + \mathfrak{c}'|.$$

Wegen der Drehung um 90° um A steht $(\mathfrak{a}\times\mathfrak{b}') + (\mathfrak{a}\times\mathfrak{c}')$ senkrecht auf $\mathfrak{a}$ und $\mathfrak{b}' + \mathfrak{c}'$ und bildet mit $\mathfrak{a}$ und $\mathfrak{b}' + \mathfrak{c}'$ in dieser Reihenfolge ein Rechtssystem. Also ist

$$(\mathfrak{a}\times\mathfrak{b}') + (\mathfrak{a}\times\mathfrak{c}') = \mathfrak{a}\times(\mathfrak{b}' + \mathfrak{c}') \text{ und damit } \mathfrak{a}\times(\mathfrak{b}+\mathfrak{c}) = \mathfrak{a}\times\mathfrak{b} + \mathfrak{a}\times\mathfrak{c}.$$

3. Für jede Zahl λ und jeden Vektor $\mathfrak{a}$ und $\mathfrak{b}$ gilt das gemischt assoziative Gesetz

$$(\lambda\,\mathfrak{a})\times\mathfrak{b} = \mathfrak{a}\times(\lambda\,\mathfrak{b}) = \lambda\,(\mathfrak{a}\times\mathfrak{b}).$$

Den Beweis wollen wir in Aufgabe 1 durchführen.

Beispiel

Berechne den Winkel zwischen $\mathfrak{a}$ und $\mathfrak{b}$, wenn $|\mathfrak{a}\times\mathfrak{b}| = 1$ und $\mathfrak{a}\,\mathfrak{b} = -1$.
Es gilt

$$|\mathfrak{a}\times\mathfrak{b}| = a\,b\,\sin(\mathfrak{a};\mathfrak{b}) = 1,$$
$$\mathfrak{a}\,\mathfrak{b} = a\,b\,\cos(\mathfrak{a};\mathfrak{b}) = -1.$$

Wir bilden den Quotienten

$$\frac{|\mathfrak{a}\times\mathfrak{b}|}{\mathfrak{a}\,\mathfrak{b}} = -1$$

und erhalten

$$\frac{|\mathfrak{a}\times\mathfrak{b}|}{\mathfrak{a}\,\mathfrak{b}} = -1 = \frac{\sin(\mathfrak{a};\mathfrak{b})}{\cos(\mathfrak{a};\mathfrak{b})} = \tan(\mathfrak{a};\mathfrak{b}) \Rightarrow \sphericalangle(\mathfrak{a};\mathfrak{b}) = 135°.$$

Aufgaben

1. Beweise das gemischt assoziative Gesetz $(\lambda\,\mathfrak{a})\times\mathfrak{b} = \mathfrak{a}\times(\lambda\mathfrak{b}) = \lambda\,(\mathfrak{a}\times\mathfrak{b})$.
2. Berechne die 9 Vektorprodukte von je zwei der Grundvektoren $\mathfrak{i}, \mathfrak{j}, \mathfrak{k}$.
3. Berechne $(\mathfrak{i}\times\mathfrak{j})\times\mathfrak{i}$, $(\mathfrak{j}\times\mathfrak{k})\times\mathfrak{k}$, $(\mathfrak{i}\times\mathfrak{k})\times\mathfrak{j}$.
4. Es sei $|\mathfrak{a}| = 3$ LE, $|\mathfrak{b}| = 4$ LE und $\sphericalangle(\mathfrak{a};\mathfrak{b}) = 120°$. Berechne $|\mathfrak{a}\times\mathfrak{b}|$.
5. Drücke den Flächeninhalt eines Dreiecks $P_1P_2P_3$ mit Hilfe des Vektorprodukts aus.
6. Es sei $\mathfrak{r} = \mathfrak{r}_1 + \lambda\mathfrak{u} + \mu\mathfrak{v}$ die Gleichung einer Ebene mit dem Normalenvektor $\mathfrak{n}$. $\mathfrak{c}$ sei ein anderer Vektor der Ebene, der nicht kollinear mit $\mathfrak{u}$ und $\mathfrak{v}$ ist. Beschreibe die Vektoren $\mathfrak{n}\times\mathfrak{u}$, $\mathfrak{n}\times\mathfrak{v}$, $\mathfrak{u}\times\mathfrak{v}$, $(\mathfrak{u}\times\mathfrak{v})\times\mathfrak{c}$, indem du sie in eine Zeichnung der Ebene einträgst.
7. Unter welchen Bedingungen gilt $\mathfrak{a}\times\mathfrak{b} = +(\mathfrak{b}\times\mathfrak{a})$?
8. Deute geometrisch $\mathfrak{a}\times\mathfrak{b} = (-\mathfrak{b})\times\mathfrak{a}$.
9. Berechne
   a) $(\mathfrak{a}\,\mathfrak{b})^2 + |\mathfrak{a}\times\mathfrak{b}|^2$, b) $\dfrac{\mathfrak{a}\times\mathfrak{b}}{\mathfrak{a}\cdot\mathfrak{b}}$

10. Zeige: $(\mathfrak{a} \times \mathfrak{b})^2 = \mathfrak{a}^2\mathfrak{b}^2 - (\mathfrak{a}\mathfrak{b})^2$ für alle $\mathfrak{a}$ und $\mathfrak{b}$.

11. Die Vektoren $\mathfrak{a}$ und $\mathfrak{b}$ schließen den Winkel α ein. Drücke unter Benutzung von $\mathfrak{a} \times \mathfrak{b}$ und $\mathfrak{a}\,\mathfrak{b}$ vektoriell aus: $\sin\alpha$, $\cos\alpha$, $\tan\alpha$, $\cot\alpha$.

* 7.2. Besonderheiten des Vektorproduktes

Vorübung

Welche Rechengesetze kennst du aus der Zahlenalgebra, die sich nicht mehr auf Vektoren übertragen lassen?

Wie wir bei der Einführung des skalaren Produktes festgestellt haben, stimmen einige Rechengesetze für die skalare Multiplikation formal mit den entsprechenden Rechengesetzen der gewöhnlichen Algebra überein. Wir haben in Kapitel 5.2 eine Anzahl von Gesetzen kennengelernt, die sich aus der Zahlenalgebra nicht auf die skalare Multiplikation von Vektoren übertragen lassen. Auch für das Vektorprodukt gelten zunächst nur die in Axiom 7.2 verlangten Rechengesetze. Das Verhalten von Vektoren bei vektorieller Multiplikation gegenüber anderen uns aus der Zahlenalgebra vertrauten Gesetzen muß in jedem Fall gesondert untersucht werden.

1. Im Abschnitt 7.1 haben wir bereits gesehen, daß das vektorielle Produkt nicht kommutativ ist. Es gilt das alternative Gesetz $\mathfrak{a} \times \mathfrak{b} = -(\mathfrak{b} \times \mathfrak{a})$, das an die Stelle des kommutativen Gesetzes getreten ist.

2. Auch das assoziative Gesetz, für die skalare Multiplikation schon nicht mehr gültig, dürfen wir bei Vektorprodukten nicht mehr verwenden.

   Es sei z. B. $\mathfrak{a} = \mathfrak{i}$, $\mathfrak{b} = \mathfrak{j}$, $\mathfrak{c} = \mathfrak{j}$. Dann gilt
   $$\mathfrak{i} \times (\mathfrak{j} \times \mathfrak{j}) \neq (\mathfrak{i} \times \mathfrak{j}) \times \mathfrak{j}.$$
   Denn es ist $\mathfrak{j} \times \mathfrak{j} = \mathfrak{o} \Rightarrow \mathfrak{i} \times (\mathfrak{j} \times \mathfrak{j}) = \mathfrak{i} \times \mathfrak{o} = \mathfrak{o}$.

   Andererseits ist $\mathfrak{i} \times \mathfrak{j} = \mathfrak{k} \Rightarrow (\mathfrak{i} \times \mathfrak{j}) \times \mathfrak{j} = \mathfrak{k} \times \mathfrak{j} = -\mathfrak{i}$.

   Und damit ist
   $$\mathfrak{i} \times (\mathfrak{j} \times \mathfrak{j}) = \mathfrak{o} \neq (\mathfrak{i} \times \mathfrak{j}) \times \mathfrak{j} = -\mathfrak{i}.$$
   Im allgemeinen gilt
   $$\mathfrak{a} \times (\mathfrak{b} \times \mathfrak{c}) \neq (\mathfrak{a} \times \mathfrak{b}) \times \mathfrak{c}.$$

3. Da für die vektorielle Multiplikation das assoziative Gesetz nicht gilt, bildet die Menge der Vektoren hinsichtlich der vektoriellen Multiplikation keine Gruppe.

4. Wir fragen uns nun, wann ein Vektorprodukt gleich dem Nullvektor ist.

   Es ist $\mathfrak{a} \times \mathfrak{b} = \mathfrak{o}$, wenn auf Grund von Def. 7.1

   a) $\mathfrak{a} = \mathfrak{o}$

   oder b) $\mathfrak{b} = \mathfrak{o}$

   oder c) $\mathfrak{a} \parallel \mathfrak{b}$, da dann $\sin(\mathfrak{a};\mathfrak{b}) = 0$ und mithin
   $$|\mathfrak{a} \times \mathfrak{b}| = a \cdot b \cdot 0 = 0 \text{ ist.}$$

5. Die Gleichung $a\,x = b$ ist in der Zahlenalgebra eindeutig lösbar. Die Lösung $\frac{b}{a}$ definiert den Quotienten $\frac{b}{a}$.

   Die entsprechende Gleichung für das skalare Produkt von zwei Vektoren $\mathfrak{a}\mathfrak{x} = b$ hat unendlich viele Lösungen. Im Abschnitt 5.2 haben wir aus dieser Tatsache die wichtige Folgerung gezogen, daß man deshalb eine Zahl b nicht durch einen Vektor dividieren kann.

Wir wollen uns nun fragen, ob dafür vielleicht die Gleichung $\mathfrak{a} \times \mathfrak{x} = \mathfrak{b}$ eindeutig nach $\mathfrak{x}$ auflösbar ist. In diesem Falle könnten wir die Lösung $\frac{\mathfrak{b}}{\mathfrak{a}}$ nennen und hätten damit einen Quotienten aus zwei Vektoren $\mathfrak{b}$ und $\mathfrak{a}$ definiert.

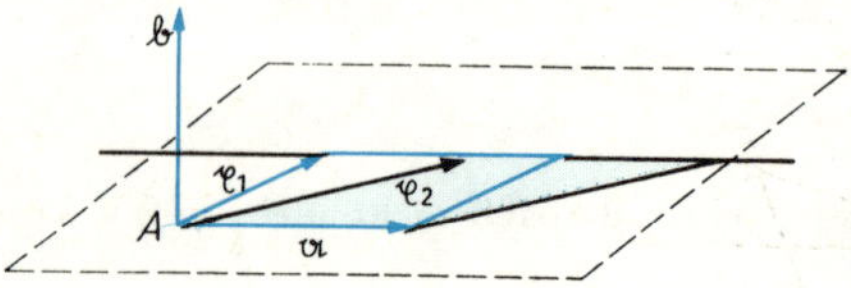

Bild 130.1

Wenn wir uns die drei Vektoren von einem gemeinsamen Angriffspunkt A aus abgetragen denken, dann zeigt Bild 130.1, daß es auch für diese Gleichung unendlich viele Lösungsvektoren gibt. Sie liegen mit $\mathfrak{a}$ in einer Ebene, zu der $\mathfrak{b}$ Normalenvektor ist. Alle Vektoren $\mathfrak{x}_1, \mathfrak{x}_2, \mathfrak{x}_3 \cdots$ haben ihren Zielpunkt auf einer Geraden parallel zu $\mathfrak{a}$. Die Gerade verläuft in einem solchen Abstand von $\mathfrak{a}$, daß stets wegen der Gleichheit der Inhalte der Parallelogrammflächen

$$\mathfrak{b} = \mathfrak{a} \times \mathfrak{x}_1 = \mathfrak{a} \times \mathfrak{x}_2 = \mathfrak{a} \times \mathfrak{x}_3 = \cdots \text{ ist.}$$

Da es also unendlich viele Lösungsvektoren gibt, ist auch die Division eines Vektors durch einen Vektor nicht möglich.

6. Im Abschnitt 5.6 haben wir das operative Verfahren zur Lösung von Vektorgleichungen kennengelernt. Bei diesem Lösungsverfahren multiplizieren wir die ganze Gleichung skalar mit einem geeigneten Vektor so, daß sich die vorgegebene Gleichung nach einem bestimmten Skalar auflösen läßt. Wir können eine Gleichung zwischen Vektoren aber auch ebenso gut mit einem geeigneten Vektor *vektoriell* multiplizieren unter Beachtung der zugehörigen Rechenregeln für das Vektorprodukt. Das heißt insbesondere, daß wir das alternative Gesetz zu berücksichtigen haben. Das wiederum bedeutet, daß es nicht gleichgültig ist, ob wir die Gleichung von rechts oder von links mit einem Vektor vektoriell multiplizieren. Beispiel 1 macht das an einer Aufgabe deutlich.

Beispiele

1. Beweise den Sinussatz für ein ebenes Dreieck mit den Seitenvektoren $\mathfrak{a}$, $\mathfrak{b}$, $\mathfrak{c}$ durch Anwendung des operativen Verfahrens (Bild 131.1).
Es gilt $\mathfrak{a} + \mathfrak{b} - \mathfrak{c} = \mathfrak{o}$.
Da wir eine Beziehung zwischen den Beträgen *zweier* Vektoren suchen, multiplizieren wir die Gleichung vektoriell von rechts mit $\mathfrak{c}$ und erhalten, da $\mathfrak{c} \times \mathfrak{c} = \mathfrak{o}$ ist,
$$\mathfrak{a} \times \mathfrak{c} + \mathfrak{b} \times \mathfrak{c} = \mathfrak{o} \Rightarrow \mathfrak{a} \times \mathfrak{c} = -\mathfrak{b} \times \mathfrak{c} \Rightarrow \mathfrak{a} \times \mathfrak{c} = \mathfrak{c} \times \mathfrak{b}.$$
Wir gehen zu den Beträgen über:
$$|\mathfrak{a} \times \mathfrak{c}| = |\mathfrak{c} \times \mathfrak{b}| \Rightarrow a\,c \sin\beta = c\,b \sin\alpha \Rightarrow \frac{a}{b} = \frac{\sin\alpha}{\sin\beta}.$$
2. Zeige, daß in einem dreiseitigen Prisma mit den Kantenvektoren $\mathfrak{a}$, $\mathfrak{b}$, $\mathfrak{c}$ die Summe der 5 nach außen gerichteten Produktvektoren der einzelnen Flächen gleich dem Nullvektor ist (Bild 131.2).
Wir bilden unter Anwendung des Vektorproduktes die Normalenvektoren der einzelnen Flächen, die laut Aufgabe nach außen zeigen sollen. Wir erhalten:
$$\frac{\mathfrak{a} \times \mathfrak{b}}{2}; \quad \frac{\mathfrak{b} \times \mathfrak{a}}{2}; \quad \mathfrak{a} \times \mathfrak{c}; \quad \mathfrak{c} \times \mathfrak{b}; \quad (\mathfrak{b} - \mathfrak{a}) \times \mathfrak{c}.$$

Wir bilden die Summe unter Anwendung des alternativen Gesetzes:

$$\frac{\mathfrak{a}\times\mathfrak{b}}{2}+\frac{\mathfrak{b}\times\mathfrak{a}}{2}+\mathfrak{a}\times\mathfrak{c}+\mathfrak{c}\times\mathfrak{b}+[(\mathfrak{b}\times\mathfrak{c})-(\mathfrak{a}\times\mathfrak{c})]$$

$$=\frac{\mathfrak{a}\times\mathfrak{b}}{2}-\frac{\mathfrak{a}\times\mathfrak{b}}{2}+\mathfrak{a}\times\mathfrak{c}+\mathfrak{c}\times\mathfrak{b}-\mathfrak{c}\times\mathfrak{b}-\mathfrak{a}\times\mathfrak{c}=\mathfrak{o}.$$

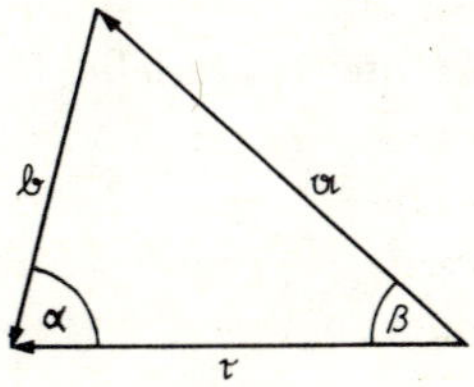

Bild 131.1

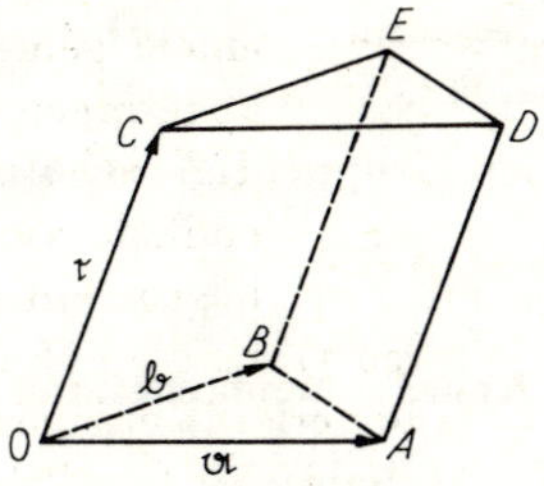

Bild 131.2

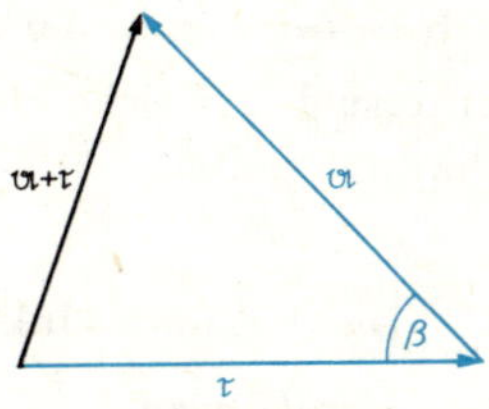

Bild 131.3

3. Berechne die fehlenden Seiten, die Winkel und den Flächeninhalt von folgendem Dreieck: $c = 4\,\text{cm}$, $a = 5\,\text{cm}$, $\beta = 45°$ (Bild 131.3).
Wir berechnen zunächst den Flächeninhalt des Dreiecks, der halb so groß ist wie der Flächeninhalt des Parallelogramms aus $\mathfrak{c}$ und $(\mathfrak{a}+\mathfrak{c})$.

$$F=\frac{1}{2}\,|(\mathfrak{a}+\mathfrak{c})\times\mathfrak{c}|=\frac{1}{2}\,|\mathfrak{a}\times\mathfrak{c}|=\frac{1}{2}\,a\,c\,\sin(180°-\beta)=\frac{1}{2}\cdot 20\cdot\frac{1}{2}\sqrt{2}\Rightarrow F=5\sqrt{2}\,\text{cm}^2\,.$$

Es ist $\mathfrak{b}=\mathfrak{a}+\mathfrak{c}$. Wir quadrieren die Gleichung und erhalten:

$$\mathfrak{b}^2=\mathfrak{a}^2+\mathfrak{c}^2+2\,\mathfrak{a}\,\mathfrak{c}=25+16+2\cdot5\cdot4\cos(180°-45°)=41-40\cdot\frac{1}{2}\sqrt{2}\;;\Rightarrow b=3{,}57\,\text{cm}\,.$$

α berechnen wir über F.

$$F=\frac{1}{2}\,|\mathfrak{b}\times\mathfrak{c}|=\frac{1}{2}\,b\,c\,\sin\alpha\;\Rightarrow\;\sin\alpha=\frac{2\,F}{b\,c}=\frac{10\sqrt{2}}{3{,}57\cdot4}\;\Rightarrow\;\alpha=82{,}3°\,.$$

Für γ gilt: $\gamma=180°-(\alpha+\beta)=52{,}7°$.

Aufgaben

1. Suche den Fehler in folgenden Gleichungen:
   a) $\mathfrak{a}\times\mathfrak{b}-\mathfrak{b}\times\mathfrak{a}=\mathfrak{o}$
   b) $\mathfrak{a}\times(\mathfrak{b}\cdot\mathfrak{c})=(\mathfrak{a}\times\mathfrak{b})\cdot(\mathfrak{a}\times\mathfrak{c})$
   c) $\mathfrak{a}\times(\mathfrak{b}-2\,\mathfrak{c})=\mathfrak{a}\times\mathfrak{b}-2\,\mathfrak{c}\times\mathfrak{a}$
   d) $(\mathfrak{a}\times\mathfrak{a})+(\mathfrak{b}\times\mathfrak{b})=\mathfrak{a}^2+\mathfrak{b}^2$
   e) $\mathfrak{a}\times\mathfrak{b}+\mathfrak{a}\times\mathfrak{b}=\mathfrak{a}\times(\mathfrak{b}+\mathfrak{a})\times\mathfrak{b}$
   f) $\mathfrak{a}\times\mathfrak{b}+\mathfrak{c}\times\mathfrak{a}=\mathfrak{a}\times(\mathfrak{b}+\mathfrak{c})$
   g) $\mathfrak{c}=\lambda\,\mathfrak{a}+\mu\,\mathfrak{b}\Rightarrow\mathfrak{c}\times\mathfrak{a}=\lambda\,\mathfrak{a}^2+\mu\,(\mathfrak{a}\times\mathfrak{b})$ bei vektorieller Multiplikation mit $\mathfrak{a}$
   h) $(\mathfrak{a}+\mathfrak{b})\times(\mathfrak{a}+\mathfrak{b})=\mathfrak{a}^2+2\,\mathfrak{a}\times\mathfrak{b}+\mathfrak{b}^2$
   i) $\mathfrak{a}\times\mathfrak{b}-\mathfrak{b}\times\mathfrak{a}=\mathfrak{a}\times(\mathfrak{b}-\mathfrak{b})\times\mathfrak{a}=\mathfrak{a}\times\mathfrak{o}\times\mathfrak{a}=\mathfrak{o}$.
2. Zeige: Die Summe der vier nach außen gerichteten Produktvektoren der einzelnen Flächen eines Vierflachs ist stets gleich dem Nullvektor.
3. Was stellt der Ausdruck $(\mathfrak{a}\times\mathfrak{b})\cdot\mathfrak{c}$ dar, eine Zahl oder einen Vektor? Wann ist dieser Ausdruck gleich Null?
4. Berechne:
   a) $(2\,\mathfrak{a}+3\,\mathfrak{b})\times(\mathfrak{a}-2\,\mathfrak{b})$, b) $(2\,\mathfrak{a}-\mathfrak{b})\times(2\,\mathfrak{a}-\mathfrak{b})$, c) $(\mathfrak{a}-\mathfrak{b})\times(\mathfrak{b}-\mathfrak{a})$.
5. Berechne $(\mathfrak{a}+n\mathfrak{b})\times\mathfrak{b}$ und deute das Ergebnis geometrisch.

6. Was läßt sich über den Ausdruck $\mathfrak{a} \times (\mathfrak{b}\,\mathfrak{c})$ sagen?

7. Betrachte die Ungleichung $(\mathfrak{a} \times \mathfrak{b}) \times \mathfrak{c} \neq \mathfrak{a} \times (\mathfrak{b} \times \mathfrak{c})$, für den Fall, daß die Vektoren $\mathfrak{a}$, $\mathfrak{b}$, $\mathfrak{c}$ paarweise aufeinander senkrecht stehen.

8. Berechne die fehlenden Seiten, die Winkel und den Flächeninhalt von folgenden Dreiecken:
   a) $c = 6\,\text{cm},\ a = 3\,\text{cm},\ b = 5\,\text{cm}$, b) $c = 5\,\text{cm},\ b = 4\,\text{cm},\ \beta = 45°$,
   c) $b = 6\,\text{cm},\ \alpha = 20°,\ \gamma = 135°$.

9. Untersuche, welche der vier Gruppeneigenschaften für die vektorielle Multiplikation gelten.

*7.3. Das Vektorprodukt in Koordinatendarstellung

Vorübungen

1. Berechne $(3\,\mathfrak{i} + 5\,\mathfrak{j}) \times (\mathfrak{i} - \mathfrak{k})$.
2. Es sei $\mathfrak{a} = \begin{pmatrix} 1 \\ 0 \\ 1 \end{pmatrix}$ und $\mathfrak{b} = \begin{pmatrix} 1 \\ 2 \\ 1 \end{pmatrix}$. Berechne $\mathfrak{a} \times \mathfrak{b}$.

Um aus den Koordinaten von $\mathfrak{a} = \begin{pmatrix} a_x \\ a_y \\ a_z \end{pmatrix}$ und $\mathfrak{b} = \begin{pmatrix} b_x \\ b_y \\ b_z \end{pmatrix}$ die Koordinaten des Produktvektors $\mathfrak{a} \times \mathfrak{b}$ berechnen zu können, multiplizieren wir die Vektoren unter Anwendung des distributiven Gesetzes vektoriell miteinander, beachten dabei $\mathfrak{i} \times \mathfrak{i} = \mathfrak{j} \times \mathfrak{j} = \mathfrak{k} \times \mathfrak{k} = \mathfrak{o}$, ordnen nach den Grundvektoren und erhalten:

$$\mathfrak{a} \times \mathfrak{b} = (a_x\,\mathfrak{i} + a_y\,\mathfrak{j} + a_z\mathfrak{k}) \times (b_x\mathfrak{i} + b_y\,\mathfrak{j} + b_z\,\mathfrak{k})$$

$$\mathfrak{a} \times \mathfrak{b} = (a_y\,b_z - a_z\,b_y)\,\mathfrak{i} - (a_x\,b_z - a_z\,b_x)\,\mathfrak{j} + (a_x\,b_y - a_y\,b_x)\,\mathfrak{k}\,.$$

Dieser Ausdruck läßt sich zu einer Determinante zusammenfassen. So ergibt sich der

Satz 7.2

$$\mathfrak{a} \times \mathfrak{b} = \begin{vmatrix} \mathfrak{i} & a_x & b_x \\ \mathfrak{j} & a_y & b_y \\ \mathfrak{k} & a_z & b_z \end{vmatrix}$$

Beispiel

Berechne einen Lotvektor zu $\mathfrak{a} = \begin{pmatrix} 1 \\ 2 \\ 1 \end{pmatrix}$ und $\mathfrak{b} = \begin{pmatrix} 2 \\ -1 \\ 3 \end{pmatrix}$ und den Flächeninhalt des durch $\mathfrak{a}$ und $\mathfrak{b}$ aufgespannten Parallelogramms.

Ein Lotvektor ist $\mathfrak{a} \times \mathfrak{b} = \begin{vmatrix} \mathfrak{i} & 1 & 2 \\ \mathfrak{j} & 2 & -1 \\ \mathfrak{k} & 1 & 3 \end{vmatrix} = (6 + 1)\,\mathfrak{i} - (3 - 2)\,\mathfrak{j} + (-1 - 4)\,\mathfrak{k} = 7\,\mathfrak{i} - \mathfrak{j} - 5\,\mathfrak{k} = \begin{pmatrix} 7 \\ -1 \\ -5 \end{pmatrix}$.

Der Betrag dieses Vektors ist gleich dem Inhalt des gesuchten Parallelogramms:

$$|\mathfrak{a} \times \mathfrak{b}| = \sqrt{49 + 1 + 25} = 5\sqrt{3}\,.$$

Mit Hilfe des Skalarproduktes können wir uns zur Probe davon überzeugen, daß $\mathfrak{a} \times \mathfrak{b} \perp \mathfrak{a}$ und $\mathfrak{a} \times \mathfrak{b} \perp \mathfrak{b}$.

Aufgaben

1. Berechne das Vektor- und Skalarprodukt folgender Vektoren:

$$\text{a) } \mathfrak{a} = \begin{pmatrix} 1 \\ 0 \\ -2 \end{pmatrix}, \mathfrak{b} = \begin{pmatrix} 2 \\ 1 \\ 0 \end{pmatrix} \quad \text{b) } \mathfrak{a} = \begin{pmatrix} 1 \\ 0 \\ 0 \end{pmatrix}, \mathfrak{b} = \begin{pmatrix} 2 \\ -1 \\ 0 \end{pmatrix} \quad \text{c) } \mathfrak{a} = \begin{pmatrix} -1 \\ 3 \\ -2 \end{pmatrix}, \mathfrak{b} = \begin{pmatrix} \frac{1}{2} \\ -\frac{1}{4} \\ 3 \end{pmatrix}.$$

2. Berechne den Flächeninhalt folgender Dreiecke unter Zuhilfenahme des Rechenstabes:
   a) A (0/0/0) B (1/2/−3) C (3/−4/2)
   b) A (1/2/−2) B (2/3/−1) C (4/0/−1)
   c) $A\left(\frac{1}{2} \middle| \frac{2}{3} \middle| 1\right)$ $B\left(1 \middle| \frac{1}{3} \middle| \frac{1}{2}\right)$ $C\left(\frac{1}{2} \middle| \frac{4}{3} \middle| -2\right)$

3. Berechne mit Hilfe des Vektorproduktes den Schnittwinkel zwischen $\mathfrak{a}$ und $\mathfrak{b}$ und mache die Probe durch Anwendung des Skalarproduktes.

$$\text{a) } \mathfrak{a} = \begin{pmatrix} 3 \\ 4 \\ 0 \end{pmatrix}, \mathfrak{b} = \begin{pmatrix} -1 \\ 2 \\ 2 \end{pmatrix} \qquad \text{b) } \mathfrak{a} = \begin{pmatrix} 2 \\ -3 \\ 6 \end{pmatrix}, \mathfrak{b} = \begin{pmatrix} 0 \\ 8 \\ -6 \end{pmatrix}.$$

   Diskutiere in b) das spezielle Ergebnis.

4. Gegeben ist ein Spat durch drei Kantenvektoren $\mathfrak{a} = \begin{pmatrix} -2 \\ 3 \\ -\frac{1}{2} \end{pmatrix}, \mathfrak{b} = \begin{pmatrix} 0 \\ 2 \\ 2 \end{pmatrix}, \mathfrak{c} = \begin{pmatrix} 1 \\ 1 \\ \frac{1}{3} \end{pmatrix}.$
   Berechne seine Oberfläche.

5. Gegeben sei ein Dreieck durch A (−2/2/1), B (−4/−1/−5), C (−2/5/5). Berechne den Flächeninhalt und daraus die Höhen h_b und h_c.

6. Die Grundfläche einer Pyramide sei ein Parallelogramm, das durch die Ortsvektoren $\mathfrak{a} = \begin{pmatrix} 1 \\ 2 \\ 0 \end{pmatrix}$ und $\mathfrak{b} = \begin{pmatrix} 2 \\ 1 \\ 1 \end{pmatrix}$ aufgespannt wird. Der Vektor zur Spitze sei $\mathfrak{c} = \begin{pmatrix} 3 \\ 3 \\ 2 \end{pmatrix}$. Berechne die Oberfläche.

7. Beweise das Additionstheorem $\sin(\alpha \pm \beta) = \sin\alpha \cdot \cos\beta \pm \sin\beta \cos\alpha$, indem du die Einheitsvektoren $\mathfrak{a}^\circ$ und $\mathfrak{b}^\circ$ miteinander vektoriell multiplizierst (s. Aufg. 7 Abschnitt 5. 7).

*7.4. Das Spatprodukt

7.4.1. Die Bedeutung des Spatproduktes und seine Rechengesetze

Vorübungen

1. Wie groß ist das Volumen eines Spates?
2. Erkläre an Hand einer Zeichnung nochmals die geometrische Bedeutung von $\mathfrak{a} \cdot \mathfrak{b} = \pm a_{\mathfrak{b}} \cdot b = a\, b \cos(\mathfrak{a}; \mathfrak{b})$.

1. Wir wollen das Volumen eines Spates bestimmen, der durch die drei Vektoren $\mathfrak{a}$, $\mathfrak{b}$, $\mathfrak{c}$ aufgespannt wird. Die Benennung dieser Vektoren können wir stets so wählen, daß $\mathfrak{a}$, $\mathfrak{b}$, $\mathfrak{c}$ in dieser Reihenfolge ein Rechtssystem bilden (Bild 134.1). Dann ist das Spatvolumen V

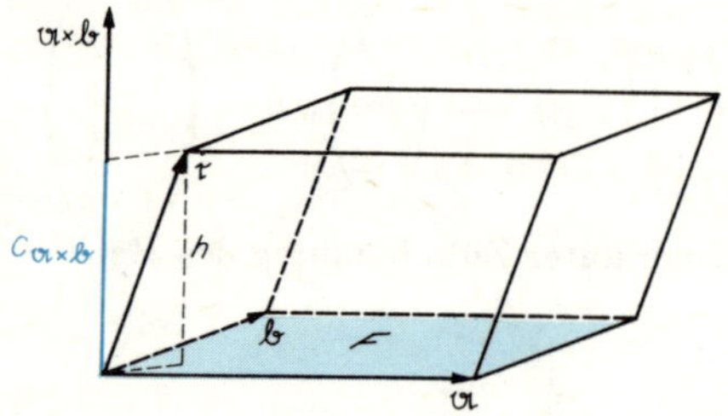

Bild 134.1

$$V = F \cdot h \quad \text{mit } F = |\mathfrak{a} \times \mathfrak{b}|.$$

Der Vektor $\mathfrak{a} \times \mathfrak{b}$ steht senkrecht auf $\mathfrak{a}$ und $\mathfrak{b}$ und bildet mit $\mathfrak{a}$ und $\mathfrak{b}$ in der Reihenfolge $\mathfrak{a}$, $\mathfrak{b}$, $\mathfrak{a} \times \mathfrak{b}$ ebenfalls ein Rechtssystem. Die Höhe h des Spates beträgt

$$h = c_{\mathfrak{a} \times \mathfrak{b}} \, .$$

Damit ist $V = F \cdot h = |\mathfrak{a} \times \mathfrak{b}| \, c_{\mathfrak{a} \times \mathfrak{b}} = |\mathfrak{a} \times \mathfrak{b}| \, c \cos [(\mathfrak{a} \times \mathfrak{b}); \mathfrak{c}]$, also $V = (\mathfrak{a} \times \mathfrak{b}) \cdot \mathfrak{c}$.

Der Ausdruck $(\mathfrak{a} \times \mathfrak{b}) \cdot \mathfrak{c}$ heißt *Spatprodukt.* Er ist gleich dem Volumen eines Spates, wenn die ihn aufspannenden Vektoren $\mathfrak{a}$, $\mathfrak{b}$, $\mathfrak{c}$ ein Rechtssystem bilden.

2. Vertauscht man in dem Ausdruck $(\mathfrak{a} \times \mathfrak{b}) \cdot \mathfrak{c}$ $\mathfrak{a}$ und $\mathfrak{b}$ miteinander, so erhält man formal $(\mathfrak{b} \times \mathfrak{a}) \cdot \mathfrak{c}$. Nun bilden $\mathfrak{b}$, $\mathfrak{a}$, $\mathfrak{c}$ in dieser Reihenfolge ein Linkssystem. Wegen $\mathfrak{b} \times \mathfrak{a} = -\, \mathfrak{a} \times \mathfrak{b}$ ergibt sich

$$(\mathfrak{b} \times \mathfrak{a}) \, \mathfrak{c} = -\, (\mathfrak{a} \times \mathfrak{b}) \, \mathfrak{c} = -\, V.$$

Bilden also drei Vektoren ein Linkssystem, so wird ihr Spatprodukt negativ.

3. Mit $\mathfrak{a}$, $\mathfrak{b}$, $\mathfrak{c}$ bilden auch $\mathfrak{b}$, $\mathfrak{c}$, $\mathfrak{a}$ und $\mathfrak{c}$, $\mathfrak{a}$, $\mathfrak{b}$ ein Rechtssystem. Zur Berechnung des Spatvolumens können wir als Maßzahl der Grundfläche statt $|\mathfrak{a} \times \mathfrak{b}|$ ebenso gut $|\mathfrak{b} \times \mathfrak{c}|$ oder $|\mathfrak{c} \times \mathfrak{a}|$ nehmen. Wir müssen dann nur zu jeder dieser Grundflächen auch die zugehörige Höhe betrachten. Folglich gilt

$$V = (\mathfrak{a} \times \mathfrak{b}) \, \mathfrak{c} = (\mathfrak{b} \times \mathfrak{c}) \, \mathfrak{a} = (\mathfrak{c} \times \mathfrak{a}) \, \mathfrak{b} \, .$$

Man sagt dafür: die Vektoren sind im Spatprodukt *zyklisch vertauschbar.*

4. Da das Skalarprodukt kommutativ ist, folgt aus

$$(\mathfrak{a} \times \mathfrak{b}) \cdot \mathfrak{c} = (\mathfrak{b} \times \mathfrak{c}) \cdot \mathfrak{a}$$

$$(\mathfrak{a} \times \mathfrak{b}) \cdot \mathfrak{c} = \mathfrak{a} \cdot (\mathfrak{b} \times \mathfrak{c}) \, .$$

Das bedeutet: Bei gleicher Reihenfolge der Vektoren sind die Operationen $\times$ und $\cdot$ vertauschbar. Deshalb schreiben wir als Abkürzung des Spatproduktes auch

$$(\mathfrak{a} \times \mathfrak{b}) \cdot \mathfrak{c} = \mathfrak{a} \cdot (\mathfrak{b} \times \mathfrak{c}) = [\mathfrak{a} \; \mathfrak{b} \; \mathfrak{c}] \, .$$

Wir fassen zusammen:

Satz 7.3

Das Spatprodukt $[\mathfrak{a} \; \mathfrak{b} \; \mathfrak{c}] = (\mathfrak{a} \times \mathfrak{b}) \, \mathfrak{c}$ ist gleich der positiven oder negativen Maßzahl des zugehörigen Spatvolumens je nachdem, ob $\mathfrak{a}$, $\mathfrak{b}$, $\mathfrak{c}$, ein Rechts- oder ein Linkssystem bilden.

Satz 7.4

Für das Spatprodukt $[\mathfrak{a}\,\mathfrak{b}\,\mathfrak{c}]$ gilt bei beliebigem $\mathfrak{a}$, $\mathfrak{b}$, $\mathfrak{c}$:

Die Vektoren sind zyklisch vertauschbar: $(\mathfrak{a}\times\mathfrak{b})\cdot\mathfrak{c} = (\mathfrak{b}\times\mathfrak{c})\cdot\mathfrak{a} = (\mathfrak{c}\times\mathfrak{a})\cdot\mathfrak{b}$

Die Rechenoperationen sind vertauschbar: $(\mathfrak{a}\times\mathfrak{b})\cdot\mathfrak{c} = \mathfrak{a}\cdot(\mathfrak{b}\times\mathfrak{c})$.

7.4.2. Das Spatprodukt in Koordinatenschreibweise

Wir wollen nun das Spatprodukt $\mathfrak{a}\,(\mathfrak{b}\times\mathfrak{c}) = [\mathfrak{a}\,\mathfrak{b}\,\mathfrak{c}]$ durch die Koordinaten von $\mathfrak{a}$, $\mathfrak{b}$ und $\mathfrak{c}$ ausdrücken. Es sei $\mathfrak{a} = \begin{pmatrix} a_x \\ a_y \\ a_z \end{pmatrix}$, $\mathfrak{b} = \begin{pmatrix} b_x \\ b_y \\ b_z \end{pmatrix}$, $\mathfrak{c} = \begin{pmatrix} c_x \\ c_y \\ c_z \end{pmatrix}$.

Dann gilt

$$\mathfrak{b}\times\mathfrak{c} = \begin{vmatrix} \mathfrak{i} & b_x & c_x \\ \mathfrak{j} & b_y & c_y \\ \mathfrak{k} & b_z & c_z \end{vmatrix} = \mathfrak{i}\begin{vmatrix} b_y & c_y \\ b_z & c_z \end{vmatrix} - \mathfrak{j}\begin{vmatrix} b_x & c_x \\ b_z & c_z \end{vmatrix} + \mathfrak{k}\begin{vmatrix} b_x & c_x \\ b_y & c_y \end{vmatrix}.$$

Wir multiplizieren diesen Vektor $\mathfrak{b}\times\mathfrak{c}$ skalar mit $\mathfrak{a}$:

$$\mathfrak{a}\cdot(\mathfrak{b}\times\mathfrak{c}) = a_x\begin{vmatrix} b_y & c_y \\ b_z & c_z \end{vmatrix} - a_y\begin{vmatrix} b_x & c_x \\ b_z & c_z \end{vmatrix} + a_z\begin{vmatrix} b_x & c_x \\ b_y & c_y \end{vmatrix}$$

An die Stelle von $\mathfrak{i}$, $\mathfrak{j}$, $\mathfrak{k}$ im Vektorprodukt $\mathfrak{b}\times\mathfrak{c}$ treten also im Spatprodukt die Koordinaten von $\mathfrak{a}$.

Satz 7.5

$$\mathfrak{a}\cdot(\mathfrak{b}\times\mathfrak{c}) = [\mathfrak{a}\,\mathfrak{b}\,\mathfrak{c}] = \begin{vmatrix} a_x & b_x & c_x \\ a_y & b_y & c_y \\ a_z & b_z & c_z \end{vmatrix}.$$

Das Spatprodukt $[\mathfrak{a}\,\mathfrak{b}\,\mathfrak{c}]$ ist die dreireihige Determinante, die durch die Vektoren $\mathfrak{a}$, $\mathfrak{b}$, $\mathfrak{c}$ in dieser Reihenfolge gebildet wird.

Umgekehrt kann man jede dreireihige Determinante $\begin{vmatrix} a_1 & b_1 & c_1 \\ a_2 & b_2 & c_2 \\ a_3 & b_3 & c_3 \end{vmatrix}$ auffassen als Spatprodukt der drei Spaltenvektoren $\mathfrak{a} = \begin{pmatrix} a_1 \\ a_2 \\ a_3 \end{pmatrix}$, $\mathfrak{b} = \begin{pmatrix} b_1 \\ b_2 \\ b_3 \end{pmatrix}$, $\mathfrak{c} = \begin{pmatrix} c_1 \\ c_2 \\ c_3 \end{pmatrix}$ und damit ihren Betrag als Volumen des durch $\mathfrak{a}$, $\mathfrak{b}$, $\mathfrak{c}$ aufgespannten Spates.

Damit kann man die Determinantensätze mit Hilfe des Spatproduktes anschaulich deuten und einfacher als früher beweisen.

Beispiele

1. Zeige, daß $\begin{vmatrix} a_x & b_x & \lambda a_x \\ a_y & b_y & \lambda a_y \\ a_z & b_z & \lambda a_z \end{vmatrix} = 0$ ist. (s. Satz 2.5)

   Der Betrag dieser Determinante läßt sich als Volumen des Spates deuten, der durch die Vektoren $\mathfrak{a}$, $\mathfrak{b}$ und $\lambda\mathfrak{a}$ aufgespannt wird. Damit heißt die Behauptung: $[\mathfrak{a}\,\mathfrak{b}\,\lambda\mathfrak{a}] = 0$.
   Das ist unmittelbar einzusehen, da $\mathfrak{a}$, $\mathfrak{b}$ und $\lambda\mathfrak{a}$ in einer Ebene liegen und deshalb der von ihnen aufgespannte Spat den Rauminhalt $V = 0$ hat.

Ebenso einfach läßt sich dieser Beweis rein algebraisch führen, wenn wir die Rechengesetze des skalaren und vektoriellen Produktes zu Hilfe nehmen.
Es gilt nämlich: $[\mathfrak{a}\,\mathfrak{b}\,\lambda\mathfrak{a}] = -[\mathfrak{b}\,\mathfrak{a}\,\lambda\mathfrak{a}] = -\mathfrak{b}\cdot(\mathfrak{a}\times\lambda\,\mathfrak{a}) = -\mathfrak{b}\cdot\mathfrak{o} = 0$, da $\mathfrak{a}\times\lambda\,\mathfrak{a} = \mathfrak{o}$ ist.

2. Gegeben sei das Gleichungssystem
$$\begin{aligned} a_1x + b_1y + c_1z &= d_1\\ a_2x + b_2y + c_2z &= d_2\\ a_3x + b_3y + c_3z &= d_3 \end{aligned}$$
oder, mit Vektoren geschrieben, $\mathfrak{a}\,x + \mathfrak{b}\,y + \mathfrak{c}\,z = \mathfrak{d}$.

Beweise die Cramersche Regel $x = \frac{D_x}{D}$ durch Anwendung des operativen Verfahrens.

Da wir die Vektorgleichung nach der Variablen x auflösen wollen, müssen wir durch geschickte Multiplikation der Gleichung die Variablen y und z eliminieren.
Dazu multiplizieren wir die Gleichung skalar mit einem Vektor, der zugleich senkrecht steht auf $\mathfrak{b}$ und auf $\mathfrak{c}$, d. h. mit $\mathfrak{b}\times\mathfrak{c}$:

$$x\,\mathfrak{a}\cdot(\mathfrak{b}\times\mathfrak{c}) + y\,\mathfrak{b}\cdot(\mathfrak{b}\times\mathfrak{c}) + z\,\mathfrak{c}\cdot(\mathfrak{b}\times\mathfrak{c}) = \mathfrak{d}\cdot(\mathfrak{b}\times\mathfrak{c})$$

Da die Koeffizienten von y und z verschwinden, ergibt sich

$$x\,[\mathfrak{a}\,\mathfrak{b}\,\mathfrak{c}] = [\mathfrak{d}\,\mathfrak{b}\,\mathfrak{c}] \Rightarrow x = \frac{[\mathfrak{d}\,\mathfrak{b}\,\mathfrak{c}]}{[\mathfrak{a}\,\mathfrak{b}\,\mathfrak{c}]} = \frac{D_x}{D} \text{ mit } \mathbf{L} = \left\{\frac{\mathbf{D_x}}{\mathbf{D}}\right\}.$$

7.4.3. Das Volumen eines Vierflachs

Wir vervollständigen das gegebene Vierflach ABDE zu einem Spat ABCDEFGH (Bild 136.1). Das Volumen dieses Spates beträgt

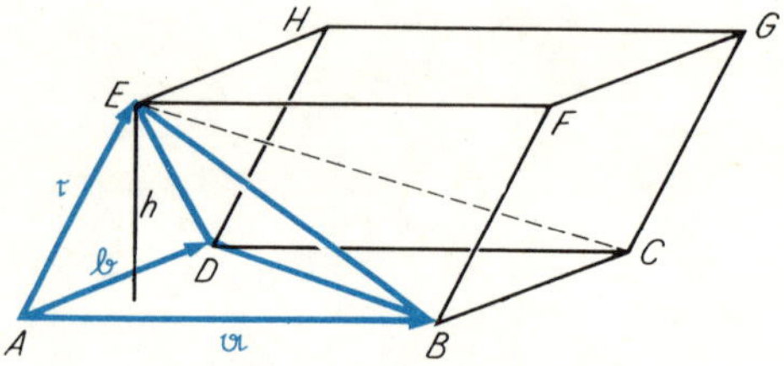

Bild 136.1

$$V_s = F\cdot h = [\mathfrak{a}\,\mathfrak{b}\,\mathfrak{c}].$$

Das Volumen der Pyramide ABCDE ist

$$V_p = \frac{1}{3}\,F\cdot h = \frac{1}{3}\,[\mathfrak{a}\,\mathfrak{b}\,\mathfrak{c}].$$

Diese Pyramide besteht aus zwei raumgleichen Vierflachen ABDE und BCDE, da diese kongruente Grundflächen und gleiche Höhen haben. Deshalb ergibt sich das Volumen V eines Vierflachs als

$$V = \frac{1}{2}\,V_p = \frac{1}{2}\left[\frac{1}{3}\,[\mathfrak{a}\,\mathfrak{b}\,\mathfrak{c}]\right]$$

$$V = \frac{1}{6}\,[\mathfrak{a}\,\mathfrak{b}\,\mathfrak{c}].$$ *Volumen eines Vierflachs*

Aufgaben

1. Bilden $\mathfrak{a}$, $\mathfrak{b}$ und $\mathfrak{c}$ in dieser Reihenfolge ein Rechts- oder Linkssystem?

a) $\mathfrak{a} = \begin{pmatrix}1\\1\\1\end{pmatrix}, \mathfrak{b} = \begin{pmatrix}2\\1\\0\end{pmatrix}, \mathfrak{c} = \begin{pmatrix}3\\0\\4\end{pmatrix}$ b) $\mathfrak{a} = \begin{pmatrix}0\\2\\1\end{pmatrix}, \mathfrak{b} = \begin{pmatrix}1\\2\\2\end{pmatrix}, \mathfrak{c} = \begin{pmatrix}1\\1\\-1\end{pmatrix}$

c) $\mathfrak{a} = \begin{pmatrix}3\\-1\\2\end{pmatrix}, \mathfrak{b} = \begin{pmatrix}-1\\2\\4\end{pmatrix}, \mathfrak{c} = \begin{pmatrix}9\\-8\\-8\end{pmatrix}$

2. Die Punkte A, B, D, E (s. Bild 136.1) seien Eckpunkte eines Spates. Berechne das Volumen dieses Spates.
a) A (1/2/−1), B (2/1/0), D (0/−1/2), E (3/1/−2),
b) A (2/1/0), B (1/1/1), D (4/−2/2), E (2/−3/0).

3. Berechne das Volumen des Vierflachs, das durch die Punkte P_1 (1/2/0), P_2(2/3/1), P_3 (1/5/3), P_4 (1/2/1) gegeben ist.

4. Berechne das Volumen der Pyramide, die als Grundfläche
a) das Viereck P_1 (2/2/0) P_2 (7/4/0) P_3 (4/8/0) P_4 (2/5/0) und als Spitze S (4/4/5) hat,
b) das Fünfeck P_1 (0/0/0) P_2 (1/1/1) P_3 (2/3/3) P_4 (2/5/5) P_5 (1/4/4) und als Spitze S (0/0/8) hat.

5. Gegeben sei ein Gleichungssystem von drei Gleichungen mit drei Variablen, das durch die Vektorgleichung $\mathfrak{a}x + \mathfrak{b}y + \mathfrak{c}z = \mathfrak{d}$ beschrieben wird. Beweise durch Anwendung des operativen Verfahrens die Cramersche Regel in der Form $y = \frac{D_y}{D}$ und $z = \frac{D_z}{D}$.

6. Übersetze die folgenden Rechenregeln für Determinanten in die vektorielle Schreibweise und beweise die Regeln mit Hilfe von Vektorgesetzen.

a) $\begin{vmatrix} 0 & b_x & c_x \\ 0 & b_y & c_y \\ 0 & b_z & c_z \end{vmatrix} = 0$ b) $\begin{vmatrix} 1 & 0 & 0 \\ 0 & 1 & 0 \\ 0 & 0 & 1 \end{vmatrix} = 1$

c) $\begin{vmatrix} a_x & b_x & c_x \\ a_y & b_y & c_y \\ a_z & b_z & c_z \end{vmatrix} = -\begin{vmatrix} b_x & a_x & c_x \\ b_y & a_y & c_y \\ b_z & a_z & c_z \end{vmatrix}$ d) $\begin{vmatrix} a_x & b_x & c_x \\ a_y & b_y & c_y \\ a_z & b_z & c_z \end{vmatrix} = \begin{vmatrix} b_x & c_x & a_x \\ b_y & c_y & a_y \\ b_z & c_z & a_z \end{vmatrix}$

e) $\lambda \begin{vmatrix} a_x & b_x & c_x \\ a_y & b_y & c_y \\ a_z & b_z & c_z \end{vmatrix} = \begin{vmatrix} \lambda a_x & b_x & c_x \\ \lambda a_y & b_y & c_y \\ \lambda a_z & b_z & c_z \end{vmatrix} = \begin{vmatrix} a_x & \lambda b_x & c_x \\ a_y & \lambda b_y & c_y \\ a_z & \lambda b_z & c_z \end{vmatrix} = \begin{vmatrix} a_x & b_x & \lambda c_x \\ a_y & b_y & \lambda c_y \\ a_z & b_z & \lambda c_z \end{vmatrix}$

f) $\begin{vmatrix} a_x & b_x & c_x \\ a_y & b_y & c_y \\ a_z & b_z & c_z \end{vmatrix} + \begin{vmatrix} d_x & b_x & c_x \\ d_y & b_y & c_y \\ d_z & b_z & c_z \end{vmatrix} = \begin{vmatrix} a_x + d_x & b_x & c_x \\ a_y + d_y & b_y & c_y \\ a_z + d_z & b_z & c_z \end{vmatrix}$

g) $\begin{vmatrix} a_x & b_x & c_x \\ a_y & b_y & c_y \\ a_z & b_z & c_z \end{vmatrix} = \begin{vmatrix} a_x + \lambda b_x & b_x & c_x \\ a_y + \lambda b_y & b_y & c_y \\ a_z + \lambda b_z & b_z & c_z \end{vmatrix}$

7. Gegeben sei ein Spat durch die Vektoren $\mathfrak{a} = \begin{pmatrix} 1 \\ 1 \\ 1 \end{pmatrix}, \mathfrak{b} = \begin{pmatrix} 2 \\ 0 \\ 1 \end{pmatrix}, \mathfrak{c} = \lambda \begin{pmatrix} 1 \\ -1 \\ -1 \end{pmatrix}$.

Bestimme λ so, daß das Volumen dieses Spates V = 6 VE beträgt.

*7.5. Vermischte Aufgaben

1. Entwickle das Produkt $(\mathfrak{a} + \mathfrak{b}) \times (\mathfrak{a} - \mathfrak{b})$ und deute das Ergebnis geometrisch.
2. Es sei $\mathfrak{r}_1 = \lambda_1 \mathfrak{a} + \mu_1 \mathfrak{b} + \nu_1 \mathfrak{c}$. Drücke die Parameter λ_1, μ_1, ν_1 durch Spatprodukte aus $\mathfrak{a}$, $\mathfrak{b}$ und $\mathfrak{c}$ aus unter Anwendung des operativen Verfahrens.

3. Beweise operativ die Cramersche Regel für zwei Gleichungen mit zwei Variablen.

4. Durch $\mathfrak{a}$ und $\mathfrak{b}$ werde ein gleichseitiges Dreieck aufgespannt. Berechne vektoriell den Flächeninhalt der Dreiecksfläche.

5. Untersuche, ob die Vektoren $\mathfrak{a} = \begin{pmatrix} 1 \\ 2 \\ 3 \end{pmatrix}$, $\mathfrak{b} = \begin{pmatrix} 2 \\ 1 \\ 0 \end{pmatrix}$ und $\mathfrak{c} = \begin{pmatrix} -1 \\ 1 \\ 1 \end{pmatrix}$ komplanar sind.

6. Beweise rechnerisch: Der Flächeninhalt des Dreiecks $P_1 P_2 P_3$ beträgt
$$F = \frac{1}{2} |(\mathfrak{r}_1 \times \mathfrak{r}_2) + (\mathfrak{r}_2 \times \mathfrak{r}_3) + (\mathfrak{r}_3 \times \mathfrak{r}_1)|.$$
Was besagt die Gleichung $(\mathfrak{r}_1 \times \mathfrak{r}_2) + (\mathfrak{r}_2 \times \mathfrak{r}_3) + (\mathfrak{r}_3 \times \mathfrak{r}_1) = \mathfrak{o}$?

7. Durch $\mathfrak{a}$ und $\mathfrak{b}$ sei ein Dreieck aufgespannt. Für seinen Flächeninhalt F gilt:
a) $F^2 = \frac{1}{4} (\mathfrak{a} \times \mathfrak{b})^2$ b) $F^2 = \frac{1}{4} [\mathfrak{a}^2 \mathfrak{b}^2 - (\mathfrak{a}\, \mathfrak{b})^2]$.

8. Berechne $\frac{\mathfrak{a} \times \mathfrak{b}}{\mathfrak{a}\, \mathfrak{b}}$. Betrachte auch die Spezialfälle $\mathfrak{a} = \mathfrak{b}$ und $\mathfrak{a} \perp \mathfrak{b}$.

*8. Analytische Geometrie III
Determinantenformen der Geraden- und Ebenengleichung

*8.1. Geraden- und Ebenengleichung in der Determinantenform

8.1.1. Die Geradengleichung in der Determinantenform

Vorübungen

1. Warum läßt sich die Gleichung einer Geraden im Raum nur in der Parameterform, aber nicht in der Normalenform aufstellen?
2. Gegeben sei eine Gerade im Raum durch $\mathfrak{r} = \mathfrak{r}_1 + \lambda \mathfrak{u}$. Eliminiere λ durch vektorielle Multiplikation der Gleichung mit einem geeigneten Vektor und deute das Ergebnis geometrisch.
3. Vergleiche die Vektoren $\mathfrak{r} - \mathfrak{r}_1$ und $\mathfrak{u}$ aus der Geradengleichung und drücke die gefundene Beziehung mit Hilfe des Vektorproduktes aus.

Bisher haben wir eine Gerade im Raum nur durch eine Geradengleichung in der Parameterform dargestellt. Die Gleichung einer Geraden in einer Normalenform ist zwar parameterfrei, sie läßt sich jedoch nur für Geraden in einer der Grundebenen aufstellen, da eine Gerade im Raum unendlich viele nicht kollineare Normalenvektoren besitzt. Wir wollen in diesem Kapitel mit Hilfe des Vektorproduktes eine parameterfreie Gleichung einer Raumgeraden herleiten, die eine ebenso wichtige Bedeutung für Abstandsberechnungen im Raum hat wie die parameterfreie Hessesche Normalenform für Abstandsberechnungen in einer der Grundebenen.
Die Raumgerade sei uns durch P_1 $[\mathfrak{r}_1]$ und einen Richtungsvektor $\mathfrak{u}$ durch die Gleichung $\mathfrak{r} = \mathfrak{r}_1 + \lambda \mathfrak{u}$ gegeben. Zur Elimination von λ multiplizieren wir die Gleichung vektoriell von links mit $\mathfrak{u}$ und erhalten, da $\lambda \mathfrak{u}$ und $\mathfrak{u}$ kollinear sind, also $\mathfrak{u} \times \lambda \mathfrak{u} = \mathfrak{o}$ ist,
$$\mathfrak{u} \times \mathfrak{r} = \mathfrak{u} \times \mathfrak{r}_1.$$

Diese Gleichung ist geometrisch leicht zu deuten (Bild 139.1): Da $\mathfrak{r}$, $\mathfrak{r}_1$ und $\mathfrak{u}$ komplanar sind, haben $\mathfrak{u}\times\mathfrak{r}$ und $\mathfrak{u}\times\mathfrak{r}_1$ dieselbe Richtung. Das durch $\mathfrak{r}$ und $\mathfrak{u}$ aufgespannte Parallelogramm ist gegenüber dem Parallelogramm aus $\mathfrak{r}_1$ und $\mathfrak{u}$ parallel zu g verschert. Beide Parallelogramme sind damit flächengleich.

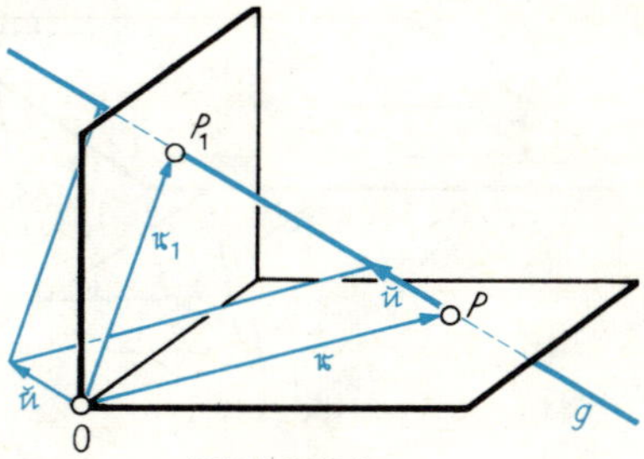

Bild 139.1

Wir bringen nun die erhaltene Geradengleichung $\mathfrak{u}\times\mathfrak{r}=\mathfrak{u}\times\mathfrak{r}_1$ in die Form

$$\mathfrak{u}\times\mathfrak{r}-\mathfrak{u}\times\mathfrak{r}_1=\mathfrak{o},$$

klammern aus

$$\mathfrak{u}\times(\mathfrak{r}-\mathfrak{r}_1)\;=\mathfrak{o}$$

und schreiben das Vektorprodukt als Determinante.

$$\mathfrak{u}\times(\mathfrak{r}-\mathfrak{r}_1)=\mathfrak{o}\Rightarrow\begin{vmatrix}\mathfrak{i} & u_x & x-x_1\\ \mathfrak{j} & u_y & y-y_1\\ \mathfrak{k} & u_z & z-z_1\end{vmatrix}=\mathfrak{o}$$

Geradengleichung in der Determinantenform

Die Geradengleichung $\mathfrak{u}\times(\mathfrak{r}-\mathfrak{r}_1)=\mathfrak{o}$ bedeutet geometrisch, daß $\mathfrak{r}-\mathfrak{r}_1$ und $\mathfrak{u}$ kollinear sind (s. Bild 139.1).

Falls die Gerade g in der xy-Ebene liegt, lautet die Determinantenform ihrer Gleichung

$$\begin{vmatrix}\mathfrak{i} & u_x & x-x_1\\ \mathfrak{j} & u_y & y-y_1\\ \mathfrak{k} & 0 & 0\end{vmatrix}=\mathfrak{o}\Rightarrow\mathfrak{k}\begin{vmatrix}u_x & x-x_1\\ u_y & y-y_1\end{vmatrix}=\mathfrak{o}.$$

Da $\mathfrak{k}\neq\mathfrak{o}$ ist, folgt daraus

$$\begin{vmatrix}u_x & x-x_1\\ u_y & y-y_1\end{vmatrix}=0$$

als Gleichung einer Geraden der xy-Ebene in der Determinantenform.

8.1.2. Die Ebenengleichung in der Determinantenform

Vorübungen

1. In welcher Form läßt sich die Gleichung einer Ebene darstellen?
2. Gegeben sei eine Ebene durch $\mathfrak{r}=\mathfrak{r}_1+\lambda\mathfrak{u}+\mu\mathfrak{v}$. Eliminiere die Parameter λ und μ durch geeignete vektorielle und anschließende skalare Multiplikation und deute das Ergebnis geometrisch.
3. Welche geometrische Beziehung besteht zwischen den Vektoren $\mathfrak{r}-\mathfrak{r}_1$, $\mathfrak{u}$ und $\mathfrak{v}$ aus der Ebenengleichung? Drücke diese Beziehung mit Hilfe des Spatproduktes aus.

Aus der Ebenengleichung $\mathfrak{r}=\mathfrak{r}_1+\lambda\,\mathfrak{u}+\mu\,\mathfrak{v}$ eliminieren wir durch skalare Multiplikation der Gleichung mit $\mathfrak{u}\times\mathfrak{v}$ die Parameter λ und μ und erhalten

$$(\mathfrak{u}\times\mathfrak{v})\cdot\mathfrak{r}=(\mathfrak{u}\times\mathfrak{v})\cdot\mathfrak{r}_1\,.$$

Diese Gleichung bringt zum Ausdruck, daß die durch $\mathfrak{u}$, $\mathfrak{v}$, $\mathfrak{r}$ und $\mathfrak{u}$, $\mathfrak{v}$, $\mathfrak{r}_1$ aufgespannten Spate (s. Bild 140.1) raumgleich sind, was geometrisch sofort einleuchtet, da beide Spate durch eine Scherung parallel zu E auseinander hervorgehen.

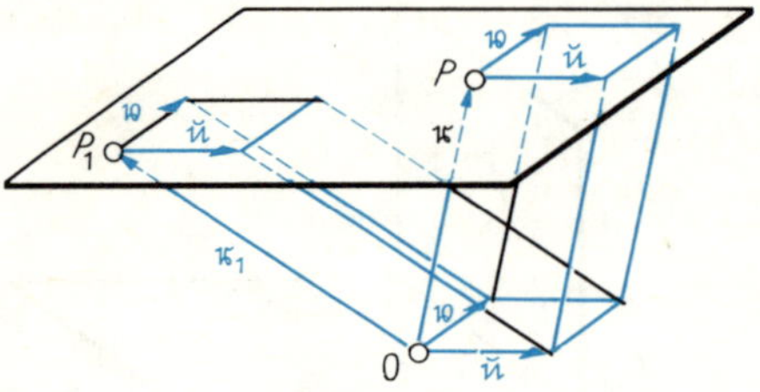

Bild 140.1

Wir formen die erhaltene Gleichung $(\mathfrak{u} \times \mathfrak{v}) \cdot \mathfrak{r} = (\mathfrak{u} \times \mathfrak{v}) \cdot \mathfrak{r}_1$ um, indem wir die Spatprodukte auf eine Seite der Gleichung bringen und ausklammern:

$$(\mathfrak{u} \times \mathfrak{v})\ (\mathfrak{r} - \mathfrak{r}_1) = 0.$$

Diese Form der Ebenengleichung enthält ein Spatprodukt und läßt sich deshalb mit einer Determinante schreiben:

$$(\mathfrak{u} \times \mathfrak{v})\ (\mathfrak{r} - \mathfrak{r}_1) = 0 \Rightarrow \begin{vmatrix} u_x & v_x & x - x_1 \\ u_y & v_y & y - y_1 \\ u_z & v_z & z - z_1 \end{vmatrix} = 0$$

Ebenengleichung in der Determinantenform.

Die Ebenengleichung $(\mathfrak{u} \times \mathfrak{v})\ (\mathfrak{r} - \mathfrak{r}_1) = 0$ bedeutet geometrisch, daß $\mathfrak{u}$, $\mathfrak{v}$ und $\mathfrak{r} - \mathfrak{r}_1$ komplanar sind (s. Bild 140.2).

Wir multiplizieren in der Ebenengleichung $(\mathfrak{u} \times \mathfrak{v})\ (\mathfrak{r} - \mathfrak{r}_1) = 0$ die Klammer aus:

$$(\mathfrak{u} \times \mathfrak{v})\ \mathfrak{r} - (\mathfrak{u} \times \mathfrak{v})\ \mathfrak{r}_1 = 0\ .$$

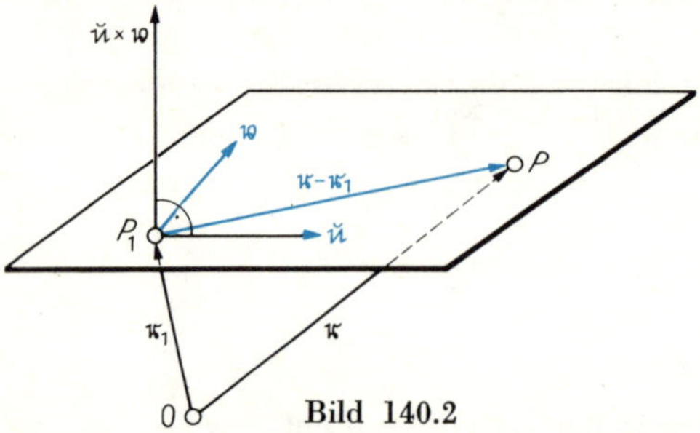

Bild 140.2

Damit erhalten wir die Punktnormalenform der Gleichung einer Ebene, die durch P_1 geht und den Normalenvektor $\mathfrak{n} = (\mathfrak{u} \times \mathfrak{v})$ hat.

Insgesamt kennen wir jetzt drei Formen der Ebenen- bzw. Geradengleichung:

1. die Parameterformen,
2. die Normalenformen,
3. die Determinantenformen.

Sie alle sind gekennzeichnet durch eine einprägsame Anschaulichkeit und Bildhaftigkeit: An den Parameterformen sieht man unmittelbar, wie bei Variation der Parameter der Ortsvektor jeden Punkt der Ebene (Geraden) abtastet. Die Normalenform zeigt in der Schreibweise $\mathfrak{n}\ (\mathfrak{r} - \mathfrak{r}_1) = 0$, daß der Normalenvektor senkrecht steht auf jedem Vektor der Ebene (Geraden), während die Determinantenform $(\mathfrak{u} \times \mathfrak{v})\ (\mathfrak{r} - \mathfrak{r}_1) = 0$ die Komplanarität von Vektoren der Ebene ($\mathfrak{u} \times (\mathfrak{r} - \mathfrak{r}_1) = \mathfrak{o}$ die Kollinearität von Vektoren der Geraden) veranschaulicht.

Beispiele

1. Gegeben sei eine Gerade im Raum durch $P_1\ (1/1/1)$ und einen Richtungsvektor $\mathfrak{u} = \begin{pmatrix} 1 \\ 2 \\ 1 \end{pmatrix}$.

   Berechne ihre Gleichung in der Determinantenform.

Die Gleichung der Geraden ist

$$\begin{vmatrix} \mathfrak{i} & 1 & x-1 \\ \mathfrak{j} & 2 & y-1 \\ \mathfrak{k} & 1 & z-1 \end{vmatrix} = \mathfrak{o}.$$

Wir lösen die Determinante auf, um so eine weitere geometrische Deutung für die Gleichung unserer Geraden in der Determinantenform zu erhalten:

$$\mathfrak{i}\begin{vmatrix} 2 & y-1 \\ 1 & z-1 \end{vmatrix} - \mathfrak{j}\begin{vmatrix} 1 & x-1 \\ 1 & z-1 \end{vmatrix} + \mathfrak{k}\begin{vmatrix} 1 & x-1 \\ 2 & y-1 \end{vmatrix} = \mathfrak{o}.$$

Da $\mathfrak{i}$, $\mathfrak{j}$, $\mathfrak{k}$ drei linear unabhängige Vektoren sind, kann diese Gleichung nur bestehen, wenn die drei Unterdeterminanten alle gleich Null sind.

$$\begin{vmatrix} 2 & y-1 \\ 1 & z-1 \end{vmatrix} = 0 \Rightarrow 2z-2-y+1=0 \Rightarrow -y+2z-1=0$$

$$\begin{vmatrix} 1 & x-1 \\ 1 & z-1 \end{vmatrix} = 0 \Rightarrow z-1-x+1 = 0 \Rightarrow -x+z = 0$$

$$\begin{vmatrix} 1 & x-1 \\ 2 & y-1 \end{vmatrix} = 0 \Rightarrow y-1-2x+2=0 \Rightarrow -2x+y+1=0.$$

Die sich aus diesen Unterdeterminanten ergebenden drei Gleichungen sind die Gleichungen von drei Geraden, wobei jede einzelne in einer der drei Grundebenen liegt. Wir sehen, daß die Geradengleichung in der Determinantenform die Projektionen der Geraden in die drei Grundebenen erkennen läßt.

2. Bestimme die Gleichung der Ebene $\mathfrak{r} = \begin{pmatrix} 1 \\ -1 \\ 0 \end{pmatrix} + \lambda\begin{pmatrix} 2 \\ 0 \\ 1 \end{pmatrix} + \mu\begin{pmatrix} 0 \\ 1 \\ 1 \end{pmatrix}$ in der Determinantenform und berechne daraus die Normalenform der Ebenengleichung.
Wir bilden das Spatprodukt $(\mathfrak{u}\;\mathfrak{v}\;\mathfrak{r}-\mathfrak{r}_1)$ und setzen es gleich Null.

$$\begin{vmatrix} 2 & 0 & x-1 \\ 0 & 1 & y+1 \\ 1 & 1 & z \end{vmatrix} = 0 \Rightarrow -x-2y+2z-1=0 \Rightarrow \begin{pmatrix} -1 \\ -2 \\ 2 \end{pmatrix}\mathfrak{r}-1=0.$$

Aufgaben

1. Eine Gerade sei gegeben durch einen Punkt P_1 und einen Richtungsvektor $\mathfrak{u}$. Bestimme ihre Gleichung in der Determinantenform und berechne die Gleichungen der Projektionsgeraden in den drei Grundebenen.
   a) $P_1\,(1/2)$, $\mathfrak{u} = \begin{pmatrix} 2 \\ -3 \end{pmatrix}$ b) $P_1\,(2/1/-1)$, $\mathfrak{u} = \begin{pmatrix} 1 \\ -1 \\ 1 \end{pmatrix}$ c) $P_1\,(0/3/1)$, $\mathfrak{u} = \begin{pmatrix} 0 \\ 2 \\ 1 \end{pmatrix}$

2. Eine Gerade sei gegeben durch $P_1\,(1/0)$ und $P_2\,(0/2)$. Berechne ihre Gleichung in der Determinantenform, der Normalenform und der Achsenabschnittsform.

3. Bestimme die Gleichungen der Geraden durch P_1 und P_2 in der Determinantenform und gib die Gleichungen der Projektionsgeraden in den Grundebenen an.
   a) $P_1\,(2/1)$, $P_2\,(3/1)$ b) $P_1\,(2/1/1)$, $P_2\,(3/1/2)$

4. Berechne die Gleichungen der folgenden Ebenen in der Determinantenform und Normalenform.

a) $P_1\,(1/1/2)$, $\mathfrak{u} = \begin{pmatrix}1\\0\\1\end{pmatrix}$, $\mathfrak{v} = \begin{pmatrix}2\\1\\1\end{pmatrix}$ b) $P_1\,(0/0/0)$, $\mathfrak{u} = \begin{pmatrix}1\\1\\1\end{pmatrix}$, $\mathfrak{v} = \begin{pmatrix}2\\0\\1\end{pmatrix}$

c) $P_1\,(1/2/1)$, $P_2\,(2/1/-1)$, $P_3\,(1/0/1)$.

5. Die Gerade g sei gegeben durch $\begin{vmatrix}\mathfrak{i} & 1 & x-1\\ \mathfrak{j} & 2 & y\\ \mathfrak{k} & 1 & z+1\end{vmatrix} = \mathfrak{o}$. Bestimme die Gleichung der Ebene, die durch $P_2\,(2/2/0)$ geht und in der g liegt.

6. Berechne in der Determinantenform die Gleichung der Geraden, die durch $P_1(2/2)$ geht und

a) zur Geraden g: $\mathfrak{r} = \begin{pmatrix}1\\2\end{pmatrix} + \lambda\begin{pmatrix}1\\3\end{pmatrix}$ parallel ist,

b) auf der Geraden g: $\mathfrak{r} = \begin{pmatrix}1\\-1\end{pmatrix} + \lambda\begin{pmatrix}1\\-2\end{pmatrix}$ senkrecht steht.

7. Untersuche mit Hilfe des Spatproduktes, ob folgende Punkte in einer Ebene liegen.

a) $P_1\,(1/1/1)$, $P_2\,(3/1/-3)$, $P_3\,(2/0/0)$, $P_4\,(1/-1/3)$,

b) $P_1\,(4/2/6)$, $P_2\,(1/0/-1)$, $P_3\,(2/1/2)$, $P_4\,(1/0/1)$.

8. Bestimme die Gleichung der Ebene, die durch $P_1\,(1/2/2)$ geht und zur Ebene E' parallel ist, in der Normalenform.

a) E': $\mathfrak{r} = \begin{pmatrix}1\\1\\2\end{pmatrix} + \lambda\begin{pmatrix}2\\0\\1\end{pmatrix} + \mu\begin{pmatrix}1\\1\\1\end{pmatrix}$,

b) E' sei festgelegt durch $P_1'\,(1/3/1)$, $P_2'\,(3/0/-1)$, $P_3'\,(0/1/0)$.

9. Wie heißt die Gleichung der Geraden, die durch den Schnittpunkt von g_1 und g_2 geht und auf g_1 und g_2 senkrecht steht, in der Determinantenform?

g_1: $\mathfrak{r} = \begin{pmatrix}3\\4\\5\end{pmatrix} + \lambda\begin{pmatrix}1\\1\\2\end{pmatrix}$ g_2: $\mathfrak{r} = \begin{pmatrix}-3\\0\\-3\end{pmatrix} + \mu\begin{pmatrix}2\\1\\2\end{pmatrix}$.

10. Eine Ebene sei gegeben durch P_1, P_2, P_3. Berechne ihren Abstand vom Nullpunkt.

a) $P_1\,(1/-1/0)$, $P_2\,(2/1/2)$, $P_3\,(-1/-1/-1)$,

b) $P_1\,(1/-16/6)$, $P_2\,(5/-1/8)$, $P_3\,(7/5/8)$.

11. Untersuche mit Hilfe des Vektorproduktes, ob P_1, P_2, P_3 auf einer Geraden liegen.

a) $P_1\,(4/4/1)$, $P_2\,(2/4/1)$, $P_3\,(1/1/1)$,

b) $P_1\,(4/3/3)$, $P_2\,(3/3/1)$, $P_3\,(2/1/4)$.

12. Eine Gerade im Raum sei gegeben durch zwei ihrer Projektionsgeraden in den Grundebenen. Berechne die Gleichung der Raumgeraden in der Determinantenform.

a) $g'': \begin{vmatrix} y-2 & 3 \\ z-1 & 1 \end{vmatrix} = 0, \quad g''': \begin{vmatrix} x-2 & 1 \\ z-1 & 1 \end{vmatrix} = 0,$

b) $g': x + y = 1, \quad g''': z - x = 2,$

c) $g': 2x - y = 1, \quad g'': y + z = 0.$

*8.2. Abstände von einer Geraden im Raum

Aus der Hesseschen Normalenform $\mathfrak{n}^\circ \mathfrak{r} - d = 0$ der Geraden- bzw. Ebenengleichung können wir unmittelbar den Abstand der Geraden (Ebene) vom Nullpunkt ablesen. Allerdings muß die Gerade in einer der drei Grundebenen gegeben sein, da wir die Gleichung einer Geraden im Raum nicht in der Hesseschen Normalenform schreiben können. Darüber hinaus macht es die Hessesche Normalenform möglich, durch Einsetzen der Koordinaten eines beliebigen Ortsvektors $\mathfrak{r}_1$ festzustellen, welchen Abstand der Punkt P_1 $[\mathfrak{r}_1]$ von der Geraden bzw. Ebene hat.
Ebenso einfach erhält man den Abstand zweier paralleler Geraden (Ebenen), da man ja nur den Abstand eines beliebigen Punktes der einen Geraden (Ebene) von der anderen Geraden (Ebene) zu berechnen braucht. Der Wert der Hesseschen Normalenform besteht also in erster Linie in der Möglichkeit, Abstände von Punkten, Geraden und Ebenen bestimmen zu können. Der Abstand eines Punktes von einer Geraden läßt sich mit Hilfe der Hesseschen Normalenform jedoch nur bestimmen, wenn Punkt und Gerade in einer gemeinsamen Grundebene liegen.
Wir wollen uns in diesem Kapitel damit beschäftigen, Abstände von einer Geraden im Raum zu bestimmen. An die Stelle der Hesseschen Normalenform wird die Determinantenform der Geradengleichung treten. Die herzuleitenden Abstandsformeln für Gerade und Punkte im Raum haben eine erstaunliche Ähnlichkeit mit den entsprechenden Abstandsformeln für Gerade und Punkte in einer gemeinsamen Grundebene. Die Determinantenform der Geradengleichung schließt damit gerade die „Lücke“, die die Hessesche Normalenform für Abstandsberechnungen gelassen hat.

8.2.1. Abstand eines Punktes von einer Geraden im Raum

Vorübungen

1. Gegeben sei eine Geradengleichung in der Punkt-Normalenform $\mathfrak{n}\mathfrak{r} - \mathfrak{n}\mathfrak{r}_1 = 0$. Was bedeutet das Produkt $\mathfrak{n}\mathfrak{r}_1$? Welcher Zusammenhang besteht zwischen $\mathfrak{n}\mathfrak{r}_1$ und dem Abstand der Geraden vom Nullpunkt?
2. Gegeben sei eine Gerade durch $g: \mathfrak{u} \times \mathfrak{r} - \mathfrak{u} \times \mathfrak{r}_1 = \mathfrak{o}$. Besteht auch hier ein Zusammenhang zwischen $\mathfrak{u} \times \mathfrak{r}_1$ und dem Abstand der Raumgeraden vom Nullpunkt?

Gegeben ist die Gleichung einer Raumgeraden g in der Determinantenform

$$\mathfrak{u} \times (\mathfrak{r} - \mathfrak{r}_1) = \mathfrak{o} \quad \text{oder} \quad \mathfrak{u} \times \mathfrak{r} - \mathfrak{u} \times \mathfrak{r}_1 = \mathfrak{o}.$$

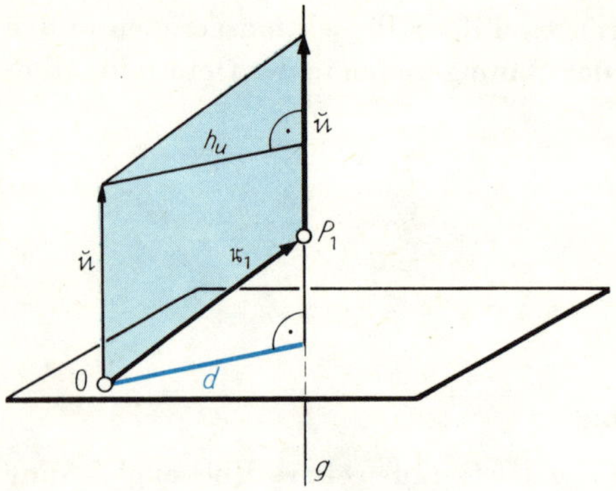

Bild 144.1

Der Betrag des Vektors $\mathfrak{u} \times \mathfrak{r}_1$ ist gleich dem Flächeninhalt des durch $\mathfrak{u}$ und $\mathfrak{r}_1$ aufgespannten Parallelogramms (Bild 144.1):

$$|\mathfrak{u} \times \mathfrak{r}_1| = F_{\square} = u \cdot h_u .$$

Diese Höhe h_u ist gleich dem Abstand d der Geraden vom Nullpunkt. Mithin gilt:

$$|\mathfrak{u} \times \mathfrak{r}_1| = u \cdot d .$$

Wählen wir in der Darstellung der Geraden g also als Richtungsvektor $\mathfrak{u}$ einen Einheitsvektor $\mathfrak{u}^\circ$, so ist

$$|\mathfrak{u}^\circ \times \mathfrak{r}_1| = u^\circ \cdot d = d .$$

Damit hat die Punkt-Normalenform $\mathfrak{n}\mathfrak{r} - \mathfrak{n}\mathfrak{r}_1 = 0$ der Geradengleichung nicht nur rein formal eine gewisse Ähnlichkeit mit der Geradengleichung $\mathfrak{u} \times \mathfrak{r} - \mathfrak{u} \times \mathfrak{r}_1 = \mathfrak{o}$ in der Determinantenform. Man kann darüber hinaus auch aus beiden Gleichungen an „derselben Stelle“ den Abstand d der Geraden vom Nullpunkt ablesen, wenn man als Normalen- bzw. Richtungsvektor einen Einheitsvektor wählt.

Die folgende Gegenüberstellung macht die überraschende Analogie besonders deutlich:

Eine Gerade g in einer Grundebene sei gegeben durch $P_1\ [\mathfrak{r}_1]$ und $\mathfrak{n}$.
Dann heißt ihre Gleichung in der Punkt-Normalenform

$$\mathfrak{n}(\mathfrak{r} - \mathfrak{r}_1) = 0$$
$$\Rightarrow \mathfrak{n}\mathfrak{r} - \mathfrak{n}\mathfrak{r}_1 = 0 .$$

Hierbei ist

$$\mathfrak{n}\mathfrak{r}_1 = n\,d$$

Eine beliebige Gerade g sei gegeben durch $P_1\ [\mathfrak{r}_1]$ und $\mathfrak{u}$.
Dann heißt ihre Gleichung in der Determinantenform

$$\mathfrak{u} \times (\mathfrak{r} - \mathfrak{r}_1) = \mathfrak{o}$$
$$\Rightarrow \mathfrak{u} \times \mathfrak{r} - \mathfrak{u} \times \mathfrak{r}_1 = \mathfrak{o} .$$

Hierbei ist

$$|\mathfrak{u} \times \mathfrak{r}_1| = u\,d$$

wobei d den Abstand der Geraden vom Nullpunkt angibt.

$$|\mathfrak{n}| = 1 \quad \Rightarrow \quad \mathfrak{n}^\circ\mathfrak{r} - \mathfrak{n}^\circ\mathfrak{r}_1 = 0$$
mit $\mathfrak{n}^\circ\mathfrak{r}_1 = d$.

$$|\mathfrak{u}| = 1 \quad \Rightarrow \quad \mathfrak{u}^\circ \times \mathfrak{r} - \mathfrak{u}^\circ \times \mathfrak{r}_1 = \mathfrak{o}$$
mit $|\mathfrak{u}^\circ \times \mathfrak{r}_1| = d$.

Der Abstand e eines Punktes P_0 von der Geraden g im Raum ist gleich der Höhe h_{u° des Parallelogramms, das durch $\mathfrak{r}_0 - \mathfrak{r}_1$ und $\mathfrak{u}^\circ$ aufgespannt wird (s. Bild 145.1):

$$e = h_{u^\circ}$$

Da die Seite $\mathfrak{u}^\circ$ dieses Parallelogramms die Länge 1 LE hat, ist

$$F_{\square} = 1 \cdot h_{\mathfrak{u}^\circ} = e$$
$$= |\mathfrak{u}^\circ \times (\mathfrak{r}_0 - \mathfrak{r}_1)|$$
$$= |\mathfrak{u}^\circ \times \mathfrak{r}_0 - \mathfrak{u}^\circ \times \mathfrak{r}_1|.$$

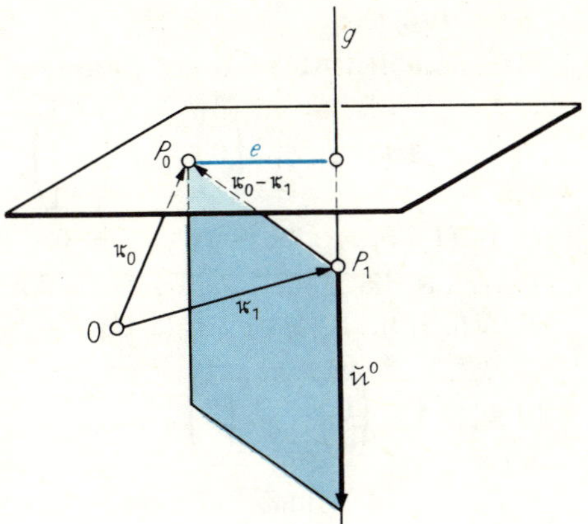

Bild 145.1

Setzt man also in die Punktrichtungsgleichung $\mathfrak{u}^\circ \times \mathfrak{r} - \mathfrak{u}^\circ \times \mathfrak{r}_1 = \mathfrak{o}$ der Geraden mit $\mathfrak{u}^\circ$ als Einheitsvektor den Ortsvektor $\mathfrak{r}_0$ eines beliebigen Punktes P_0 ein, so stellt der Betrag des auf der linken Seite der Gleichung stehenden Vektors $\mathfrak{u}^\circ \times \mathfrak{r}_0 - \mathfrak{u}^\circ \times \mathfrak{r}_1$ den Abstand des Punktes P_0 von der Geraden dar:

$$e = |\mathfrak{u}^\circ \times \mathfrak{r}_0 - \mathfrak{u}^\circ \times \mathfrak{r}_1| = |\mathfrak{u}^\circ \times (\mathfrak{r}_0 - \mathfrak{r}_1)|.$$

Dieser Abstand ist als Vektorlänge stets positiv. Eine entsprechende Unterscheidung wie bei der Hesseschen Normalenform darüber, ob Nullpunkt und P_0 auf derselben Seite von g liegen oder nicht, ist im Raum sinnlos, da eine Gerade im Raum nicht zwei „Seiten“ besitzt.

Damit läßt sich die in der vorstehenden Tabelle zum Ausdruck gebrachte Analogie zwischen der Punkt-Normalenform und der Determinantenform der Geradengleichung noch weiter führen:

Der Abstand $|e|$ eines Punktes P_0 von g kann berechnet werden aus

$\mathfrak{n}^\circ \mathfrak{r}_0 - \mathfrak{n}^\circ \mathfrak{r}_1 = e$	$\lvert \mathfrak{u}^\circ \times \mathfrak{r}_0 - \mathfrak{u}^\circ \times \mathfrak{r}_1 \rvert = e$
oder	**oder**
$\mathfrak{n}^\circ (\mathfrak{r}_0 - \mathfrak{r}_1) = e.$	$\lvert \mathfrak{u}^\circ \times (\mathfrak{r}_0 - \mathfrak{r}_1) \rvert = e.$

Beispiel

Berechne den Abstand des Punktes P_0 (5/0/0) von der Geraden g: $\mathfrak{r} = \begin{pmatrix} 1 \\ 1 \\ 1 \end{pmatrix} + \lambda \begin{pmatrix} 2 \\ 1 \\ 1 \end{pmatrix}$.

Wir berechnen die Vektoren

$$\mathfrak{r}_0 - \mathfrak{r}_1 = \begin{pmatrix} 4 \\ -1 \\ -1 \end{pmatrix} \text{ und } \mathfrak{u}^\circ = \begin{pmatrix} \frac{2}{\sqrt{6}} \\ \frac{1}{\sqrt{6}} \\ \frac{1}{\sqrt{6}} \end{pmatrix},$$

bilden
$$\mathfrak{u}^0 \times (\mathfrak{r}_0 - \mathfrak{r}_1) = \begin{vmatrix} \mathfrak{i} & \frac{2}{\sqrt{6}} & 4 \\ \mathfrak{j} & \frac{1}{\sqrt{6}} & -1 \\ \mathfrak{k} & \frac{1}{\sqrt{6}} & -1 \end{vmatrix} = \begin{pmatrix} 0 \\ +\frac{6}{\sqrt{6}} \\ -\frac{6}{\sqrt{6}} \end{pmatrix} = \begin{pmatrix} 0 \\ \sqrt{6} \\ -\sqrt{6} \end{pmatrix}$$

und erhalten $e = |\mathfrak{u}^\circ \times (\mathfrak{r}_0 - \mathfrak{r}_1)| = \sqrt{6+6} = 2\sqrt{3}$ LE.

Aufgaben

1. Berechne den Abstand des Punktes P_0 von der Geraden g.

a) $P_0\,(0/3/4)$, $g: \mathfrak{r} = \begin{pmatrix}2\\0\\1\end{pmatrix} + \lambda \begin{pmatrix}-4\\1\\1\end{pmatrix}$, b) $P_0\,(0/5/6)$, $g: \mathfrak{r} = \begin{pmatrix}2\\0\\1\end{pmatrix} + \lambda \begin{pmatrix}-4\\1\\1\end{pmatrix}$,

c) $P_0\,(4/5/5)$, $g: 3x + 4y - 7 = 0$.

2. Berechne die Höhe h_c eines Dreiecks ABC.

a) A (2/1/0), B (4/3/1), C (2/1/5).

b) $g_{AB}: \mathfrak{r} = \begin{pmatrix}1\\0\\2\end{pmatrix} + \lambda \begin{pmatrix}1\\2\\2\end{pmatrix}$, $g_{CA}: \mathfrak{r} = \begin{pmatrix}1\\0\\2\end{pmatrix} + \lambda \begin{pmatrix}1\\1\\-1\end{pmatrix}$, $g_{BC}: \mathfrak{r} = \begin{pmatrix}2\\1\\1\end{pmatrix} + \lambda \begin{pmatrix}0\\1\\3\end{pmatrix}$.

3. Berechne alle Höhen im Dreieck A (2/1/0) B (7/2/3) C (5/4/3).

4. Berechne die Höhen in dem Rhombus ABCD, der durch A (1/1/0), B (4/1/0) und D (3/2/2) gegeben ist.

5. Gegeben sei ein Vierflach durch $P_1\,(1/0/2)$, $P_2\,(2/1/1)$, $P_3\,(1/3/3)$, $P_4\,(0/4/2)$. Berechne den Abstand seines Schwerpunktes von der Kante P_1P_2.

6. Gegeben sei eine Ebene durch $P_1\,(1/0/0)$, $P_2\,(-3/1/1)$ und $P_3\,(-1/2/-1)$. Berechne den Abstand des Punktes $P_4\,(-1/3/z_4)$, der in der Ebene liegen soll, von der Spurgeraden der Ebene in der xy-Grundebene.

8.2.2. Abstand zweier Geraden im Raum

Vorübungen

1. Zwei Geraden in der xy-Ebene schneiden sich oder laufen parallel. Welche Möglichkeiten gibt es für zwei beliebige Geraden im Raum?
2. Was versteht man unter dem Abstand zweier paralleler Geraden im Raum?

Zwei Geraden g_1 und g_2 im Raum können sich schneiden, sie können parallel oder sie können windschief sein. Wenn wir also den Abstand zweier Geraden, die sich nicht schneiden, berechnen wollen, haben wir zu unterscheiden zwischen den beiden Fällen:

1) g_1 ist parallel zu g_2,
2) g_1 ist windschief zu g_2.

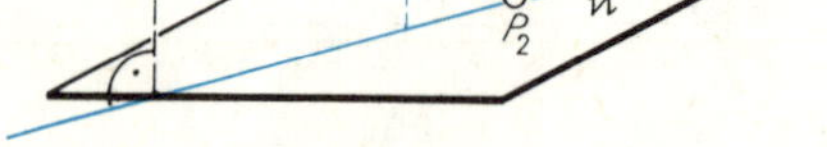

Bild 146.1

1. *g_1 ist parallel zu g_2* (Bild 146.1).

Die Geraden g_1 und g_2 seien durch $\mathfrak{r} = \mathfrak{r}_1 + \lambda\mathfrak{u}$ und $\mathfrak{r} = \mathfrak{r}_2 + \lambda\mathfrak{u}$ gegeben. Der Abstand von g_1 und g_2 ist gleich dem Abstand eines beliebigen Punktes auf g_1 von der Geraden g_2. Als Punkt auf g_1 wählen wir P_1, dessen Ortsvektor mit der Punktrichtungsgleichung von g_1 bekannt ist. Nach Abschnitt 8.2.1 ergibt sich also für den gesuchten Abstand der beiden Geraden

$$e = |\,\mathfrak{u}^\circ \times (\mathfrak{r}_1 - \mathfrak{r}_2)\,|$$

2. *g_1 ist windschief zu g_2* (Bild 147.1).

g_1 und g_2 seien durch ihre Punktrichtungsgleichungen gegeben:

$$g_1\colon \mathfrak{r} = \mathfrak{r}_1 + \lambda\,\mathfrak{u}_1 \text{ und } g_2\colon \mathfrak{r} = \mathfrak{r}_2 + \mu\,\mathfrak{u}_2.$$

Unter dem Abstand dieser beiden windschiefen Geraden versteht man den Abstand der beiden parallelen Ebenen $E_1\colon \mathfrak{r} = \mathfrak{r}_1 + \lambda\,\mathfrak{u}_1 + \mu\,\mathfrak{u}_2$ und $E_2\colon \mathfrak{r} = \mathfrak{r}_2 + \lambda\,\mathfrak{u}_1 + \mu\,\mathfrak{u}_2$.

Da die Geraden windschief sein sollen, ist $\mathfrak{u}_1 \times \mathfrak{u}_2 \neq \mathfrak{o}$. Die Ebenen E_1 und E_2 haben den Normalenvektor $\mathfrak{n} = \mathfrak{u}_1 \times \mathfrak{u}_2$. Also heißt die Gleichung von E_1 in der Hesseschen Normalenform

$$(\mathfrak{u}_1 \times \mathfrak{u}_2)^\circ\,\mathfrak{r} - (\mathfrak{u}_1 \times \mathfrak{u}_2)^\circ\,\mathfrak{r}_1 = 0.$$

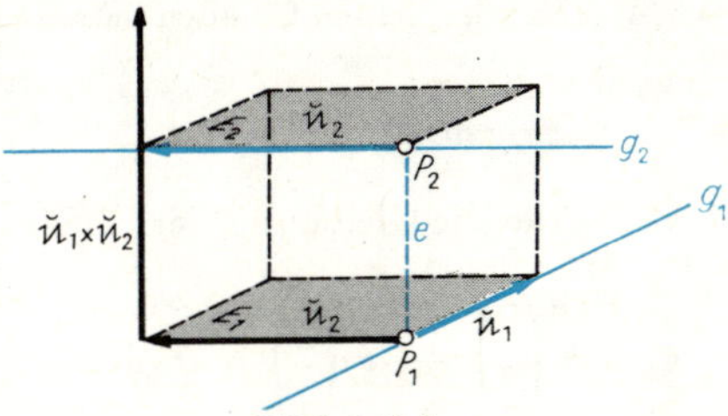

Bild 147.1

Der Abstand $|e|$ des Punktes P_2 auf g_2 von dieser Ebene E_1 ist der gesuchte Abstand der beiden Geraden. Man erhält zunächst

$$e = (\mathfrak{u}_1 \times \mathfrak{u}_2)^\circ\,\mathfrak{r}_2 - (\mathfrak{u}_1 \times \mathfrak{u}_2)^\circ\,\mathfrak{r}_1 \text{ oder } e = (\mathfrak{u}_1 \times \mathfrak{u}_2)^\circ\,(\mathfrak{r}_2 - \mathfrak{r}_1).$$

Da es uns auf die gegenseitige Lage von Hilfsebene E_1, P_2 und Nullpunkt nicht ankommt, interessiert uns das Vorzeichen von e nicht. Wir betrachten deshalb $|e|$:

$$|e| = |(\mathfrak{u}_1 \times \mathfrak{u}_2)^\circ(\mathfrak{r}_2 - \mathfrak{r}_1)|$$

Zur Herleitung dieser Formel hatten wir vorausgesetzt, daß g_1 und g_2 nicht parallel sein sollen, daß also $\mathfrak{u}_1 \times \mathfrak{u}_2 \neq \mathfrak{o}$ ist. Deshalb kann der Ausdruck für e nur dann Null werden, wenn

1. $\mathfrak{r}_2 - \mathfrak{r}_1 = \mathfrak{o}$, d.h. $\mathfrak{r}_2 = \mathfrak{r}_1$ ist (g_1 schneidet g_2 in $P_1 = P_2$) oder
2. $\mathfrak{r}_2 - \mathfrak{r}_1 \neq \mathfrak{o}$, und $\mathfrak{u}_1 \times \mathfrak{u}_2 \neq \mathfrak{o}$, aber dennoch $|(\mathfrak{u}_1 \times \mathfrak{u}_2)\,(\mathfrak{r}_2 - \mathfrak{r}_1)| = 0$ ist. Das bedeutet, daß der Spat, der durch $\mathfrak{u}_1$, $\mathfrak{u}_2$ und $\mathfrak{r}_2 - \mathfrak{r}_1$ aufgespannt wird, das Volumen Null hat. $\mathfrak{u}_1$, $\mathfrak{u}_2$, $\mathfrak{r}_2 - \mathfrak{r}_1$ sind also komplanar. Die Geraden schneiden sich dann in einem Punkt $P_3 \neq P_1 \neq P_2$ (Bild 147.2).

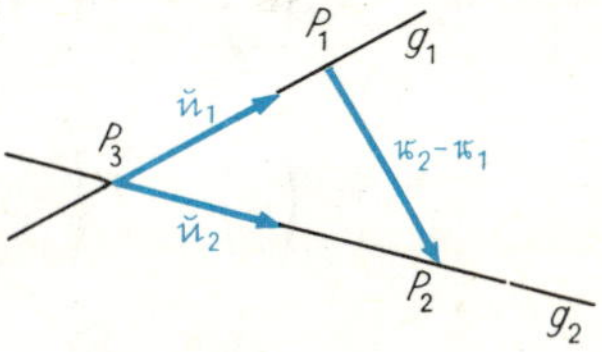

Bild 147.2

Wenn wir die Lage zweier Geraden g_1 und g_2 zueinander untersuchen wollen, ist zunächst festzustellen, ob sie parallel (s. Abschnitt 4.2.5) oder nicht parallel sind. Sodann können wir ihren Abstand nach den in diesem Abschnitt hergeleiteten Formeln berechnen.

Beispiel

Berechne den Abstand der beiden Geraden $g_1\colon \mathfrak{r} = \begin{pmatrix}1\\1\\0\end{pmatrix} + \lambda\begin{pmatrix}1\\4\\-3\end{pmatrix}$ und $g_2\colon \mathfrak{r} = \lambda\begin{pmatrix}1\\0\\-2\end{pmatrix}$.

Da $\mathfrak{u}_1$ und $\mathfrak{u}_2$ nicht kollinear sind, bestimmen wir den gesuchten Abstand nach der Formel $|e| = |(\mathfrak{u}_1 \times \mathfrak{u}_2)^\circ\,(\mathfrak{r}_2 - \mathfrak{r}_1)|$. Es gilt:

$$\mathfrak{r}_2 - \mathfrak{r}_1 = \begin{pmatrix}-1\\-1\\0\end{pmatrix} \text{ und } \mathfrak{u}_1 \times \mathfrak{u}_2 = \begin{vmatrix}\mathfrak{i} & 1 & 1\\ \mathfrak{j} & 4 & 0\\ \mathfrak{k} & -3 & -2\end{vmatrix} = \begin{pmatrix}-8\\-1\\-4\end{pmatrix} \Rightarrow |\mathfrak{u}_1 \times \mathfrak{u}_2| = 9.$$

Wir bilden den Einheitsvektor $(\mathfrak{u}_1 \times \mathfrak{u}_2)^\circ$ und setzen in die Formel ein:

$$(\mathfrak{u}_1 \times \mathfrak{u}_2)^\circ = \begin{pmatrix} -\frac{8}{9} \\ -\frac{1}{9} \\ -\frac{4}{9} \end{pmatrix} \Rightarrow |\mathfrak{e}| = 1\,.$$

Der Abstand der beiden Geraden beträgt 1 LE. g_1 und g_2 sind windschief.

Aufgaben

1. Berechne die Gleichung der Ebene, in der $g_1: \mathfrak{r} = \begin{pmatrix} 3 \\ -1 \\ 1 \end{pmatrix} + \lambda \begin{pmatrix} 1 \\ 1 \\ 1 \end{pmatrix}$ liegt und die zu $g_2: \mathfrak{r} = \begin{pmatrix} 1 \\ 2 \\ 3 \end{pmatrix} + \mu \begin{pmatrix} 2 \\ 2 \\ 1 \end{pmatrix}$ parallel ist, in der Punktnormalenform und bestimme den Abstand von g_2 zur Ebene.

2. Untersuche in folgenden Aufgaben die Lage der Geraden g_1 und g_2 zueinander und berechne gegebenenfalls ihren Abstand und Schnittpunkt.

a) $g_1: \mathfrak{r} = \begin{pmatrix} 1 \\ 2 \\ 1 \end{pmatrix} + \lambda \begin{pmatrix} 3 \\ 2 \\ -2 \end{pmatrix}, \quad g_2: \mathfrak{r} = \begin{pmatrix} 4 \\ 3 \\ 3 \end{pmatrix} + \mu \begin{pmatrix} 0 \\ -2 \\ 1 \end{pmatrix}$

b) $g_1: \mathfrak{r} = \begin{pmatrix} 1 \\ 0 \\ 2 \end{pmatrix} + \lambda \begin{pmatrix} 1 \\ 3 \\ -1 \end{pmatrix}, \quad g_2: \mathfrak{r} = \begin{pmatrix} 3 \\ 6 \\ 0 \end{pmatrix} + \mu \begin{pmatrix} \frac{1}{3} \\ 1 \\ -\frac{1}{3} \end{pmatrix}$

c) $g_1: \mathfrak{r} = \begin{pmatrix} 2 \\ 1 \\ 1 \end{pmatrix} + \lambda \begin{pmatrix} 1 \\ 2 \\ 1 \end{pmatrix}, \quad g_2: \mathfrak{r} = \begin{pmatrix} 2 \\ 1 \\ 1 \end{pmatrix} + \mu \begin{pmatrix} 2 \\ 4 \\ 1 \end{pmatrix}$

d) $g_1: \mathfrak{r} = \begin{pmatrix} 2 \\ 2 \\ 3 \end{pmatrix} + \lambda \begin{pmatrix} -2 \\ 0 \\ 1 \end{pmatrix}, \quad g_2: \mathfrak{r} = \begin{pmatrix} 1 \\ 4 \\ 6 \end{pmatrix} + \mu \begin{pmatrix} 2 \\ 0 \\ -1 \end{pmatrix}$

e) $g_1: \mathfrak{r} = \begin{pmatrix} 2 \\ 3 \\ 0 \end{pmatrix} + \lambda \begin{pmatrix} 1 \\ 2 \\ -1 \end{pmatrix}, \quad g_2: \mathfrak{r} = \begin{pmatrix} 2 \\ 1 \\ 2 \end{pmatrix} + \mu \begin{pmatrix} 2 \\ 0 \\ 2 \end{pmatrix}$

f) $g_1: \mathfrak{r} = \begin{pmatrix} 0 \\ 0 \\ 3 \end{pmatrix} + \lambda \begin{pmatrix} -2 \\ 2 \\ -1 \end{pmatrix}, \quad g_2: \mathfrak{r} = \begin{pmatrix} 5 \\ -1 \\ 0 \end{pmatrix} + \mu \begin{pmatrix} 2 \\ -3 \\ 2 \end{pmatrix}$

g) $g_1: \mathfrak{r} = \begin{pmatrix} 1 \\ 2 \\ -1 \end{pmatrix} + \lambda \begin{pmatrix} 2 \\ 2 \\ -4 \end{pmatrix}, \quad g_2: \mathfrak{r} = \begin{pmatrix} -1 \\ 0 \\ 3 \end{pmatrix} + \mu \begin{pmatrix} -1 \\ -1 \\ 2 \end{pmatrix}$

h) g_1: $\mathfrak{r} = \begin{pmatrix} 2 \\ 1 \\ 2 \end{pmatrix} + \lambda \begin{pmatrix} 0 \\ 4 \\ -3 \end{pmatrix}$, g_2: $\mathfrak{r} = \begin{pmatrix} 2 \\ 8 \\ 3 \end{pmatrix} + \mu \begin{pmatrix} 0 \\ -4 \\ 3 \end{pmatrix}$

i) g_1: $\mathfrak{r} = \begin{pmatrix} 4 \\ 4 \\ 4 \end{pmatrix} + \lambda \begin{pmatrix} 3 \\ 2 \\ 1 \end{pmatrix}$, g_2: $\mathfrak{r} = \begin{pmatrix} 1 \\ 3 \\ 4 \end{pmatrix} + \mu \begin{pmatrix} 0 \\ 1 \\ 1 \end{pmatrix}$

j) g_1: $\mathfrak{r} = \begin{pmatrix} 2 \\ 4 \\ 3 \end{pmatrix} + \lambda \begin{pmatrix} 1 \\ 3 \\ 2 \end{pmatrix}$, g_2: $\mathfrak{r} = \begin{pmatrix} 1 \\ 1 \\ 1 \end{pmatrix} + \mu \begin{pmatrix} 2 \\ 1 \\ 1 \end{pmatrix}$.

3. Ein Spat mit der Grundfläche $P_1P_2P_3P_4$ und der Deckfläche $P_5P_6P_7P_8$ sei gegeben durch P_1 (1/0/1), P_2 (3/0/0), P_4 (1/1/0) und P_5 (2/1/1). Berechne
a) den Abstand der Diagonalgeraden durch P_1 und P_3 von der Diagonalgeraden durch P_6 und P_8,
b) die Höhe des Spates über der Grundfläche.
c) Deute den Zusammenhang der Ergebnisse aus a) und b).

*8.3. Vermischte Aufgaben

1. Gegeben sei ein Spat durch den Punkt P_0 (3/−5/4) und die drei von ihm ausgehenden Kantenvektoren

$$\overrightarrow{P_0A} = \mathfrak{a} = \begin{pmatrix} 0 \\ -1 \\ 5 \end{pmatrix}, \quad \overrightarrow{P_0B} = \mathfrak{b} = \begin{pmatrix} 3 \\ -1 \\ 5 \end{pmatrix}, \quad \overrightarrow{P_0C} = \mathfrak{c} = \begin{pmatrix} 6 \\ -1 \\ 2 \end{pmatrix}.$$

Berechne den Rauminhalt des Spats
a) mit Hilfe des Spatprodukts,
b) aus der Seitenfläche, die die Vektoren $\mathfrak{a}$ und $\mathfrak{c}$ enthält, und der zugehörigen Höhe.
c) Wie groß ist der Abstand der Ebene durch P_0, A und C vom Nullpunkt?

2. Gegeben sei ein Vierflach durch die Spitze S (1/1/1) und die drei von S ausgehenden Kantenvektoren

$$\overrightarrow{SA} = \mathfrak{a} = \begin{pmatrix} -2 \\ 0 \\ 4 \end{pmatrix}, \quad \overrightarrow{SB} = \mathfrak{b} = \begin{pmatrix} -2 \\ 6 \\ 4 \end{pmatrix}, \quad \overrightarrow{SC} = \mathfrak{c} = \begin{pmatrix} -2 \\ -3 \\ 7 \end{pmatrix}.$$

Berechne den Rauminhalt des Vierflachs
a) mit Hilfe des Spatproduktes,
b) aus der Seitenfläche SAB und der zugehörigen Höhe.
c) Wie groß ist der Abstand der Ebene durch S, A und B vom Nullpunkt?

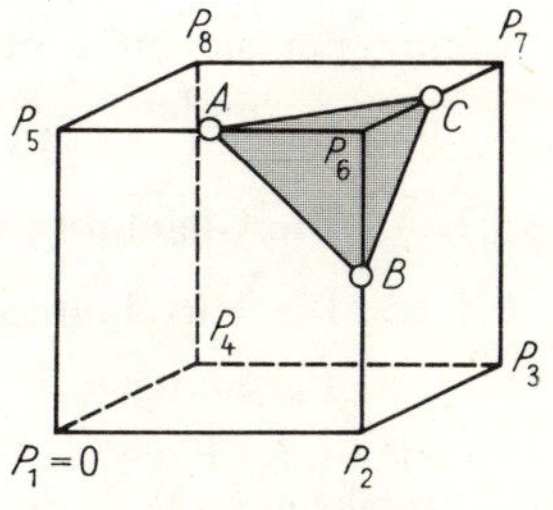

Bild 149.1

3. Gegeben sei ein Würfel mit der Kantenlänge a (Bild 149.1).
a) Wie heißt die Gleichung der Ebene durch P_7 (a/a/a), die auf der durch P_7 gehenden Raumdiagonalen senkrecht steht?
b) Welchen Abstand hat die durch A, B, C (Kantenmittelpunkte) gelegte Ebene vom Nullpunkt?

4. Gegeben seien die 6 Punkte P_1 (5/3/−2), P_2 (17/−3/7), P_3 (7/7/−6), P_4 (5/1/−1), P_5 (2/5/−6), P_6 (12/−5/7).
Zeige, daß die Ebene durch P_1, P_2, P_3 zur Ebene durch P_4, P_5, P_6 parallel ist, und bestimme den Abstand der beiden Ebenen.

5. Wie groß ist der Rauminhalt des Vierflachs, das die Ebene E: $x + 3y + 2z = 6$ vom ersten Oktanten abschneidet?

6. Gegeben sind die vier Punkte P_1 (2/−3/2), P_2 (−1/3/6), P_3 (5/−5/0), P_4 (6/−7/15). Bestimme
a) den Abstand des Punktes P_4 von der durch P_1, P_2, P_3 bestimmten Ebene E,
b) den Fußpunkt P_4' des Lotes von P_4 auf E,
c) den Winkel, den E mit der xy-Ebene einschließt.

7. Gegeben sei die Ebene E durch $\mathfrak{r} = \begin{pmatrix} 2 \\ -1 \\ -3 \end{pmatrix} + \lambda \begin{pmatrix} 1 \\ 0 \\ 1 \end{pmatrix} + \mu \begin{pmatrix} 2 \\ -1 \\ 0 \end{pmatrix}$ und der Punkt P_1 (7/3/−2). Bestimme die Projektion P_1' von P_1 auf E und den Abstand des Punktes P_1 von E.

8. Gegeben seien die fünf Punkte P_1 (0/2/4), P_2 (1/0/5), P_3 (2/2/4), P_4 (1/4/3), P_5 (3/1/0).
a) Zeige, daß P_1, P_2, P_3, P_4 in einer Ebene liegen.
b) Zeige, daß das Viereck $P_1P_2P_3P_4$ ein Rhombus ist.
c) Berechne die Vierecksfläche.
d) Berechne den Rauminhalt des Vierflachs $P_1P_2P_3P_5$.
e) Berechne den Winkel, den die Gerade durch P_2 und P_5 mit der Ebene durch $P_1P_2P_3$ einschließt.

9. Kreis und Kugel

Wir haben bisher in der Analytischen Geometrie die Geraden und Ebenen behandelt. Um diese Gebilde zu beschreiben und rechnerisch zu erfassen, erwies sich der Vektorbegriff als das entscheidende Hilfsmittel. Obwohl die Vektoren als gerichtete Strecken besonders gut für die Behandlung von Geraden und Ebenen geeignet sind, kann man sie auch zur Untersuchung von Kreisen und Kugeln in vorteilhafter Weise verwenden.

9.1. Die Gleichung von Kreis und Kugel

9.1.1. Die Mittelpunktsform

Vorübungen

1. Wie ist der Kreis als Ortslinie definiert?
Drücke den Inhalt der Definition durch eine Gleichung für Vektoren aus.
2. Vergleiche die Länge der Ortsvektoren

$$\mathfrak{r}_1 = \begin{pmatrix} 2 \\ 3 \\ 6 \end{pmatrix}, \ \mathfrak{r}_2 = \begin{pmatrix} 5 \\ -4 \\ 2\sqrt{2} \end{pmatrix}, \ \mathfrak{r}_3 = \begin{pmatrix} 0 \\ 7 \\ 0 \end{pmatrix}, \ \mathfrak{r}_4 = \begin{pmatrix} 2\sqrt{6} \\ 1 \\ -2\sqrt{6} \end{pmatrix}.$$

Welche weiteren Ortsvektoren haben die gleiche Länge? Deute das Ergebnis geometrisch.

Wir betrachten einen Kreis in der xy-Ebene des Koordinatensystems mit dem Mittelpunkt im Ursprung O (Bild 151.1). Dann ist für alle Punkte P [$\mathfrak{r}$] des Kreises die Entfernung ϱ vom Mittelpunkt konstant. Es ist also

$$|\mathfrak{r}| = \varrho$$

oder

$$\mathfrak{r}^2 = \varrho^2$$

die Gleichung des betrachteten Kreises.

Wir denken uns nun eine Kugel vom Radius ϱ um den Ursprung gelegt. Wiederum gilt für den Betrag aller Ortsvektoren $\mathfrak{r}$, die zu einem Punkt der Kugel führen, $|\mathfrak{r}| = \varrho$ oder $\mathfrak{r}^2 = \varrho^2$.

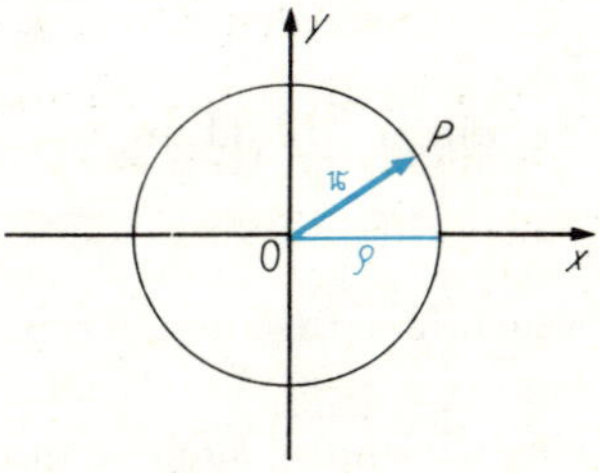

Bild 151.1

Wir erhalten den

Satz 9.1

Der Kreis (die Kugel) um den Ursprung mit dem Radius ϱ hat die Gleichung

(1) $\qquad \mathfrak{r}^2 = \varrho^2$. *Mittelpunktsform der Kreisgleichung (Kugelgleichung)*

Übertragen wir diese Gleichung in Koordinatenschreibweise, so ergibt sich für den Kreis in der xy-Ebene

$$x^2 + y^2 = \varrho^2$$

und für die Kugel

$$x^2 + y^2 + z^2 = \varrho^2.$$

Beim Vergleich dieser beiden Gleichungen mit der Gleichung (1) erkennen wir den Vorteil der Vektorschreibweise. Gleichung (1) ist nicht nur kürzer, sondern sie gilt zugleich für den Kreis und die Kugel. Ähnlich haben wir schon mit den Normalenformen die Gerade und die Ebene durch dieselbe Gleichung erfaßt. Wie wir damals alle Überlegungen zugleich für die Gerade und die Ebene angestellt haben, so wollen wir auch jetzt den Kreis und die Kugel immer gemeinsam betrachten.

9.1.2. Die Verschiebungsform

Der Mittelpunkt M eines Kreises der xy-Ebene (einer Kugel) liegt nicht mehr im Ursprung. Wir bezeichnen den Ortsvektor von M mit $\mathfrak{r}_M$. Wenn dann der Laufpunkt P auf der Kreislinie (Kugelfläche) wandert, bleibt der Differenzvektor $\mathfrak{r} - \mathfrak{r}_M$ dem Betrage nach konstant, und zwar gilt $|\mathfrak{r} - \mathfrak{r}_M| = \varrho$ oder $(\mathfrak{r} - \mathfrak{r}_M)^2 = \varrho^2$ (Bild 151.2). Es ergibt sich der

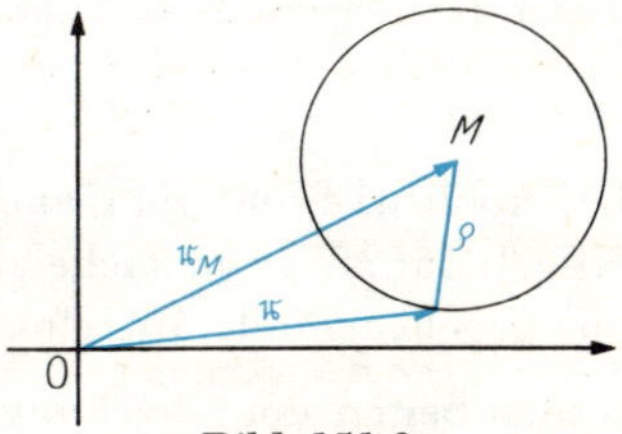

Bild 151.2

Satz 9.2

Der Kreis (die Kugel) mit dem Mittelpunkt M [$\mathfrak{r}_M$] und dem Radius ϱ hat die Gleichung

(2) $\qquad (\mathfrak{r} - \mathfrak{r}_M)^2 = \varrho^2$. *Verschiebungsform der Kreis-(Kugel-)Gleichung*

Die Verschiebungsform der Kreis-(Kugel-)Gleichung kann man auch auf folgende Weise herleiten: Verschiebt man alle Punkte der Ebene (des Raumes) um den Vektor

$\mathfrak{v}$, so gilt für jeden Punkt P $[\mathfrak{r}]$ und seinen Bildpunkt P' $[\mathfrak{r}']$

$$\mathfrak{r}' = \mathfrak{r} + \mathfrak{v}$$

oder

(3) $$\mathfrak{r} = \mathfrak{r}' - \mathfrak{v}.$$

Bei dieser Abbildung wird ein Kreis (eine Kugel) K mit der Gleichung

$$\mathfrak{r}^2 = \varrho^2$$

abgebildet in einen Kreis (eine Kugel) K', dessen (deren) Mittelpunkt M den Ortsvektor $\mathfrak{v} = \mathfrak{r}_M$ hat (Bild 152.1). Um die Gleichung von K' zu erhalten, müssen wir eine Gleichung suchen, in der nicht mehr der Laufvektor $\mathfrak{r}$, sondern der zu den Bildpunkten führende Laufvektor $\mathfrak{r}'$ vorkommt. Deshalb setzen wir aus Gleichung (3) den Ausdruck für $\mathfrak{r}$ in die Gleichung $\mathfrak{r}^2 = \varrho^2$ ein und erhalten

$$(\mathfrak{r}' - \mathfrak{v})^2 = \varrho^2$$

oder wegen $\mathfrak{v} = \mathfrak{r}_M$

$$(\mathfrak{r}' - \mathfrak{r}_M)^2 = \varrho^2.$$

Wenn wir nun wie bisher den Laufvektor mit $\mathfrak{r}$ bezeichnen, erhalten wir die Verschiebungsform

$$(\mathfrak{r} - \mathfrak{r}_M)^2 = \varrho^2.$$

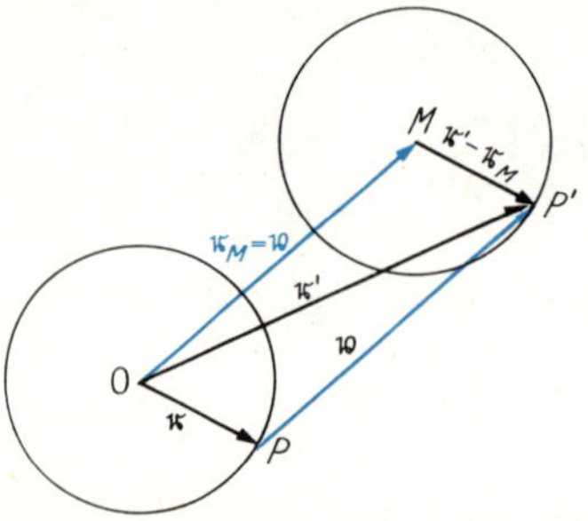

Bild 152.1

9.1.3. Die allgemeine Form

Löst man in der Verschiebungsform die Klammer auf, so erhält man

$$\mathfrak{r}^2 - 2\,\mathfrak{r} \cdot \mathfrak{r}_M + \mathfrak{r}_M^2 - \varrho^2 = 0.$$

Jeder Kreis (jede Kugel) läßt sich also durch eine Gleichung der Form

$$\mathfrak{r}^2 + \mathfrak{p}\,\mathfrak{r} + \mathfrak{q} = 0$$

beschreiben. Stellt nun auch jede Gleichung dieser Art wieder einen Kreis (eine Kugel) dar? Wir versuchen diese Gleichung in die Form (2) zu überführen, um daraus gegebenenfalls Mittelpunkt und Radius ablesen zu können. Wir addieren auf beiden Seiten der Gleichung $\left(\frac{\mathfrak{p}}{2}\right)^2$ und erhalten

$$\mathfrak{r}^2 + \mathfrak{p}\mathfrak{r} + \left(\frac{\mathfrak{p}}{2}\right)^2 + \mathfrak{q} = \left(\frac{\mathfrak{p}}{2}\right)^2 \Rightarrow \left(\mathfrak{r} + \frac{\mathfrak{p}}{2}\right)^2 = \frac{\mathfrak{p}^2}{4} - \mathfrak{q}\,.$$

Man erhält also nur für den Fall $\frac{\mathfrak{p}^2}{4} - \mathfrak{q} > 0$ einen Kreis (eine Kugel). Der Ortsvektor des Mittelpunktes ist $\mathfrak{r}_M = -\frac{\mathfrak{p}}{2}$, der Radius $\varrho = \sqrt{\frac{\mathfrak{p}^2}{4} - \mathfrak{q}}$.

Für $\frac{\mathfrak{p}^2}{4} - \mathfrak{q} = 0$ ergibt sich der Punkt M mit dem Ortsvektor $\mathfrak{m} = -\frac{\mathfrak{p}}{2}$.

*9.1.4. Die Scheitelform

Liegt insbesondere der Ursprung auf dem Kreis (der Kugel), so ist der Betrag des Ortsvektors $\mathfrak{r}_M$ zum Mittelpunkt gleich dem Radius ϱ (Bild 153.1).

$$|\mathfrak{r}_M| = \varrho$$

oder

$$\mathfrak{r}_M^2 = \varrho^2 .$$

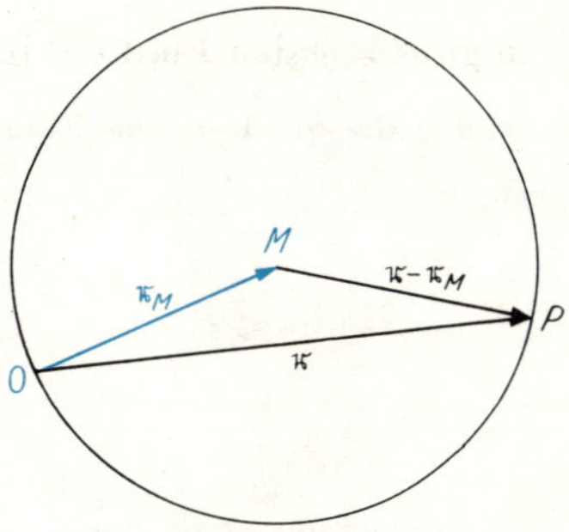

Bild 153.1

Dann folgt aus (2):

$$(\mathfrak{r} - \mathfrak{r}_M)^2 = \mathfrak{r}^2 - 2\mathfrak{r}\,\mathfrak{r}_M + \mathfrak{r}_M^2 = \varrho^2$$

(4) $$\mathfrak{r}^2 - 2\mathfrak{r}\,\mathfrak{r}_M = 0$$ *Scheitelform der Kreisgleichung (Kugelgleichung).*

Wie bei den Normalenformen für Gerade und Ebene handelt es sich bei den Gleichungen für Kreis und Kugel um Gleichungen zwischen Skalaren. Die Gleichung $\mathfrak{n}\,\mathfrak{r} - c = 0$ stellt im Raum niemals eine Gerade, sondern immer eine Ebene dar. Ebenso ist durch die Gleichung $(\mathfrak{r} - \mathfrak{r}_M)^2 = \varrho^2$ im Raum niemals ein Kreis, sondern immer eine Kugel festgelegt. Die eindimensionalen Gebilde Gerade und Kreislinie werden nur in den Grundebenen durch diese Gleichungen erfaßt. Wie für eine Gerade im Raum läßt sich auch für den Kreis im Raum nur eine Gleichung zwischen Vektoren (etwa mit Hilfe eines Parameters) finden.

Beispiele

1. Welche Gleichung hat die Kugel mit dem Mittelpunkt M (2/3/−4) und dem Radius 3 LE? Prüfe, ob die Punkte P_1 (3/1/−2) und P_2 (8/5/−4) auf der Kugel liegen!
Lösung: Die Verschiebungsform der Kugelgleichung lautet

$$\left[\mathfrak{r} - \begin{pmatrix} 2 \\ 3 \\ -4 \end{pmatrix}\right]^2 = 9 .$$

Der Punkt P_1 liegt auf der Kugel. Denn es ist

$$(\mathfrak{r}_1 - \mathfrak{r}_M)^2 = \left[\begin{pmatrix} 3 \\ 1 \\ -2 \end{pmatrix} - \begin{pmatrix} 2 \\ 3 \\ -4 \end{pmatrix}\right]^2 = \begin{pmatrix} 1 \\ -2 \\ 2 \end{pmatrix}^2 = 1 + 4 + 4 = 9 .$$

Setzt man die Koordinaten von P_2 ein, so erhält man als Quadrat der Entfernung $\overline{P_2M}$

$$(\mathfrak{r}_2 - \mathfrak{r}_M)^2 = \left[\begin{pmatrix} 8 \\ 5 \\ -4 \end{pmatrix} - \begin{pmatrix} 2 \\ 3 \\ -4 \end{pmatrix}\right]^2 = \begin{pmatrix} 6 \\ 2 \\ 0 \end{pmatrix}^2 = 36 + 4 = 40 > 9 .$$

Der Punkt P_2 liegt also außerhalb der Kugel. Sein Abstand von der Kugel beträgt

$$d = \sqrt{40} - 3 = 2 \cdot \sqrt{10} - 3 \Rightarrow \approx 3{,}3 \text{ LE} .$$

2. Wird durch die Gleichung $\mathfrak{r}^2 - \begin{pmatrix} 4 \\ 6 \end{pmatrix}\mathfrak{r} - 3 = 0$ ein Kreis (eine Kugel) dargestellt? Gib gegebenenfalls Mittelpunkt und Radius an.
Lösung: Da der Vektor $\begin{pmatrix} 4 \\ 6 \end{pmatrix}$ in der gegebenen Gleichung nur zwei Komponenten hat,

kommt höchstens ein Kreis als Lösung in Frage. Wir addieren auf beiden Seiten der Gleichung die quadratische Ergänzung $\binom{2}{3}^2$ und erhalten

$$\mathfrak{r}^2 - 2 \cdot \binom{2}{3} \mathfrak{r} + \binom{2}{3}^2 - 3 = \binom{2}{3}^2$$

$$\left[\mathfrak{r} - \binom{2}{3}\right]^2 - 3 = 4 + 9$$

$$\left[\mathfrak{r} - \binom{2}{3}\right]^2 = 16.$$

Die Gleichung stellt einen Kreis mit dem Mittelpunkt M (2/3) und dem Radius 4 LE dar.

Aufgaben

1. Gib die Gleichung des Kreises an, der
   a) den Radius 9 LE und den Mittelpunkt M(2/8),
   b) den Radius $\sqrt{5}$ LE und den Mittelpunkt M(0,5/3) hat.

2. Gegeben ist der Kreis $\mathfrak{r}^2 = 25$. Stelle fest, ob die Punkte P_1 (1/−3), P_2 (−3/4), P_3 (0/5), P_4 (4/4) auf dem Kreise, innerhalb oder außerhalb des Kreises liegen.

3. Gegeben ist die Kugel mit dem Mittelpunkt M (2/−3/1) und dem Radius 9. Wo liegen folgende Punkte in bezug auf die Kugel? A (1/−1/−7), B (−2/4/5), C (−5/−1/−4).

4. Ein Kreis um den Ursprung geht durch den Punkt P_1. Welche Ortsvektoren auf den Achsen führen zu Kreispunkten?
   a) P_1 (5/−12), b) P_1 (9/12), c) P_1 (−8/15).

5. Welche Gleichung hat der Kreis, der durch den Punkt P_1 geht und den Mittelpunkt M (−1/−3) hat?
   a) P_1 (6/0), b) P_1 (−4/4).

6. Bestimme die Gleichung der Kugel, auf der die Punkte A und B liegen und die die Strecke AB als Durchmesser hat.
   a) A (−1/2/7), B (3/−2/5), b) A (2/0/6), B (6/−4/4).

7. Wie lautet die Gleichung der Kugel, die durch den Nullpunkt geht und den Mittelpunkt M hat?
   a) M (7/−4/4), b) M (3/4/−12), c) M (−6/−2/−3).

8. Wieviele Kugeln vom Radius 3 LE berühren je eine Grundebene im Ursprung? Gib ihre Gleichungen an.

9. Bestimme Mittelpunkt und Radius folgender Kreise (Kugeln).
   a) $x^2 + 2x + y^2 - 8y - 19 = 0$
   b) $x^2 - 4\,x^2 + y^2 - 12 = 0$
   c) $x^2 - 2x + y^2 + 8\,y + z^2 - 4z - 4 = 0$
   d) $x^2 - 6x + y^2 + 4y + z^2 + 4 = 0$
   e) $x^2 - 6x + y^2 + 4y + z^2 - 8z + 29 = 0$

10. Prüfe, ob es sich bei den folgenden Gleichungen um Kreisgleichungen handelt.

a) $\mathfrak{r}^2 - \begin{pmatrix}6\\8\end{pmatrix}\mathfrak{r} + 21 = 0$ b) $4\,\mathfrak{r}^2 + \begin{pmatrix}48\\-32\end{pmatrix}\mathfrak{r} + 104 = 0$

c) $2\,\mathfrak{r}^2 + \begin{pmatrix}4\\-12\end{pmatrix}\mathfrak{r} + 38 = 0$ d) $\mathfrak{r}^2 - \begin{pmatrix}10\\6\end{pmatrix}\mathfrak{r} - 2 = 0.$

e) $x^2 + y^2 - 8y + 19 = 0$

11. Welche Beziehung muß zwischen den Koeffizienten in den folgenden Kreisgleichungen bestehen, damit die Kreise konzentrisch sind?

$x^2 + y^2 + a_1\,x + b_1\,y + c_1 = 0,$
$x^2 + y^2 + a_2\,x + b_2\,y + c_2 = 0.$

12. Prüfe, ob sich folgende Kugeln durchdringen oder nicht. Wie groß ist der kleinste Abstand zwischen zwei Punkten der beiden Kugeln?

a) $\left[\mathfrak{r} - \begin{pmatrix}4\\0\\2\end{pmatrix}\right]^2 - 81 = 0, \quad \left[\mathfrak{r} - \begin{pmatrix}-8\\-5\\2\end{pmatrix}\right]^2 - 4 = 0,$

b) $\left[\mathfrak{r} - \begin{pmatrix}2\\-3\\6\end{pmatrix}\right]^2 - 16 = 0, \quad \mathfrak{r}^2 - 9 = 0,$

c) $\left[\mathfrak{r} - \begin{pmatrix}2\\3\\1\end{pmatrix}\right]^2 - 64 = 0, \quad \left[\mathfrak{r} - \begin{pmatrix}8\\-3\\4\end{pmatrix}\right]^2 - 16 = 0.$

13. Ein Kreis vom Radius ϱ geht durch den Punkt P_1. Sein Mittelpunkt liegt auf der Geraden g.

a) $\varrho = 5$ LE, $P_1\,(-1/-2)$, g: $\mathfrak{r} = \begin{pmatrix}3\\1\end{pmatrix} + \lambda\begin{pmatrix}1\\-1\end{pmatrix}$,

b) $\varrho = 5$ LE, $P_1\,(-1/6)$, g: $\mathfrak{r} = \begin{pmatrix}0\\10\end{pmatrix} + \lambda\begin{pmatrix}-1\\1\end{pmatrix}$.

14. Bestimme die Gleichung des Kreises, der durch $P_1\,(10/9)$ und $P_2\,(4/-5)$ geht und dessen Mittelpunkt auf der Geraden g: $\begin{pmatrix}3\\-2\end{pmatrix}\cdot\mathfrak{r} - 17 = 0$ liegt.

15. Bestimme die Gleichung des Kreises, der durch $P_1\,(-5/1)$ geht und die y-Achse in $P_2\,(0/3)$ berührt.

16. Ein Kreis geht duch P_1 und P_2. Sein Mittelpunkt hat von der y-Achse den Abstand d.

a) $P_1\,(5/2)$, $P_2\,(1/6)$, d = 1 LE, b) $P_1\,(-2/5)$, $P_2\,(6/-1)$, d = 2 LE.

17. Welchen Umkreis hat das Dreieck ABC?

a) A (5/7), B (−1/−1), C (6/0),
b) A (5/0), B (7/2), C (−7/0).

9.2. Schnittpunkte von Geraden mit Kreisen und Kugeln

Vorübungen

1. Wie prüft man, ob der Punkt P_1 $(3/-4)$ auf dem Kreis K: $\mathfrak{r}^2 = 25$ liegt? Kann man mit diesem Verfahren auch feststellen, ob Punkte der Geraden g: $\mathfrak{r} = \begin{pmatrix}1\\0\end{pmatrix} + \lambda \begin{pmatrix}1\\1\end{pmatrix}$ auf dem Kreise liegen?
2. Welche Schwierigkeit besteht, wenn man die Schnittpunkte eines Kreises mit einer Geraden bestimmen will, die in der Normalenform gegeben ist?

1. Verfahren: Die Gerade ist in der Parameterform gegeben.

Ein Kreis (eine Kugel) K hat mit einer Geraden g entweder zwei Schnittpunkte, einen Berührungspunkt oder keinen Punkt gemeinsam. Wir betrachten den Fall, daß der Mittelpunkt des Kreises (der Kugel) im Ursprung liegt. Es ist also

$$\mathfrak{r}^2 = \varrho^2$$

die Gleichung des Kreises (der Kugel). Ferner sei die Gerade g durch die Gleichung

$$\mathfrak{r} = \mathfrak{r}_1 + \lambda\,\mathfrak{u}$$

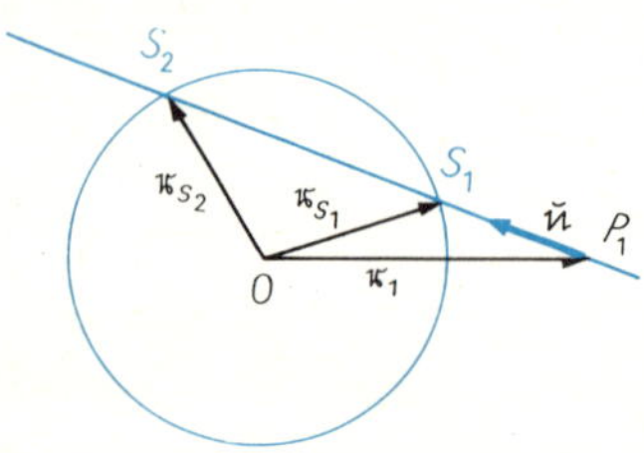

Bild 156.1

gegeben (Bild 156.1). Der Ortsvektor $\mathfrak{r}_s$ eines gemeinsamen Punktes von K und g muß beide Gleichungen erfüllen. Setzt man daher

$$\mathfrak{r}_s = \mathfrak{r}_1 + \lambda_s\,\mathfrak{u}$$

in die Gleichung von K ein, so erhält man

$$(\mathfrak{r}_1 + \lambda_s\,\mathfrak{u})^2 = \varrho^2.$$

Wir quadrieren aus und lösen nach λ_s auf:

$$\mathfrak{r}_1^2 + 2\,\lambda_s\,\mathfrak{r}_1\,\mathfrak{u} + \lambda_s^2\,\mathfrak{u}^2 = \varrho^2$$

$$\lambda_{s_1/s_2} = -\frac{\mathfrak{r}_1\,\mathfrak{u}}{\mathfrak{u}^2} \pm \frac{1}{\mathfrak{u}^2}\sqrt{(\mathfrak{r}_1\,\mathfrak{u})^2 - \mathfrak{r}_1^2\,\mathfrak{u}^2 + \varrho^2\,\mathfrak{u}^2}\,.$$

Wir erhalten zwei, eine oder keine reelle Lösung für λ_s, je nachdem der Radikand positiv, gleich 0 oder negativ ist. Das bedeutet: Die Gerade ist eine Sekante, Tangente oder Passante.

2. Verfahren: Die Gerade ist in der Normalenform gegeben.

Durch die Gleichung

$$\mathfrak{r}^2 = \varrho^2$$

sei der Kreis K, durch

$$\mathfrak{n} \cdot \mathfrak{r} - c = 0$$

die Gerade g gegeben. Da wir diese Gleichung nicht nach $\mathfrak{r}$ auflösen können, machen wir für den Ortsvektor des Schnittpunktes den Ansatz

(5) $$\mathfrak{r}_s = \lambda_s\mathfrak{n} + \mu_s\bar{\mathfrak{n}}\,.$$

Denn jeder Vektor in der Ebene muß sich eindeutig als Linearkombination von $\mathfrak{n}$ und $\mathfrak{u}$ darstellen lassen.

Nun multiplizieren wir zunächst (5) mit $\mathfrak{n}$, berücksichtigen $\mathfrak{n}\mathfrak{r}_s = c$ und erhalten:

$$c = \lambda_s\mathfrak{n}^2 \Rightarrow \lambda_s = \frac{c}{\mathfrak{n}^2}$$

Wegen $\mathfrak{r}_s^2 = \varrho^2$ gilt weiter

$$(\lambda_s \mathfrak{n} + \mu_s \overline{\mathfrak{n}})^2 = \varrho^2$$

$$\lambda_s^2 \mathfrak{n}^2 + \mu_s^2 \overline{\mathfrak{n}}^2 = \varrho^2$$

$$\mu_s = \pm \sqrt{\frac{\varrho^2}{\mathfrak{n}^2} - \lambda_s^2}, \text{ da } \mathfrak{n}^2 = \overline{\mathfrak{n}}^2.$$

Damit ergibt sich:

$$\mathfrak{r}_{s_1/s_2} = \frac{c}{\mathfrak{n}^2} \mathfrak{n} \pm \frac{1}{\mathfrak{n}^2} \sqrt{\varrho^2 \mathfrak{n}^2 - c^2}\, \overline{\mathfrak{n}}\,.$$

Wir bekommen wiederum zwei reelle Schnittpunkte, einen Berührungspunkt oder keinen gemeinsamen Punkt, je nachdem der Radikand positiv, gleich Null oder negativ ist.

Beispiele

1. In welchen Punkten schneidet die Gerade g: $\mathfrak{r} = \lambda \cdot \begin{pmatrix} 2 \\ 1 \\ 1 \end{pmatrix}$ die Kugel K: $\left[\mathfrak{r} - \begin{pmatrix} 1 \\ 1 \\ 1 \end{pmatrix}\right]^2 = 1$?

Lösung: Es sei $\mathfrak{r}_s = \lambda_s \begin{pmatrix} 2 \\ 1 \\ 1 \end{pmatrix}$. Setzt man in die Kugelgleichung ein, so erhält man

$$\left[\lambda_s \begin{pmatrix} 2 \\ 1 \\ 1 \end{pmatrix} - \begin{pmatrix} 1 \\ 1 \\ 1 \end{pmatrix}\right]^2 = 1.$$

Wir rechnen die linke Seite aus:

$$(2\,\lambda_s - 1)^2 + (\lambda_s - 1)^2 + (\lambda_s - 1)^2 = 1$$

Nach Auflösen der Klammern und Zusammenfassen erhält man für λ_s die quadratische Gleichung

$$6\,\lambda_s^2 - 8\,\lambda_s + 2 = 0$$

oder

$$\lambda_s^2 - \frac{4}{3}\lambda_s + \frac{1}{3} = 0\,.$$

Daraus erhält man

$$\lambda_{s_1/s_2} = \frac{2}{3} \pm \sqrt{\frac{4}{9} - \frac{1}{3}} \Rightarrow \lambda_{s_1} = 1,\ \lambda_{s_2} = \frac{1}{3}\,.$$

Setzt man diese Werte in die Geradengleichung ein, ergeben sich als Ortsvektoren der beiden Schnittpunkte

$$\mathfrak{r}_{s_1} = \begin{pmatrix} 2 \\ 1 \\ 1 \end{pmatrix},\ \mathfrak{r}_{s_2} = \begin{pmatrix} \frac{2}{3} \\ \frac{1}{3} \\ \frac{1}{3} \end{pmatrix}.$$

Die Gerade schneidet also die Kugel in $S_1\,(2/1/1)$ und $S_2\left(\frac{2}{3}\Big/\frac{1}{3}\Big/\frac{1}{3}\right)$.

2. Bestimme die Schnittpunkte des Kreises K: $\left[\mathfrak{r} - \begin{pmatrix} 3 \\ 1 \end{pmatrix}\right]^2 = 16$ mit der Geraden g: $\begin{pmatrix} -1 \\ 1 \end{pmatrix} \mathfrak{r} - 2 = 0\,.$

Lösung:

Da der Kreis in der Verschiebungsform gegeben ist, machen wir für den Ortsvektor $\mathfrak{r}_S$ des gesuchten Schnittpunktes den Ansatz:

$$\mathfrak{r}_S = \mathfrak{r}_M + \lambda_S \mathfrak{n} + \mu_S \overline{\mathfrak{n}} \text{ oder}$$

$$\mathfrak{r}_S = \begin{pmatrix} 3 \\ 1 \end{pmatrix} + \lambda_S \begin{pmatrix} -1 \\ 1 \end{pmatrix} + \mu_S \begin{pmatrix} 1 \\ 1 \end{pmatrix}$$

Wir multiplizieren mit $\mathfrak{n}$ und erhalten wegen $\mathfrak{n} \cdot \mathfrak{r}_S = c$:

$$2 = -2 + 2\lambda_S$$

$$\lambda_S = 2\,.$$

Wegen $(\mathfrak{r}_S - \mathfrak{r}_M)^2 = \varrho^2$ folgt weiter:

$$16 = 4 \begin{pmatrix} -1 \\ 1 \end{pmatrix}^2 + \mu_S^2 \begin{pmatrix} 1 \\ 1 \end{pmatrix}^2$$

$$\mu_{S_1/S_2} = \pm 2\,.$$

Damit ergibt sich:

$$\mathfrak{r}_{S_1/S_2} = \begin{pmatrix} 3 \\ 1 \end{pmatrix} + 2 \begin{pmatrix} -1 \\ 1 \end{pmatrix} \pm 2 \begin{pmatrix} 1 \\ 1 \end{pmatrix}$$

$$\mathfrak{r}_{S_1} = \begin{pmatrix} 3 \\ 5 \end{pmatrix}, \quad \mathfrak{r}_{S_2} = \begin{pmatrix} -1 \\ 1 \end{pmatrix}.$$

Aufgaben

1. Bestimme die Schnittpunkte des Kreises K mit der Geraden g.

a) $K: \mathfrak{r}^2 = 40, \quad g: \mathfrak{r} = \lambda \begin{pmatrix} 3 \\ 1 \end{pmatrix}$ b) $K: \mathfrak{r}^2 = 45, \quad g: \mathfrak{r} = \lambda \begin{pmatrix} 2 \\ 1 \end{pmatrix}$

c) $K: \left[\mathfrak{r} - \begin{pmatrix} 4 \\ -2 \end{pmatrix}\right]^2 = 20, \quad g: \mathfrak{r} = \lambda \begin{pmatrix} 2 \\ -1 \end{pmatrix}$ d) $K: \left[\mathfrak{r} - \begin{pmatrix} 2 \\ 1 \end{pmatrix}\right]^2 = 9, \quad g: \mathfrak{r} = \lambda \begin{pmatrix} 1 \\ 1 \end{pmatrix}$

2. Wo schneiden sich folgende Kreise K und Geraden g?

a) $K: \mathfrak{r}^2 = 34, \quad g: \mathfrak{r} = \begin{pmatrix} 1 \\ -5 \end{pmatrix} + \lambda \begin{pmatrix} 2 \\ 1 \end{pmatrix}$

b) $K: \left[\mathfrak{r} - \begin{pmatrix} 3 \\ 2 \end{pmatrix}\right]^2 = 9, \quad g: \mathfrak{r} = \begin{pmatrix} -3 \\ -7 \end{pmatrix} + \lambda \begin{pmatrix} 1 \\ 2 \end{pmatrix}$

3. Von einer Geraden kennt man den Fußpunkt F des vom Ursprung auf sie gefällten Lotes. Bestimme die Schnittpunkte mit dem Kreis K.

a) $F\left(\frac{64}{25} \middle/ -\frac{48}{25}\right), \quad K: \left[\mathfrak{r} - \begin{pmatrix} 1 \\ -4 \end{pmatrix}\right]^2 = 100$

b) $F\left(-\frac{17}{50} \middle/ \frac{119}{50}\right), \quad K: \mathfrak{r}^2 = 25$

4. In welchen Punkten schneidet die Gerade $g: \mathfrak{r} = \mathfrak{r}_1 + \lambda \mathfrak{u}$ die Kugel $K: (\mathfrak{r} - \mathfrak{r}_M)^2 = \varrho^2$?

a) $\mathfrak{r}_1 = \begin{pmatrix} 1 \\ 1 \\ 1 \end{pmatrix}, \quad \mathfrak{u} = \begin{pmatrix} 2 \\ 1 \\ 1 \end{pmatrix}, \quad \mathfrak{r}_M = \begin{pmatrix} 0 \\ 0 \\ 0 \end{pmatrix}, \quad \varrho = 1 \text{ LE}$

b) $\mathfrak{r}_1 = \begin{pmatrix} 6 \\ 8 \\ 4 \end{pmatrix}, \quad \mathfrak{u} = \begin{pmatrix} 1 \\ 1 \\ 1 \end{pmatrix}, \quad \mathfrak{r}_M = \begin{pmatrix} -8 \\ 2 \\ -1 \end{pmatrix}, \quad \varrho = 13 \text{ LE}$

5. Wo schneidet der Kreis mit dem Radius 5 und dem Mittelpunkt M $(-4/3)$ die x-Achse bzw. y-Achse, und wie lang sind die dadurch entstehenden Sehnen?

6. Bestimme den Mittelpunkt und die Länge der Sehne, die die Kugel K aus der Geraden g ausschneidet.

a) $K: \mathfrak{r}^2 = 36, \quad g: \mathfrak{r} = \begin{pmatrix} 5 \\ 5 \\ 4 \end{pmatrix} + \lambda \begin{pmatrix} 3 \\ 1 \\ 0 \end{pmatrix}$ b) $K: \mathfrak{r}^2 = 225, \quad g: \mathfrak{r} = \begin{pmatrix} 19 \\ -52 \\ -34 \end{pmatrix} + \lambda \begin{pmatrix} 7 \\ -19 \\ -16 \end{pmatrix}$

7. Berechne die Schnittpunkte des Kreises K und der Geraden g aus Beispiel 2, indem du zunächst die Geradengleichung in die Parameterform überführst.

8. Innerhalb des Kreises $K: 5x^2 + 5y^2 - 9y - 38 = 0$ liegt der Punkt $P_1\,(1/0{,}5)$. Welche Sehne durch P_1 wird in P_1 halbiert? Bestimme die Endpunkte der Sehne.

9. Durch den Punkt $P_1\,(8/y_1 < 0)$ des Kreises $K: \mathfrak{r}^2 = 100$ ist eine Sekante zu legen, die zur Geraden $g: \begin{pmatrix} 1 \\ -2 \end{pmatrix} \mathfrak{r} - 7 = 0$ parallel ist. Bestimme die Gleichung der Sekante und ihre Schnittpunkte mit dem Kreis.

10. Beweise: Wenn die Gerade $g: \mathfrak{r} = \mathfrak{r}_1 + \lambda \mathfrak{u}$ den Kreis $K: \mathfrak{r}^2 = \varrho^2$ berührt, gilt

$$\varrho^2 = \frac{\mathfrak{r}_1^2\, \mathfrak{u}^2 - (\mathfrak{r}_1\, \mathfrak{u})^2}{\mathfrak{u}^2} \quad \text{(Tangentenbedingung).}$$

11. Die Kugel mit dem Mittelpunkt M $(2/-3/6)$ und dem Radius 7 schneidet die drei Koordinatenebenen in drei Kreisen. Bestimme die Mittelpunkte und Radien dieser Kreise. Wo schneidet die Kugel die Koordinatenachsen?

12. Gegeben sind die Punkte P_1 und P_2. Zeige, daß durch die Gleichung $(\mathfrak{r} - \mathfrak{r}_1) \cdot (\mathfrak{r} - \mathfrak{r}_2) = 0$ ein Kreis gegeben ist. Bestimme Mittelpunkt und Radius. Welchen Lehrsatz drückt die linke Seite der gegebenen Gleichung aus?

13. Übertrage die Aufgabe 12 auf die Kugel.

14. Welche Punkte des Kreises $K: \mathfrak{r}^2 = 1$ sind von den Punkten $P_1\,(3/1)$ und $P_2\,(2/-2)$ gleich weit entfernt?

15. Gegeben sind der Kreis $K: x^2 + y^2 - 4x + 6y - 12 = 0$ und die beiden Geraden $g_1: \begin{pmatrix} 4 \\ 3 \end{pmatrix} \mathfrak{r} + 1 = 0$ und $g_2: \begin{pmatrix} 3 \\ 1 \end{pmatrix} \mathfrak{r} + 2 = 0$.
   a) Berechne die Schnittpunkte der Geraden mit dem Kreis.
   b) Welchen Abstand haben die Geraden vom Mittelpunkt des Kreises?
   c) Bestimme die Länge der ausgeschnittenen Sehnen.
   d) Zeige, daß sich die Mittelsenkrechten beider Sehnen im Mittelpunkt des Kreises schneiden.

16. Gegeben ist der Kreis $K: \mathfrak{r}^2 = 25$ sowie der Mittelpunkt $P_1\,(3{,}5/-0{,}5)$ einer Sehne s.
   a) Bestimme die Gleichung der Sekante, die durch s bestimmt ist.
   b) Berechne die Länge von s.
   c) Berechne die Winkel im aus Sehne und Kreismittelpunkt gebildeten Dreieck.

9.3. Tangente des Kreises, Tangentialebene der Kugel

9.3.1. Die Mittelpunktsform

Vorübung

P_1 sei ein gemeinsamer Punkt der Geraden g: $\mathfrak{r} = \mathfrak{r}_1 + \lambda\mathfrak{u}$ und des Kreises (der Kugel) K: $\mathfrak{r}^2 = \varrho^2$. Bestimme den anderen Schnittpunkt. Leite die Tangentenbedingung her für den Fall, daß P_1 der Berührungspunkt ist.

Gegeben sind ein Kreis (eine Kugel) K: $\mathfrak{r}^2 = \varrho^2$ und ein Punkt P_1 auf K. Bringen wir K zum Schnitt mit einer durch P_1 gehenden Geraden g: $\mathfrak{r} = \mathfrak{r}_1 + \lambda\,\mathfrak{u}$, so ergeben sich als Parameterwerte der Schnittpunkte

$$\lambda_1 = 0 \text{ und } \lambda_2 = -\frac{2\,\mathfrak{r}_1 \cdot \mathfrak{u}}{\mathfrak{u}^2}\,.$$

Ist g Tangente in P_1, so fällt P_2 auf P_1, und es gilt:

$$\lambda_2 = -\frac{2\,\mathfrak{r}_1 \cdot \mathfrak{u}}{\mathfrak{u}^2} = 0 \Rightarrow \mathfrak{r}_1 \cdot \mathfrak{u} = 0$$

D. h. der Berührungsradius steht auf der Tangente senkrecht. Bei der Kugel gilt das für jede Tangente in P_1. Alle diese Tangenten liegen deshalb in einer Ebene, der sog. Tangentialebene, mit dem Normalenvektor $\mathfrak{r}_1$.

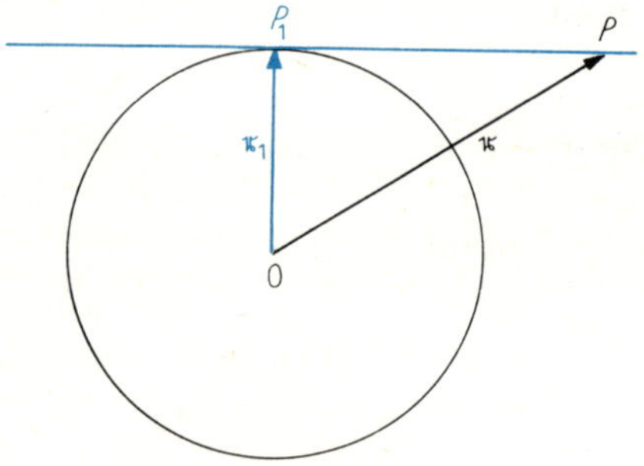

Bild 160.1

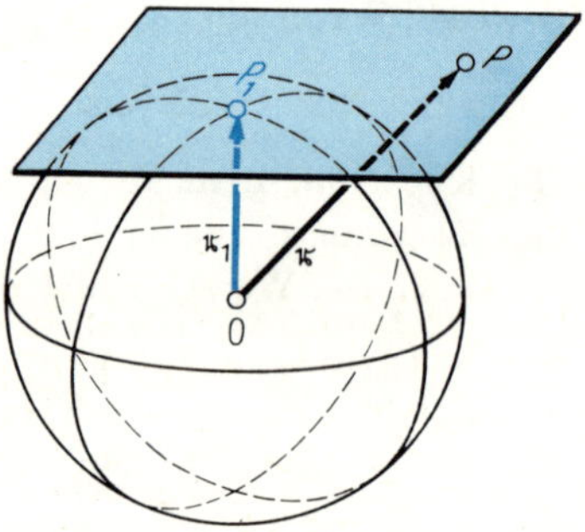

Bild 160.2

Deshalb gilt für den Ortsvektor $\mathfrak{r}$ eines beliebigen Punktes auf der Tangente (in der Tangentialebene) (Bild 160.1 und 2)

$$\mathfrak{r}_1 \cdot (\mathfrak{r} - \mathfrak{r}_1) = 0$$

oder ausgerechnet

$$\mathfrak{r}_1 \cdot \mathfrak{r} - \mathfrak{r}_1{}^2 = 0\,.$$

P_1 ist ein Punkt des Kreises (der Kugel), also ist $\mathfrak{r}_1{}^2 = \varrho^2$. Setzt man diesen Wert ein, so erhält man

$$\mathfrak{r}_1\,\mathfrak{r} - \varrho^2 = 0\,.$$

Satz 9.3

Die Tangente des Kreises (Tangentialebene der Kugel) K: $\mathfrak{r}^2 = \varrho^2$ hat die Gleichung

$$\mathfrak{r}_1\,\mathfrak{r} = \varrho^2.$$

Gleichung der Tangente des Kreises (Tangentialebene der Kugel) in der Mittelpunktsform

Die Gleichung der Tangente (Tangentialebene) ist die Gleichung einer Geraden (Ebene) in der Normalenform. Insbesondere ist hier der Normalenvektor $\mathfrak{r}_1$ zugleich der Ortsvektor des Lotfußpunktes für das Lot vom Ursprung auf die Gerade (Ebene), während die Konstante ϱ^2 das Quadrat des Abstandes d der Geraden (Ebene) vom Ursprung darstellt.

Wir gehen nun von der allgemeinen Normalenform $\mathfrak{n} \cdot \mathfrak{r} = c$ der Gleichung einer Geraden (Ebene) aus und fragen, unter welcher Bedingung diese Gerade Tangente für den vorgegebenen Kreis (Tangentialebene für die Kugel) $\mathfrak{r}^2 = \varrho^2$ ist.

Die Gleichung der Tangente (Tangentialebene) lautet $\mathfrak{r}_1 \cdot \mathfrak{r} = \varrho^2$. Soll $\mathfrak{n} \cdot \mathfrak{r} = c$ diese Tangente (Tangentialebene) darstellen, so muß es einen Proportionalitätsfaktor k geben, so daß

$$k \cdot c = \varrho^2$$

und zugleich

$$k \cdot \mathfrak{n} = \mathfrak{r}_1$$

gilt. Löst man die erste Gleichung nach k auf:

$$k = \frac{\varrho^2}{c}$$

und setzt diesen Wert in die zweite Gleichung ein, so folgt

$$\mathfrak{r}_1 = \frac{\varrho^2}{c} \cdot \mathfrak{n}\,.$$

Da $\mathfrak{r}_1 = \frac{\varrho^2}{c} \cdot \mathfrak{n}$ der Ortsvektor für einen Punkt des Kreises (der Kugel) ist, muß $\mathfrak{r}_1^2 = \varrho^2$ sein. Man erhält also

$$\frac{\varrho^4}{c^2}\,\mathfrak{n}^2 = \varrho^2$$

oder

$$\varrho^2 \cdot \mathfrak{n}^2 = c^2. \qquad \textit{Tangentenbedingung}$$

Das ist die sog. Tangentenbedingung für die Gerade (Ebene) mit der Gleichung $\mathfrak{n} \cdot \mathfrak{r} = c$ an den Kreis (die Kugel) $K: \mathfrak{r}^2 = \varrho^2$.

9.3.2. Die Verschiebungsform

Um die Gleichung der Tangente (Tangentialebene) eines Kreises (einer Kugel) in allgemeiner Lage zu bestimmen, verschieben wir den Kreis (die Kugel) um O mit der Tangente (Tangentialebene) $\mathfrak{r}_1 \cdot \mathfrak{r} = \varrho^2$ um den Vektor $\mathfrak{v} = \mathfrak{r}_M$ in die allgemeine Lage (Bild 161.1).

Ist $\mathfrak{r}$ der Ortsvektor irgendeines Punktes P, so ist

$$\mathfrak{r}' = \mathfrak{r} + \mathfrak{v} = \mathfrak{r} + \mathfrak{r}_M$$

der Ortsvektor des Bildpunktes P'. Umgekehrt gilt

$$\mathfrak{r} = \mathfrak{r}' - \mathfrak{v} = \mathfrak{r}' - \mathfrak{r}_M\,.$$

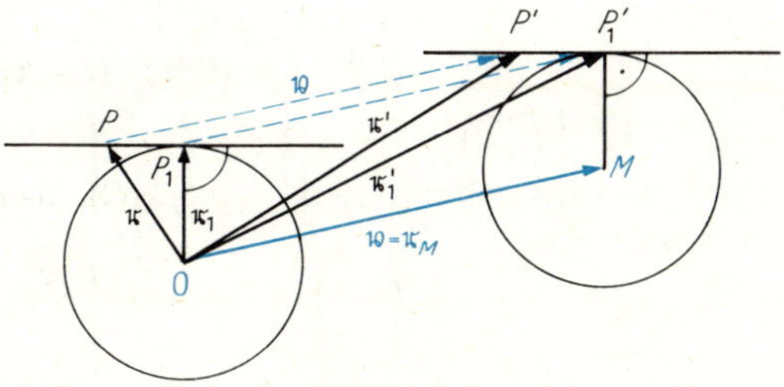

Bild 161.1

Berücksichtigt man diese Beziehung sowohl für den Ortsvektor $\mathfrak{r}_1$ des Berührungspunktes als auch für den Laufvektor $\mathfrak{r}$ in der Tangentengleichung, so erhält man

$$(\mathfrak{r}_1' - \mathfrak{r}_M) \cdot (\mathfrak{r}' - \mathfrak{r}_M) = \varrho^2\,.$$

Wir bezeichnen die neuen Vektoren $\mathfrak{r}_1'$ und $\mathfrak{r}'$ wieder mit $\mathfrak{r}_1$ und $\mathfrak{r}$ und erhalten den

Satz 9.4

Die Tangente an den Kreis (Tangentialebene an die Kugel) mit dem Mittelpunkt M $[\mathfrak{r}_M]$ hat die Gleichung

$$(\mathfrak{r}_1 - \mathfrak{r}_M)(\mathfrak{r} - \mathfrak{r}_M) = \varrho^2.$$ *Gleichung der Tangente (Tangentialebene) in der Verschiebungsform*

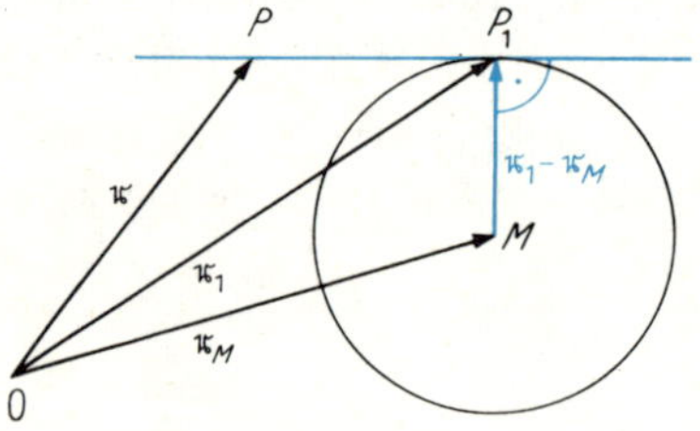

Bild 162.1

Multipliziert man in dieser Gleichung die zweite Klammer aus, so ergibt sich

$$(\mathfrak{r}_1 - \mathfrak{r}_M) \cdot \mathfrak{r} - (\mathfrak{r}_1 - \mathfrak{r}_M)\,\mathfrak{r}_M - \varrho^2 = 0\,.$$

$\mathfrak{r}_1 - \mathfrak{r}_M$ ist also der Normalenvektor der Tangente (Tangentialebene) (Bild 162.1).

Beispiele

1. Wie lautet die Gleichung der Tangente in $P_1\,(4/y_1 < 0)$ an den Kreis K: $\mathfrak{r}^2 = 25$?

Lösung: Setzt man den Ortsvektor $\mathfrak{r}_1 = \begin{pmatrix} 4 \\ y_1 \end{pmatrix}$ in die Kreisgleichung ein, so ist $16 + y_1^2 = 25$. Daraus folgt $y_1 = -3$, da y_1 kleiner als Null sein sollte. Die Gleichung der Tangente durch P_1 lautet also

$$\begin{pmatrix} 4 \\ -3 \end{pmatrix} \cdot \mathfrak{r} = 25\,.$$

2. Im Punkt $P_1\,(5/9/-3)$ ist die Tangentialebene an die Kugel mit dem Mittelpunkt $M\,(2/3/-1)$ zu legen.

Lösung: Da P_1 auf der Kugel liegt, ist $|\mathfrak{r}_1 - \mathfrak{r}_M| = \varrho$ der Kugelradius.

$$\varrho = \sqrt{(\mathfrak{r}_1 - \mathfrak{r}_M)^2} = \sqrt{\begin{pmatrix} 3 \\ 6 \\ -2 \end{pmatrix}^2} = \sqrt{9 + 36 + 4} = 7\,.$$

Die Kugelgleichung lautet $\left[\mathfrak{r} - \begin{pmatrix} 2 \\ 3 \\ -1 \end{pmatrix}\right]^2 = 49\,.$

Wir stellen die Gleichung der Tangentialebene auf und bringen sie in die Normalenform:

$$\left[\begin{pmatrix} 5 \\ 9 \\ -3 \end{pmatrix} - \begin{pmatrix} 2 \\ 3 \\ -1 \end{pmatrix}\right]\left[\mathfrak{r} - \begin{pmatrix} 2 \\ 3 \\ -1 \end{pmatrix}\right] = 49$$

$$\Rightarrow \begin{pmatrix} 3 \\ 6 \\ -2 \end{pmatrix} \cdot \left[\mathfrak{r} - \begin{pmatrix} 2 \\ 3 \\ -1 \end{pmatrix}\right] = 49 \Rightarrow \begin{pmatrix} 3 \\ 6 \\ -2 \end{pmatrix} \mathfrak{r} - (6 + 18 + 2) = 49\,.$$

Die Tangentialebene hat die Gleichung $\begin{pmatrix} 3 \\ 6 \\ -2 \end{pmatrix} \mathfrak{r} = 75\,.$

3. Welcher Kreis mit dem Radius $\varrho = 5$ LE geht durch den Punkt $P_1\,(4/6)$ und berührt zugleich die Gerade g: $\begin{pmatrix} -4 \\ 3 \end{pmatrix} \cdot \mathfrak{r} = 27$?

Lösung: Der gesuchte Kreis habe die Gleichung

$$(\mathfrak{r} - \mathfrak{r}_M)^2 = 25 .$$

Der Vektor $\mathfrak{r}_M = \begin{pmatrix} x_M \\ y_M \end{pmatrix}$ ist also zu bestimmen.

Da P_1 auf dem Kreise liegt, ist

$$\left[\begin{pmatrix} 4 \\ 6 \end{pmatrix} - \begin{pmatrix} x_M \\ y_M \end{pmatrix}\right]^2 = 25$$

oder

(1) $$(4 - x_M)^2 + (6 - y_M)^2 = 25 .$$

Da die gegebene Gerade Kreistangente sein soll, muß $|e| = 5$ der Abstand des gesuchten Mittelpunktes von dieser Geraden sein.

Der gesuchte Punkt M muß auf der gleichen Seite der Geraden liegen wie P_1, da g sonst nicht Tangente sein kann. Wir stellen die Lage von P_1 zur Geraden fest und setzen deshalb seine Koordinaten in die Abstandsformel $\mathfrak{n}^\circ \cdot \mathfrak{r}_1 - d = e$ ein.

$$\begin{pmatrix} -\frac{4}{5} \\ \frac{3}{5} \end{pmatrix} \begin{pmatrix} 4 \\ 6 \end{pmatrix} - \frac{27}{5} = -\frac{16}{5} + \frac{18}{5} - \frac{27}{5} < 0 .$$

Die Zahl e ist also negativ. Die Abstandsformel führt daher mit $e = -5$ zu einer zweiten Bestimmungsgleichung für x_M und y_M:

(2) $$\begin{pmatrix} -\frac{4}{5} \\ \frac{3}{5} \end{pmatrix} \begin{pmatrix} x_M \\ y_M \end{pmatrix} - \frac{27}{5} = -5$$

Löst man (2) nach y_M auf, erhält man

(3) $$y_M = \frac{4}{3} x_M + \frac{2}{3} .$$

Diesen Ausdruck für y_M setzen wir in (1) ein:

$$(4 - x_M)^2 + \left(\frac{16}{3} - \frac{4}{3} x_M\right)^2 = 25 .$$

Daraus folgt schließlich

$$x_M^2 - 8 x_M + 7 = 0 .$$

$$x_{M_1} = 7 \quad \text{und} \quad x_{M_2} = 1 .$$

Aus (3) folgen als zugehörige y-Werte

$$y_{M_1} = 10 \quad \text{und} \quad y_{M_2} = 2 .$$

Die beiden Kreise

$$K_1: \left[\mathfrak{r} - \begin{pmatrix} 7 \\ 10 \end{pmatrix}\right]^2 = 25 \quad \text{und} \quad K_2: \left[\mathfrak{r} - \begin{pmatrix} 1 \\ 2 \end{pmatrix}\right]^2 = 25$$

genügen den Bedingungen der Aufgabe.

Aufgaben

1. Eine Kugel vom Radius $\varrho = 13$ LE hat ihren Mittelpunkt im Ursprung. Auf ihr liegt der Punkt $P_1(x_1 > 0/4/3)$. Stelle die Gleichung der Tangentialebene in P_1 auf.

2. Wie heißen die Gleichungen der Tangentialebenen
   a) in P_1 $(2/y_1/2)$ an die Kugel $K: \mathfrak{r}^2 = 9$,
   b) in P_1 $(x_1/-2/3)$ an die Kugel $K: (\mathfrak{r} - \mathfrak{r}_M)^2 = 6$ mit M $(1/0/2)$?

3. Gegeben ist der Kreis K. Wie lauten die Gleichungen der Tangenten mit dem Richtungsvektor $\mathfrak{u}$ an den Kreis?

a) $K: \mathfrak{x}^2 = 29, \quad \mathfrak{u} = \begin{pmatrix} 5 \\ -2 \end{pmatrix}$ b) $K: \mathfrak{x}^2 = 36, \quad \mathfrak{u} = \begin{pmatrix} 1 \\ \sqrt{3} \end{pmatrix}$

4. Wie lautet die Gleichung der Kugel mit dem Mittelpunkt M (5/1/−1), die die Ebene $E: \begin{pmatrix} 1 \\ -2 \\ 2 \end{pmatrix} \cdot \mathfrak{x} = 10$ berührt?

5. Wie lauten die Gleichungen der Tangenten durch die Schnittpunkte des Kreises $K: \mathfrak{x}^2 = 10$ mit der Geraden $g: \mathfrak{x} = \begin{pmatrix} 0 \\ -6 \end{pmatrix} + \lambda \begin{pmatrix} 1 \\ 3 \end{pmatrix}$? Berechne ferner den Schnittpunkt der Tangenten und ihren Schnittwinkel.

6. Zeige, daß die Gerade $g: \mathfrak{x} = \begin{pmatrix} 11 \\ 8 \\ 0 \end{pmatrix} + \lambda \begin{pmatrix} 6 \\ 2 \\ 1 \end{pmatrix}$ Tangente an die Kugel $K: \mathfrak{x}^2 = 21$ ist. Bestimme den Berührungspunkt.

7. Bestimme Radius und Berührungspunkt einer Kugel um den Ursprung, für die die folgende Ebene Tangentialebene ist.

a) $E: 3x - 2y + 4z = 1$ b) $E: 2x + y - z = 3$

c) Ebene durch P_1 (3/1/4), P_2 (0/1/8), P_3 (1/0/0)

8. Ein Kreis mit dem Radius $\varrho = 10$ LE soll so bestimmt werden, daß er die Gerade $g: \begin{pmatrix} 4 \\ 3 \end{pmatrix} \mathfrak{x} = 70$ in P_1 ($10/y_1$) berührt.

9. Gib die Gleichung des Kreises an, der den Punkt M (1/−3) zum Mittelpunkt und die Gerade $g: \mathfrak{x} = \begin{pmatrix} 3{,}5 \\ 2 \end{pmatrix} + \lambda \begin{pmatrix} 4 \\ 3 \end{pmatrix}$ zur Tangente hat.

10. An den Kreis $K: x^2 + y^2 - 6x + 10y - 66 = 0$ sind die zur Geraden $g: \begin{pmatrix} 4 \\ -3 \end{pmatrix} \cdot \mathfrak{x} = 0$ parallelen Tangenten zu legen.

11. Bestimme den Kreis, der durch P_1 (−1/−2) und P_2 (3/2) geht und die Gerade $g: \mathfrak{x} = \begin{pmatrix} 1 \\ 4 \end{pmatrix} + \lambda \begin{pmatrix} 1 \\ 1 \end{pmatrix}$ berührt.

12. Unter welchen Winkeln schneidet der Kreis $K: \left[\mathfrak{x} - \begin{pmatrix} 8 \\ 6 \end{pmatrix}\right]^2 = 100$ die Koordinatenachsen?

13. Welcher Kreis vom Radius $\varrho = 10$ LE geht durch den Punkt P_1 (6/8) und berührt die Gerade $g: \begin{pmatrix} 4 \\ 3 \end{pmatrix} \mathfrak{x} + 50 = 0$?

14. Gegeben sind die Geraden

$$g_1: \begin{pmatrix} 2 \\ -1 \end{pmatrix} \mathfrak{r} = 0, \qquad g_2: \begin{pmatrix} 1 \\ -2 \end{pmatrix} \mathfrak{r} - 6 = 0, \qquad g_3: \begin{pmatrix} 5 \\ -7 \end{pmatrix} \mathfrak{r} - 8 = 0.$$

Welcher Kreis, dessen Mittelpunkt auf g_3 liegt, berührt die Geraden g_1 und g_2?

15. Gegeben sind die Kugel K und die Punkte A und B. Berechne die Schnittpunkte der Geraden durch A und B mit der Kugel und stelle die Gleichungen der Tangentialebenen in den Schnittpunkten auf. Welche Richtung hat die Schnittgerade der beiden Tangentialebenen?

a) K: $\mathfrak{r}^2 - 41 = 0$, A (9/6/0), B (−6/0/9)
b) K: $\mathfrak{r}^2 - 62 = 0$, A (4/4/4), B (−2/6/8)
c) K: $\mathfrak{r}^2 - 38 = 0$, A (1/7/0), B (8/0/7)
d) K: $\mathfrak{r}^2 - 105 = 0$, A (16/1/22), B (−4/−14/−23)

16. An einen Kreis, der die Achsen berührt und durch P_1 (8/1) geht, sollen die beiden Tangenten gelegt werden, die zur Geraden g: $\begin{pmatrix} 3 \\ -4 \end{pmatrix} \mathfrak{r} - 2 = 0$ senkrecht verlaufen.

17. Prüfe, ob die Gerade g Tangente für den Kreis K ist.

a) g: $\begin{pmatrix} 2 \\ 1 \end{pmatrix} \mathfrak{r} - 10 = 0$, K: $\mathfrak{r}^2 = 20$

b) g: $\begin{pmatrix} -2 \\ 3 \end{pmatrix} \mathfrak{r} - 20 = 0$, K: $\mathfrak{r}^2 = 10$

c) g: $\begin{pmatrix} 4 \\ 1 \end{pmatrix} \mathfrak{r} + 17 = 0$, K: $\mathfrak{r}^2 = 17$

d) g: $\begin{pmatrix} -1 \\ 1 \end{pmatrix} \mathfrak{r} - 12 = 0$, K: $\mathfrak{r}^2 = 72$

18. Für welche Kugel um den Ursprung ist die Ebene E Tangentialebene?

a) E: $\begin{pmatrix} 2 \\ 3 \\ 6 \end{pmatrix} \cdot \mathfrak{r} - 10 = 0$ b) E: $\begin{pmatrix} 3 \\ 6 \\ 6 \end{pmatrix} \mathfrak{r} - 9 = 0$

c) E: $\begin{pmatrix} 5 \\ 14 \\ -2 \end{pmatrix} \mathfrak{r} + 50 = 0$ d) E: $\begin{pmatrix} -3 \\ 12 \\ 4 \end{pmatrix} \cdot \mathfrak{r} + 39 = 0$.

9.4. Pol und Polare, Pol und Polarebene

Vorübung

Unter welchen Umständen liegt der Punkt $P_0\,[\mathfrak{r}_0]$ auf der Geraden g: $\mathfrak{r}_0\,\mathfrak{r} - \varrho^2 = 0$?

Wir haben im letzten Abschnitt die Tangentengleichung (Tangentialebenengleichung) $\mathfrak{r}_1 \cdot \mathfrak{r} = \varrho^2$ hergeleitet. Diese Beziehung stellt der Form nach sicher auch dann die Gleichung einer Geraden (Ebene) dar, wenn P_1 nicht auf dem Kreis (der Kugel) liegt. Hat auch diese Gerade (Ebene) in bezug auf den Kreis (die Kugel) K: $\mathfrak{r}^2 = \varrho^2$ eine geometrische Bedeutung? Wir untersuchen diese Frage zunächst für den Kreis.

$P_0[\mathfrak{r}_0]$ sei also ein Punkt, der nicht auf dem Kreise $K: \mathfrak{r}^2 = \varrho^2$ liegt (Bild 166.1). Dann ist

$$\mathfrak{r}_0 \mathfrak{r} - \varrho^2 = 0$$

die Normalenform einer Geradengleichung. Der Ortsvektor $\mathfrak{r}_0$ ist zugleich der Normalenvektor dieser Geraden. Aus der Hesseschen Normalenform

$$\mathfrak{r}_0^0 \mathfrak{r} - \frac{\varrho^2}{r_0} = 0$$

ergibt sich der Abstand $d = \frac{\varrho^2}{r_0}$ der Geraden vom Nullpunkt. Es gilt also

$$r_0\, d = \varrho^2.$$

Daraus liest man ab: Ist $r_0 > \varrho$, so gilt $d < \varrho$, d.h. liegt P_0 außerhalb des Kreises, so schneidet die Gerade den Kreis in zwei Punkten $P_1[\mathfrak{r}_1]$ und $P_2[\mathfrak{r}_2]$.
Da diese auf der Geraden $g: \mathfrak{r}_0 \mathfrak{r} = \varrho^2$ liegen, gilt:

(1) $$\mathfrak{r}_0 \mathfrak{r}_1 = \varrho^2 \quad \text{und} \quad \mathfrak{r}_0 \mathfrak{r}_2 = \varrho^2 .$$

Andererseits haben die Tangenten durch P_1 und P_2 an den Kreis die Gleichungen

(2) $$\mathfrak{r}_1 \mathfrak{r} = \varrho^2 \quad \text{und} \quad \mathfrak{r}_2 \mathfrak{r} = \varrho^2 .$$

Wegen der Gültigkeit von (1) liegt aber P_0 auf beiden Tangenten, P_0 stellt also ihren Schnittpunkt dar. $\mathfrak{r}_0 \mathfrak{r} - \varrho^2 = 0$ ist also die Gleichung der Geraden, die durch die Berührungspunkte P_1 und P_2 der Tangenten geht, die von P_0 aus an den Kreis $K: \mathfrak{r}^2 - \varrho^2 = 0$ gelegt werden können.

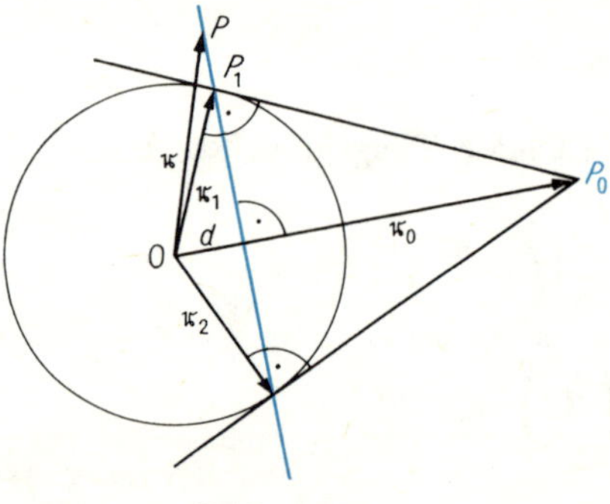

Bild 166.1

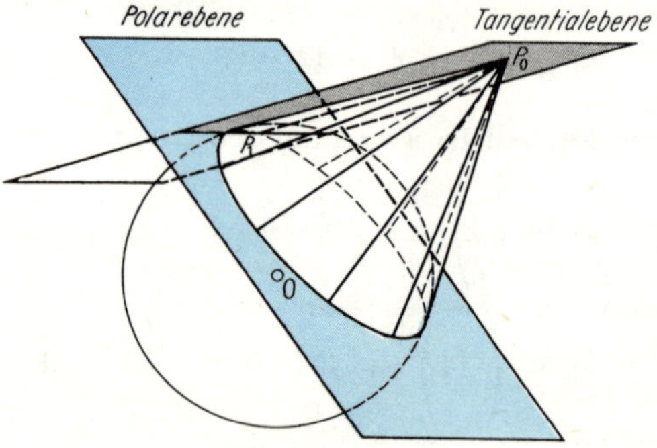

Bild 166.2

Im Raum stellt die Gleichung $\mathfrak{r}_0 \mathfrak{r} - \varrho^2 = 0$ eine Ebene E mit dem Normalenvektor $\mathfrak{r}_0$ und dem Abstand $d = \frac{\varrho^2}{r_0}$ vom Ursprung dar (Bild 166.2). Für $r_0 > \varrho$ schneidet E die Kugel. Ist P_1 ein Punkt auf der Kugel $K: \mathfrak{r}^2 = \varrho^2$, der zugleich in E liegt, so ist $\mathfrak{r}_0 \mathfrak{r}_1 = \varrho^2$. Diese Beziehung läßt sich so deuten, daß P_0 in der Tangentialebene E_1: $\mathfrak{r}\mathfrak{r}_1 = \varrho^2$ des Kugelpunktes P_1 liegt. Da nun die Ebene E die Kugel in einem Kreise, dem Berührungskreise, schneidet, ist P_0 gemeinsamer Punkt aller Tangentialebenen, die man in je einem Punkt des Berührungskreises an die Kugel legen kann.

Wir führen folgende Bezeichnungsweise ein:

Definition 9.1

Die Gerade (Ebene) mit der Gleichung

$$\mathfrak{r}_0\,\mathfrak{r} = \varrho^2$$ *Mittelpunktsform der Gleichung der Polaren (Polarebene)*

heißt die Polare (Polarebene) des Poles P_0 in bezug auf den Kreis (die

Zusammenfassend erhalten wir

Satz 9.5

Falls der Pol P_0 außerhalb des Kreises liegt, geht seine Polare p_0 durch die Berührungspunkte P_1 und P_2 der Tangenten, die man von P_0 aus an den Kreis legen kann. Die Strecke P_1P_2 heißt auch Berührungssehne.

Satz 9.6

Liegt P_0 außerhalb der Kugel, so enthält seine Polarebene die Berührungspunkte aller Tangentialebenen, die man von P_0 aus an die Kugel legen kann. Die Tangenten von P_0 aus an die Kugel sind die Mantellinien des „Berührungskegels".

Nähert sich der Pol P_0 von außen dem Kreis, so entfernt sich nach der Gleichung $\mathfrak{r}_0 d = \varrho^2$ die Polare p_0 vom Mittelpunkt des Kreises und rückt auf den Pol zu, bis die Polare zur Tangente und der Pol zum Berührungspunkt wird. Wandert schließlich der Pol in das Innere des Kreises, so verläuft die Polare ganz außerhalb (Bild 167.1). Ihre Lage ist dann durch die Richtung des Normalenvektors $\mathfrak{r}_0$ und durch den Abstand d nach der Gleichung $\mathfrak{r}_0 \cdot d = \varrho^2$ bestimmt. Eine entsprechende Überlegung gilt für Pol und Polarebene einer Kugel.

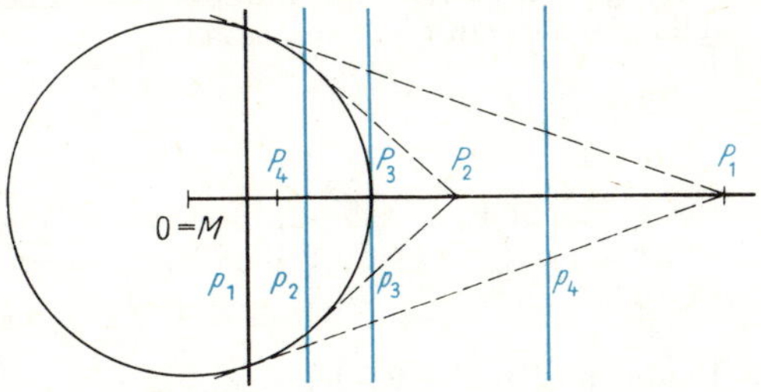

Bild 167.1

Hat ein Kreis (eine Kugel) den Mittelpunkt M $[\mathfrak{r}_M]$, so lautet die Gleichung der Polaren (Polarebene) p_0 eines Punktes P_0 in bezug auf den Kreis (die Kugel)

$$(\mathfrak{r}_0 - \mathfrak{r}_M)\ (\mathfrak{r} - \mathfrak{r}_M) = \varrho^2.$$ *Gleichung der Polaren (Polarebene) in der Verschiebungsform*

Beispiele

1. Vom Punkte P_0 (6/8) sollen an den Kreis K: $\mathfrak{r}^2 = 64$ die Tangenten gelegt werden.

   Lösung: Die Polare zu P_0 (6/8) in bezug auf den Kreis ist p: $\begin{pmatrix}6\\8\end{pmatrix} \cdot \mathfrak{r} = 64$. Auf ihr liegt z. B. der Punkt P_1 (0/8). Also lautet die Punkt-Richtungs-Form der Polarengleichung $\mathfrak{r} = \begin{pmatrix}0\\8\end{pmatrix} + \lambda \begin{pmatrix}-8\\6\end{pmatrix}$ oder $\mathfrak{r} = \begin{pmatrix}0\\8\end{pmatrix} + \lambda \begin{pmatrix}-4\\3\end{pmatrix}$.

Die Ortsvektoren $\mathfrak{r}_S$ der Schnittpunkte genügen der Kreis- und der Polarengleichung

(1) $$\mathfrak{r}_S^2 = 64$$

und

(2) $$\mathfrak{r}_S = \begin{pmatrix} 0 \\ 8 \end{pmatrix} + \lambda_S \begin{pmatrix} -4 \\ 3 \end{pmatrix}$$

Setzt man den Ausdruck für $\mathfrak{r}_S$ aus (2) in (1) ein, erhält man für λ_S die Gleichung

$$25\,\lambda_S^2 + 48\,\lambda_S = 0$$

und daraus $\lambda_{S_1} = 0$ und $\lambda_{S_2} = -\frac{48}{25}$. Diese Werte in (2) eingesetzt liefern die Ortsvektoren der Schnittpunkte $\mathfrak{r}_{S_1} = \begin{pmatrix} 0 \\ 8 \end{pmatrix}$ und $\mathfrak{r}_{S_2} = \begin{pmatrix} 7\frac{17}{25} \\ 2\frac{6}{25} \end{pmatrix}$.

Die Tangentengleichungen heißen also

$$\begin{pmatrix} 0 \\ 8 \end{pmatrix} \cdot \mathfrak{r} = 64$$

und

$$\begin{pmatrix} 7\frac{17}{25} \\ 2\frac{6}{25} \end{pmatrix} \mathfrak{r} = 64.$$

2. Welches ist der Pol der Ebene E: $\begin{pmatrix} 1 \\ -1 \\ 1 \end{pmatrix} \mathfrak{r} \cdot = -72$ in bezug auf die Kugel K: $\mathfrak{r}^2 = 144$?

Welchen Abstand a hat der Pol von der Kugel?

Lösung: Wir bringen die Gleichung der Ebene in die Polarenform $\mathfrak{r}_0\mathfrak{r} = \varrho^2$. Wir multiplizieren also mit (—2) und erhalten

$$\begin{pmatrix} -2 \\ 2 \\ -2 \end{pmatrix} \mathfrak{r} = 144.$$

Der Pol heißt $P_0\,(-2/2/-2)$. Sein Abstand vom Ursprung beträgt $r_0 = 2\sqrt{3}$ LE. Da der Kugelradius $\varrho = 12$ LE ist, liegt P_0 im Innern der Kugel. Der Abstand von P_0 zur Kugel beträgt

$$a = 12 - 2\sqrt{3} \Rightarrow a \approx 8{,}536 \text{ LE}.$$

3. Bestimme den Pol P_0 der Geraden g: $\mathfrak{r} = \begin{pmatrix} 0 \\ -7 \end{pmatrix} + \lambda \begin{pmatrix} 1 \\ 2 \end{pmatrix}$ in bezug auf den Kreis K: $\left[\mathfrak{r} + \begin{pmatrix} 2 \\ 2 \end{pmatrix}\right]^2 = 36$.

Lösung: Die Geradengleichung heißt in der allgemeinen Normalenform

(1) $$\begin{pmatrix} 2 \\ -1 \end{pmatrix} \mathfrak{r} = 7.$$

Diese Gleichung muß identisch sein mit der Polarengleichung

$$\left[\mathfrak{r}_0 + \begin{pmatrix} 2 \\ 2 \end{pmatrix}\right]\left[\mathfrak{r} + \begin{pmatrix} 2 \\ 2 \end{pmatrix}\right] = 36.$$

Wir formen (1) schrittweise um und addieren zunächst zu $\mathfrak{r}$ formal den Vektor $\begin{pmatrix} 2 \\ 2 \end{pmatrix}$, d. h. auf beiden Seiten von (1) das Skalarprodukt $\begin{pmatrix} 2 \\ -1 \end{pmatrix}\begin{pmatrix} 2 \\ 2 \end{pmatrix}$.

$$\begin{pmatrix} 2 \\ -1 \end{pmatrix}\left[\mathfrak{r} + \begin{pmatrix} 2 \\ 2 \end{pmatrix}\right] = 9.$$

Wir multiplizieren mit 4 und erhalten:

$$\begin{pmatrix} 8 \\ -4 \end{pmatrix} \cdot \left[\mathfrak{r} + \begin{pmatrix} 2 \\ 2 \end{pmatrix}\right] = 36$$

Dafür schreiben wir $\left[\begin{pmatrix} 6 \\ -6 \end{pmatrix} + \begin{pmatrix} 2 \\ 2 \end{pmatrix}\right] \cdot \left[\mathfrak{r} + \begin{pmatrix} 2 \\ 2 \end{pmatrix}\right] = 36$.

Der Pol P_0 hat also den Ortsvektor $\mathfrak{r}_0 = \begin{pmatrix} 6 \\ -6 \end{pmatrix}$.

Aufgaben

1. Bestimme den Pol folgender Geraden in bezug auf den Kreis $K: \mathfrak{r}^2 = 81$.

   a) $g: \begin{pmatrix} 3 \\ 4 \end{pmatrix} \cdot \mathfrak{r} = 27$ b) $g: -2x + 7y = 162$ c) $g: \mathfrak{r} = \begin{pmatrix} 5 \\ 4 \end{pmatrix} + \lambda \begin{pmatrix} 2 \\ 1 \end{pmatrix}$

2. Wie heißt der Pol folgender Ebenen in bezug auf die Kugel $K: \mathfrak{r}^2 = 144$?

   a) $E: \begin{pmatrix} 2 \\ -3 \\ 1 \end{pmatrix} \cdot \mathfrak{r} = 144$ b) $E: \begin{pmatrix} 2 \\ 3 \\ -1 \end{pmatrix} \cdot \mathfrak{r} = 6$ c) $E: 4x + 3y - 2z = -18$

3. Gegeben ist ein Kreis K und ein Punkt P_0. Konstruiere die Polare bezüglich K nach der Beziehung $r_0 \cdot d = \varrho^2$. Nimm dabei P_0 einmal innerhalb, einmal außerhalb von K an.

4. Gegeben ist ein Kreis K und eine Gerade p_0. Konstruiere den Pol zu p_0 bezüglich K nach der Gleichung $r_0 \cdot d = \varrho^2$. Nimm p_0 a) als Sekante, b) als Passante an.

5. Bestimme die Tangenten vom Punkt P_0 an den Kreis $K: \mathfrak{r}^2 = 5$.

   a) $P_0\,(-1/3)$, b) $P_0\,(1/2)$

6. Vom Punkt P_0 aus werden die Tangenten an den Kreis K gezogen. Berechne die Berührungspunkte und stelle die Gleichungen der Tangenten auf.

   a) $P_0\,(4/8)$, $K: \mathfrak{r}^2 - 40 = 0$ b) $P_0\,(12/-1)$, $K: \mathfrak{r}^2 - 29 = 0$
   c) $P_0\,(2/8)$, $K: \mathfrak{r}^2 - 34 = 0$

7. Unter welchem Winkel schneiden sich die beiden Tangenten, die vom Punkt P_0 aus an den Kreis K gelegt werden?

   a) $P_0\,(4/0)$, $K: \mathfrak{r}^2 = 8$ b) $P_0\,(18/1)$, $K: \mathfrak{r}^2 = 100$

8. Bestimme den Pol der Geraden $g: \mathfrak{r} = \begin{pmatrix} 2 \\ 1 \end{pmatrix} + \lambda \begin{pmatrix} -3 \\ 1 \end{pmatrix}$ in bezug auf den Kreis $K: \left[\mathfrak{r} + \begin{pmatrix} 3 \\ 1 \end{pmatrix}\right]^2 = 44$.

9. Zeige, daß im Dreieck ABC jede Ecke der Pol zur gegenüberliegenden Seitengeraden in bezug auf den Kreis K ist (ABC heißt dann Polardreieck).

   a) A (2/4), B (10/4), C (0/9), $K: \mathfrak{r}^2 = 36$
   b) A (2/3), B (3/−1), $C\left(1\frac{1}{11} \Big/ \frac{3}{11}\right)$, $K: \mathfrak{r}^2 = 3$

10. Gegeben ist das Vierflach ABCD und die Kugel K. Zeige, daß jede Ecke des Vierflachs der Pol zur gegenüberliegenden Seitenebene ist.

    a) A (−1/1/1), B (2/−6/12), C (2/4/2), D (−1,6/1,2/1,2), $K: \mathfrak{r}^2 = 4$
    b) A (26/0/−39), B (2/6/−3), C (26/26/13), D (−13/26/−13), $K: \mathfrak{r}^2 = 169$

11. Gegeben ist der Kreis K: $\mathfrak{r}^2 = 16$ und der Punkt P_1 (3/4). Bestimme die Punkte P_2 ($4/y_2$) und P_3 (x_3/y_3) so, daß $P_1P_2P_3$ ein Polardreieck des Kreises ist (vgl. Aufgabe 9).

12. Wieviele Eckpunkte eines Polardreiecks bezüglich eines Kreises K können innerhalb von K liegen? Wie liegen die Verhältnisse bei einem Polarvierflach bezüglich einer Kugel K?

13. Gegeben ist der Kreis K: $\mathfrak{r}^2 = 25$ und die Punkte $P_1(5/10)$ und $P_2(20/0)$.
   a) Bestimme den Schnittpunkt S der zugehörigen Polaren.
   b) Beweise: Alle Polaren, die zu Punkten der Geraden durch P_1 und P_2 gehören, gehen durch S.

9.5. Zwei Kreise, zwei Kugeln

Vorübung

Gegeben sind zwei konzentrische Kreise K_1: $(\mathfrak{r} - \mathfrak{r}_{M_1})^2 = \varrho_1^2$ und K_2: $(\mathfrak{r} - \mathfrak{r}_{M_2})^2 = \varrho_2^2$ mit $\varrho_1 > \varrho_2$. Verschiebe den kleineren Kreis auf einem Strahl. Beschreibe die verschiedenen Lagen der Kreise zueinander und gib dazu die Beziehungen zwischen $\mathfrak{r}_{M_1}$, $\mathfrak{r}_{M_2}$, ϱ_1 und ϱ_2 an. Betrachte auch den Fall, daß sich beide Kreise rechtwinklig schneiden.
Gelten diese Bedingungen auch für zwei Kugeln?

Um die Schnittpunkte zweier Kreise zu bestimmen, nehmen wir an, daß sich die Kreise in P_1 und P_2 schneiden (Bild 170.1). Es gilt also

$$|\mathfrak{r}_{M_1} - \mathfrak{r}_{M_2}| < \varrho_1 + \varrho_2 .$$

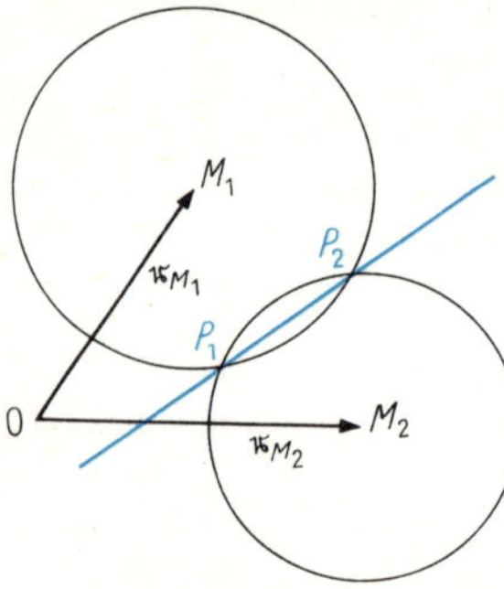

Bild 170.1

Da P_1 auf beiden Kreisen liegt, gilt

$$(\mathfrak{r}_1 - \mathfrak{r}_{M_1})^2 = \varrho_1^2 \quad \text{und} \quad (\mathfrak{r}_1 - \mathfrak{r}_{M_2})^2 = \varrho_2^2$$

oder

(1) $$\mathfrak{r}_1^2 - 2\,\mathfrak{r}_1\,\mathfrak{r}_{M_1} + \mathfrak{r}_{M_1}^2 - \varrho_1^2 = 0$$

(2) $$\mathfrak{r}_1^2 - 2\,\mathfrak{r}_1\,\mathfrak{r}_{M_2} + \mathfrak{r}_{M_2}^2 - \varrho_2^2 = 0 .$$

Subtrahiert man (1) von (2), so erhält man

(3) $$2\,(\mathfrak{r}_{M_1} - \mathfrak{r}_{M_2})\,\mathfrak{r}_1 + \mathfrak{r}_{M_2}^2 - \mathfrak{r}_{M_1}^2 - \varrho_2^2 + \varrho_1^2 = 0 .$$

Entsprechend ergibt sich für P_2 $[\mathfrak{r}_2]$

(4) $$2\,(\mathfrak{r}_{M_1} - \mathfrak{r}_{M_2})\,\mathfrak{r}_2 + \mathfrak{r}_{M_2}^2 - \mathfrak{r}_{M_1}^2 - \varrho_2^2 + \varrho_1^2 = 0 .$$

Ersetzt man formal in den letzten beiden Gleichungen $\mathfrak{r}_1$ bzw. $\mathfrak{r}_2$ durch $\mathfrak{r}$, so erhält man in beiden Fällen

(5) $$2\,(\mathfrak{r}_{M_1} - \mathfrak{r}_{M_2})\,\mathfrak{r} + \mathfrak{r}_{M_2}^2 - \mathfrak{r}_{M_1}^2 - \varrho_2^2 + \varrho_1^2 = 0 .$$

Das ist die Gleichung einer Geraden, auf der wegen (3) und (4) die Schnittpunkte beider Kreise liegen müssen, die also die gemeinsame Sehne der beiden Kreise enthält. Diese Gleichung ergibt sich durch formale Subtraktion der Kreisgleichungen $(\mathfrak{r} - \mathfrak{r}_{M_2})^2 = \varrho_2^2$ und $(\mathfrak{r} - \mathfrak{r}_{M_1})^2 = \varrho_1^2$. Da der Normalenvektor dieser Geraden $\mathfrak{r}_{M_1} - \mathfrak{r}_{M_2}$ ist, verläuft sie senkrecht zur Verbindungslinie der beiden Mittelpunkte. Die gesuchten Schnittpunkte P_1 und P_2 erhält man, wenn man diese Gerade mit einem der beiden Kreise zum Schnitt bringt.

Eine entsprechende Überlegung für zwei Kugeln liefert wiederum Gleichung (5). Sie stellt die Gleichung der Ebene dar, in der der Schnittkreis der beiden Kugeln liegt. Die Gleichung für den Schnittkreis können wir an dieser Stelle nicht herleiten, da wir Kreise nur in den Grundebenen betrachtet haben.

Beispiel

Prüfe, ob sich die Kreise K_1: $\mathfrak{r}^2 = 10$ und K_2: $\left[\mathfrak{r} - \begin{pmatrix}5\\5\end{pmatrix}\right]^2 = 20$ schneiden. Bestimme gegebenenfalls ihre Schnittpunkte.

Lösung: Es ist

$$|\mathfrak{r}_{M_1} - \mathfrak{r}_{M_2}| = \sqrt{25 + 25} = 5\sqrt{2} \approx 7{,}07$$

und

$$\varrho_1 + \varrho_2 = \sqrt{10} + 2\sqrt{5} \approx 3{,}16 + 4{,}47 = 7{,}63\,.$$

Wegen $|\mathfrak{r}_{M_1} - \mathfrak{r}_{M_2}| < \varrho_1 + \varrho_2$ schneiden sich also die Kreise. Die Gleichung der Geraden, auf der die gemeinsame Sehne beider Kreise liegt, erhält man durch formales Subtrahieren der gegebenen Kreisgleichungen:

$$-2\begin{pmatrix}5\\5\end{pmatrix}\mathfrak{r} = -40 \qquad | : (-10)$$

$$\begin{pmatrix}1\\1\end{pmatrix}\mathfrak{r} = 4\,.$$

Für den Ortsvektor $\mathfrak{r}_S$ des Schnittpunktes machen wir den Ansatz (siehe S. 156)

$$\mathfrak{r}_S = \lambda_S\begin{pmatrix}1\\1\end{pmatrix} + \mu_S\begin{pmatrix}-1\\1\end{pmatrix}.$$

$\mathfrak{r}_S$ erfüllt die Gleichung der Geraden und des ersten Kreises.

(1) $$4 = 2\lambda_S \Rightarrow \lambda_S = 2$$

(2) $$10 = 2\lambda_S^2 + 2\mu_S^2 \Rightarrow \mu_{S_1/S_2} = \pm 1\,.$$

Damit ergibt sich:

$$\mathfrak{r}_S = 2\begin{pmatrix}1\\1\end{pmatrix} \pm \begin{pmatrix}-1\\1\end{pmatrix}$$

$$\mathfrak{r}_{S_1} = \begin{pmatrix}1\\3\end{pmatrix},\ \mathfrak{r}_{S_2} = \begin{pmatrix}3\\1\end{pmatrix}.$$

Die Kreise schneiden sich in P_1 (1/3) und P_2 (3/1).

Aufgaben

1. Wie liegen folgende Kreise zueinander?

a) K_1: $\mathfrak{r}^2 = 4$, $\quad K_2$: $\left[\mathfrak{r} - \begin{pmatrix}-3\\4\end{pmatrix}\right]^2 = 1$

b) K_1: $\left[\mathfrak{r} - \begin{pmatrix}1\\2\end{pmatrix}\right]^2 = 9$, $\quad K_2$: $\left[\mathfrak{r} - \begin{pmatrix}13\\11\end{pmatrix}\right]^2 = 144$

c) K_1: $\left[\mathfrak{r} - \begin{pmatrix}-4\\8\end{pmatrix}\right]^2 = 25$, $\quad K_2$: $\left[\mathfrak{r} - \begin{pmatrix}8\\3\end{pmatrix}\right]^2 = 144$

d) K_1: $\left[\mathfrak{r} - \begin{pmatrix}-6\\-7\end{pmatrix}\right]^2 = 49$, $\quad K_2$: $\left[\mathfrak{r} - \begin{pmatrix}9\\1\end{pmatrix}\right]^2 = 64$

2. **Prüfe, ob sich folgende Kugeln durchdringen.**

a) $K_1: \mathfrak{r}^2 = 4$, $K_2: \left[\mathfrak{r} - \begin{pmatrix} 2 \\ 1 \\ -2 \end{pmatrix}\right]^2 = 1$

b) $K_1: \left[\mathfrak{r} - \begin{pmatrix} 2 \\ -3 \\ 4 \end{pmatrix}\right]^2 = 15$, $K_2: \left[\mathfrak{r} - \begin{pmatrix} 8 \\ -6 \\ 6 \end{pmatrix}\right]^2 = 15$

c) $K_1: \left[\mathfrak{r} - \begin{pmatrix} 9 \\ 1 \\ -10 \end{pmatrix}\right]^2 = 81$, $K_2: \left[\mathfrak{r} - \begin{pmatrix} 7 \\ -4 \\ 4 \end{pmatrix}\right]^2 = 25$

d) $K_1: \left[\mathfrak{r} - \begin{pmatrix} 3 \\ 1 \\ -11 \end{pmatrix}\right]^2 = 50$, $K_2: \left[\mathfrak{r} - \begin{pmatrix} -1 \\ 0 \\ -3 \end{pmatrix}\right]^2 = 5$

3. Bestimme den Kreis mit $\varrho = 4$ LE, dessen Mittelpunkt auf der x-Achse liegt und der den Kreis $K: \left[\mathfrak{r} - \begin{pmatrix} 5 \\ 4 \end{pmatrix}\right]^2 = 1$ berührt.

4. Welche Kreise um M(10/9) berühren den Kreis $K: \left[\mathfrak{r} - \begin{pmatrix} 4 \\ 1 \end{pmatrix}\right]^2 = 16$?

5. Welche Kugeln um M(4/3/8) berühren die Kugel $K: \left[\mathfrak{r} - \begin{pmatrix} 2 \\ 0 \\ 2 \end{pmatrix}\right]^2 = 1$?

6. **Gegeben sind die Kreise $K_1: \left[\mathfrak{r} - \begin{pmatrix} -10 \\ 12 \end{pmatrix}\right]^2 = 136$ und $K_2: \left[\mathfrak{r} - \begin{pmatrix} -5 \\ 15 \end{pmatrix}\right]^2 = 34$.**

   a) **Zeige, daß sich K_1 und K_2 berühren, und berechne den Berührungspunkt P_1.**

   b) **Bestimme den Kreis, der K_1 und K_2 ebenfalls in P_1 berührt und außerdem durch den Ursprung geht.**

7. Welcher Kreis berührt die Koordinatenachsen und wird vom Kreis $K: \left[\mathfrak{r} - \begin{pmatrix} 4 \\ 3 \end{pmatrix}\right]^2 = 4$ von innen berührt?

8. Berechne die Gleichung des Kreises K′, der den Mittelpunkt M′(12/5) hat und der den Kreis $K: \mathfrak{r}^2 = 144$ rechtwinklig schneidet.

9. Welche Kugel um M′(4/3/7) schneidet die Kugel $K: \left[\mathfrak{r} - \begin{pmatrix} 2 \\ -2 \\ -7 \end{pmatrix}\right]^2 = 144$ rechtwinklig?

10. Welcher Kreis K_2 geht durch $P_1(0/3)$ und $P_2(0/-3)$ und berührt den Kreis $K_1: \left[\mathfrak{r} - \begin{pmatrix} 4 \\ -3 \end{pmatrix}\right]^2 = 4$?

11. Bestimme den Kreis K_2 mit dem Radius $\varrho_2 = 7{,}5$ LE, der den Kreis K_1: $4x^2 + 4y^2 - 8x - 28y - 47 = 0$ in $P_1(-2/y_1 > 0)$ rechtwinklig schneidet.

12. Bestimme den Kreis K_2 mit dem Mittelpunkt $M_2(5/-4)$, der den Kreis $K_1: \left[\mathfrak{r} - \begin{pmatrix} -4 \\ 3 \end{pmatrix}\right]^2 = 40$ rechtwinklig schneidet.

13. Wo schneiden sich folgende Kreise?

a) $K_1: \mathfrak{r}^2 = 25$, $K_2: \left[\mathfrak{r} - \begin{pmatrix} 8 \\ 0 \end{pmatrix}\right]^2 = 25$ b) $K_1: \left[\mathfrak{r} - \begin{pmatrix} 1 \\ 0 \end{pmatrix}\right]^2 = 169$, $K_2: \left[\mathfrak{r} - \begin{pmatrix} 6 \\ 5 \end{pmatrix}\right]^2 = 49$

14. Unter welchem Winkel schneiden sich die Kreise

$K_1: \left[\mathfrak{r} - \begin{pmatrix} 2 \\ 0 \end{pmatrix}\right]^2 = 100$ und $K_2: \left[\mathfrak{r} - \begin{pmatrix} 2 \\ 16 \end{pmatrix}\right]^2 = 100$?

15. Bestimme die Gleichung des Kreises K_3, der durch die Schnittpunkte der Kreise $K_1: \mathfrak{r}^2 - \begin{pmatrix} 8 \\ 10 \end{pmatrix}\mathfrak{r} = 8$ und $K_2: \mathfrak{r}^2 - \begin{pmatrix} 2 \\ 4 \end{pmatrix}\mathfrak{r} = 20$ geht und dessen Mittelpunkt M_3 auf der Geraden $\begin{pmatrix} 5 \\ -3 \end{pmatrix}\mathfrak{r} - 7 = 0$ liegt.

16. Berechne die gemeinsamen Tangenten an folgende Kreise:

a) $K_1: \left[\mathfrak{r} - \begin{pmatrix} 5 \\ 3 \end{pmatrix}\right]^2 = 16$, $K_2: \left[\mathfrak{r} - \begin{pmatrix} 4 \\ 0 \end{pmatrix}\right]^2 = 9$ b) $K_1: \left[\mathfrak{r} - \begin{pmatrix} 2 \\ 1 \end{pmatrix}\right]^2 = 1$, $K_2: \left[\mathfrak{r} - \begin{pmatrix} -2 \\ -1 \end{pmatrix}\right]^2 = 9$

c) $K_1: \mathfrak{r}^2 - \begin{pmatrix} 6 \\ 8 \end{pmatrix}\mathfrak{r} = 0$, $K_2: \mathfrak{r}^2 - \begin{pmatrix} 4 \\ 6 \end{pmatrix}\mathfrak{r} = 3$

Anleitung: Setze die Tangentengleichung allgemein in der Hesseschen Normalenform an.

17. Zeige, daß sich die Kugeln $K_1: \mathfrak{r}^2 = 81$ und $K_2: \left[\mathfrak{r} - \begin{pmatrix} 2 \\ 6 \\ -3 \end{pmatrix}\right]^2 = 4$ berühren. Wo schneidet die Tangentialebene durch den gemeinsamen Berührungspunkt die Koordinatenachsen?

18. Gegeben sind die beiden Kugeln $K_1: \mathfrak{r}^2 = 25$ und $K_2: \left[\mathfrak{r} - \begin{pmatrix} 4 \\ 2 \\ 4 \end{pmatrix}\right]^2 = 25$.

Bestimme Mittelpunkt und Radius des Schnittkreises.

*9.6. Vermischte Aufgaben

1. Zwei Kugeln berühren sich in $B(2/-2/3)$. Ihre Radien sind $\varrho_1 = 3$ LE und $\varrho_2 = 6$ LE. Die Verbindungsgerade ihrer Mittelpunkte hat den Richtungsvektor $\mathfrak{u} = \begin{pmatrix} 1 \\ -2 \\ 2 \end{pmatrix}$. Bestimme die Kugelgleichungen.

2. Welcher Kreis vom Radius 6 LE geht durch die Schnittpunkte der beiden Kreise $K_1: \mathfrak{r}^2 = 100$ und $K_2: \left[\mathfrak{r} + \begin{pmatrix} 0 \\ 12 \end{pmatrix}\right]^2 = 52$?

3. Welcher Kreis mit dem Mittelpunkt M'(3/9) schneidet den Kreis K: $\left[\mathfrak{r} - \begin{pmatrix}5\\0\end{pmatrix}\right]^2 = 36$ rechtwinklig?

4. Unter welchem Winkel schneiden sich die Kreise K_1: $\left[\mathfrak{r} - \begin{pmatrix}1\\1\end{pmatrix}\right]^2 = 17$ und K_2: $\left[\mathfrak{r} - \begin{pmatrix}4\\-2\end{pmatrix}\right]^2 = 17$?

5. Gegeben ist eine Kugel mit dem Mittelpunkt M und ein Pol P_0. Der Schnittpunkt der zugehörigen Polarebene mit der Geraden MP_0 sei S. Zeige, daß der Kugelradius das geometrische Mittel der Streckenlängen $\overline{MS}$ und $\overline{MP_0}$ ist.

6. Wie lautet die Gleichung des Kreises vom Radius $\varrho = 2{,}5$ LE, der die Gerade g: $\begin{pmatrix}3\\-4\end{pmatrix}\mathfrak{r} + 36 = 0$ in $P_1(-4/y_1)$ berührt?

7. Bestimme die Gleichung des Kreises, der durch die Punkte $P_1(8/9)$ und $P_2(14/7)$ geht und dessen Mittelpunkt auf der Geraden g: $\begin{pmatrix}-1\\1\end{pmatrix}\mathfrak{r} + 9 = 0$ liegt.

8. Gegeben ist die Ebene E: $\begin{pmatrix}1\\2\\-2\end{pmatrix} \cdot \mathfrak{r} = 18$.

a) Bestimme ihren Abstand vom Ursprung.

b) Bestimme den Fußpunkt des Lotes vom Ursprung auf E.

c) Welche Abschnitte schneidet E auf den Koordinatenachsen ab?

d) Für welche Kugel um den Ursprung ist E Tangentialebene? Wie heißt der Berührungspunkt?

e) Welches ist der Pol von E in bezug auf die Kugel K_1: $\mathfrak{r}^2 = 1$? Welches sind die Pole in bezug auf die Kugeln K_2: $\mathfrak{r}^2 = 9$ und K_3: $\mathfrak{r}^2 = 54$?

f) Welchen Abstand haben diese Pole jeweils von E?

g) Welche Ebenen sind parallel zu E und haben von E den Abstand $|e| = 6$ LE?

9. Bestimme für die Ebene E: $\mathfrak{n} \cdot \mathfrak{r} - c = 0$ die Zahl c so, daß E Tangentialebene der Kugel K: $(\mathfrak{r} - \mathfrak{r}_M)^2 = \varrho^2$ wird.

a) $\mathfrak{r}_M = \begin{pmatrix}3\\3\\9\end{pmatrix}$, $\varrho = 5$ LE, $\mathfrak{n} = \begin{pmatrix}1\\2\\-2\end{pmatrix}$.

b) allgemeine Lösung.

10. Bestimme für die Kugel K_1: $\mathfrak{r}^2 = \varrho^2$ den Radius ϱ so, daß sie die Kugel

K_2: $\left[\mathfrak{r} - \begin{pmatrix} 3 \\ -2 \\ 6 \end{pmatrix}\right]^2 = 98$ berührt. Wie heißt die Gleichung der gemeinsamen Tangentialebene?

11. Gegeben sind die Punkte $P_1(9/-15/18)$ und $P_2(-3/15/-6)$ und die Kugel K: $\mathfrak{r}^2 = 45$.
 a) Wo schneidet die Gerade durch P_1 und P_2 die Kugel?
 b) Welches ist die Schnittgerade der beiden Tangentialebenen, die in den Schnittpunkten an die Kugel gelegt werden?
 c) Welchen Winkel bilden die Tangentialebenen miteinander?

10. Kegelschnitte

Immer wieder haben wir gesehen, daß in der Analytischen Geometrie Schnittprobleme eine wichtige Rolle spielen. Ja, man kann sich sogar die uns bekannten ebenen Kurven als Schnittfiguren erzeugt denken: die Gerade als Schnittlinie zweier Ebenen, den Kreis als Schnittkurve einer Ebene mit einer Kugel. Nun ergeben sich aber beim Schnitt von Ebenen und Kugeln untereinander stets wieder Geraden und Kreise. Wenn wir also neue ebene Kurven durch Schnitte gewinnen wollen, müssen wir eine andere Fläche im Raum in den Kreis unserer Betrachtungen hineinnehmen. Wir wollen deshalb eine Kegelfläche mit einer Ebene zum Schnitt bringen. Die sich dabei ergebenden „Kegelschnitte" sind seit dem Altertum von besonderer Bedeutung.

10.1. Die Vektorgleichung des Doppelkegels

Vorübung

Durch welche Angaben ist a) die Form eines Kegels, b) seine Lage im Raum eindeutig festgelegt?

Wir denken uns zwei Strahlen mit dem Scheitelpunkt S, die den Winkel ω einschließen. Rotiert der eine um den anderen, so entsteht eine Kegelfläche. Die Spitze S dieses Kegels sei durch ihren Ortsvektor $\mathfrak{s}$, die Kegelachse durch einen Einheitsvektor $\mathfrak{e}$ festgelegt (Bild 175.1). $\mathfrak{r}$ sei der Ortsvektor eines beliebigen Punktes P auf der Kegelfläche. Dann gilt $\sphericalangle(\mathfrak{r} - \mathfrak{s}; \mathfrak{e}) = \omega$, da $\mathfrak{r} - \mathfrak{s}$ immer ein Vektor auf der Mantellinie ist. Aus der Definition des Skalarproduktes ergibt sich also

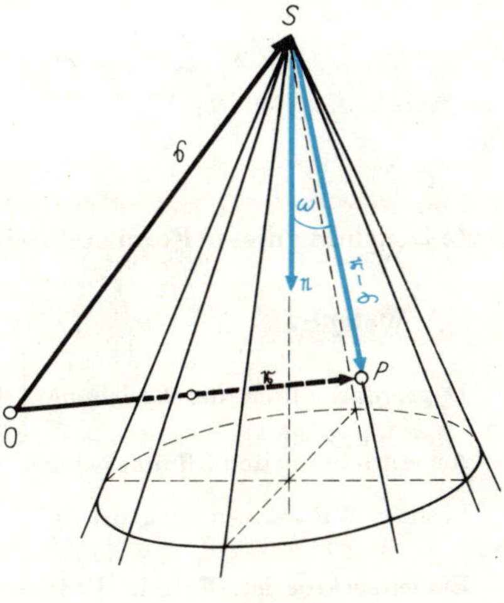

Bild 175.1

$$(\mathfrak{r} - \mathfrak{s}) \cdot \mathfrak{e} = |\mathfrak{r} - \mathfrak{s}| \cdot 1 \cdot \cos \omega\,.$$

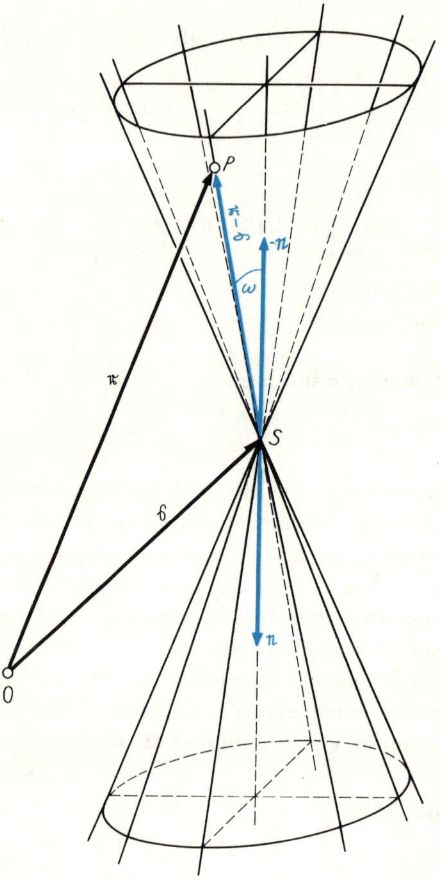

Bild 176.1

Wir setzen nun

(1) $\cos\omega = c$

und erhalten

(2) $(\mathfrak{r} - \mathfrak{s}) \cdot \mathfrak{e} = |\,\mathfrak{r} - \mathfrak{s}\,| \cdot c$

als Gleichung des Kegels.

Denken wir uns die den Kegel erzeugenden Strahlen zu Geraden verlängert, so entsteht bei der Rotation ein Doppelkegel (Bild 176.1). Der Achseneinheitsvektor, der von S in den „oberen" Teilkegel zeigt, ist $-\mathfrak{e}$. Damit ergibt sich entsprechend für den oberen Teil des Doppelkegels die Gleichung

(2′) $-(\mathfrak{r} - \mathfrak{s}) \cdot \mathfrak{e} = |\,\mathfrak{r} - \mathfrak{s}\,| \cdot c\,.$

Die Gleichungen (2) und (2′) unterscheiden sich nur durch das Vorzeichen auf der linken Seite. Deshalb quadrieren wir und erhalten als Gleichung des Doppelkegels

(3) $(\mathfrak{r} \cdot \mathfrak{e} - \mathfrak{s} \cdot \mathfrak{e})^2 = c^2 \cdot (\mathfrak{r} - \mathfrak{s})^2$ *Gleichung des Doppelkegels in der allgemeinen Form*

Der Einfachheit halber wollen wir einen solchen Doppelkegel im folgenden auch als Kegel bezeichnen.

Die Kegelgleichung (3) wird besonders einfach, wenn die Spitze S des Kegels im Ursprung liegt. Dann folgt aus (3) wegen $\mathfrak{s} = \mathfrak{o}$

(4) $(\mathfrak{r} \cdot \mathfrak{e})^2 = c^2 \cdot \mathfrak{r}^2$ *Gleichung des Kegels in der Ursprungsform*

Jede Gleichung dieser Form stellt einen Kegel dar, wenn nur $0 < c^2 = \cos^2\omega < 1$ gilt.

Beispiele

1. Zeige, daß durch die Gleichung $\left[\mathfrak{r} \cdot \begin{pmatrix} 6 \\ 2 \\ 3 \end{pmatrix}\right]^2 = 28 \cdot \mathfrak{r}^2$ ein Kegel gegeben ist. Bestimme Achsenrichtung und Öffnungswinkel.

   Lösung: Wir müssen zunächst dafür sorgen, daß auf der linken Seite der Faktor bei $\mathfrak{r}$ ein Einheitsvektor ist. Es gilt $\left|\begin{pmatrix} 6 \\ 2 \\ 3 \end{pmatrix}\right| = \sqrt{36 + 4 + 9} = 7$. Wir dividieren die Ausgangsgleichung durch 7^2 und erhalten

$$\left[\mathfrak{r}\cdot\begin{pmatrix}\frac{6}{7}\\ \frac{2}{7}\\ \frac{3}{7}\end{pmatrix}\right]^2=\frac{4}{7}\,\mathfrak{r}^2.$$

Wegen $0<\frac{4}{7}<1$ handelt es sich um einen Kegel. Aus $\cos\omega=\frac{2}{7}\sqrt{7}$ folgt $\omega=40°53'$, d. h. $2\omega=81°46'$. Die Achsenrichtung des Kegels ist durch den Vektor $\mathfrak{e}=\begin{pmatrix}\frac{6}{7}\\ \frac{2}{7}\\ \frac{3}{7}\end{pmatrix}$ oder $\mathfrak{a}=\begin{pmatrix}6\\2\\3\end{pmatrix}$ bestimmt, der Öffnungswinkel beträgt $2\omega=81°\,46'$.

2. Ein Kegel hat den Öffnungswinkel $2\omega=90°$. Seine Spitze liegt in S (2/—1/1), seine Achsenrichtung ist durch den Vektor $\mathfrak{i}=\begin{pmatrix}1\\0\\0\end{pmatrix}$ bestimmt. Stelle die Gleichung des Doppelkegels auf und prüfe, ob folgende Punkte auf ihm liegen.
a) P_1 (7/2/5), b) P_2 (3/2/—3).
Lösung: Da S nicht im Ursprung liegt, stellen wir die Kegelgleichung in der allgemeinen Form auf. Der Vektor $\mathfrak{i}$ ist bereits ein Einheitsvektor, also ist $\mathfrak{e}=\mathfrak{i}$. Ferner gilt $c=\cos 45°=\frac{1}{2}\sqrt{2}$. Also heißt die Kegelgleichung

$$\left[\mathfrak{r}\cdot\begin{pmatrix}1\\0\\0\end{pmatrix}-\begin{pmatrix}2\\-1\\1\end{pmatrix}\begin{pmatrix}1\\0\\0\end{pmatrix}\right]^2=\frac{1}{2}\cdot\left[\mathfrak{r}-\begin{pmatrix}2\\-1\\1\end{pmatrix}\right]^2$$

oder

$$\left[\mathfrak{r}\cdot\begin{pmatrix}1\\0\\0\end{pmatrix}-2\right]^2=\frac{1}{2}\left[\mathfrak{r}-\begin{pmatrix}2\\-1\\1\end{pmatrix}\right]^2.$$

Um zu prüfen, ob P_1 auf dem Kegel liegt, setzen wir den Ortsvektor $\mathfrak{r}_1=\begin{pmatrix}7\\2\\5\end{pmatrix}$ in die Kegelgleichung ein. Dann ergibt die linke Seite

$$\left[\mathfrak{r}_1\begin{pmatrix}1\\0\\0\end{pmatrix}-2\right]^2=\left[\begin{pmatrix}7\\2\\5\end{pmatrix}\cdot\begin{pmatrix}1\\0\\0\end{pmatrix}-2\right]^2=(7-2)^2=25.$$

Auf der rechten Seite ist

$$\frac{1}{2}\left[\mathfrak{r}_1-\begin{pmatrix}2\\-1\\1\end{pmatrix}\right]^2=\frac{1}{2}\left[\begin{pmatrix}7\\2\\5\end{pmatrix}-\begin{pmatrix}2\\-1\\1\end{pmatrix}\right]^2=\frac{1}{2}\begin{pmatrix}5\\3\\4\end{pmatrix}^2=\frac{1}{2}(25+9+16)=25.$$

P_1 liegt auf dem Kegel.

Für P_2 ergibt sich entsprechend:

linke Seite: $$\left[\begin{pmatrix}3\\2\\-3\end{pmatrix}\begin{pmatrix}1\\0\\0\end{pmatrix}-2\right]^2=(3-2)^2=1$$

rechte Seite: $$\frac{1}{2}\left[\begin{pmatrix}3\\2\\-3\end{pmatrix}-\begin{pmatrix}2\\-1\\1\end{pmatrix}\right]^2=\frac{1}{2}\begin{pmatrix}1\\3\\-4\end{pmatrix}^2=\frac{1}{2}(1+9+16)=\frac{1}{2}\cdot 26=13.$$

P_2 liegt nicht auf dem Kegel.

Aufgaben

1. Ein Kegel mit der Spitze im Ursprung hat den Öffnungswinkel 2ω, seine Achsenrichtung sei gegeben durch den Vektor $\mathfrak{a}$. Wie heißt die Gleichung des Kegels?

   a) $2\omega = 60°,\quad \mathfrak{a}=\begin{pmatrix}0\\1\\0\end{pmatrix}$ b) $2\omega = 120°,\quad \mathfrak{a}=\begin{pmatrix}2\\3\\-6\end{pmatrix}$

2. Gegeben ist der Kegel K. Prüfe, ob die Punkte P_1, P_2 auf ihm liegen.

   a) K: $\left[\mathfrak{r}\cdot\begin{pmatrix}0\\1\\0\end{pmatrix}\right]^2=\frac{1}{2}\mathfrak{r}^2$, $P_1(6/10/-8)$, $P_2(12/13/5)$

   b) K: $\left[\mathfrak{r}\cdot\begin{pmatrix}0\\1\\1\end{pmatrix}\right]^2=\frac{1}{3}\mathfrak{r}^2$, $P_1(3/1/1)$, $P_2(2\sqrt{2}/6/-2)$

3. Die Spitze S, der Öffnungswinkel 2ω und der Achsenrichtungsvektor $\mathfrak{a}$ eines Kegels sind gegeben. Stelle die Gleichung des Kegels auf.

   a) $S(4/1/3)$, $2\omega = 90°$, $\mathfrak{a}=\begin{pmatrix}1\\0\\0\end{pmatrix}$

   b) $S(-2/0/0)$, $2\omega = 60°$, $\mathfrak{a}=\begin{pmatrix}0\\3\\4\end{pmatrix}$

   c) $S(1/1/0)$, $2\omega = 120°$, $\mathfrak{a}=\begin{pmatrix}1\\2\\2\end{pmatrix}$

4. Auf einem Kegel mit der Spitze im Ursprung liegt der Punkt P_1. Die Achsenrichtung des Kegels ist durch den Vektor $\mathfrak{a}$ gegeben. Wie heißt die Kegelgleichung? Welche Größe hat der Öffnungswinkel?

   a) $P_1(3\sqrt{2}/-\sqrt{2}/2)$, $\mathfrak{a}=\begin{pmatrix}1\\1\\0\end{pmatrix}$ b) $P_1(3/5/4)$, $\mathfrak{a}=\begin{pmatrix}2\\0\\1\end{pmatrix}$

5. Die Gerade $g\colon \mathfrak{r} = \begin{pmatrix}1\\3\\4\end{pmatrix} + \lambda \begin{pmatrix}2\\1\\2\end{pmatrix}$ ist Mantellinie eines Kegels mit der Spitze $S(-1/2/2)$ und dem Achsenrichtunsvektor $\mathfrak{a} = \begin{pmatrix}2\\2\\1\end{pmatrix}$. Stelle die Kegelgleichung auf und berechne den Öffnungswinkel.

6. Die Geraden $g_1\colon \mathfrak{r} = \begin{pmatrix}9\\11\\-8\end{pmatrix} + \lambda \begin{pmatrix}1\\2\\-2\end{pmatrix}$ und $g_2\colon \mathfrak{r} = \begin{pmatrix}3\\5\\1\end{pmatrix} + \lambda \begin{pmatrix}-2\\2\\1\end{pmatrix}$ schließen als Mantellinien genau den Öffnungswinkel eines Kegels ein. Wie heißt die Kegelgleichung?

7. Wo schneidet die Gerade durch P_1 und P_2 den Kegel $K\colon (\mathfrak{r} \cdot \mathfrak{i})^2 = \frac{1}{2}\mathfrak{r}^2$?

a) $P_1(3/0/1)$, $P_2(-2/10/-4)$ b) $P_1(1/2/5)$, $P_2(3/0/3)$

8. Zeige, daß die Gerade $g\colon \mathfrak{r} = \begin{pmatrix}1\\0{,}8\\0{,}6\end{pmatrix} + \lambda \begin{pmatrix}0\\-3\\4\end{pmatrix}$ eine Tangente an den Kegel $K\colon (\mathfrak{r} \cdot \mathfrak{i})^2 = \frac{1}{2}\mathfrak{r}^2$ ist.

9. Bestimme die gemeinsamen Punkte des Kegels $K\colon (\mathfrak{r} \cdot \mathfrak{k})^2 = \frac{1}{2}\mathfrak{r}^2$ und der Geraden g. Deute das Ergebnis geometrisch.

a) $g\colon \mathfrak{r} = \begin{pmatrix}6\\-8\\-10\end{pmatrix} + \lambda \begin{pmatrix}-3\\4\\5\end{pmatrix}$ b) $g\colon \mathfrak{r} = \begin{pmatrix}2\\0\\0\end{pmatrix} + \lambda \begin{pmatrix}3\\1\\0\end{pmatrix}$

10. Was wird durch die Gleichung $(\mathfrak{r} \cdot \mathfrak{e})^2 = c^2\,\mathfrak{r}^2$ a) für $c = 0$, b) für $c = 1$ dargestellt?

11. Gegeben ist der Kegel $K\colon (\mathfrak{r} \cdot \mathfrak{e})^2 = c^2\mathfrak{r}^2$ und die Kugel $K'\colon \mathfrak{r}^2 = \varrho^2$. Zeige, daß die Ortsvektoren der gemeinsamen Punkte von Kegel und Kugel dann auch der Gleichung $(\mathfrak{r} \cdot \mathfrak{e})^2 = c^2\varrho^2$ genügen. Deute diese Gleichung geometrisch.

12. Führe die entsprechende Überlegung aus Aufgabe 11 für den Kegel $K\colon (\mathfrak{r}\mathfrak{e} - \mathfrak{s}\mathfrak{e})^2 = c^2(\mathfrak{r} - \mathfrak{s})^2$ und die Kugel $K'\colon (\mathfrak{r} - \mathfrak{s})^2 = \varrho^2$ aus.

13. Gegeben ist der Kegel $K\colon \left[\mathfrak{r} \cdot \begin{pmatrix}0{,}6\\0{,}8\\0\end{pmatrix}\right]^2 = \frac{1}{4}\mathfrak{r}^2$ und die Ebene $E\colon \begin{pmatrix}3\\4\\0\end{pmatrix}\mathfrak{r} = 30$.

Zeige, daß die gemeinsamen Punkte der Ebene und des Kegels auf einer Kugel um den Ursprung liegen. Welche Entfernung haben alle Punkte vom Ursprung? Anleitung: Bringe zunächst die Gleichung der Ebene in die Hessesche Normalenform.

14. Gegeben ist die Ebene $E\colon \begin{pmatrix}2\\1\\2\end{pmatrix} \cdot \mathfrak{r} = 9$ und die Kugel $K\colon \mathfrak{r}^2 = 36$. Die gemeinsamen Punkte von Ebene und Kugel (der Schnittkreis) bestimmen einen Kegel mit der Spitze im Ursprung. Bestimme dessen Gleichung und Öffnungswinkel (Vgl. Aufg. 11 und 13).

10.2. Die Scheitelgleichung der Kegelschnitte

Ehe wir nun rechnerisch die Kegelschnittgleichung herleiten, wollen wir uns zunächst anschaulich überlegen, wie diese Schnittlinien von Doppelkegel und Ebene aussehen. Im einfachsten Fall entsteht als Schnittkurve ein *Kreis,* dann nämlich, wenn

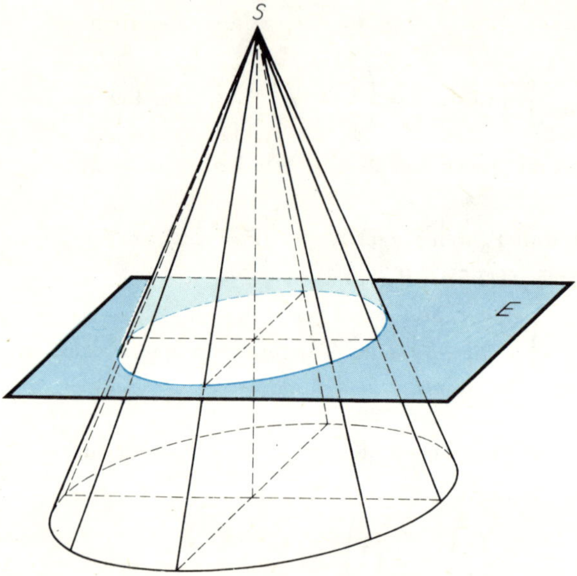

Bild 180.1

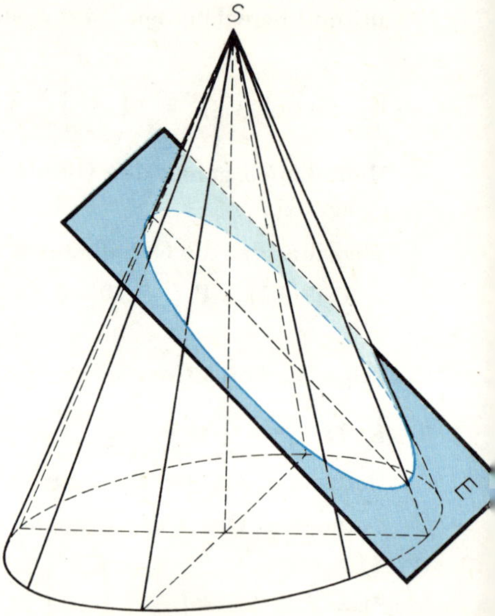

Bild 180.2

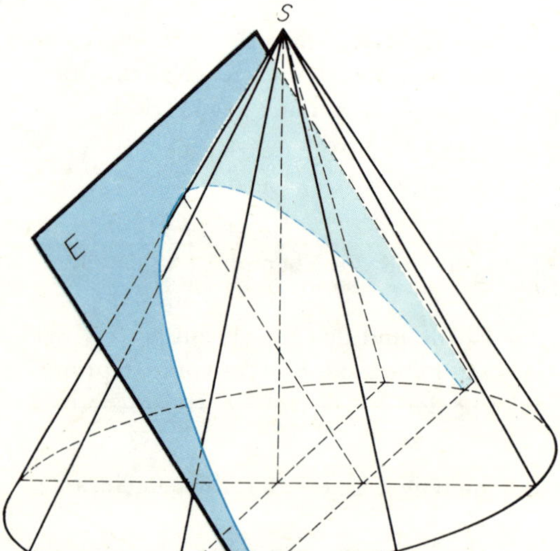

Bild 180.3

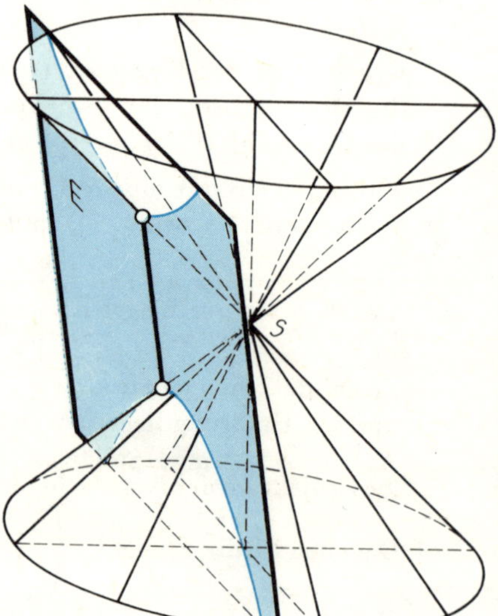

Bild 180.4

der Winkel α zwischen Kegelachse und Ebene 90° beträgt (Bild 180.1). Drehen wir nun diese Ebene um eine der Kreistangenten, so entsteht als Schnittkurve eine ***Ellipse***, solange $\alpha > \omega$ ist (Bild 180.2). Mit kleiner werdendem α wird die Ellipse immer länger. Schließlich schneidet eine Mantellinie die Ebene nicht mehr, diese Mantellinie verläuft zur Ebene parallel ($\alpha = \omega$), die Ellipse öffnet sich zur ***Parabel*** (Bild 180.3). Wir drehen die Ebene weiter, damit wird $\alpha < \omega$, und die Ebene schneidet auch die

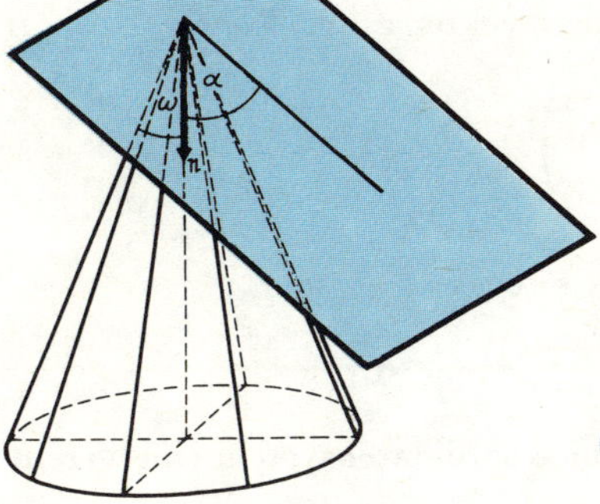

$\alpha > \omega$
Bild 181.1

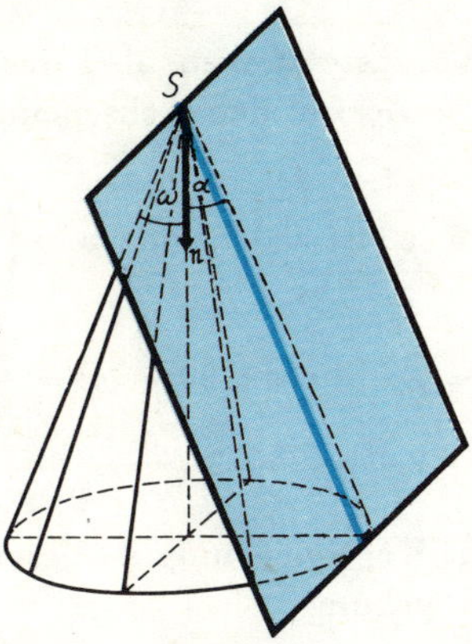

$\alpha = \omega$
Bild 181.2

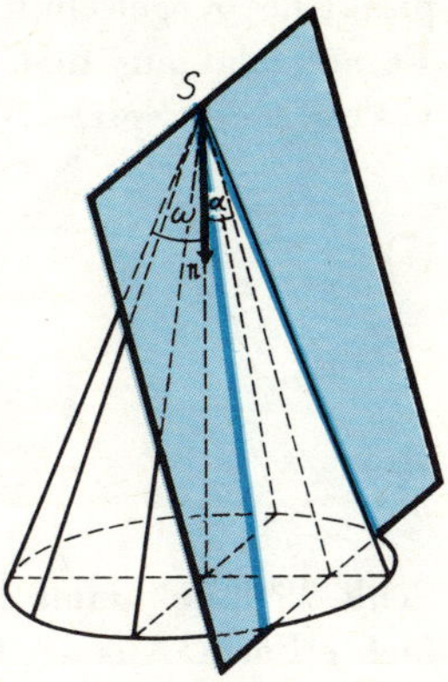

$\alpha < \omega$
Bild 181.3

obere Hälfte des Doppelkegels. Die Schnittkurve ist eine ***Hyperbel.*** Sie hat zwei „Äste" (Bild 180.4). Sonderfälle treten auf, wenn die Ebene durch die Spitze des Kegels geht. Wir erhalten für $\alpha > \omega$ als Schnittfigur den Punkt S, für $\alpha = \omega$ eine Mantellinie, für $\alpha < \omega$ zwei Mantellinien (Bild 181.1, 2, 3).

Wir wollen nun einen Kegel mit einer Ebene zum Schnitt bringen, um die Gleichung der Schnittkurve zu berechnen. Zur Vereinfachung der Rechnungen führen wir ein kartesisches Koordinatensystem ein, über dessen Lage wir folgende Voraussetzungen machen (Bild 181.4):

1. Die Schnittebene E sei die xy-Ebene.
2. Die Projektion der Kegelachse in die xy-Ebene sei die x-Achse. Damit liegt die Kegelachse in der xz-Ebene.
3. Der Ursprung O sei derjenige Schnittpunkt des Kegels mit der

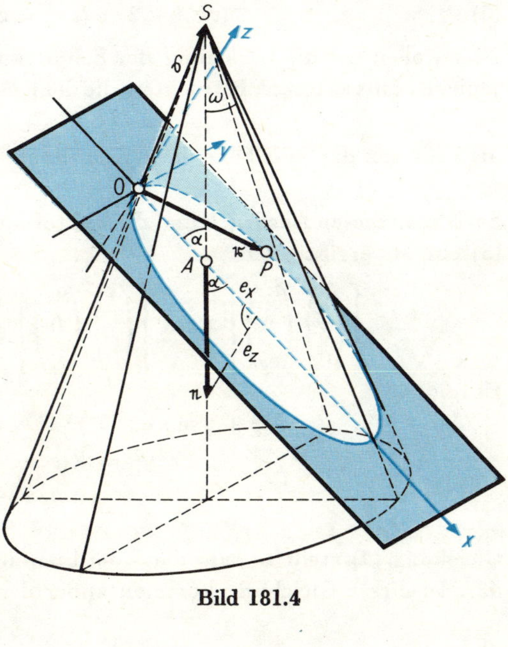

Bild 181.4

x-Achse, der von der Kegelspitze S den kleinsten Abstand hat. Positiv sei der Teil der x-Achse, in dem die Kegelachse die x-Achse trifft.

Mit diesen Voraussetzungen gilt immer $\alpha \leqq 90°$.

Aus der Lage unseres Koordinatensystems ergibt sich, daß die Kegelschnitte zur x-Achse symmetrisch sein müssen. Wir nennen die Schnittpunkte des Kegelschnitts mit der Symmetrieachse Scheitelpunkte. Damit ist der Ursprung O ein Scheitelpunkt des Kegelschnitts.

Ferner folgt aus den Voraussetzungen über das Koordinatensystem für den Ortsvektor $\mathfrak{s}$ der Spitze S sowie für den Achseneinheitsvektor $\mathfrak{e}$ des Kegels

$$\mathfrak{s} = \begin{pmatrix} s_x \\ 0 \\ s_z \end{pmatrix} \quad \text{und} \quad \mathfrak{e} = \begin{pmatrix} e_x \\ 0 \\ e_z \end{pmatrix}. \tag{1}$$

Nun ist

$$\mathfrak{s} \cdot \mathfrak{e} = s \cdot 1 \cdot \cos(180 - \omega) = - s \cdot \cos \omega = - sc,$$

also

$$\mathfrak{s} \cdot \mathfrak{e} = - sc\,. \tag{2}$$

Schließlich bekommt die Kegelgleichung in diesem Koordinatensystem eine vereinfachte Form. Aus der Gleichung

$$(\mathfrak{r}\,\mathfrak{e} - \mathfrak{s}\,\mathfrak{e})^2 = c^2(\mathfrak{r} - \mathfrak{s})^2$$

erhält man zunächst

$$(\mathfrak{r}\,\mathfrak{e})^2 - 2(\mathfrak{r}\,\mathfrak{e})\,(\mathfrak{s}\mathfrak{e}) + (\mathfrak{s}\mathfrak{e})^2 = c^2\,\mathfrak{r}^2 - 2c^2\,(\mathfrak{r}\,\mathfrak{s}) + c^2\,\mathfrak{s}^2\,.$$

Wegen (2) ergibt sich schließlich

$$(\mathfrak{r}\,\mathfrak{e})^2 + 2\,sc\,(\mathfrak{r}\,\mathfrak{e}) = c^2\,\mathfrak{r}^2 - 2c^2\,(\mathfrak{r}\mathfrak{s})\,. \tag{3}$$

Nun wollen wir die Gleichung der Schnittkurve bestimmen. Dazu müssen wir diejenigen Laufvektoren $\mathfrak{r}$ betrachten, die der Kegelgleichung (3) genügen und die zugleich als Vektoren der xy-Ebene die z-Koordinate 0 haben. Für sie muß gelten $\mathfrak{r} = \begin{pmatrix} x \\ y \\ 0 \end{pmatrix}$.

Setzt man diesen Ausdruck und die Vektorkoordinaten aus (1) in die Kegelgleichung (3) ein, so ergibt sich

$$\left[\begin{pmatrix} x \\ y \\ 0 \end{pmatrix}\begin{pmatrix} e_x \\ 0 \\ e_z \end{pmatrix}\right]^2 + 2sc\left[\begin{pmatrix} x \\ y \\ 0 \end{pmatrix}\begin{pmatrix} e_x \\ 0 \\ e_z \end{pmatrix}\right] = c^2\begin{pmatrix} x \\ y \\ 0 \end{pmatrix}^2 - 2c^2\begin{pmatrix} x \\ y \\ 0 \end{pmatrix}\begin{pmatrix} s_x \\ 0 \\ s_z \end{pmatrix}.$$

Es folgt

$$x^2 e_x^2 + 2\,sc\,x e_x = c^2 x^2 + c^2 y^2 - 2c^2 x s_x$$

$$c^2 y^2 = 2\,(sc\,e_x + c^2 s_x)\,x - (c^2 - e_x^2)\,x^2$$

$$y^2 = 2\,\frac{e_x\,s + c\,s_x}{c}\,x - \left(1 - \frac{e_x^2}{c^2}\right)x^2. \tag{4}$$

Gleichung (4) stellt bereits die Koordinatengleichung der möglichen Schnittlinien dar. In dieser Gleichung kommen außer den schon gedeuteten Größen $c = \cos \omega$

und $s = \overline{OS}$ noch die Koordinaten e_x und s_x vor. e_x ist als x-Koordinate eines Einheitsvektors der Richtungskosinus von $\mathfrak{e}$ bezüglich der x-Achse (Bild 183.1):

(5) $$e_x = \cos\alpha.$$

Ferner gilt entsprechend

(6) $$\frac{s_x}{s} = \cos\beta.$$

Der Schnittpunkt der Kegelachse mit der x-Achse soll A genannt werden.

Das Dreieck OAS enthält die für den Kegelschnitt wichtigen Stücke s, ω, α und β. Wir wollen es daher das *charakteristische Dreieck* des Kegelschnitts nennen.

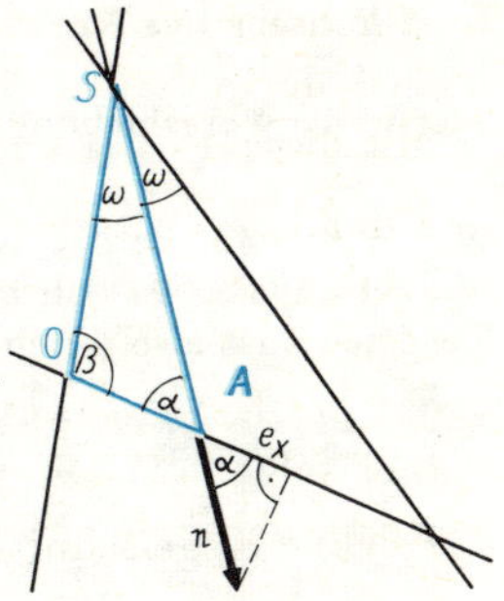

Bild 183.1

Wie wir gesehen haben, ist für die Art der Schnittlinie die Größenbeziehung zwischen α und ω und damit zwischen zwei Winkeln des charakteristischen Dreiecks entscheidend. In Gleichung (4) tritt das Verhältnis der Kosinuswerte dieser Winkel auf. Wir definieren daher

Definition 10.1

Unter der *numerischen Exzentrizität* ε eines Kegelschnitts verstehen wir die Größe

$$\varepsilon = \frac{e_x}{c} = \frac{\cos\alpha}{\cos\omega}.$$

Der Abkürzung halber definieren wir ferner

Definition 10.2

Unter dem *Parameter* p eines Kegelschnitts verstehen wir die Größe

$$p = \frac{e_x\, s + c\, s_x}{c} = \varepsilon s + s_x = s(\varepsilon + \cos\beta)$$

Berücksichtigen wir diese Definitionen in Gleichung (4), so erhalten wir den

Satz 10.1

Die allgemeine Gleichung eines Kegelschnitts mit dem Scheitel im Ursprung lautet

(7) $$y^2 = 2px - (1 - \varepsilon^2)\,x^2$$ *Scheitelform der Kegelschnittsgleichung*

Beispiel

Gegeben ist das charakteristische Dreieck eines Kegelschnitts durch $s = 6 \cdot \sqrt{2}$ LE, $\omega = 45°$, $\beta = 45°$. Bestimme die Gleichung des Kegelschnitts sowie die Spitze und Achsenrichtung des zugehörigen Kegels.

Lösung: Wegen $\omega = 45°$ und $\beta = 45°$ ist der Winkel $\alpha = 90°$. Daraus folgt $\varepsilon = \dfrac{\cos\alpha}{\cos\omega}$

Der Kegelschnitt ist also ein Kreis. Aus $\dfrac{s_x}{s} = \cos\beta$ erhält man $s_x = s \cdot \cos\beta = 6$ LE. Damit wird $p = \varepsilon \cdot s + s_x = 0 + 6 = 6$ LE.

Die Gleichung des Kreises lautet

$$y^2 = 12\,x - x^2$$

oder in der Verschiebungsform

$$y^2 + (x - 6)^2 = 36\,.$$

Wegen $\beta = 45°$ ist $s_z = s \cdot \sin\beta = 6$. Die Spitze des Kegels liegt im Punkte $S(6/0/6)$. Da der Winkel α gleich $90°$ ist, steht die Kegelachse senkrecht auf der xy-Ebene. Die Richtung der Kegelachse ist also durch den Vektor $\mathfrak{e} = -\mathfrak{k}$ bestimmt.

Aufgaben

1. Zeichne Kegelschnitte mit $p = 1$ und a) $\varepsilon = 0, \frac{1}{2}\sqrt{2}, 1, \sqrt{2}$ b) $\varepsilon = 0, \frac{1}{2}, 1, 2$

2. Berechne für folgende Kegelschnitte die Schnittpunkte mit der x-Achse.
   a) $p = 3, \quad \varepsilon = \frac{1}{2}$ b) $p = 4, \quad \varepsilon = \frac{1}{3}$ c) $p = 2, \quad \varepsilon = 2$ d) $p = 7, \quad \varepsilon = 0$
   e) allgemeine Lösung

3. Gibt es Kegelschnitte mit der Gleichung $y^2 = 2px - (1 - \varepsilon^2)\,x^2$, die die Winkelhalbierende des 1. und 3. Quadraten des Koordinatensystems a) nicht schneiden, b) nur einmal schneiden?

4. Diskutiere die allgemeine Scheitelform der Kegelschnittsgleichung für den Fall, daß die Schnittebene durch die Kegelspitze geht.

5. Ein Kegel werde von der xy-Ebene so geschnitten, daß der Winkel β im charakteristischen Dreieck $90°$ beträgt (Steilkegel). Bestimme die Seite s und die beiden anderen Winkel im charakteristischen Dreieck für folgende Kegelschnitte:
   a) $Ks\colon y^2 = 4x$ b) $Ks\colon y^2 = 20x$ c) $Ks\colon y^2 = 2px$

6. Löse Aufgabe 5 für die Kegelschnitte
   a) $Ks\colon y^2 = 2x - \frac{3}{4}x^2$ b) $Ks\colon y^2 = 6x + 3x^2$

7. Zeige, daß man im Falle des Steilkegels (vgl. Aufg. 5) den Parameter p als eine Seite des charakteristischen Dreiecks deuten kann.

8. Gegeben ist das charakteristische Dreieck durch
   a) $s = 3\sqrt{3}$ LE, $\omega = 30°$, $\alpha = 60°$,
   b) $s = \sqrt{6}$ LE, $\omega = 60°$, $\alpha = 30°$.
   Bestimme die Gleichung des zugehörigen Kegelschnitts.

10.3. Die Arten der Kegelschnitte

Vorübungen

1. Welcher algebraische Zusammenhang besteht zwischen einer Funktion und ihrer Umkehrfunktion, welcher geometrische zwischen ihren Bildern?
2. Verschiebe den Kreis $K\colon \mathfrak{r}^2 - \varrho^2 = 0$ um den Vektor $\mathfrak{r}_M = \begin{pmatrix} \varrho \\ 0 \end{pmatrix}$, und gib die gefundene Kreisgleichung als Koordinatengleichung an.
3. Wie kann man die Arten der Kegelschnitte durch ihre numerische Exzentrizität ε unterscheiden?

Ausgehend von der Scheitelform der Kegelschnittgleichung

$$y^2 = 2px - (1 - \varepsilon^2)\,x^2$$

mit $$p = \varepsilon s + s_x$$

und $$\varepsilon = \frac{\cos\alpha}{\cos\omega}$$

wollen wir nun die verschiedenen Arten der Kegelschnitte näher untersuchen.

10.3.1. Der Kreis

Als Kegelschnitt entsteht ein Kreis, wenn der Schnitt senkrecht zur Kegelachse geführt wird. Wir wollen uns rechnerisch davon überzeugen, daß in diesem Sonderfall die allgemeine Scheitelgleichung zur Scheitelgleichung des Kreises wird.

Es ist dann $\alpha = 90°$ und damit $\varepsilon = \dfrac{\cos\alpha}{\cos\omega} = 0$.

So vereinfacht sich die Scheitelgleichung

$$y^2 = 2(\varepsilon s + s_x)\,x - (1 - \varepsilon^2)\,x^2$$

zu $$y^2 = 2\,s_x\,x - x^2.$$

Setzen wir nun noch $\mathfrak{r}_M = \begin{pmatrix} s_x \\ 0 \end{pmatrix}$, so geht diese Gleichung über in

$$\mathfrak{r}^2 - 2\,\mathfrak{r}_M \cdot \mathfrak{r} = 0\,.$$

Das ist die in 9.1.4 hergeleitete Scheitelform der Kreisgleichung.

10.3.2. Die Parabel

Betrachten wir nun den Fall der Parabel. Da $\omega = \alpha$ ist, ist $\varepsilon = \dfrac{\cos\alpha}{\cos\omega} = 1$, und die Scheitelgleichung geht über in

$$y^2 = 2px$$

mit $$p = s + s_x = s(1 + \cos\beta)\,.$$

Der Parabelgleichung entnimmt man, daß eine Parabel um so weiter geöffnet ist, je größer der Parameter p ist.

Die uns von früher bekannte Parabel

$$y = ax^2$$

ist die Umkehrung der Relation von $y^2 = 2px$. Vertauschen wir nämlich x und y, so ergibt sich

$$x^2 = 2py$$

oder $y = \dfrac{1}{2p}x^2$, d. h. $y = ax^2$ mit $a = \dfrac{1}{2p}$.

$x^2 = 2py$ ist die Gleichung einer nach oben geöffneten, $x^2 = -2py$ die Gleichung einer nach unten, $y^2 = -2px$ die einer nach links geöffneten Parabel. Diese Parabelgleichungen sind nicht als Sonderfälle in der von uns hergeleiteten Scheitelgleichung enthalten, sie setzen eine andere Lage des Kegels voraus.

10.3.3. Ellipse und Hyperbel

Als Kegelschnitte erhält man Ellipsen und Hyperbeln, wenn $\alpha \neq \omega$ ist, d. h. wenn $\varepsilon \neq 1$ ist. Für die Ellipse $(\alpha > \omega)$ gilt $\varepsilon = \frac{\cos \alpha}{\cos \omega} < 1$, für die Hyperbel $(\alpha < \omega)$ $\varepsilon > 1$. Man entnimmt der Scheitelgleichung

$$y^2 = 2px - (1 - \varepsilon^2)x^2,$$

daß alle Kegelschnitte zur x-Achse symmetrisch sind, denn die Funktionsgleichung bleibt die gleiche, wenn man y durch -y ersetzt. Da nun Ellipse und Hyperbel die x-Achse zweimal schneiden, könnten diese Kurven eine weitere zur ersten senkrecht stehende Symmetrieachse besitzen und damit zentralsymmetrisch sein. Um diese eventuell vorhandene Symmetrieachse aufzufinden, verschieben wir die Kurven in der xy-Ebene um c nach links (dann wird für die Ellipse c positiv) und prüfen die gefundene Gleichung daraufhin, ob sie die gewünschte Symmetrie erkennen läßt. Für den Verschiebungsvektor $\mathfrak{v}$ gilt deshalb $\mathfrak{v} = \begin{pmatrix} -c \\ 0 \end{pmatrix}$ und für die Ortsvektoren $\mathfrak{r}'$ zu den verschobenen Punkten

$$\mathfrak{r}' = \mathfrak{r} + \mathfrak{v} = \mathfrak{r} - \begin{pmatrix} c \\ 0 \end{pmatrix}.$$

Umgekehrt ist

$$\mathfrak{r} = \mathfrak{r}' + \begin{pmatrix} c \\ 0 \end{pmatrix}.$$

Wir setzen demnach aus $\quad x = x' + c$

und $\quad y = y'$

die Terme für x und y in die Scheitelgleichung ein, so daß sich ergibt

$$(y')^2 = 2p(x' + c) - (1 - \varepsilon^2)(x' + c)^2.$$

Wir formen um und lassen dabei die Striche fort, die uns ja nur anzeigen sollen, daß es sich um die Koordinaten verschobener Punkte handelt:

$$\begin{aligned} y^2 &= 2px + 2pc - (1 - \varepsilon^2)x^2 - 2c(1 - \varepsilon^2)x - (1 - \varepsilon^2)c^2 \\ &= 2pc - (1 - \varepsilon^2)c^2 + 2[p - c(1 - \varepsilon^2)]x - (1 - \varepsilon^2)x^2 \end{aligned}$$

Diese verschobene Kurve ist zur y-Achse symmetrisch, wenn das in x lineare Glied verschwindet, denn anderenfalls würde sich die Funktionsgleichung ändern, wenn man x durch $-x$ ersetzt. Wir müssen also c so wählen, daß

$$p - c(1 - \varepsilon^2) = 0,$$

d. h.

$$c = \frac{p}{1 - \varepsilon^2}$$

ist. Nach Verschiebung um $\mathfrak{v} = \begin{pmatrix} -c \\ 0 \end{pmatrix} = \begin{pmatrix} -\frac{p}{1-\varepsilon^2} \\ 0 \end{pmatrix}$ sind also Ellipse und Hyperbel zur y-Achse symmetrisch. Jede Ellipse und jede Hyperbel besitzen also zwei auf-

einander senkrecht stehende Symmetrieachsen und damit in deren Schnittpunkt ein Symmetriezentrum.
Als Gleichung der so verschobenen Kegelschnitte ergibt sich

$$y^2 = 2\,pc - (1-\varepsilon^2)\,c^2 - (1-\varepsilon^2)\,x^2$$

und mit $p = c\,(1-\varepsilon^2)$

$$y^2 = (1-\varepsilon^2)\,c^2 - (1-\varepsilon^2)\,x^2$$

oder

$$(1-\varepsilon^2)\,x^2 + y^2 = (1-\varepsilon^2)\,c^2$$

und nach Division durch $(1-\varepsilon^2)\,c^2$

$$\frac{x^2}{c^2} + \frac{y^2}{(1-\varepsilon^2)\,c^2} = 1\,.$$

Für die Ellipse ist c positiv, und damit zeigt der Verschiebungsvektor $\mathfrak{v} = \begin{pmatrix} -c \\ 0 \end{pmatrix}$ nach links. Bei der Hyperbel hingegen ist $1-\varepsilon^2$ wegen $\varepsilon > 1$ negativ und damit auch c negativ. Die Hyperbel muß also um $-c = -\dfrac{p}{1-\varepsilon^2}$ nach rechts verschoben werden, damit ihr Mittelpunkt auf den Ursprung fällt. Der doppelte Betrag der Verschiebung ist gleich dem Abstand der Scheitelpunkte S_1 und S_2 auf der x-Achse, die Strecke S_1S_2 heißt *Hauptachse* 2a des Kegelschnitts. Für die halbe Hauptachse gilt

$$a = |c| = \frac{p}{\pm\,(1-\varepsilon^2)}\,,$$

wobei wir vereinbaren wollen, daß hier wie in folgenden Fällen das obere Vorzeichen für die Ellipse, das untere für die Hyperbel gelten soll. Setzen wir nun noch

$$b^2 = \pm\,(1-\varepsilon^2)\,c^2 = \pm\,(1-\varepsilon^2)\,a^2,$$

so ergibt sich der

Satz 10.2
Die Kegelschnittsgleichungen in Mittelpunktsform lauten

$$\frac{x^2}{a^2} \pm \frac{y^2}{b^2} = 1\,.$$ *Gleichung der Ellipse (Hyperbel) in Mittelpunktsform*

Für die Ellipse ist 2b der Abstand der Scheitelpunkte auf der y-Achse, die sogenannte *Nebenachse*.

Beispiel

Von einem Kegelschnitt kennt man $a = 12$ und $p = 3$.
Berechne b und ε.
Gib die Scheitel- und Mittelpunktsgleichung an.

Lösung: b errechnet man am einfachsten über die Beziehung $p = \dfrac{b^2}{a}$ (Vgl. Aufg. 1!) zu $b = \sqrt{a \cdot p} = \sqrt{12 \cdot 3} = 6$.

$\pm\,(1-\varepsilon^2)$ ergibt sich aus der Beziehung $a = \dfrac{p}{\pm\,(1-\varepsilon^2)}$ zu $\pm\,(1-\varepsilon^2) = \dfrac{p}{a} = \dfrac{1}{4}$ oder $1-\varepsilon^2 = \pm\dfrac{1}{4}$. Es folgt $\varepsilon^2 = 1 \mp \dfrac{1}{4}$ und damit ergeben sich zwei mögliche Kegelschnitte, einmal eine Ellipse mit $\varepsilon = \frac{1}{2}\sqrt{3}$, zum anderen eine Hyperbel mit $\varepsilon = \frac{1}{2}\sqrt{5}$. Die Scheitelgleichungen sind

$$y^2 = 6x \mp \frac{1}{4}x^2,$$

die Mittelpunktsgleichungen

$$\frac{x^2}{144} \pm \frac{y^2}{36} = 1.$$

Aufgaben

1. Beweise, daß für Ellipse und Hyperbel die Beziehung $p = \frac{b^2}{a}$ gilt.
2. Berechne den Parameter p und die numerische Exzentrizität des Kegelschnittes $4x^2 + 9y^2 = 36$.
3. Ein Kegelschnitt ist gegeben durch seine Scheitelgleichung $y^2 = 5\frac{5}{9}x - \frac{25}{81}x^2$. Bestimme die Art des Kegelschnitts und gegebenenfalls seine Mittelpunktsgleichung.
4. Bestimme Scheitel- und Mittelpunktsgleichung der Hyperbel mit $b = 3$ und $\varepsilon = \frac{5}{4}$.
5. Von einer Ellipse sind gegeben $p = 2{,}5$ und $b = 3$. Bestimme a und die Scheitelgleichung der Ellipse.
6. Berechne ε für eine Hyperbel, bei der $a = b$ ist (gleichseitige Hyperbel). Ist die gefundene Bedingung notwendig und hinreichend?
7. Bestimme die Scheitelgleichung für den Fall, daß der rechte Scheitel der Ellipse bzw. der linke Scheitel der Hyperbel im Ursprung liegt. Was ergibt sich, wenn man in der gefundenen Scheitelgleichung $\varepsilon = 1$ setzt?
8. Wie heißt die Gleichung einer Ellipse, deren unterer Nebenscheitel im Ursprung liegt? Vergleiche die gefundene Gleichung mit der Scheitelgleichung.

10.4. Allgemeine Beziehungen zwischen Doppelkegeln und Kegelschnitten

Vorübungen

a) Kann man den Kreis mit dem Radius $\varrho = 3$ als Schnittlinie eines Kegels vom Öffnungswinkel 2ω mit der xy-Ebene erhalten? Gib die Lage des Kegels durch $\mathfrak{s}$ und β an.
b) Läßt sich jeder Kreis als Schnittlinie dieses Kegels erhalten?
c) Kann jeder Kreis als Schnittlinie an jedem Kegel auftreten?

10.4.1. Der Kreis

Als Kegelschnitt entsteht ein Kreis, wenn die xy-Ebene auf der Kegelachse senkrecht steht. Der Radius ϱ dieses Kreises stimmt mit s_x überein. Folglich kann man durch geeignete Wahl von $\mathfrak{s}$ jeden Kreis als Schnittlinie eines beliebig gewählten Kreiskegels mit der xy-Ebene erhalten. Die Frage liegt nahe, ob überhaupt jeder Kegelschnitt sich als ebener Schnitt eines beliebigen Doppelkegels darstellen läßt.

10.4.2. Die Parabel

Wir untersuchen diese Frage zunächst für die Parabel. Ein Kegel sei durch ein festes, aber beliebiges ω vorgegeben. Wenn als Schnittlinie eine Parabel entstehen soll, muß $\varepsilon = 1$, d. h. $\omega = \alpha$, also genau eine Mantellinie parallel zur Schnittebene sein. Verschiebt man die Ebene parallel, so ändert sich α nicht, es bleibt $\alpha = \omega$ und damit $\varepsilon = 1$, als Schnittkurven entstehen stets Parabeln. Legt man die Schnittebene durch s fest, erhält man wegen $\varepsilon = 1$ die Schnittparabel

$$P_1: y^2 = 2(s + s_x)\,x\,.$$

Man kann an diesem einen Kegel jede Parabel

$$P: y^2 = 2px$$

als Schnittlinie erhalten, wenn sich zu jedem p ein $\mathfrak{s}$ bestimmen läßt, so daß gilt

$$p = s + s_x = s\,(1 + \cos\beta)\,.$$

Die Beziehungen am charakteristischen Dreieck führen zu folgenden Umformungen:

$$p = s(1 + \cos\beta) = s\,[1 + \cos(180° - 2\omega)] = s\,(1 - \cos 2\omega)$$

oder

$$s = \frac{p}{1 - \cos 2\,\omega}\,.$$

Nach dieser Formel läßt sich zu jedem p und zu jedem ω zwischen 0° und 90° ein s berechnen. Ferner erhält man $s_x = -\,s \cdot \cos 2\omega$. Damit ergibt sich $\mathfrak{s}$ und so die Lage des Kegels für den Fall, daß als Schnittlinie eine Parabel mit vorgegebenem Parameter p entstehen soll. Es gilt also der

Satz 10.3

Jede Parabel läßt sich an jedem Kreiskegel erzeugen.

10.4.3. Die Ellipse

Untersuchen wir nun die gleiche Frage für die Ellipse: Gegeben sei ein Kegel durch seinen Öffnungswinkel 2ω. Kann man ihn so mit einer Ebene schneiden, daß eine beliebig – etwa durch ε und p – vorgegebene Ellipse als Schnittlinie entsteht? Ihre Gleichung ist

$$y^2 = 2\,px - (1 - \varepsilon^2)\,x^2 \qquad \text{mit } \varepsilon < 1.$$

Wegen $\varepsilon = \dfrac{\cos\alpha}{\cos\omega}$ wählen wir zunächst die Lage der Ebene so, daß sie mit der Kegelachse denjenigen Winkel α einschließt, der durch

$$\cos\alpha = \varepsilon \cdot \cos\omega$$

bestimmt ist. Durch das vorgegebene ε liegt demnach die Ebene bis auf Parallelverschiebung fest, und es gilt der

Satz 10.4

Parallele Ebenen schneiden einen Kegel in Ellipsen gleicher numerischer Exzentrizität (ähnliche Ellipsen).

Wir müssen nun noch untersuchen, ob diese Schar von Ellipsen mit dem vorgegebenen ε die Ellipse enthält, für die p den vorgeschriebenen Wert hat. Es muß gelten

$$p = s\,(\varepsilon + \cos\beta)\,.$$

Mit ω und α liegt auch β als dritter Winkel im charakteristischen Dreieck fest. Durch

$$s = \frac{p}{\varepsilon + \cos\beta}$$

wird also von allen Ebenen, die mit der Kegelachse den Winkel α einschließen, diejenige festgelegt, die vom Kegel in der durch ε und p vorgegebenen Ellipse geschnitten wird. Da $\varepsilon + \cos\beta$ immer positiv ist (Beweis als Aufgabe!), läßt sich in jedem Fall ein positiver Wert für s berechnen.
Man erhält also den

Satz 10.5

Durch einen geeignet geführten Schnitt kann man jede Ellipse als Schnittlinie an jedem Kegel erhalten.

10.4.4. Die Hyperbel

Da man an einem beliebig gewählten Kegel jede Parabel und jede Ellipse als Schnittlinie erhalten kann, wird man vermuten, daß Entsprechendes für die Hyperbel gilt. Versuchen wir, die Überlegung von der Ellipse ($\varepsilon < 1$) auf die Hyperbel ($\varepsilon > 1$) zu übertragen, so zeigt sich, daß man aus der Beziehung

$$\cos\alpha = \varepsilon \cdot \cos\omega$$

genau dann keinen Schnittwinkel α erhält, wenn $\varepsilon \cdot \cos\omega > 1$ ist. Man kann also Hyperbeln „zu großer" numerischer Exzentrizität ε an „zu schlanken" Kegeln nicht als Schnittlinien erhalten. Ist $\varepsilon \cdot \cos\omega \leqq 1$, so läßt sich wie bei der Ellipse die Ebene immer so legen, daß die Schnitthyperbel einen beliebig vorgegebenen Parameter p bekommt. Es gilt also

Satz 10.6

An einem Doppelkegel mit dem Öffnungswinkel 2ω lassen sich als Schnittlinien nur die Hyperbeln erzeugen, für deren numerische Exzentrizität ε gilt

$$\varepsilon \leqq \frac{1}{\cos\omega}\,.$$

Während wir in Abschnitt 10.2 gesehen haben, daß jeder Kegelschnitt der Scheitelgleichung $y^2 = 2px - (1 - \varepsilon^2)x^2$ genügt, gestatten es die Ergebnisse dieses Abschnitts 10.4, diesen Sachverhalt umzukehren. Zusammenfassend läßt sich sagen:

Satz 10.7

Jeder Kegelschnitt hat die Scheitelgleichung

$$y^2 = 2px - (1 - \varepsilon^2)x^2.$$

Umgekehrt tritt jede Kurve mit der Gleichung

$$y^2 = 2px - (1 - \varepsilon^2)x^2$$

tatsächlich als Schnittlinie einer Ebene mit jedem Kegel auf, wenn $\varepsilon \leq 1$ ist, mit beliebig vielen geeignet gewählten Kegeln, wenn $\varepsilon > 1$ ist.

Beispiel

Gegeben sei ein Kegel mit dem Öffnungswinkel $2\omega = 60°$. Wie muß der Kegel geschnitten werden, damit die Schnittlinie die Scheitelgleichung

$$y^2 = 2x - \frac{2}{3}x^2$$

hat? Bestimme
a) die Art des Kegelschnitts,
b) den Schnittwinkel α zwischen Ebene und Kegelachse,
c) den Ortsvektor $\mathfrak{s}$ zur Spitze des Kegels und
d) gegebenenfalls die Achsen des Kegelschnitts.

Lösung:

a) $1 - \varepsilon^2 = \frac{2}{3} \Rightarrow \varepsilon^2 = \frac{1}{3} \Rightarrow \varepsilon = \frac{1}{\sqrt{3}}$. Der Kegelschnitt ist eine Ellipse.

b) $\cos\alpha = \varepsilon \cdot \cos\omega = \frac{1}{\sqrt{3}} \cdot \frac{1}{2}\sqrt{3} = \frac{1}{2} \Rightarrow \alpha = 60°$

c) Wir berechnen zunächst $\beta = 180° - (\alpha + \omega) = 90°$, aus der gegebenen Gleichung entnehmen wir $p = 1$.

Sodann berechnen wir $s = \frac{p}{\varepsilon + \cos\beta} = \frac{1}{\frac{1}{\sqrt{3}} + 0} = \sqrt{3}$.

Da $\mathfrak{s} = \begin{pmatrix} s_x \\ 0 \\ s_z \end{pmatrix}$ und $s_x = s \cdot \cos\beta = 0$, gilt $s_z = s = \sqrt{3}$ und somit $\mathfrak{s} = \begin{pmatrix} 0 \\ 0 \\ \sqrt{3} \end{pmatrix}$.

d) $a = \frac{p}{1 - \varepsilon^2} = \frac{1}{1 - \frac{1}{3}} = \frac{3}{2}$

$b = a \cdot \sqrt{1 - \varepsilon^2} = \frac{3}{2}\sqrt{\frac{2}{3}} = \sqrt{\frac{3}{2}} = \frac{1}{2}\sqrt{6}$.

Die Ellipse hat die Mittelpunktsgleichung $\frac{4x^2}{9} + \frac{2y^2}{3} = 1$.

Aufgaben

1. Ein Kegel mit dem Öffnungswinkel $2\omega = 120°$ soll so geschnitten werden, daß sich als Kegelschnitt ein Kreis mit dem Radius $\varrho = 3$ LE ergibt. Berechne
a) $\mathfrak{s}$ und b) die Scheitelgleichung des Kreises.

2. Beweise: Für Parabeln, die an Kegeln mit $2\omega \gtreqless 90°$ entstehen, ist $s_x \gtreqless 0$. Gib entsprechende Bedingungen für Ellipse und Hyperbel an.

3. Eine Mantellinie eines Kegels fällt mit der z-Achse zusammen, seine Spitze ist S(0/0/4). Wie muß man

a) Achsenrichtung und b) Öffnungswinkel des Kegels wählen, damit als Schnittlinie mit der xy-Ebene eine Parabel entsteht?

c) Wie heißt ihre Gleichung?

4. Ein Kegel mit dem Achsenvektor $\mathfrak{e} = \frac{1}{2}\begin{pmatrix} 1 \\ 0 \\ -\sqrt{3} \end{pmatrix}$ wird von einer Ebene so geschnitten, daß der Scheitelpunkt 0 der entstehenden Parabel von der Kegelspitze s = 8 LE entfernt ist.

a) Wie heißt die Parabelgleichung?

b) Wie ändert sich die Parabelgleichung, wenn 0 bei gleichem ω seine Entfernung von der Kegelspitze vergrößert oder verkleinert?

5. Ein Kegel mit dem Öffnungswinkel $2\omega = 120°$ soll durch eine Ebene so geschnitten werden, daß die Parabel $y^2 = 8\sqrt{3} \cdot x$ entsteht. Berechne $\mathfrak{e}$ und $\mathfrak{s}$.

6. Gegeben sei ein Kegel mit dem Achsenvektor $\mathfrak{e} = \begin{pmatrix} \frac{1}{2}\sqrt{3} \\ 0 \\ -\frac{1}{2} \end{pmatrix}$. P_1 sei ein Punkt des Kegels, in dem der Kegelradius 3 LE beträgt. Welche Parabel entsteht, wenn man den Kegel in P_1 schneidet?

7. Ein Kegel wird von einer Ebene geschnitten, die parallel zu einer Mantellinie im Abstand e = 5 LE verläuft. Die entstehende Parabel hat den Parameter p = 5 LE. Berechne $\mathfrak{e}$ und ω.

8. Gegeben ist ein Kegel vom Öffnungswinkel $2\omega = 90°$. Unter welchem Winkel muß die xy-Ebene die Kegelachse schneiden, und wo muß die Spitze des Kegels liegen (s, β), damit als Schnittlinie die Ellipse $y^2 = 4x - \frac{1}{2}x^2$ entsteht?

9. Ein Kegel mit dem Öffnungswinkel $2\omega = 60°$ wird durch eine Ebene, deren Abstand von der Spitze e = 2 LE beträgt, unter dem Winkel $\alpha = 45°$ geschnitten. Berechne

a) $\mathfrak{e}$, b) $\mathfrak{s}$, c) die Scheitelgleichung des entstehenden Kegelschnitts und d) gegebenenfalls dessen Achsen.

10. Gegeben sei von einem Kegel die Achsenrichtung durch $\mathfrak{e} = \begin{pmatrix} \frac{1}{2} \\ 0 \\ -\frac{1}{2}\sqrt{3} \end{pmatrix}$ sowie die Mantellinie m: $\mathfrak{r} = \lambda \begin{pmatrix} 0 \\ 0 \\ -1 \end{pmatrix}$.

a) Was für Kegelschnitte entstehen auf der xy-Ebene, wenn der Kegel so verschoben wird, daß die Kegelspitze S auf m wandert?

b) Wie hängt der Parameter des entstehenden Kegelschnitts von s ab?

c) Wo muß S liegen, wenn der entstehende Kegelschnitt die kleine Achse $b = 2$ LE haben soll?

11. Ein Kegel wird von einer Ebene E unter $\alpha = 30°$ so geschnitten, daß ein Kegelschnitt mit der Gleichung $y^2 = 6x + 2x^2$ entsteht. Bestimme

a) ε und damit die Art des Kegelschnitts,

b) den Öffnungswinkel 2ω des Kegels,

c) den Ortsvektor $\mathfrak{s}$ zur Spitze S des Kegels,

d) gegebenenfalls die Achsen des Kegelschnitts.

12. Wie muß man einen Kegel mit dem Öffnungswinkel $2\omega = 150°$ schneiden, damit die Hyperbel $y^2 = 8x + 15x^2$ entsteht?

13. Wie groß muß der Öffnungswinkel eines Kegels mindestens sein, damit als Schnittlinien gleichseitige Hyperbeln entstehen können? Wie muß im Grenzfall die Kegelachse liegen?

14. Gibt es einen Kegel, den man $s = \sqrt{3}$ LE von der Spitze entfernt so schneiden kann, daß die Hyperbel $y^2 = 3x + 2x^2$ entsteht?

15. Ein Kegel mit dem Öffnungswinkel $2\omega = 120°$ wird von einer Ebene so geschnitten, daß diese mit der Kegelachse den Winkel $\alpha = 45°$ einschließt und die Achse in der Entfernung $e = 10$ LE von der Kegelspitze trifft.
Untersuche die Art des Kegelschnitts und berechne gegebenenfalls seine Achsen.

*10.5. Vermischte Aufgaben

1. Wo muß ein Kegel vom Öffnungswinkel $2\omega = 60°$ geschnitten werden, damit die Parabel $y^2 = 8x$ als Schnittlinie entsteht? Gib den Ortsvektor $\mathfrak{s}$ zur Spitze und die Kegelgleichung an.

2. Ein Kegel mit dem Öffnungswinkel 2ω wird von einer Ebene E geschnitten, die im Abstand e parallel zu einer Mantellinie des Kegels verläuft. Bestimme die Scheitelgleichung des entstehenden Kegelschnitts. a) $2\omega = 90°$, $e = 6$ LE, b) allgemeine Lösung.

3. Ein Kegel wird durch eine zur Kegelachse parallele Ebene so geschnitten, daß eine gleichseitige Hyperbel entsteht. Berechne den Öffnungswinkel des Kegels.

4. Berechne den Öffnungswinkel desjenigen Kegels, der unter einem Winkel von $\alpha = 60°$ geschnitten eine Ellipse mit der kleinen Halbachse $b = 1$ LE und der großen Halbachse $a = \sqrt{2}$ LE als Schnittlinie hat. Berechne auch den Abstand der Kegelspitze von der Schnittebene.

5. Ein Kegel mit dem Öffnungswinkel $2\omega = 120°$ wird von einer Ebene geschnitten, die parallel zur Kegelachse im Abstand $e = 3$ LE von dieser Achse verläuft. Bestimme

a) ε und damit die Art des Kegelschnitts,

b) den Ortsvektor $\mathfrak{s}$ zur Spitze des Kegels,

c) die Scheitelgleichung des entstehenden Kegelschnitts,
d) gegebenenfalls seine Mittelpunktsgleichung.

6. Ein Doppelkegel hat den Öffnungswinkel $2\omega = 90°$, seine Achsenrichtung ist durch den Einheitsvektor $\mathfrak{e} = \begin{pmatrix} 1 \\ 0 \\ 0 \end{pmatrix}$ gegeben.

a) Was entstehen für Schnittlinien auf der xy-Ebene, wenn sich die Kegelspitze auf der Geraden $\mathfrak{r} = \lambda \begin{pmatrix} -1 \\ 0 \\ 1 \end{pmatrix}$ bewegt?

b) Wo muß die Kegelspitze S liegen ($s_z > 0$), damit der Kegelschnitt den Parameter $p = 2$ LE hat?
c) Verschiebe den Kegelschnitt aus b) so, daß sein Mittelpunkt im Ursprung liegt, und gib seine Mittelpunktsgleichung an.

Namen- und Sachverzeichnis

Antiqua		Fraktur Druck		Griechisch		
a	A	𝔞	𝔄	α	A	Alpha
b	B	𝔟	𝔅	β	B	Beta
c	C	𝔠	ℭ	γ	Γ	Gamma
d	D	𝔡	𝔇	δ	Δ	Delta
e	E	𝔢	𝔈	ε	E	Epsilon
f	F	𝔣	𝔉	ζ	Z	Zeta
g	G	𝔤	𝔊	η	H	Eta
h	H	𝔥	ℌ	ϑ	Θ	Theta
i	I	𝔦	ℑ	ι	I	Jota
j	J	𝔧	𝔍	$\varkappa$	K	Kappa
k	K	𝔨	𝔎	λ	Λ	Lambda
l	L	𝔩	𝔏	μ	M	My
m	M	𝔪	𝔐	ν	N	Ny
n	N	𝔫	𝔑	ξ	Ξ	Xi
o	O	𝔬	𝔒	o	O	Omikron
p	P	𝔭	𝔓	π	Π	Pi
q	Q	𝔮	𝔔	ϱ	P	Rho
r	R	𝔯	ℜ	σ	Σ	Sigma
s	S	𝔰	𝔖	τ	T	Tau
t	T	𝔱	𝔗	υ	Υ	Ypsilon
u	U	𝔲	𝔘	φ	Φ	Phi
v	V	𝔳	𝔙	χ	X	Chi
w	W	𝔴	𝔚	ψ	Ψ	Psi
x	X	𝔵	𝔛	ω	Ω	Omega
y	Y	𝔶	𝔜			
z	Z	𝔷	ℨ			

Fraktur Schreibschrift

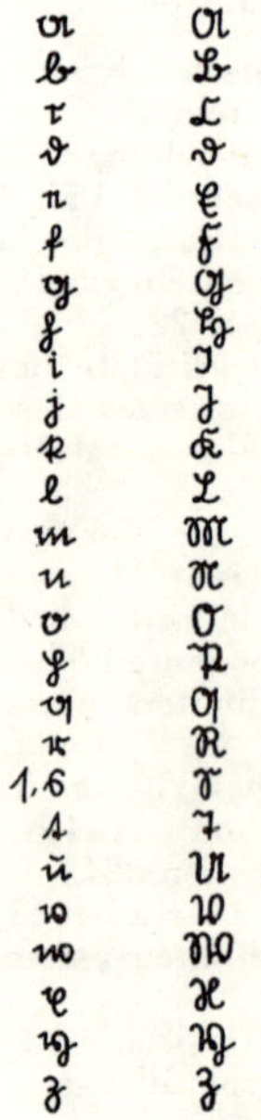